建筑企业专业技术管理人员
业务必备丛书

施工员（土建）

本书编委会◎编写

S HI GONG YUAN

U0302231

知识产权出版社
全国百佳图书出版单位

内容提要

本书依据《建筑与市政工程施工现场专业人员职业标准》JGJ/T 250—2011、《砌体结构工程施工质量验收规范》GB 50203—2011、《屋面工程质量验收规范》GB 50207—2012、《屋面工程技术规范》GB 50345—2012、《地下防水工程质量验收规范》GB 50208—2011、《地下工程防水技术规范》GB 50108—2008 等国家现行标准编写。主要内容包括基础知识、施工项目管理、地基与基础工程、砌体工程、混凝土结构工程、钢结构工程、防水与屋面工程、装饰装修工程、季节性施工。

本书内容丰富，通俗易懂，实用性较强，可供施工技术人员、现场管理人员、相关专业大中专院校的师生学习参考。

责任编辑：陆彩云　栾晓航　　　　　**责任出版**：卢运霞

图书在版编目(CIP)数据

施工员.土建/《施工员》编委会编写.—北京:知识产权出版社,2013.4
（建筑企业专业技术管理人员业务必备丛书）
ISBN 978-7-5130-1993-4

Ⅰ.①施⋯　Ⅱ.①施⋯　Ⅲ.①土木工程—工程施工　Ⅳ.①TU7

中国版本图书馆 CIP 数据核字(2013)第 068302 号

建筑企业专业技术管理人员业务必备丛书

施工员(土建)

本书编委会　编写

出版发行：知识产权出版社			
社　　址：北京市海淀区马甸南村 1 号		**邮　　编**：100088
网　　址：http://www.ipph.cn		**邮　　箱**：lcy@cnipr.com
发行电话：010-82000860 转 8101/8102		**传　　真**：010-82005070/82000893
责编电话：010-82000860 转 8110/8382		**责编邮箱**：luanxiaohang@cnipr.com
印　　刷：北京紫瑞利印刷有限公司		**经　　销**：新华书店及相关销售网点
开　　本：720mm×960mm　1/16		**印　　张**：30
版　　次：2013 年 7 月第 1 版		**印　　次**：2013 年 7 月第 1 次印刷
字　　数：557 千字		**定　　价**：59.00 元

ISBN 978-7-5130-1993-4

前　言

　　改革开放以来,我国建筑业发展很快,城镇建设规模日益扩大,建筑施工队伍不断增加,建筑工程人员肩负着重要的职责。但在实际工作中发现,由于建筑工程涉及资料繁多,需要常备很多的工具书,查找起来比较不方便。因此工程人员急需一本资料全面、便于查找的工具书。为此我们以土建施工员为主要对象,根据《建筑与市政工程施工现场专业人员职业标准》JGJ/T 250—2011、《砌体结构工程施工质量验收规范》GB 50203—2011、《屋面工程质量验收规范》GB 50207—2012、《屋面工程技术规范》GB 50345—2012、《地下防水工程质量验收规范》GB 50208—2011、《地下工程防水技术规范》GB 50108—2008 等相关规范和标准的规定,组织编写了此书。

　　本书采用"模块式"的方式编写,各节内容包含"本节导读"和"业务要点"两个模块,在"本节导读"部分对该节内容进行概括;在"业务要点"部分对导读中涉及的内容进行详细的说明与分析。力求能够使读者快速把握章节重点,理清知识脉络,提高学习效率。本书共分为九章,包括基础知识、施工项目管理、地基与基础工程、砌体工程、混凝土结构工程、钢结构工程、防水与屋面工程、装饰装修工程以及季节性施工。

　　本书内容丰富,通俗易懂,实用性较强,可供施工技术人员、现场管理人员、相关专业大中专院校的师生学习参考。

　　由于编者学识和经验有限,虽已尽心尽力,但难免存在疏漏或不妥之处,望广大读者批评指正。

编　者

2013.3

目　　录

第一章 基础知识

第一节 施工员的工作职责

施工员的工作职责应符合表 1-1 的规定。

表 1-1 施工员的工作职责

项次	分 类	工作职责
1	施工组织策划	① 参与施工组织管理策划 ② 参与制订管理制度
2	施工技术管理	③ 参与图纸会审、技术核定 ④ 负责施工作业班组的技术交底 ⑤ 负责组织测量放线、参与技术复核
3	施工进度成本控制	⑥ 参与制订并调整施工进度计划、施工资源需求计划,编制施工作业计划 ⑦ 参与做好施工现场组织协调工作,合理调配生产资源;落实施工作业计划 ⑧ 参与现场经济技术签证、成本控制及成本核算 ⑨ 负责施工平面布置的动态管理
4	质量安全环境管理	⑩ 参与质量、环境与职业健康安全的预控 ⑪ 负责施工作业的质量、环境与职业健康安全过程控制,参与隐蔽、分项、分部和单位工程的质量验收 ⑫ 参与质量、环境与职业健康安全问题的调查,提出整改措施并监督落实
5	施工信息资料管理	⑬ 负责编写施工日志、施工记录等相关施工资料 ⑭ 负责汇总、整理和移交施工资料

第二节 施工员的专业要求

1) 施工员应具备表 1-2 规定的专业技能。

表 1-2　施工员应具备的专业技能

项次	分　类	专业技能
1	施工组织策划	① 能够参与编制施工组织设计和专项施工方案
2	施工技术管理	② 能够识读施工图和其他工程设计、施工等文件 ③ 能够编写技术交底文件,并实施技术交底 ④ 能够正确使用测量仪器,进行施工测量
3	施工进度 成本控制	⑤ 能够正确划分施工区段,合理确定施工顺序 ⑥ 能够进行资源平衡计算,参与编制施工进度计划及资源需求计划,控制调整计划 ⑦ 能够进行工程量计算及初步的工程计价
4	质量安全环境管理	⑧ 能够确定施工质量控制点,参与编制质量控制文件、实施质量交底 ⑨ 能够确定施工安全防范重点,参与编制职业健康安全与环境技术文件、实施安全和环境交底 ⑩ 能够识别、分析、处理施工质量和危险源 ⑪ 能够参与施工质量、职业健康安全与环境问题的调查分析
5	施工信息资料管理	⑫ 能够记录施工情况,编制相关工程技术资料 ⑬ 能够利用专业软件对工程信息资料进行处理

2) 施工员应具备表 1-3 规定的专业知识。

表 1-3　施工员应具备的专业知识

项次	分　类	专业知识
1	通用知识	① 熟悉国家工程建设相关法律、法规 ② 熟悉工程材料的基本知识 ③ 掌握施工图识读、绘制的基本知识 ④ 熟悉工程施工工艺和方法 ⑤ 熟悉工程项目管理的基本知识
2	基础知识	⑥ 熟悉相关专业的力学知识 ⑦ 熟悉建筑构造、建筑结构和建筑设备的基本知识 ⑧ 熟悉工程预算的基本知识 ⑨ 掌握计算机和相关资料信息管理软件的应用知识 ⑩ 熟悉施工测量的基本知识
3	岗位知识	⑪ 熟悉与本岗位相关的标准和管理规定 ⑫ 掌握施工组织设计及专项施工方案的内容和编制方法 ⑬ 掌握施工进度计划的编制方法 ⑭ 熟悉环境与职业健康安全管理的基本知识 ⑮ 熟悉工程质量管理的基本知识 ⑯ 熟悉工程成本管理的基本知识 ⑰ 了解常用施工机械机具的性能

第三节　建筑施工图的识读

◎ 本节导读

　　本节主要介绍建筑施工图的识读，内容包括建筑施工图的组成、建筑总平面图识读、建筑平面图识读、建筑立面图识读、建筑剖面图识读以及建筑详图识读等。其内容关系如图 1-1 所示。

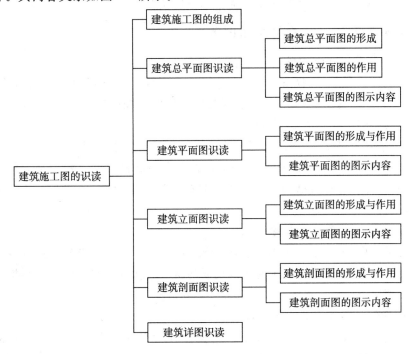

图 1-1　本节内容关系图

◎ 业务要点 1：建筑施工图的组成

　　建筑施工图是建筑设计总说明、总平面图、建筑平面图、立面图、剖面图和详图等的总称。它主要表明拟建工程的平面、空间布置，以及各部位构件的大小、尺寸、内外装修和构造做法等。建筑施工图包括：

　　1）图纸首页，包括设计说明、图纸目录等。

　　2）建筑总平面图，比例 1∶500、1∶1000。

　　3）各层平面图，比例 1∶100。

　　4）立面图，比例 1∶100。

　　5）剖面图，比例 1∶100。

6) 详图及大样图,比例 1:20、1:10、1:5。

图纸目录是了解建筑工程设计图纸汇总编排顺序的图样。整套施工图由建筑、结构、设备施工图汇总而成,图纸目录由序号、图号、图名、图幅、备注等组成。

设计说明主要是对建筑施工图不易详细表达的内容,例如设计依据、建设地点、建设规模、建筑面积、人防工程等级、抗震设防烈度、主要结构类型等工程概论方面内容、构造做法、用料选择、该项目的相对标高与总图绝对标高的关系,以及防火专篇等一些有关部门要求明确说明。

业务要点 2:建筑总平面图识读

1. 建筑总平面图的形成

建筑总平面图(简称总平面图)是将新建工程四周一定范围内的新建、拟建、原有和拆除的建筑物、构筑物连同其周围的地形、地物状况用水平投影方法和相应的图例所绘制的工程图样。

总平面图是建设工程及其邻近建筑物、构筑物、周边环境等的水平正投影,是表明基地所在范围内总体布置的图样。它主要反映当前工程的平面轮廓形状和层数、与原有建筑物的相对位置、周围环境、地形地貌、道路和绿化的布置等情况。

2. 建筑总平面图的作用

总平面图是建设工程中新建房屋施工定位、土方施工、设备专业管线平面布置的依据,也是安排在施工时进入现场的材料和构件、配件堆放场地,构件预制的场地以及运输道路等施工总平面布置的依据。

3. 建筑总平面图的图示内容

1) 总平面有图名和比例,因总平面图所反映的范围较大,比例通常为1:500、1:1000。

2) 场地边界、道路红线、建筑红线等用地界线。

3) 新建建筑物所处的地形,若地形变化较大,应画出相应等高线。

4) 新建建筑的具体位置,在总平面图中应详细地表达出新建建筑的位置。

在总平面图中新建建筑的定位方式包括以下三种:

① 利用新建建筑物和原有建筑物之间的距离定位;

② 利用施工坐标确定新建建筑物的位置;

③ 利用新建建筑物与周围道路之间的距离确定位置。

当新建建筑区域所在地形较为复杂时,为了保证施工放线的准确,常用坐标定位。坐标定位分为测量坐标和建筑坐标两种。

① 测量坐标。在地形图上用细实线画成交叉十字线的坐标网,南北方向的

轴线为 X,东西方向的轴线为 Y,这样的坐标称为测量坐标。坐标网常采用
100m×100m 或 50m×50m 的方格网。一般建筑物的定位宜注写其三个角的
坐标,若建筑物与坐标轴平行,可注写其对角坐标,如图 1-2 所示。

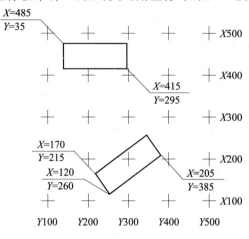

图 1-2 测量坐标定位示意图

② 建筑坐标。建筑坐标就是将建设地区的某一点定为"0",采用 100m×
100m 或 50m×50m 的方格网,沿建筑物主轴方向用细实线画成方格网。垂直
方向为 A 轴,水平方向为 B 轴,如图 1-3 所示。

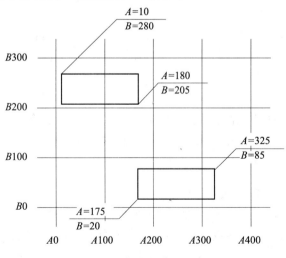

图 1-3 建筑坐标定位示意图

5)注明新建建筑物室内地面绝对标高、层数和室外整平地面的绝对标高。

6)与新建建筑物相邻有关建筑、拆除建筑的位置或范围。

7)新建建筑物附近的地形、地物等,例如道路、河流、水沟、池塘和土坡等。

应注明道路的起点、变坡、转折点、终点以及道路中心线的标高、坡向等。

8) 指北针或风向频率玫瑰图。在总平面图中通常画有带指北针或风向频率玫瑰图表示该地区常年的风向频率和建筑的朝向。

9) 用地范围内的广场、停车场、道路、绿化用地等。

业务要点 3：建筑平面图识读

1. 建筑平面图的形成与作用

用一个假想的水平剖切平面沿略高于窗台的位置剖切房屋后,移去上面部分,对剩下部分向 H 面做正投影,所得的水平剖面图,称为建筑平面图,简称平面图。平面图表示新建房屋的平面形状、房间大小、功能布局、墙柱选用的材料、截面形状和尺寸、门窗的类型及位置等,作为施工时放线、砌墙、安装门窗、室内外装修及编制预算等的重要依据,是建筑施工中的重要图纸。

2. 建筑平面图的图示内容

1) 表示墙、柱、内外门窗位置及编号,房间的名称、轴线编号。

2) 注出室内外各项尺寸及室内楼地面的标高。

3) 表示楼梯的位置及楼梯上下行方向。

4) 表示阳台、雨篷、台阶、雨水管、散水、明沟、花池等的位置及尺寸。

5) 画出室内设备,例如卫生器具、水池、橱柜、隔断及重要设备的位置、形状。

6) 表示地下室布局、墙上留洞、高窗等的位置、尺寸。

7) 画出剖面图的剖切符号及编号(在底层平面图上画出,其他平面图上省略不画)。

8) 标注详图索引符号。

9) 在底层平面图上画出指北针。

10) 屋顶平面图一般包括屋顶檐口、檐沟、屋面坡度、分水线与落水口的投影,出屋顶水箱间、上人孔、消防梯及其他构筑物、索引符号等。

业务要点 4：建筑立面图识读

1. 建筑立面图的形成与作用

在与建筑立面平行的铅直投影面上所作的投影图称为建筑立面图,简称立面图。一座建筑物是否美观、是否与周围环境协调,由立面的艺术处理来决定,这种处理包括建筑造型与尺度、装饰材料的选用、色彩的选用等内容。在施工图中立面图主要反映房屋各部位的高度、层数、门窗形式、屋顶造型等建筑物外貌及外墙装修要求,是建筑外装修的主要依据。

2. 建筑立面图的图示内容

1) 画出从建筑物外可看见的室外地面线、房屋的勒脚、台阶、花池、门、窗、雨篷、阳台、室外楼梯、墙体外边线、檐口、屋顶、雨水管、墙面分格线等内容。

2）标出建筑物立面上的主要标高。通常需要标注的标高尺寸如下：

① 室外地坪的标高；

② 台阶顶面的标高；

③ 各层门窗洞口的标高；

④ 阳台扶手、雨篷上下皮的标高；

⑤ 外墙面上突出的装饰物的标高；

⑥ 檐口部位的标高；

⑦ 屋顶上水箱、电梯机房、楼梯间的标高。

3）注出建筑物两端的定位轴线及其编号。

4）注出需详图表示的索引符号。

5）用文字说明外墙面装修的材料及其做法。

业务要点 5：建筑剖面图识读

1. 建筑剖面图的形成与作用

假想用一个或者一个以上的铅直平面剖切房屋，所得到的剖面图称为建筑剖面图，简称剖面图。建筑剖面图用来表达房屋的结构形式、分层情况、竖向墙身及门窗、楼地面层、屋顶檐口等的构造设置及相关尺寸和标高。

剖面图的数量及其位置应当根据建筑自身的复杂程度而定，一般剖切位置选择房屋的主要部位或构造较为典型的地方，例如楼梯间等，并且应通过门窗洞口。剖面图的图名符号应与底层平面图上的剖切符号相对应。

2. 建筑剖面图的图示内容

1）表示被剖切到的墙、柱、门窗洞口及其所属定位轴线。剖面图的比例应与平面图、立面图的比例一致，所以在 1：100 的剖面图中一般也不画材料图例，而用粗实线表示被剖切到的墙、梁、板等轮廓线，被剖断的钢筋混凝土梁板等应当涂黑表示。

2）表示室内底层地面、各层楼面及楼层面、屋顶、门窗、楼梯、阳台、雨篷、防潮层、踢脚板、室外地面、散水、明沟以及室内外装修等剖到或者能见到的内容。

3）标出标高和尺寸。

在剖面图中要标注相应的标高及尺寸。

① 标高：应当标注被剖切到的所有外墙门窗口的上下标高，室外地面标高，檐口、女儿墙顶以及各层楼地面的标高。

② 尺寸：应当标注门窗洞口高度，层间高度及总高度，室内还应注出内墙上门窗洞口的高度以及内部设施的定位、定形尺寸。

4)楼地面、屋顶各层的构造。

一般可以用多层共用引出线说明楼地面、屋顶的构造层次和做法。若另画详图或已有构造说明(例如工程做法表),则在剖面图中用索引符号引出说明。

◎ 业务要点6:建筑详图识读

由于建筑平面图、立面图、剖面图一般采用较小比例绘制,许多细部构造、材料和做法等内容很难表达清楚。为了能够指导施工,常把这些局部构造用较大比例绘制详细的图样,这种图样称为建筑详图(也称为大样图或节点图)。常用比例包括1:2、1:5、1:10、1:20、1:50。

建筑详图可以是平面图、立面图、剖面图中局部的放大图。对于某些建筑构造或构件的通用做法,可直接引用国家或地方制定的标准图集(册)或通用图集(册)中的大样图,不必另画详图。常见建筑详图包括墙身剖面图和楼梯、阳台、雨篷、台阶、门窗、卫生间、厨房、内外装饰等详图。

1)墙身剖面详图主要用以详细表达地面、楼面、屋面和檐口等处的构造,楼板与墙体的连接形式,以及门窗洞口、窗台、勒脚、防潮层、散水和雨水口等细部构造做法。平面图与墙身剖面详图配合,作为砌墙、室内外装饰、门窗立口的重要依据。

2)楼梯详图表示楼梯的结构型式、构造做法、各部分的详细尺寸、材料和做法,是楼梯施工放样的主要依据。楼梯详图包括楼梯平面图和楼梯剖面图。

第二章　施工项目管理

第一节　施工项目管理组织

本节导读

本节主要介绍施工项目管理组织,内容包括施工项目管理组织的概念、施工项目管理组织结构的形式以及施工项目管理组织机构的作用等。其内容关系如图 2-1 所示。

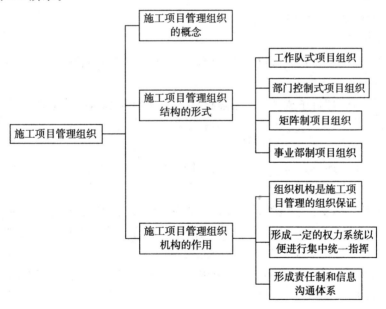

图 2-1　本节内容关系图

业务要点 1:施工项目管理组织的概念

施工项目管理组织是指为进行施工项目管理、实现组织职能而进行组织系统的设计与建立、组织运行和组织调整三个方面。组织系统的设计与建立是指经过筹划、设计,建成一个可以完成施工项目管理任务的组织机构,建立必要的规章制度,划分并明确岗位、层次、部门的责任和权力,建立和形成管理信息系

9

统及责任分担系统,并通过一定岗位和部门内人员的规范化的活动和信息流通实现组织目标。

施工项目管理组织机构与企业管理组织机构是局部与整体的关系。组织机构设置的目的是为了进一步充分发挥项目管理功能,提高项目整体管理效率,以达到项目管理的最终目标。因此,企业在推行项目管理中合理设置项目管理组织机构是一个至关重要的问题。高效率的组织体系和组织机构的建立是施工项目管理成功的组织保证。

◎ 业务要点 2:施工项目管理组织结构的形式

组织形式也称组织结构的类型,是指一个组织以什么样的结构方式去处理层次、跨度、部门设置和上下级关系。

施工项目的组织形式与企业的组织形式是不可分割的。加强施工项目管理就必须进行企业管理体制和内部配套改革。通常施工项目的组织形式有以下几种:

1. 工作队式项目组织

(1)特征。

1)项目经理在企业内招聘或抽调职能人员组成管理机构(工作队),由项目经理指挥,独立性大。

2)项目管理班子成员在工程建设期间与原所在部门要断绝领导与被领导关系。原单位负责人员负责业务指导及考察,但不能随意干预其工作或调回人员。

3)项目管理组织与项目同寿命。项目结束后机构撤销,所有人员仍回原所在部门和岗位。

(2)适用范围。这是按照对象原则组织的项目管理机构,可独立地完成任务。企业职能部门处于服从地位,只提供一些服务。这种项目组织类型适用于大型项目、工期要求紧迫的项目、要求多工种多部门密切配合的项目。因此,它要求项目经理素质要高,指挥能力要强,有快速组织队伍及善于指挥来自各方人员的能力。

(3)优点。

1)项目经理从职能部门抽调或招聘的是一批专家,他们在项目管理中相互配合,协同工作,可以取长补短,有利于培养一专多能的人才并充分发挥其作用。

2)各专业人才集中在现场办公,减少了扯皮和等待时间,办事效率高,解决问题快。

3)项目经理权力集中,运权的干扰少,因此决策及时,指挥灵便。

4）由于减少了项目与职能部门的结合部，项目与企业的结合部关系弱化，故易于协调关系，减少了行政干预，使项目经理的工作易于开展。

5）不打乱企业的原建制，传统的直线职能制组织仍可保留。

（4）缺点。

1）各类人员来自不同部门，具有不同的专业背景，互相不熟悉，难免配合不力。

2）各类人员在同一时期内所担负的管理工作任务可能有很大差别，因此很容易产生忙闲不均，可能导致人员浪费。特别是对稀缺专业人才，难以在企业内调剂使用。

3）职工长期离开原单位，即离开了自己熟悉的环境和工作配合对象，容易影响其积极性的发挥。而且由于环境变化，容易产生临时观点和不满情绪。

4）职能部门的优势无法发挥作用。由于同一部门人员分散，交流困难，也难以进行有效的培养、指导，削弱了职能部门的工作。当人才紧缺而同时又有多个项目需要按这一形式组织时，或者对管理效率有很高要求时，不宜采用这种项目组织类型。

2. 部门控制式项目组织

（1）特征。这是按职能原则建立的项目组织。它不打乱企业现行的建制，把项目委托给企业某一专业部门或委托给某一施工队，由被委托的部门（施工队）领导，在本单位选人组合负责实施项目组织，项目终止后恢复原职。

（2）适用范围。这种形式的项目组织一般适用于小型的、专业性较强、不需涉及众多部门的施工项目。

（3）优点。

1）人才作用发挥较充分。这是因为由熟人组合办熟悉的事，人事关系容易协调。

2）从接受任务到组织运转启动，时间短。

3）职责明确，职能专一，关系简单。

4）项目经理无须专门训练便容易进入状态。

（4）缺点。

1）不能适应大型项目管理需要，而真正需要进行施工项目管理的工程正是大型项目。

2）不利于对计划体系下的组织体制（固定建制）进行调整。

3）不利于精简机构。

3. 矩阵制项目组织

（1）特征。

1）项目组织机构与职能部门的结合部同职能部门数相同。多个项目与职能部门的结合部呈矩阵状。

2) 把职能原则和对象原则结合起来,既发挥职能部门的纵向优势,又发挥项目组织的横向优势。

3) 专业职能部门是永久性的,项目组织是临时性的。职能部门负责人对参与项目组织的人员有组织调配、业务指导和管理考察的权力。项目经理将参与项目组织的职能人员在横向上有效地组织在一起,为实现项目目标协同工作。

4) 矩阵中的每个成员或部门,接受原部门负责人和项目经理的双重领导。但部门的控制力大于项目的控制力。部门负责人有权根据不同项目的需要和忙闲程度,在项目之间调配本部门人员。一个专业人员可能同时为几个项目服务,特殊人才可充分发挥作用,免得人才在一个项目中闲置又在另一个项目中短缺,大大提高人才利用率。

5) 项目经理对"借"到本项目经理部来的成员,有权控制和使用。当感到人力不足或某些成员不得力时,他可以向职能部门求援或要求调换,辞退回原部门。

6) 项目经理部的工作有多个职能部门支持,项目经理没有人员包袱。但要求在水平方向和垂直方向有良好的信息沟通及良好的协调配合,对整个企业组织和项目组织的管理水平和组织渠道畅通提出了较高的要求。

(2) 适用范围。

1) 适用于平时承担多个需要进行项目管理工程的企业。在这种情况下,各项目对专业技术人才和管理人员都有需求,加在一起数量较大。采用矩阵制项目组织可以充分利用有限的人才对多个项目进行管理,特别有利于发挥稀有人才的作用。

2) 适用于大型、复杂的施工项目。因大型复杂的施工项目要求多部门、多技术、多工种配合实施,在不同阶段,对不同人员,有不同数量和搭配各异的需求。显然,部门控制式机构难以满足这种项目要求,混合工作队式组织又因人员固定而难以调配,人员使用固化,不能满足多个项目管理的人才需求。

(3) 优点。

1) 它兼有部门控制式和工作队式两种项目组织的优点,既解决了传统模式中企业组织和项目组织相互矛盾的状况,把职能原则与对象原则融为一体,也求得了企业长期例行性管理和项目一次性管理的一致性。

2) 能以尽可能少的人力,实现多个项目管理的高效率。理由是通过职能部门的协调,一些项目上的闲置人才可以及时转移到需要这些人才的项目中去,防止人才短缺,项目组织因此具有弹性和应变力。

3) 有利于人才的全面培养。可以便于不同知识背景的人在合作中相互取长补短,在实践中拓宽知识面;发挥了纵向的专业优势,可以使人才成长有深厚的专业训练基础。

（4）缺点。

1）由于人员来自职能部门，且仍受职能部门控制，故凝聚在项目上的力量减弱，往往使项目组织的作用发挥受到影响。

2）管理人员如果身兼多职地管理多个项目，便往往难以确定管理项目的优先顺序，有时难免顾此失彼。

3）双重领导。项目组织中的成员既要接受项目经理的领导，又要接受企业中原职能部门的领导。在这种情况下，如果领导双方意见和目标不一致、乃至有矛盾时，当事人便无所适从。要防止这一问题产生，必须加强项目经理和部门负责人之间的沟通，还要有严格的规章制度和详细的计划，使工作人员尽可能明确在不同时间内应当做什么工作。

4）矩阵制项目组织对企业管理水平、项目管理水平、领导者的素质、组织机构的办事效率、信息沟通渠道的畅通，均有较高要求，因此要精于组织，分层授权，疏通渠道，理顺关系。由于矩阵制项目组织的复杂性和结合部多，造成信息沟通量膨胀和沟通渠道复杂化，致使信息梗阻和失真。于是，要求协调组织内部的关系时必须有强有力的组织措施和协调办法以排除难题。为此，层次、职责、权限要明确划分。有意见分歧难以统一时，企业领导要出面及时协调。

4. 事业部制项目组织

（1）特征。

1）企业成立事业部，事业部对企业来说是职能部门，对企业来说享有相对独立的经营权，可以是一个独立单位。事业部可以按地区设置，也可以按工程类型或经营内容设置。事业部能较迅速适应环境变化，提高企业的应变能力，调动部门积极性。当企业向大型化、智能化方向发展并实行作业层和经营管理层分离时，事业部制是一种很受欢迎的选择，它既可以加强经营战略管理，又可以加强项目管理。

2）在事业部（一般为其中的工程部或开发部，对外工程公司为海外部）下边设置项目经理部。项目经理由事业部选派，一般对事业部负责，有的可以直接对业主负责，根据其授权程度决定。

（2）适用范围。事业部制项目组织适用于大型经营性企业的工程承包，特别是适用于远离公司本部的工程承包。需要注意的是，一个地区只有一个项目、没有后续工程时，不宜设立地区事业部，也即它适用于在一个地区内有长期市场或一个企业有多种专业化施工力量时采用。在此情况下，事业部与地区市场同寿命。地区没有项目时，该事业部应予以撤销。

（3）优点。事业部制项目组织有利于延伸企业的经营职能，扩大企业的经营业务，便于开拓企业的业务领域，还有利于迅速适应环境变化以加强项目管理。

（4）缺点。按事业部制建立项目组织，企业对项目经理部的约束力减弱，协调指导的机会减少，故有时会造成企业结构松散，必须加强制度约束，加大企业的综合协调能力。

业务要点3：施工项目管理组织机构的作用

1. 组织机构是施工项目管理的组织保证

项目经理在启动项目实施之前，首先要做组织准备，建立一个能完成管理任务、令项目经理指挥灵便、运转自如、效率很高的项目组织机构——项目经理部，其目的就是为了提供进行施工项目管理的组织保证。一个好的组织机构可以有效地完成施工项目管理目标，有效地应付环境的变化，有效地供给组织成员生理、心理和社会需要，形成组织力，使组织系统正常运转，产生集体思想和集体意识，完成项目管理任务。

2. 形成一定的权力系统以便进行集中统一指挥

权力由法定和拥戴产生。"法定"来自于授权，"拥戴"来自于信赖。法定或拥戴都会产生权力和组织力。组织机构的建立，首先是以法定的形式产生权力。权力是工作的需要，是管理地位形成的前提，是组织活动的反映。没有组织机构，便没有权力，也没有权力的运用。权力取决于组织机构内部是否团结一致，越团结，组织就越有权力、越有组织力，所以施工项目管理组织机构的建立要伴随着授权，以便权力的使用能够实现施工项目管理的目标。要合理分层，层次多，权力分散；层次少，权力集中。所以要在规章制度中把施工项目管理组织的权力阐述明白，固定下来。

3. 形成责任制和信息沟通体系

责任制是施工项目组织中的核心问题。没有责任也就不称其为项目管理机构，也就不存在项目管理。一个项目组织能否有效地运转，取决于是否有健全的岗位责任制。施工项目组织的每个成员都应肩负一定责任，责任是项目组织对每个成员规定的一部分管理活动和生产活动的具体内容。

综上所述，可以看出组织机构非常重要，在项目管理中是一个焦点。

第二节　施工项目进度管理

本节导读

本节主要介绍施工项目进度管理，内容包括施工项目进度控制原理以及施工项目进度计划的实施、检查与调整等。其内容关系如图2-2所示。

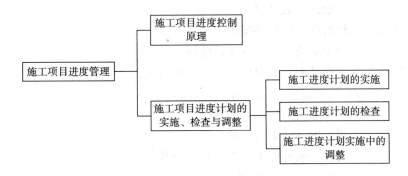

图 2-2 本节内容关系图

业务要点 1：施工项目进度控制原理

施工项目进度控制是项目施工中的控制目标之一，是保证施工项目按期完成、合理安排资源供应、节约工程成本的重要措施。施工项目进度控制就是在既定的工期内，通过调查收集资料，确定施工方案，编制出符合工程项目要求的最佳施工进度计划。并且在执行该计划的施工中，经常检查施工实际进度情况，并将其与计划进度相比较，若出现偏差，便分析产生的原因和对工期的影响程度，采取处理措施，通过不断地调整直至工程竣工验收，其最终目标是通过控制来保证施工项目的既定目标工期的实现。

业务要点 2：施工项目进度计划的实施、检查与调整

1. 施工进度计划的实施

施工进度计划的实施就是在施工活动的实施过程中用施工进度计划指导施工活动，落实、完成施工进度计划。施工进度计划的实施过程就是施工项目的整个建筑施工活动过程。

为了实施施工进度计划，应编制具体、切合实际的操作性施工月（旬）作业计划，然后根据施工月（旬）作业计划签发施工任务书，做好施工进度记录，以保证施工进度计划的实施。

2. 施工进度计划的检查

在施工项目的实施过程中，为了进行进度控制，进度控制人员应经常、定期地跟踪检查施工实际进度情况，并将收集的施工项目实际进度材料进行统计整理后与计划进度进行对比分析，确定实际进度与计划进度之间的关系，作为计划是否需要调整和怎样调整的依据。

施工进度计划的检查应按统计周期的规定定期进行，并应根据需要进行不定期的检查。施工进度计划检查的内容包括：

1) 检查工程量的完成情况。

2) 检查工作时间的执行情况。

3) 检查资源使用及与进度保证的情况。

4) 前一次进度计划检查提出问题的整改情况。

施工进度计划检查后应按下列内容编制进度报告：

1) 进度计划实施情况的综合描述。

2) 实际工程进度与计划进度的比较。

3) 进度计划在实施过程中存在的问题及其原因分析。

4) 进度执行情况对工程质量、安全和施工成本的影响情况。

5) 将要采取的措施。

6) 进度的预测。

3. 施工进度计划实施中的调整

通过对进度计划的检查与分析，如果原有进度计划已不能适应实际施工情况时，为了保证进度控制目标的实现或需要确定新的进度目标，必须对原有进度计划进行调整，以形成新的进度计划作为施工进度控制的依据。施工进度计划的调整方法主要有：一是通过压缩关键线路上的关键施工过程的工作持续时间来达到缩短工期的目的；二是通过组织平行或搭接作业来缩短工期。在实际过程中应根据具体情况来选用。

施工进度计划的调整应包括下列内容：

1) 工程量的调整。

2) 工作(工序)起止时间的调整。

3) 工作关系的调整。

4) 资源提供条件的调整。

5) 必要目标的调整。

第三节　施工项目成本管理

本节导读

本节主要介绍施工项目成本管理，内容包括建筑项目成本管理的组成、成本估算、成本预算、成本控制以及建筑项目成本管理措施等。其内容关系如图 2-3 所示。

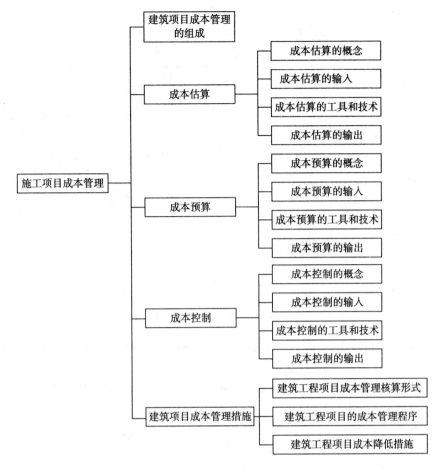

图 2-3 本节内容关系图

业务要点 1：建筑项目成本管理的组成

建筑项目成本管理是指为保证完成项目的总经费（成本）不超过计划的预算额所需要的一系列工作与过程。

建筑项目成本管理由一些子过程组成（图 2-4），要在预算下完成项目，这些过程是必不可少的。

如图 2-4 所示的 4 个过程相互影响、相互作用，有时也与外界的过程发生交互影响，根据项目的具体情况，每一过程由一人、数人或小组完成，在项目的每个阶段，上述过程至少出现一次。

建筑项目成本管理主要与完成活动所需资源成本有关。然而，项目成本管理也要考虑决策对项目产品的使用成本的影响。

在许多应用领域，未来财务状况的预测和分析是在项目成本管理之外进行

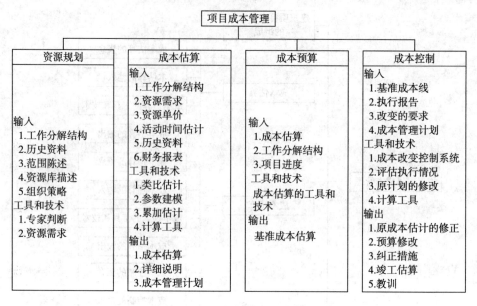

图 2-4　项目成本管理内容

的。但有些场合,预测和分析的内容也包括在成本管理范畴,此时就得使用投资收益、有时间价值的现金流、回收期等技巧。

建筑项目成本管理还应考虑项目利益相关者对项目信息的需求。不同的利益相关者在不同时间以不同方式对项目成本进行度量。

当项目成本控制与奖励挂钩时,就应分别估计和预算可控成本和不可控成本,以确保奖励能真正反映业绩。

业务要点 2:成本估算

1. 成本估算的概念

成本估算涉及计算完成项目所需各资源成本的近似值。当一个项目按合同进行时,应区分成本估算和定价这两个不同意义的词。成本估算涉及对可能数量结果的估计:执行组织所提供产品或服务的成本是多少。而定价是一个商业决策:执行组织为提供的产品或服务索取多少费用,而成本估算只是定价要考虑的因素之一。成本估算包括确认和考虑各种不同的成本替代议程。成本估算过程必须考虑增加的设计工作所多花的成本能否被以后的节省所抵消。

2. 成本估算的输入

1)工作分解结构。

2)资源需求。

3)资源单价。

做成本估算的个人或小组必须知道每种资料的单价以计算项目成本。若不知道实际单价,那么必须估算单价本身。

4)活动时间估计。

活动时间估计会影响项目成本估算,项目预算中包括财务费用。

5)历史资料。

许多有关资源成本的信息可从下列来源中获得:

① 项目档案。项目的一个或数个组织可能保留有先前项目的一些记录,这些记录若足够详尽,则可用以成本估算。在一些应用领域,个别小组成员也许会保留这样的记录。

② 商业性的成本估算数据库。历史数据通常可以从市场上购买。

③ 项目团队知识。项目团队的个别成员也许记得先前的实际数或估算数,这样的信息资料也是有用的,但可靠性通常比档案结果要低得多。

6)财务报表。

财务报表是一个组织机构在总账系统中使用的用于报告该组织财务状况的一套代码。在项目成本估算中,应把不同成本对应到不同科目上。

3. 成本估算的工具和技术

(1)类比估计。类比估计是用先前类似项目的实际数据作为估计现在项目的基础。这种方法适用于早期的成本估算,这是由于此时有关项目仅有少量信息可供利用。类比估计是专家判断的一种形式。类比估计也是花费较少的一种方法,但精确性较差。但以下情况下类比估计是可靠的:先前的项目不仅在表面上,而且在实质上和当前项目是类同的;做估计的个人或小组具有必要经验。

(2)参数建模。参数建模是把项目的某些特征作为参数,通过建立一个数学模型预测项目成本。模型可简单,也可复杂。

(3)累加估计。该技巧涉及单个工作的逐个估计,然后累加得到项目成本的总计。累加估计的成本和精度取决于单个工作的大小,工作划分得小,则成本增加,精确性也增加。项目管理队伍必须在精确性和成本间做出权衡。

(4)计算工具。有一些项目管理软件被广泛应用于成本控制。这些软件可简化上述几种方法,便于对许多成本方案的迅速考虑。

4. 成本估算的输出

(1)成本估算。成本估算是项目各活动所需资源的成本的定量估算,这些估算可以简略或详细的形式表示。对项目所需的所有资源的成本均需加以估算,这包括(但不局限于)劳动力、材料以及其他内容(如考虑通货膨胀或成本余地)。

成本通常以现金单位表达,以便进行项目内外的比较,也可用人/天或人/小时这样的单位。为了便于成本的管理控制,有时成本估算也需要采用复合单位。

成本估算是一个不断优化的过程。随着项目的进展和相关详细资料的不断出现,应该对原有成本估算做相应的修正,在有些应用项目中提出了何时应修正成本估算,估算应达到什么精确度的问题。

(2)详细说明。成本估算的详细说明应包括:

1)工作范围的描述。

2)对估算的基础作确认(即确认估算是合理的),说明估算是怎样做出的。

3)确认为成本估算所作的任何假设的合理性。

4)可能结果用一个范围表示。

不同应用领域细节的总量和种类也不同。留下甚至是粗糙的注释也常被证明是有价值的,因为它能提供如何估算成本的一个较好的说明。

(3)成本管理计划。成本管理计划描述当实际成本与计划成本发生差异时如何进行管理(差异程度不同则管理力度也不同)。一个成本管理计划可以是高度详细或粗框架的,可以是正规的也可以是非正规的,这些取决于与项目利益相关者的需要。项目成本管理计划是整个项目计划的一个辅助部分。

业务要点 3:成本预算

1. 成本预算的概念

成本预算是把估算的总成本分配到各个工作细目,建立基准成本以衡量项目执行情况。

2. 成本预算的输入

1)成本估算。

2)工作分解结构。

工作分解结构确认了项目的细目,而成本要分配到这些工作中去。

3)项目进度。

项目进度包括项目细目的计划开始日期和预计结束日期。为了将成本分配到时间区间,进度信息是不可缺少的。

3. 成本预算的工具和技术

成本估算的工具和技术,同样适用于编制各项工作成本的预算。

4. 成本预算的输出

基准成本是以时间为自变量的预算,被用于度量和监督项目执行成本。把预计成本按时间累加便为基准成本,可用 S 曲线表示。许多项目(尤其大项目)可有多重基准成本,以衡量成本的不同方面。

业务要点 4:成本控制

1. 成本控制的概念

1)成本控制与下列内容有关:

① 影响那些会使基准成本发生改变的因素朝有利方向改变。

② 识别已经偏离基准成本的事项。

③ 对实际发生的成本改变进行管理。

2）成本控制包括：

① 监督成本执行情况以及发现实际成本与计划的偏离。

② 要把一些合理的改变包括在基准成本中。

③ 防止不正确的、不合理的、未经许可的改变包括在基准成本中。

④ 把合理的改变通知项目的相关方。

成本控制包括寻找产生正负偏差的原因，必须和其他控制过程结合（范围控制、进度控制、质量控制及其他）。

2. 成本控制的输入

1）基准成本线。

2）执行报告。执行报告提供了项目实施过程中成本方面的信息，可提醒项目团队将来可能会发生的问题。

3）改变的要求。有关改变的要求可以有多种形式：口头或书面的、直接或间接的、组织外部要求的或内部提出的、强制规定的或可选择的。实现这些改变可能要增加或减少预算。

4）成本管理计划。

3. 成本控制的工具和技术

（1）成本改变控制系统。成本改变控制系统规定了改变基准成本的一些步骤，包括一些书面工作、跟踪系统和经许可的可改变的成本水平。成本改变控制系统应和整体改变控制系统相结合。

（2）评估执行情况。评估执行情况可以帮助估计已发生的偏离的程度。盈余量分析对成本控制特别有用。成本控制的一个重要内容是确定什么原因引起偏差以及决定是否需要采取纠正措施。

（3）原计划的修改。很少项目能够精确地按计划进行，可预见的改变可能需要对原成本估计进行修正或用其他方法估计成本。

（4）计算工具。一些管理软件经常被用以成本控制，可进行计划成本与实际成本间的对比以及预测成本改变的后果。

4. 成本控制的输出

（1）原成本估计的修正。修改原有成本数据并通知与项目有关的涉及方。修改成本估计可能要求对整个项目计划进行调整。

（2）预算修改。预算修改是成本修改的一种，是对原基准成本的更改，这些数字通常在范围、改变时作修改。有时成本偏差太大，以至于重新制定基准成本显得非常必要，以便对下一步执行提供一个现实的基准成本。

（3）纠正措施。纠正措施指采取措施使项目执行情况回到项目计划。

(4) 竣工估算。竣工估算(EAC)是根据项目执行的实际情况,对整个项目成本的一个预测。最常见的有以下几种:

1) $EAC=$实际已发生成本+对剩余项目的预算。这种方法通常适用于项目现在的偏差可视为将来偏差时。

2) $EAC=$实际已发生成本+对剩余项目的一个新估计值。当过去的执行情况表明先前的成本假设有根本缺陷,或由于条件改变而不再适用新的情况时,这种方法最为常见。

3) $EAC=$实际已发生成本+剩余原预算。这种方法最常用于当现有偏差被认为是不正常的(由偶然因素引起)项目管理小组认为类似偏差今后不会发生时。

(5) 教训。应记录下产生偏差的原因、采取纠正措施的理由和其他的成本控制方面教训,这样记录下来的教训便成为这个项目和执行组织其他项目时历史数据的一部分。

业务要点 5:建筑项目成本管理措施

工程的施工成本目标是使工程实际成本始终控制在合同价范围之内,并保证各项上缴费用。在此基础上,通过及时、严密有效的成本管理工作力争取得更多利润,取得较好的经济效益。

1. 建筑工程项目成本管理核算形式

工程项目总承包部负责对工程的工期、质量、安全、成本等进行全面管理协调。在预算成本的基础上实行全额经济承包。项目总承包部负责项目的成本归集、核算,竣工决算和各项成本分析。

2. 建筑工程项目的成本管理程序

建筑工程项目的成本管理程序如图 2-5 所示。

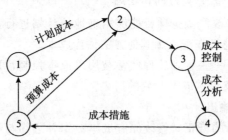

图 2-5 建筑工程项目的成本管理程序

(1) 预算成本。项目预算成本是按照现行当地相关定额及分工工程类别取费,并结合具体情况编制,是考核工程成本的依据,但最终将合同价按费用分解后直接作为项目的预算成本。

（2）计划成本。计划成本是在预算成本的基础上,根据施工组织设计和历年来在工程上各项费用的开支水平、进一步挖掘的可能性及上级下达的成本降低指标,按照成本组织的内容经分解后组成。

（3）成本控制。成本根据判定的成本目标,执行成本管理程序,对成本形式的每项经营活动进行监督和调整,使成本始终控制在预算成本活动范围内。通过成本管理程序能够及时发现成本偏差,随即分析原因,采取措施及时纠正,达到降低成本的预期目的。在计划成本初步确定后,为了保证成本计划的实现,业务部门按各自职能范围具体落实。内业部门每月按照劳动力计划及其动态曲线,计算人工费,向项目经理提供人员使用情况报表。

材料费的控制主要从材料采购单价入手,在市场价格低落时购入或签订材料采购合同,将因材料市场价格波动引起费用增加,调整施工工艺。

施工控制中的成本控制是通过经常及时的成本分析,检查各个时期各项成本的使用情况和成本计划的执行情况,分析节约和超支的原因,从而挖掘成本的潜力。

3. 建筑工程项目成本降低措施

（1）管理节约措施。

1）根据材料计划用量及用料时间,选择合格的材料供应方,确保材料质高价低,按用料时间进场,采用公司集中采购,降低材料采购成本。

2）建立材料用量台账,施工管理中应严格执行限额取料,把材料节约落实到每一种材料上。

3）周转材料进出场认真清点,及时回收,妥善保管,按时进场和出场,节约租赁费用。

4）材料进场必须有分批计划和累计数量,控制材料单价成本,施工中严格限额领料,建立节约用材奖励措施。

5）合理划分施工段,组织流水段施工。控制劳动力和周转材料投入总规模,提高劳动生产率,降低施工成本。

6）加强机械维修保养,提高作业率,既保证进度,又节约费用。

（2）技术节约措施。

1）做好施工前的准备工作,审好图纸,制订合理的施工方案,避免返工。

2）在型钢、钢筋下料中,提前编制材料计划,在满足设计、规范要求的前提下,合理配料。做到"长料长用,短料短用",对于剩余的短钢筋妥善保存,以便在二次结构中使用。

3）模板施工中,根据结构构件的不同部位的施工特点进行选型,加强模板的标准化施工,以加快进度。采用定型钢制大模板、木胶合原板配备快拆支撑体系、定型柱模、定型梁柱节点模板、电梯井筒筒模施工技术,加快施工速度,节约工时。特别是成型质量好,混凝土成型后达到清水面效果,可减少装修施工中的抹灰修补量,甚至可节约出装修施工中找平层工序。

4) 采用在混凝土中掺加粉煤灰,利用粉煤灰后期强度的施工技术,一方面可以提高混凝土的和易性能;另一方面可节约水泥,从而降低成本。混凝土中采用外加剂,提高混凝土性能,同时降低成本。墙、柱混凝土采用保水养护的方法,可节约用水,同时保证质量。水质脱模剂的应用,确保成型质量,减少模板损耗。

5) 施工中,提高全员的成品保护意识,采取措施,加强成品保护,避免下道工序对上道工序成品的破坏,对于人为破坏行为,给予重惩。

(3) 材料节约措施。

1) 材料采购货比三家。在施工中加强材料管理,进场各种材料要验收点数、称重或量方。材料堆放场地入口设置动态电子汽车衡一台,对进场各种材料进行动态自动计量,提高计量精度,可对进场的散装水泥、砂、石、外加剂、钢筋等进行准确计量,防止原材料的亏损。

2) 加强木材从进场到保管的管理工作,加强木材的周转、节约木材。

3) 针对大面积铺放玻璃钢模板,支撑系统采用多功能碗扣架。碗扣架整体受力性能很强,采用双向 1.2m 间距支撑形式,大大减少立柱的数量、钢管用量,另一方面也减少了支撑安装加固的时间。且碗扣架构件轻,运输方便,作业强度较低以及零部件的损耗率低,完全避免了螺栓作业,且拆装方便,减少了安装用工。由于零部件基本与杆件相连,不易丢失散件,避免了扣件式脚手架经常丢失零部件的情况。

4) 现场开展"修废利旧"的活动,利用工程的一些下脚料制造一部分施工工具。

5) 进场的周转料必须严格按规定码放,使用合理,严禁长料短用、优料劣用,不得随意截断架子管、钢支架等,不得在钢模板面上开孔和焊接,拆卸模板及脚手架时,不准从高处摔扔,并及时维修与保养。

第四节　施工项目质量管理

本节导读

本节主要介绍施工项目质量管理,内容包括施工现场质量责任制度、施工现场质量管理内容、施工准备和施工过程中质量控制的主要内容、建筑工程质量验收标准以及工程验收的程序等。其内容关系如图 2-6 所示。

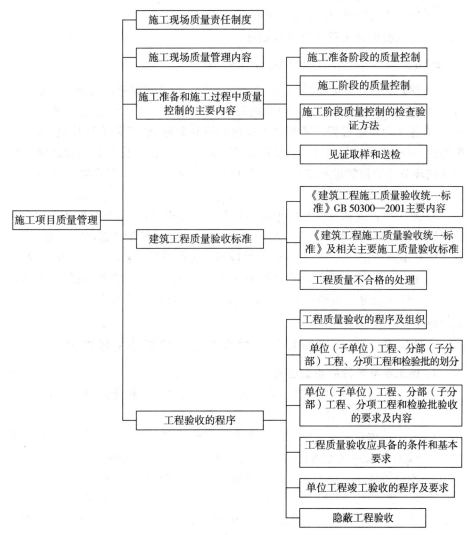

图 2-6　本节内容关系图

业务要点 1：施工现场质量责任制度

施工现场质量责任制度应有相应的施工技术标准、健全的质量管理体系、施工质量检验制度和综合施工质量水平评定考核制度。

1）施工项目部组织机构健全，质量保证体系监理并有效运行，质量管理制度齐全，质量责任制落实。

2）材料、构件、设备的质量控制制度、进场验收制度、抽样检验制度。

3）工序自检制度、工序之间交接检制度、工序操作和施工过程抽查制度、重点部位系统检查制度及完工质量检查评定制度。

4）岗位责任制度、质量例会制度、奖惩制度。

5）图纸会审及工程变更审核制度。

业务要点 2：施工现场质量管理内容

1）建筑工程的质量控制应为全工程的控制。施工单位应推行生产控制和合格控制的全过程质量控制，应有健全的生产控制和合格控制的质量管理体系。

2）施工现场全过程质量控制不仅包括原材料控制、工艺流程控制、施工操作控制、每道工序质量检查、各相关工序间的交接检验以及专业工种之间等中间交接环节的质量管理和控制要求，还应包括满足施工图设计和功能要求的抽样检验制度等。

3）施工单位应通过内部的审核与管理者的评审，找出质量管理体系中存在的问题和薄弱环节，并制定改进的措施和跟踪检查落实等措施，使单位的质量管理体系不断健全和完善，是该施工单位不断提高建筑工程施工质量的保证。

4）施工单位应重视综合质量控制水平，应从施工技术、管理制度、工程质量控制和工程质量等方面制定对施工企业综合质量控制水平的指标，以达到提高整体素质和经济效益。

业务要点 3：施工准备和施工过程中质量控制的主要内容

1. 施工准备阶段的质量控制

（1）施工承包企业的分类。施工企业按照其承包工程能力，划分为施工总承包、专业承包和劳务分包 3 个序列。

1）施工总承包企业。施工总承包企业资质按专业类别共分为 12 个资质类别，每一个资质类别又分为特级、一级、二级、三级，共 4 个等级。

2）专业承包企业。专业承包企业资质按专业类别共分为 60 个资质类别，每一个资质类别又分为一级、二级、三级。常用类别：地基与基础、建筑装饰装修、建筑幕墙、钢结构、机电设备安装、电梯安装、消防设施、建筑防水、防腐保温、园林古建筑、爆破与拆除、电信工程、管道工程等。

3）劳务分包企业（获得劳务分包资质的企业）。劳务承包企业有 13 个资质类别，如木工作业、砌筑作业、抹灰作业、油漆作业、钢筋作业、混凝土作业、脚手架作业、模板作业、焊接作业、水暖电安装作业等。如同时发生多类作业可划分为结构劳务作业、装修劳务作业、综合劳务作业。有的资质类别分成若干级，有的则不分级，如木工、砌筑、钢筋作业劳务分包企业资质分为一级、二级。油漆、架线等作业劳务分包企业资质则不分级。

（2）对施工企业资质的核查主要内容。

1）招投标阶段核查内容。

① 根据工程的类型、规模和特点，确定参与投标企业的资质等级，并取得招

投标管理部门的认可。

②核查"营业执照"、"建筑业企业资质证书"以及招标文件要求提供的相关证明文件，并了解其实际的建设业绩、人员素质、管理水平、资金情况、技术装备等。

2）施工单位进场时核查内容。项目经理部的质量管理体系的有关资料，包括组织机构各项制度、管理人员、专职质检员、特种作业人员的资格证、上岗证、工地实验室、分包单位资格。

（3）施工单位在施工准备阶段的质量控制。

1）施工合同签订后，施工单位项目经理部应索取设计图纸和技术资料，指定专人管理并公布有效文件清单。

2）项目经理部应依据设计文件和设计技术交底的工程控制点进行复测，当发现问题时，应与设计人协商处理，并应形成记录。

3）施工单位项目技术负责人应主持对图纸审核，并应形成会审记录。

4）施工单位项目经理应按质量计划中工程分包和物资采购的规定，选择并评价分包人和供应人，并应保存评价记录。

5）施工企业应对全体施工人员进行质量知识培训，并应保存培训记录。

2. 施工阶段的质量控制

建设工程施工项目是由一系列相互关联、相互制约的作业过程（工序）所构成，施工项目的质量控制的过程是从工序质量到分项工程质量、分部工程质量、单位工程质量的系统控制过程；也是一个由投入原材料的质量控制开始，直到完成工程质量检验批为止的全过程的系统过程。控制工程项目施工过程的质量，必须控制全部作业过程，即各道工序的施工质量。

（1）施工阶段的质量控制内容。

1）进行现场施工技术交底。

2）工程测量的控制和成果部分。

3）材料的质量控制。

4）机械设备的质量控制。

5）按规定控制计量器具的使用、保管、维修和检验。

6）施工工序质量的控制。

7）特殊过程的质量控制。

8）工程变更应严格执行工程变更程序，经有关批准后方可实施。

9）采取有效措施妥善保护建筑产品或半成品。

10）施工中发生的质量事故，必须按《建设工程质量管理条例》的有关规定处理。

（2）施工作业过程质量控制的内容。

1) 进行作业技术交底,包括作业技术要领、质量标准、施工依据、与前后工序的关系等。

2) 检查施工工序、程序的合理性、科学性,防止工序流程错误导致工序质量失控。检查内容包括施工总体流程和具体施工作业的先后顺序,在正常的情况下,要坚持先准备后施工、先深后浅、先土建后安装、先验收后交工等。

3) 检查工序施工条件,即每道工序投入的材料、使用的工具、设备及操作工艺及环境条件等是否符合施工组织设计的要求。

4) 检查工序施工中人员操作程序、操作质量是否符合质量规程要求。

5) 检查工序施工中间产品的质量,即工序质量、分项工程质量。

6) 对工序质量符合要求的中间产品(分项工程)及时进行工序验收或隐蔽工程验收。

7) 质量合格的工序经验收后可进入下道工序施工。未经验收合格的工序,不得进入下道工序施工。

(3) 施工工序质量控制的内容。工序质量是施工质量的基础,工序质量也是施工顺利进行的关键。为达到对工序质量控制的效果,在工序质量控制方面应做到以下五点:

1) 贯彻预防为主的基本要求,设置工序质量检查点,对材料质量状况、工具设备状况、施工程序、关键操作、安全条件、新材料新工艺应用、常见质量通病,甚至包括操作者的行为等影响因素列为控制点作为重点检查项目进行预控。

2) 落实工序操作质量巡查、抽查及重要部位跟踪检查等方法,及时掌握施工质量总体状况。

3) 对工序产品、分项工程的检查应按标准要求进行目测、实测及抽样试验的程序,做好原始记录,经数据分析后,及时做出合格或不合格的判断。

4) 对合格工序产品应及时提交监理进行隐蔽工程验收。

5) 完善管理过程的各项检查记录、检测资料及验收资料,作为工程质量验收的依据,并为工程质量分析提供可追溯的依据。

3. 施工阶段质量控制的检查验证方法

施工阶段质量控制是否持续有效,应经检查验证予以评价。检查验证的方法,主要是核查有关工程技术资料、直接进行现场质量检查或必要的试验等。

(1) 技术文件、资料进行核查。核查施工质量保证资料(包括施工全过程的技术质量管理资料)是否齐备、正确,是施工阶段对工程质量进行全面控制的重要手段,其中又以原材料、施工检测、测量复核及功能性试验资料为重点检查内容。其具体内容如下。

1) 有关技术资质、资格证明文件及施工方案、施工组织设计和技术措施等。

2) 开工报告,并经现场核实。

3）有关材料、半成品的质量检验报告及有关安全和功能的检测资料。

4）反映工序质量动态的统计资料或控制图表。

5）设计变更、修改图纸和技术核定书。

6）有关质量问题和质量事故的处理报告。

7）有关应用新工艺、新材料、新技术、新结构的技术鉴定书。

8）有关工序交接检查,分项、分部工程质量检查记录。

9）施工质量控制资料。

10）有效签署的现场有关技术签证、文件等。

（2）现场质量检查内容。

1）分部、分项工程内容的抽样检查。

2）工程外观质量的检查。

（3）现场质量检查时机。

1）开工前检查:目的是检查是否具备开工条件,开工后能否连续正常施工,能否保证工程质量。

2）工序交接检查:对于重要的工序或对工程质量有重大影响的工序,在自检、互检的基础上,还要组织专职人员进行工序交接检查。

3）隐蔽工程检查:凡是隐蔽工程均应检查签证后方能掩盖。

4）巡视检查:应经常深入现场,对施工操作质量进行检查,必要时还应进行跟班或追踪检查。

5）停工后复工前的检查:因处理质量问题或某种原因停工后需复工时,应经检查认可后方能复工。

6）分项、分部工程完工后应经检查认可,签署验收记录后,才许可进行下一工程项目施工。

7）成品保护检查:检查成品有无保护措施,或保护措施是否可靠。

（4）现场进行质量检查的方法。现场进行质量检查的方法有目测法、实测法和试验法三种。

1）目测法。其手段可归纳为"看"、"摸"、"敲"、"照"四个字。

2）实测法。就是采用测量工具对完成的施工部位进行检测,通过实测数据与施工规范及质量标准所规定的允许偏差对照,来判别质量是否合格。实测法的手段,也可归纳为"靠"、"吊"、"量"、"套"四个字。

3）试验法。指必须通过试验手段,才能对质量进行判断的检查方法。如对桩或地基的静载试验,确定其承载力;对钢结构进行稳定性试验,确定是否产生失稳现象;对钢筋、焊接头进行拉力试验,检验焊接的质量等。

（5）工程质量不符合要求时,应按规定进行处理。

1）经返工或更换设备的工程,应该重新检查验收。

2) 经有资质的检测单位检测鉴定,能达到设计要求的工程,应予以验收。

3) 经返修或加固处理的工程,虽局部尺寸等不符合设计要求,但仍然能满足使用要求,可按技术处理方案和协商文件进行验收。

4) 经返修和加固后仍不能满足使用要求的工程严禁验收。

4. 见证取样和送检

1) 见证取样和送检是指在建设单位或工程监理单位人员的见证下,由施工单位的现场试验人员对工程中涉及结构安全的试块、试件和材料在现场取样,并送至经过省级以上建设行政主管部门对其资质认可和质量技术监督部门对其计量认证的质量检测单位(以下简称"检测单位")进行检测。

2) 下列试块、试件和材料必须实施见证取样和送检。

① 用于承重结构的混凝土试块。

② 用于承重墙体的砌筑砂浆试块。

③ 用于承重结构的钢筋及连接接头试件。

④ 用于承重墙的砖和混凝土小型砌块。

⑤ 用于拌制混凝土和砌筑砂浆的水泥。

⑥ 用于承重结构的混凝土中使用的掺加剂。

⑦ 地下、屋面、厕浴间使用的防水材料。

⑧ 国家规定必须实行见证取样和送检的其他试块、试件和材料。

3) 见证人员应由建设单位或该工程的监理单位具备建筑施工试验知识的专业技术人员担任,并应由建设单位或该工程的监理单位书面通知施工单位、检测单位和负责该项工程的质量监督机构。

4) 在施工过程中,见证人员应按照见证取样和送检计划,对施工现场的取样和送检进行见证,取样人员应在试样或其包装上做出标识、封志,标识和封志应标明工程名称、取样部位、取样日期、样品名称和样品数量,并由见证人员和取样人员签字。见证人员应制作见证记录,并将见证记录归入施工技术档案。

见证人员和取样人员应对试样的代表性和真实性负责。

5) 见证取样的试块、试件和材料送检时,应由送检单位填写委托单,委托单应有见证人员和送检人员签字。检测单位应检查委托单及试样上的标识和封志,确认无误后方可进行检测。

6) 检测单位应严格按照有关管理规定和技术标准进行检测,出具公正、真实、准确的检测报告。见证取样和送检的检测报告必须加盖见证取样检测的专用章。

业务要点 4：建筑工程质量验收标准

1.《建筑工程施工质量验收统一标准》GB 50300—2001 主要内容

1)《建筑工程施工质量验收统一标准》GB 50300—2001(以下简称为"标

准")确定了编制统一标准和建筑工程质量验收规范系列标准的宗旨:"加强建筑工程质量管理统一建筑工程施工质量的验收,保证工程质量。"

2)"标准"编制的指导思想:"验评分离、强化验收、完善手段、过程控制。"

3)"标准"标准编制的内容有两部分,适用于建筑工程施工质量的验收,并作为建筑工程各专业工程施工质量验收规范编制的统一准则。

"标准"第一部分规定了房屋建筑各专业工程施工质量验收规范编制的统一准则。为了统一房屋工程各专业施工质量验收规范的编制,对检验批、分项、分部(子分部)、单位(子单位)工程的划分、质量指标的设置和要求、验收程序与组织都提出了原则的要求,以指导本系列标准各验收规范的编制,掌握内容的繁简、质量指标的多少、宽严程度等,使其能够比较协调。

"标准"第二部分是直接规定了单位工程的验收,从单位工程的划分和组成,质量指标的设置,到验收程序都做了具体规定。

4)"标准"编制依据:"标准"依据现行国家有关工程质量的法律、法规、管理标准和有关技术标准编制。建筑工程各专业工程施工质量验收规范必须与"标准"配合使用。

"标准"的编制依据,主要是《中华人民共和国建筑法》、《建设工程质量管理条例》、《建筑结构可靠度设计统一标准》及其他有关设计规范的规定等。同时,"标准"强调本系列各专业验收规范必须与本标准配套使用。

另外,《建筑工程施工质量验收统一标准》规范体系的落实和执行,还需要有关标准的支持,其支持体系见图2-7。

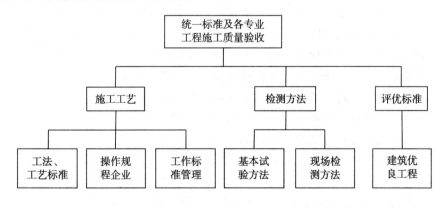

图2-7　标准的支持体系

5)单位(子单位)工程的划分应按下列原则确定:

① 具备独立施工条件并能形成独立使用功能的建筑物及构筑物为一个单位工程。

② 建筑规模较大的单位工程,可将其能形成独立使用功能的部分作为一个

子单位工程。

6) 分部(子分部)工程的划分应按下列原则确定。

① 分部工程的划分应按专业性质、建筑部位确定。

② 当分部工程较大或较复杂时.可按材料种类、施工特点、施工程序、专业系统及类别等划分为若干分部工程。

7) 分项工程应按主要工种、材料、施工工艺、设备类别等进行划分。

8) 分项工程可由一个或若干个检验批组成,检验批可根据施工及质量控制和专业验收需要按楼层、施工段、变形缝等进行划分。

9) 室外工程可根据专业类别和工程规模划分单位(子单位)工程。

10) 检验批的质量检验,应根据检验项目的特点在下列抽样方案中进行选择。

① 计量、计数或计量—计数等抽样方案。

② 一次、两次或多次抽样方案。

③ 根据生产连续性和生产控制稳定性情况,尚可采用调整型抽样方案。

④ 对重要的检验项目当可采用简易快速的检验方法时,可选用全数检验方案。

⑤ 经实践检验有效的抽样方案。

2.《建筑工程施工质量验收统一标准》及相关主要施工质量验收标准

现行建筑工程相关施工验收标准如下:

1)《建筑工程施工质量验收统一标准》GB 50300—2001

2)《建筑地基基础工程施工质量验收规范》GB 50202—2002

3)《砌体结构工程施工质量验收规范》GB 50203—2011

4)《混凝土结构工程施工质量验收规范》GB 50204—2002

5)《钢结构工程施工质量验收规范》GB 50205—2001

6)《木结构工程施工质量验收规范》GB 50206—2012

7)《屋面工程质量验收规范》GB 50207—2012

8)《屋面工程技术规范》GB 50345—2012

9)《地下防水工程质量验收规范》GB 50208—2011

10)《地下工程防水技术规范》GB 50108—2008

11)《建筑地面工程施工质量验收规范》GB 50209—2002

12)《建筑装饰工程施工质量验收规范》GB 50210—2010

13)《建筑给水排水及采暖工程施工质量验收规范》GB 50242—2002

14)《通风与空调工程施工质量验收规范》GB 50243—2002

15)《建筑电气工程施工质量验收规范》GB 50303—2002

16)《电梯工程施工质量验收规范》GB 50310—2002

3. 工程质量不合格的处理

1) 施工现场对工程质量不合格的处理。

① 上道工序不合格,不准进入下道工序施工。

② 不合格的材料、构配件、半成品不准进入施工现场且不允许使用。

③ 已经进场的不合格品应及时作出标志、记录,指定专人看管,避免用错,并限期清除出现场。

④ 不合格的工序或工程产品,不予计价。

2) 建筑工程验收时,当建筑工程质量出现不符合要求的情况,应按规定进行处理。

① 返工重做或更换器具、设备的检验批,应重新进行验收。

② 经有资质的检测单位检测鉴定能够达到设计要求的检验批,应予以验收。

③ 经有资质的检测单位检测鉴定达不到设计要求,但经原设计单位核算认可能够满足结构安全和使用功能的检验批,可予以验收。

④ 经返修或加固处理的分项、分部工程,虽然改变外形尺寸但仍然满足安全使用要求,可按技术处理方案和协商文件进行验收。

⑤ 通过返修或加固处理仍不能满足安全使用要求的分部工程、单位(子单位)工程,严禁验收。

业务要点 5:工程验收的程序

1. 工程质量验收的程序及组织

1) 建设工程施工质量验收是对已完工的工程实体的外观质量及内在质量按规定程序检查后,确认其是否符合设计及各项验收标准的要求,可交付使用的一个重要环节。正确地进行工程项目质量的检查评定和验收是保证工程质量的重要手段。

鉴于建设工程施工规模较大、专业分工较多、技术安全要求高等特点,国家相关行政管理部门对各类工程项目的质量验收标准制定了相应的规范,以保证工程验收的质量应严格执行规范的要求和标准。

2) 工程质量验收分为过程验收和竣工验收,其验收程序及组织包括下列 5 点:

① 施工过程中隐蔽工程在隐蔽前通知建设单位(或工程监理)进行验收,并形成验收文件。

② 分项、分部工程完成后,应在施工单位自行验收合格后,通知建设单位(或工程监理)验收,重要的分项、分部应请设计单位参加验收。

③ 单位工程完工后,施工单位应自行组织检查、评定,符合验收标准后,向建设单位提交验收申请。

④ 建设单位收到验收申请后,应组织施工、勘察、设计、监理等单位的相关

人员进行单位工程验收,明确验收结果,并形成验收报告。

⑤ 按国家现行管理制度,房屋建筑工程及市政基础设施工程验收合格后,尚需在规定时间内,将验收文件报政府管理部门备案。

2. 单位(子单位)工程、分部(子分部)工程、分项工程和检验批的划分

建筑工程质量验收应划分为单位(子单位)工程、分部(子分部)工程、分项工程和检验批。

1)单位(子单位)工程的划分应按下列原则确定:

① 具备独立施工条件并能形成独立使用功能的建筑物及构筑物为一个单位工程。

② 建筑规模较大的单位工程,可将其能形成独立使用功能的部分作为一个子单位工程。

2)分部(子分部)工程的划分应按下列原则确定:

① 分部工程的划分应按专业性质、建筑部位确定。

② 当分部工程较大或较复杂时,可按材料种类、施工特点、施工程序、专业系统及类别等划分为若干子分部工程。

3)分项工程应按主要工种、材料、施工工艺、设备类别等进行划分。

4)分项工程可由一个或若干个检验批组成,检验批可根据施工及质量控制和专业验收需要按楼层、施工段、变形缝等进行划分。

5)室外工程可根据专业类别和工程规模划分单位(子单位)工程、分部(子分部)工程。

6)检验批的质量检验应根据检验项目的特点在下列抽样方案中进行选择。

① 计量、计数或计量—计数等抽样方案。

② 一次、两次或多次抽样方案。

③ 根据生产连续性和生产控制稳定性情况,尚可采用调整型抽样方案。

④ 对重要的检验项目当可采用简易快速的检验方法时,可选用全数检验方案。

⑤ 经实践检验有效的抽样方案。

7)在制订检验批的抽样方案时,对生产方风险(或错判概率 α)和使用方风险(或漏判概率 β)可采取下列规定。

① 主控项目:对应于合格质量水平的 α、$\beta \leqslant 5\%$。

② 一般项目:对应于合格质量水平的 $\alpha \leqslant 5\%$,$\beta \leqslant 10\%$。

3. 单位(子单位)工程、分部(子分部)工程、分项工程和检验批验收的要求及内容

1)检验批质量验收合格应符合下列规定:

① 主控项目和一般项目的质量经抽样检验合格。

② 具有完整的施工操作依据、质量检查记录。

2）分项工程质量验收合格应符合下列规定：

① 分项工程所含的检验批均应符合合格质量的规定。

② 分项工程所含的检验批的质量验收记录应完整。

3）分部（子分部）工程质量验收合格应符合下列规定：

① 分部（子分部）工程所含工程的质量均应验收合格。

② 质量控制资料应完整。

③ 地基与基础、主体结构和设备安装等分部工程有关安全及功能的检验和抽样检测结果应符合有关规定。

④ 观感质量验收应符合要求。

4）单位（子单位）工程质量验收合格应符合下列规定：

① 单位（子单位）工程所含分部（子分部）工程的质量均应验收合格。

② 质量控制资料应完整。

③ 单位（子单位）工程所含分部（子分部）工程有关安全和功能的检测资料应完整。

④ 主要功能项目的抽查结果应符合相关专业质量验收规范的规定。

⑤ 观感质量验收应符合要求。

5）建筑工程质量验收记录应符合下列规定：

① 检验批质量验收可按《建筑工程施工质量验收统一标准》GB 50300—2001 附录 D 进行。

② 分项工程质量验收可按《建筑工程施工质量验收统一标准》GB 50300—2001 附录 E 进行。

③ 分部（子分部）工程质量验收应按《建筑工程施工质量验收统一标准》GB 50300—2001 附录 F 进行。

④ 单位（子单位）工程质量验收、质量控制资料核查、安全和功能检验资料核查及主要功能抽查记录、观感质量检查应按《建筑工程施工质量验收统一标准》GB 50300—2001 附录 G 进行。

4. 工程质量验收应具备的条件和基本要求

1）施工现场质量管理应有相应的施工技术标准、健全的质量管理体系、施工质量检验制度和综合施工质量水平评定考核制度。

2）检验批及分项工程应由监理工程师（建设单位项目技术负责人）组织施工单位项目专业质量（技术）负责人等进行验收。验收前，施工单位先填好"检验批和分项工程的质量验收记录"，并由项目专业质量检验员和项目专业技术负责人分别在检验批和分项工程质量检验记录中的相关栏目签字，然后由监理工程师组织，严格按规定程序进行验收。

3) 分部工程应由总监理工程(建设单位项目负责人)组织施工单位项目负责人和技术、质量负责人等进行验收;地基与基础、主体结构分部工程的勘察、设计单位工程项目负责人和施工单位技术、质量部门负责人也应参加相关分部工程验收。

4) 建筑工程施工质量应按下列要求进行验收:

① 建筑工程质量应符合《建筑工程施工质量验收统一标准》GB 50300—2001 和相关专业验收规范的规定。

② 建筑工程施工应符合工程勘察、设计文件的要求。

③ 参加工程施工质量验收的各方人员应具备规定的资格。

④ 工程质量的验收均应在施工单位自行检查评定的基础上进行。

⑤ 隐蔽工程在隐蔽前应由施工单位通知有关单位进行验收并应形成验收文件。

⑥ 涉及结构安全的试块、试件以及有关材料应按规定进行见证取样检测。

⑦ 检验批的质量应按主控项目和一般项目验收。

⑧ 对涉及结构安全和使用功能的重要分部工程应进行抽样检测。

⑨ 承担见证取样检测及有关结构安全检测的单位应具有相应资质。

⑩ 工程的观感质量应由验收人员通过现场检查并共同确认。

5) 工程符合下列要求方可进行竣工验收:

① 完成工程设计和合同约定的各项内容。

② 施工单位在工程完工后对工程质量进行了检查,确认工程质量符合有关法律、法规和工程建设强制性标准,符合设计文件及合同要求,并提出工程竣工报告。工程竣工报告应经项目经理和施工单位有关负责人审核签字。

③ 对于委托监理的工程项目,监理单位对工程进行质量评估,具有完整的监理资料,并提出工程质量评估报告。工程质量评估报告应经总监理工程师和监理单位有关负责人审核签字。

④ 勘察、设计单位对勘察、设计文件及施工过程中由设计单位签署的设计变更通知书进行检查,并提出质量检查报告。质量检查报告应经该项目勘察、设计负责人和勘察、设计单位有关负责人审核签字。

⑤ 有完整的技术档案和施工管理资料。

⑥ 有工程使用的主要建筑材料、建筑构配件和设备的进场试验报告。

⑦ 建设单位已按合同约定支付工程款。

⑧ 有施工单位签署的工程质量保修书。

⑨ 城乡规划行政主管部门对工程是否符合规划设计要求进行检查,并出具认可文件。有公安、消防、环保等部门出具的认可文件或者准许使用文件。

⑩ 建设行政主管部门及其委托的工程质量监督机构等有关部门责令整改的问题全部整改完毕。

5. 单位工程竣工验收的程序及要求

（1）单位工程竣工验收的要求。

1）单位工程完工后，施工单位应自行组织有关人员进行检查评定，并向建设单位提交工程验收报告。验收前，施工单位首先要依据质量标准、设计图纸等组织有关人员进行自检，并对检查结果进行评定，符合要求后向建设单位提交工程验收报告和完整的质量资料，请建设单位组织验收。

2）建设单位收到工程验收报告后，应由建设（项目）负责人组织施工（含分包单位）、设计、监理等单位（项目）负责人进行单位（子单位）工程验收。

3）单位工程有分包单位施工时，分包单位对所承包的工程按《建筑工程施工质量验收统一标准》GB 50300—2001 规定的程度检查评定，总包单位应派人参加。分包工程完成后，应将工程有关资料交总包单位。建设单位组织单位工程质量验收时，分包单位负责人应参加验收。

4）当参加验收各方对工程质量验收意见不一致时，可请当地建设行政主管部门或工程质量监督机构协调处理。

（2）工程竣工验收的程序。

1）工程完工后，施工单位向建设单位提交工程竣工报告，申请工程竣工验收。实行监理的工程，工程竣工报告须经总监理工程师签署意见。

2）建设单位收到工程竣工报告后，对符合竣工验收要求的工程，组织勘察、设计、施工、监理等单位和其他有关方面的专家组成验收组，制订验收方案。

3）建设单位应当在工程竣工验收 7 个工作日前将验收的时间、地点及验收组名单书面通知负责监督该工程的工程质量监督机构。

4）建设单位组织工程竣工验收。

① 建设、勘察、设计、施工、监理单位分别报告工程合同履约情况和在工程建设各个环节执行法律、法规和工程建设强制性标准的情况。

② 审查建设、勘察、设计、施工、监理单位的工程档案资料。

③ 实地查验工程质量。

④ 对工程勘察、设计、施工、设备安装质量和各管理环节等方面做出全面评价，形成经验收组人员签署的工程竣工验收意见。

⑤ 参与工程竣工验收的建设、勘察、设计、施工、监理等各方不能形成一致意见时，应当协商提出解决的方法，待意见一致后，重新组织工程竣工验收。

⑥ 工程竣工验收合格后，建设单位应当及时提出工程竣工验收报告。工程竣工验收报告主要包括工程概况，建设单位执行基本建设程序情况，对工程勘察、设计、施工、监理等方面的评价，工程竣工验收时间、程序、内容和组织形式，工程竣工验收意见等内容。

⑦ 负责监督该工程的工程质量监督机构应当对工程竣工验收的组织形式、

验收程序、执行验收标准等情况进行现场监督,发现有违反建设工程质量管理规定行为的,责令改正,并将对工程竣工验收的监督情况作为工程质量监督报告的重要内容。

5) 单位工程质量验收合格后,建设单位应在规定时间内将工程竣工验收报告和有关文件,向工程所在地的县级以上地方人民政府建设行政主管部门备案。否则,不允许投入使用。

6. 隐蔽工程验收

(1) 隐蔽工程验收概念。

1) 施工工艺顺序过程中,前道工序已施工完成,将被后一道工序所掩盖、包裹而再无法检查其质量情况,前道工序通常被称为隐蔽工程。

2) 凡涉及结构安全和主要使用功能的隐蔽工程,在其后一道工序施工之前(即隐蔽工程施工完成隐蔽之前),由有关单位和部门共同进行的质量检查验收,称隐蔽验收。

3) 隐蔽工程验收是对一些已完成分项、分部工程质量的最后一道检查,把好隐蔽工程检查验收关,是保证工程质量、防止留有质量隐患的重要措施,它是质量控制的一个关键。

4) 隐蔽工程验收主要内容包括:

① 外观质量检查。

② 核查有关工程技术资料是否齐备、正确。

(2) 隐蔽工程验收程序。

1) 隐蔽工程施工完毕,承包单位按有关技术规程、规范、施工图纸先进行自检,自检合格后,填写"报验申请表",附上相应的"隐蔽工程检查记录"及有关材料证明、试验报告、复试报告等,报送项目监理机构。

2) 监理工程师收到报验申请后,首先对质量证明资料进行审查,并进行现场检查(检测或检查),承包单位的项目工程技术负责人、专职质检员及相关施工人员应随同一起到现场。重要或特殊部位(如地基验槽、验桩、地下室或首层钢筋检验等)应邀请建设单位、勘察单位、设计单位和质量监督单位派员参加,共同对隐蔽工程进行检查验收。

3) 参加检查人员按隐蔽工程检查表的内容在检查验收后,提出检查意见,如符合质量要求,由施工承包单位质量检查员在"隐蔽单"上填写检查情况,然后交参加检查人员签字。若检查中存在问题需要进行整改时,施工承包单位应在整改后,再次邀请有关各方(或由检查意见中明确的某一方)进行复查,达到要求后,方可办理签证手续。对于隐蔽工程检查中提出的质量问题必须进行认真处理,经复验符合要求后,方可办理签证手续,准予承包单位隐蔽、覆盖,进行下一道工序施工。

4）为履行隐蔽工程检查验收的质量职责,应做好隐蔽工程检查验收记录。隐蔽工程检查验收后,应及时将隐蔽工程检查验收记录进行项目内业归档。

第五节　施工项目安全管理

本节导读

本节主要介绍施工项目安全管理,内容包括我国安全生产的管理体制、安全教育、安全事故处理的原则、危险源识别、施工现场目前执行的安全方面的主要规范以及安全管理相关要求等。其内容关系如图 2-8 所示。

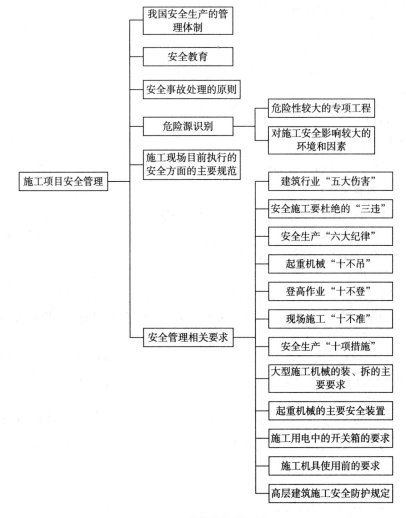

图 2-8　本节内容关系图

◎ 业务要点 1：我国安全生产的管理体制

我国安全生产的管理体制可以用五句话概括：企业负责、国家监察、行业管理、群众监督、劳动者遵章守纪。

◎ 业务要点 2：安全教育

安全教育主要包括安全生产思想、知识、技能三方面的教育。安全教育的内容包括事故教育、安全法制教育、新工人的三级教育、施工人员的进场教育、节假日前后的教育等经常性的安全教育。安全技术操作规程是安全教育的重点内容。

◎ 业务要点 3：安全事故处理的原则

安全事故处理的原则即通常所说的"四不放过"原则。

1）事故原因不清楚不放过。

2）事故责任者和员工没有受到教育不放过。

3）事故责任者没有处理不放过。

4）没有制定防范措施不放过。

◎ 业务要点 4：危险源识别

符合下列条件的应当确定为工程项目施工安全重大危险源。

1. 危险性较大的专项工程

1）基坑（槽）开挖与支护、降水工程。包括开挖深度≥2.5m 的基坑、≥1.5m 的基槽（沟）；或基坑开挖深度＜2.5m，基槽开挖深度＜1.5m，但因地质水文条件或周边环境复杂，需要对基坑（槽）进行支护和降水的基坑（槽）；采用爆破方式开挖的基坑（槽）。

2）深基础工程。包括人工挖孔桩；沉井、沉箱；地下暗挖工程。

3）模板工程。包括各类工具式模板工程，包括滑模、爬模、大模板等；水平混凝土构件模板支撑系统及特殊结构模板工程。

4）起重机械。包括物料提升设备（包括各类扒杆、卷扬机、井架等）、塔吊、施工电梯、架桥机等建筑施工起重设备的安装、检测、顶升、拆卸工程。

5）各类吊装工程。

6）脚手架工程。包括落地式钢管脚手架；木脚手架；附着式升降脚手架，包括整体提升与分片式提升；悬挑式脚手架；门形脚手架；挂脚手架；吊篮脚手架；卸料平台。

7）拆除工程。

8）施工现场临时用电工程。

9）其他危险性较大的专项工程。包括建筑幕墙（含石材）的安装工程；预应力结构张拉工程;隧道工程、围堰工程、架桥工程;电梯、物料提升等特种设备安装;网架、索膜及跨度＞5m 的结构安装;高度≥2.5m 时边坡的开挖、支护;较为复杂的线路、管道工程;采用新技术、新工艺、新材料对施工安全有影响的工程。

2. 对施工安全影响较大的环境和因素

1）安全网的悬挂;安全帽、安全带的使用;楼梯口、电梯井口、预留洞口、通道、尚未安装栏杆的阳台周边、作业平台和作业面周边、楼层周边、上下跑道及斜道的侧边、物料提升设备及施工电梯进料口等部位的防护。

2）施工设备、机具的检查、维护、运行以及防护。

3）2m（含 2m）以上的高处作业面架板铺设、兜网搭设。

4）在堆放与搬（吊）运等过程中,可能发生高处坠落、堆放散落等情况的工程材料、构（配）件等。

5）施工现场易燃、易爆、有毒、有害物品的搬运、储存和使用。

6）施工现场临时设施的搭设、使用和拆除。

7）施工现场及毗邻周边存在的高压线、沟崖、高墙、边坡、建（构）筑物、地下管网等。

8）施工中违章指挥、违章作业以及违反劳动纪律等行为。

9）施工现场及周边的通道和人员密集场所。

10）经论证确认或设计单位交底中明确的、其他专业性强、工艺复杂、危险性大、交叉作业等有可能导致生产安全事故的施工部位或作业活动;大风、高温、寒冷汛期等其他潜在的可能导致施工现场生产安全事故发生的因素（包括外部环境等诱因）。

业务要点 5:施工现场目前执行的安全方面的主要规范

《建筑施工安全检查标准》JGJ 59—2011;《施工现场临时用电安全技术规范》JGJ 46—2005;《建筑施工高处作业安全技术规范》JGJ 80—1991;《建筑机械使用安全技术规程》JGJ 33—2012;《龙门架及井架物料提升机安全技术规范》JGJ 88—2010;《建筑施工扣件式钢管脚手架安全技术规范》JGJ 130—2011;《建筑施工门式钢管脚手架安全技术规范》JGJ 128—2010。

业务要点 6:安全管理相关要求

1. 建筑行业"五大伤害"

1）高处坠落。

2）触电事故。

3）物体打击。

4）机械伤害。

5）坍塌事故。

2. 安全施工要杜绝的"三违"

1）违章指挥。

2）违章作业。

3）违反劳动纪律。

3. 安全生产"六大纪律"

1）进入现场必须戴好安全帽，系好帽带并正确使用个人劳动防护用品。

2）2m以上的高处、悬空作业，无安全设施的，必须戴好安全带、扣好保险钩。

3）高处作业时，不准往下或向上乱抛掷材料和工具等物件。

4）各种电动机械设备必须有可靠有效的安全接地和防雷装置等一系列施工安全措施，方能开动使用。

5）不懂电气和机械的人员，严禁使用和玩弄机电设备。

6）吊装区域非操作人员严禁入内，吊装机械必须完好，扒杆垂直下方不准站人。

4. 起重机械"十不吊"

1）起重臂和吊起的重物下面有人停留或行走不准吊。

2）起重指挥应由技术培训合格的专职人员担任，无指挥或信号不清不准吊。

3）钢筋、型钢、管材等细长和多根物件应捆扎牢靠，支点起吊。捆扎不牢不准吊。

4）多孔板、积灰斗、手推翻斗车不用四点吊或大模板外挂板不用卸甲不准吊。预制钢筋混凝土楼板不准双拼吊。

5）吊砌块应使用安全可靠的砌块夹具，吊砖应使用砖笼，并堆放整齐。木砖、预埋件等零星物件要用盛器堆放稳妥，叠放不齐不准吊。

6）楼板、大梁等吊物上站人不准吊。

7）埋入地下的板桩、井点管等以及粘连、附着的物件不准吊。

8）多机作业，应保证所吊重物距离不小于3m，在同一轨道上多机作业，无安全措施不准吊。

9）6级以上强风不准吊。

10）斜拉重物或超过机械允许荷载不准吊。

5. 登高作业"十不登"

1）患有心脏病、高血压、深度近视眼等症的不登高。

2）迷雾、大雪、雷雨或六级以上大风不登高。

3）没有安全帽、安全带的不登高。

4）夜间没有足够照明的不登高。

5）饮酒、精神不振或经医院证明不宜登高的不登高。

6）脚手架、脚手板、梯子没有防滑或不牢固的不登高。

7）穿了厚底皮鞋或携带笨重工具的不登高。

8）高楼顶部没有固定防滑措施的不登高。

9）设备和构筑件之间没有安全跳板、高压电线旁没有遮拦的不登高。

10）石棉瓦、油毡屋面上无脚手架的不登高。

6. 现场施工"十不准"

1）不戴安全帽，不准进入施工现场。

2）酒后和带小孩不准进入施工现场。

3）井架等垂直运输不准乘人。

4）不准穿拖鞋、高跟鞋及硬底鞋上班。

5）模板及易腐材料不准做脚手板使用，作业时不准打闹。

6）电源开关不准一闸多用，未经训练的职工不准操作机械。

7）无防护措施不准高空作业。

8）吊装设备未经检查（或试吊）不准吊装，下面不准站人。

9）木工场地和防火禁区不准吸烟。

10）施工现场的各种材料应分类堆放整齐，做到文明施工。

7. 安全生产"十项措施"

1）按规定使用安全"三宝"。

2）机械设备防护装置一定要齐全有效。

3）塔吊等起重设备必须有限位保险装置，不准"带病"运转，不准超负荷作业，不准在运转中维修保养。

4）架设电线线路必须符合当地电力局规定，电气设备必须全部接零、接地。

5）电动机械和电动手持工具要装置漏电掉闸装置。

6）脚手架材料及脚手架的搭设必须符合规程要求。

7）各种缆风绳及其设置必须符合规程要求。

8）在建工程的楼梯口、电梯井口、预留洞口、通道口必须有防护措施。

9）严禁赤脚或穿高跟鞋、拖鞋进入施工现场，高处作业不准穿硬底或带钉易滑的鞋靴。

10）施工现场的悬崖、陡坡等危险地区应有警戒标志，夜间要设红灯示警。

8. 大型施工机械的装、拆的主要要求

1）必须由具有装、拆资质的专业施工队员进行作业。

2）装、拆前要制订方案，方案须经上级审批通过。

3）对装、拆人员要进行方案和安全技术交底。

4）装、拆人员持证上岗，并派监护人员和设置装、拆的警戒区域。

5)安装完毕后,企业应进行验收。经行业指定的检测机构检测合格后方能投入使用。

9. 起重机械的主要安全装置

(1)塔机。起重量限制器、起重力矩限制器、起升高度限制器、幅度限制器、行走限制器、吊钩保险装置、防钢丝绳跳槽装置。

(2)施工升降机。安全器、限位开关、防松绳开关及门联锁装置等安全保险装置。

10. 施工用电中的开关箱的要求

开关箱应做到每台机械有专用的开关箱,即"一机、一闸、一漏、一箱"的要求。

一机就是一个独立的用电设备,如塔吊、混凝土搅拌机、钢筋切断机等。

一闸就是有明显断开点的电器设备,如断路器。

一漏就是漏电保护器,但是漏电电流不能大于 30mA,潮湿的地方和容器内漏电电流不能大于 15mA。

一箱就是独立的配电箱。

11. 施工机具使用前的要求

各类施工机具使用前,必须做到进场机具都已经过维护、检测并通过安全防护装置验收合格以后才能使用。

12. 高层建筑施工安全防护规定

1)高层建筑施工组织设计中必须针对工程特点即施工方法、机械及动力设备配置、防护要求等现场情况,编制安全技术措施并经审批后执行。

2)单位工程技术负责人必须熟悉本规定。施工前应逐级做好安全技术交底,检查安全防护措施并对所使用的现场脚手架、机械设备和电气设施等进行检查,确认其符合要求后方可使用。

3)高层施工主体交叉作业时,不得在同一垂直方向上下操作,如必须上下同时进行工作时应设专用的防护援助或隔离措施。

4)高层建筑施工时,迎街面的人行道和人员进出口通道等处,均应用竹篱笆搭设双层安全棚,两层间隔以 1m 为宜并悬挂明显标志,必要时应派专人监护。

5)高处作业的走道、通道板和登高用具应随时清扫干净,废料与涂料应集中,并及时清除,不得随意乱放或向下丢弃。

6)高层建筑施工中应设测风仪,遇有 6 级以上强风时应停止室外高处作业,必须进行高处作业时应采取可靠的安全技术措施消除异常。

7)遇有冰雪及台风暴雨后,应及时清除冰雪和加设防滑条措施,并对安全设施逐一检查,发现异常情况时立即采取措施消除异常。

8）高层建筑施工现场临时用电和"洞口"、"临边"的防护措施按有关规定执行。

第六节　施工项目资料管理

本节导读

本节主要介绍施工项目资料管理，内容包括施工日志、工程技术核定、工程技术交底以及竣工图等。其内容关系如图 2-9 所示。

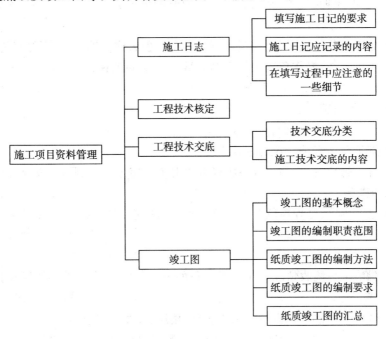

图 2-9　本节内容关系图

业务要点 1：施工日志

施工日志是在建筑工程整个施工阶段的施工组织管理、施工技术等有关施工活动和现场情况变化的真实的综合性记录，也是处理施工问题的备忘录和总结施工管理经验的基本素材，是工程交竣工验收资料的重要组成部分。施工日志可按单位、分部工程或施工工区（班组）建立，由专人负责收集、填写记录、保管。

1. 填写施工日记的要求

1）施工日记应按单位工程填写。

2) 记录时间:从开工到竣工验收时止。

3) 逐日记载不许中断。

4) 按时、真实、详细记录,中途发生人员变动,应当办理交接手续,保持施工日记的连续性、完整性。施工日记应由栋号工长记录。

2. 施工日记应记录的内容

施工日记的内容可分为五类:基本内容、工作内容、检验内容、检查内容、其他内容。

(1)基本内容

1) 日期、星期、气象、平均温度。平均温度可记为××～××℃,气象按上午和下午分别记录。

2) 施工部位。施工部位应将分部、分项工程名称和轴线、楼层等写清楚。

3) 出勤人数、操作负责人。出勤人数一定要分工种记录,并记录工人的总人数,以及工人和机械的工程量。

(2)工作内容

1) 当日施工内容及实际完成情况。

2) 施工现场有关会议的主要内容。

3) 有关领导、主管部门或各种检查组对工程施工技术、质量、安全方面的检查意见和决定。

4) 建设单位、监理单位对工程施工提出的技术、质量要求、意见及采纳实施情况。

(3)检验内容

1) 隐蔽工程验收情况。应写明隐蔽的内容、楼层、轴线、分项工程、验收人员、验收结论等。

2) 试块制作情况。应写明试块名称、楼层、轴线、试块组数。

3) 材料进场、送检情况。应写明批号、数量、生产厂家以及进场材料的验收情况,以后补上送检后的检验结果。

(4)检查内容

1) 质量检查情况:当日混凝土浇注及成型、钢筋安装及焊接、砖砌体、模板安拆、抹灰、屋面工程、楼地面工程、装饰工程等的质量检查和处理记录;混凝土养护记录,砂浆、混凝土外加剂掺用量;质量事故原因及处理方法,质量事故处理后的效果验证。

2) 安全检查情况及安全隐患处理(纠正)情况。

3) 其他检查情况,如文明施工及场容场貌管理情况等。

(5)其他内容

1) 设计变更、技术核定通知及执行情况。

2）施工任务交底、技术交底、安全技术交底情况。

3）停电、停水、停工情况。

4）施工机械故障及处理情况。

5）冬、雨期施工准备及措施执行情况。

6）施工中涉及的特殊措施和施工方法、新技术、新材料的推广使用情况。

3. 在填写过程中应注意的一些细节

1）书写时一定要字迹工整、清晰，最好用仿宋体或正楷字书写。

2）当日的主要施工内容一定要与施工部位相对应。

3）养护记录要详细，应包括养护部位、养护方法、养护次数、养护人员、养护结果等。

4）焊接记录也要详细记录，应包括焊接部位、焊接方式（电弧焊、电渣压力焊、搭接双面焊、搭接单面焊等）、焊接电流、焊条（剂）牌号及规格、焊接人员、焊接数量、检查结果、检查人员等。

5）其他检查记录一定要具体详细，不能泛泛而谈。检查记录记得很详细还可代替施工记录。

6）停水、停电一定要记录清楚起止时间，停水、停电时正在进行什么工作，是否造成损失。

业务要点 2：工程技术核定

1）凡在图纸会审时遗留或遗漏的问题以及新出现的问题，属于设计产生的，由设计单位以变更设计通知单的形式通知有关单位（施工单位、建设单位（业主）、监理单位）；属建设单位原因产生的，南建设单位通知设计单位出具工程变更通知单，并通知有关单位。

2）在施工过程中，因施工条件、材料规格、品种和质量不能满足设计要求以及合理化建议等原因，需要进行施工图修改时，由施工单位提出技术核定单。

3）技术核定单由项目专业技术人员负责填写，并经项目技术负责人审核，重大问题须报公司总工审核，核定单应正确、填写清楚、绘图清晰，变更内容要写明变更部位、图别、图号、轴线位置、原设计和变更后的内容和要求等。

4）技术核定单由项目专业技术人员负责送设计单位、建设单位、监理单位办理签证，经认可后方生效。

5）经过签证认可后的技术核定单交项目资料员登记发放给施工班组、预算员、质检员以及技术、经营预算、质检等部门。

业务要点 3：工程技术交底

建筑施工企业中的技术交底，是在某一单位工程开工前，或一个分项工程施工前，由主管技术领导向参与施工的人员进行的技术性交代，其目的是使施工人员对工程特点、技术质量要求、施工方法与措施和安全等方面有一个较详细的了解,以便于科学地组织施工,避免技术质量等事故的发生。各项技术交底记录也是工程技术档案资料中不可缺少的部分。

1. 技术交底分类

1) 设计技术交底,即设计图纸交底。这是在建设单位主持下,由设计单位向各施工单位(土建施工单位与各专业施工单位)及建设工程相关单位进行的交底,主要交代建筑物的功能与特点、设计意图与要求等。

2) 施工技术交底。一般由施工单位组织,在管理单位专业工程师的指导下,主要介绍施工中遇到的问题和经常性犯错误的部位,要使施工人员明白该怎么做,规范上是如何规定的等。

2. 施工技术交底的内容

1) 工地(队)交底中有关内容:如是否具备施工条件、与其他工种之间的配合与矛盾等,向甲方提出要求、让其出面协调等。

2) 施工范围、工程量、工作量和施工进度要求:主要根据自己的实际情况,实事求是地向甲方说明即可。

3) 施工图纸的解说:设计者的大体思路,以及自己以后在施工中存在的问题等。

4) 施工方案措施:根据工程的实况,编制出合理、有效的施工组织设计以及安全文明施工方案等。

5) 操作工艺和保证质量、安全的措施:先进的机械设备和高素质的工人等。

6) 工艺质量标准和评定办法:参照现行的行业标准以及相应的设计、验收规范。

7) 技术检验和检查验收要求:包括自检以及监理的抽检的标准。

8) 增产节约指标和措施。

9) 技术记录内容和要求。

10) 其他施工注意事项。

业务要点 4:竣工图

1. 竣工图的基本概念

竣工图(纸质竣工图和竣工图计算机数据)是建设工程在施工过程中所绘制的一种"定型"图样。它是建筑物、施工结果在图纸(或图形数据)上的反映,是最真实的记录,是城建档案的核心。

2. 竣工图的编制职责范围

竣工图编制的组织由建设单位负责,建设单位在工程设计、施工合同中应对竣工图编制的有关问题按下列规定予以明确。

纸质竣工图原则上由施工单位负责编制,因重大变更需要重新绘制竣工图,由责任方负责编制。即由设计原因所造成的,由设计单位负责重新绘制;由施工原因所造成的,由施工单位负责重新绘制;由建设单位所造成的,由建设单位会同设计单位及施工单位协商处理。竣工图计算机数据由甲方委托设计院根据施工单位所编纸质竣工图进行编制。

3. 纸质竣工图的编制方法

1)凡按施工图进行施工没有变更的工程,由施工单位负责在原设计施工图上加盖"竣工图"标志章,即作为竣工图(竣工图标志章的规格尺寸统一为 80mm×50mm)。

2)凡在施工中的一般性变更,能够在原设计施工图上加以修改补充、可不重新绘制竣工图的,由施工单位在修改部位上更改,用黑色签字笔注明修改内容并在修改部位附近空白处引线指示,盖上修改标志章(修改标志章统一规定尺寸为 30mm×10mm),注明修改单日期,盖上竣工图章后即作为竣工图。由于修改较大而使在原图上更改后图面不清、辨认困难的应将修改部位框出,在本张图的空白处或增页绘制,修改完成后,由施工单位加盖竣工图章。

3)凡项目修改、结构改变、工艺改变、平面布置改变以及发生其他重大改变而不宜在原施工设计图上进行修改补充的,应局部或全部重新绘制竣工图。重新绘制的(包括计算机绘制的)竣工图,图签栏中的图号应清楚带有"建竣、结竣、水竣、电竣……"或"竣工版"等字样,制图人、审核人、负责人签名俱全,并注明修改出图日期及版数后,由施工单位加盖竣工图章。

4. 纸质竣工图的编制要求

1)竣工图的绘制工作,由绘制单位工程技术负责人组织、审核、签字,并承担技术责任。由设计单位绘制的竣工图,需施工单位技术负责人审查、核对后加盖竣工图章。所有竣工图均需施工单位在竣工图章上签字认可后才能作为竣工图。

2)竣工图的绘制,必须依据在施工过程中确已实施的图纸会审记录、设计修改变更通知单、工程洽商联系单以及隐蔽工程验收或对工程进行的实测实量等形成的有效记录进行编制,确保图物相符。

3)竣工图的绘制(包括新绘和改绘)必须符合国家制图标准,使用国家规定的法定单位和文字;深度及表达方式与原设计图一致。坐标高程系统应采用深圳坐标、黄海高程,非深圳坐标、黄海高程的应提供与之换算的公式。

4)在原施工图上进行修改补充的,要求图面整洁,线条清晰,字迹工整,使用黑色绘图墨水进行绘制,严禁用圆珠笔或其他易褪色的墨水绘制或更改注记。所有的竣工图必须是新蓝图。

5)各种市政管线、道路、桥、涵、隧道工程竣工图,应有严格按比例绘制的平面图和纵断面图。平面图应标明工程中线起始点、转角点、交叉点、设备点等平面要素点的位置坐标及高程。沿路管线工程还应标明工程中线与现状道路或规划道路中线的距离。

6）工程中采用的部级以上国家标准图可不编入竣工图，但采用国家标准图而有所改变的应编入竣工图。

5. 纸质竣工图的汇总

工程竣工后，竣工图的汇总工作，按下列规定执行：

1）建设项目实行总承包的各分包单位应负责编制所分包范围内的竣工图，总承包单位除应编制自行施工的竣工图外，还应负责汇总分包单位编制的竣工图，总承包单位交工时，应向建设单位提交总承包范围内的各项完整准确竣工图。

2）建设项目由建设单位分别发包给几个施工单位承包的，各施工单位应负责编制所承包工程的竣工图，建设单位负责汇总。

第三章　地基与基础工程

第一节　土方工程

本节导读

　　本节主要介绍土方工程施工,内容包括土方开挖以及土方回填等。其内容关系如图 3-1 所示。

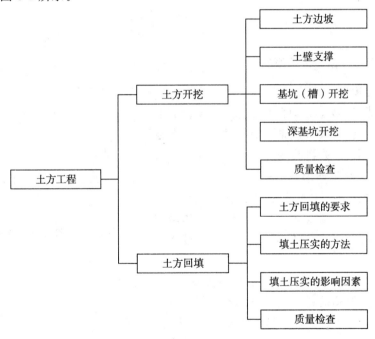

图 3-1　本节内容关系图

业务要点 1:土方开挖

　　土方工程的施工过程主要包括土方开挖、运输、填筑与压实等。应尽量采用机械施工,以加快施工速度。常用的施工机械有推土机、铲运机、装载机、单斗挖土机等。土方工程施工前通常需完成以下准备工作:施工现场准备、土方工程的测量放线和编制施工组织设计等。有时还需完成以下辅助工作,如基坑、沟槽的边坡保护、土壁的支撑、降低地下水位等。

1. 土方边坡

土方开挖过程中及开挖完毕后,基坑(槽)边坡土体由于自重产生的下滑力在土体中产生剪应力,该剪应力主要靠土体的内摩阻力和内聚力平衡,一旦土体中力的体系失去平衡,边坡就会塌方。

为了避免不同土质的物理性能、开挖深度、土的含水率对边坡土壁的稳定性产生影响而塌方,在土方开挖时将坑、槽挖成上口大、下口小的形状,依靠土的自稳性能保持土壁的相对稳定。

土方边坡用边坡坡度和边坡系数表示,两者互为倒数,工程中常以 $1:m$ 表示放坡。边坡坡度是以土方挖土深度 H 与边坡底宽 B 之比表示,如图 3-2 所示。即:

$$土方边坡坡度=\frac{H}{B}=\frac{1}{m} \tag{3-1}$$

式中 $m=\dfrac{B}{H}$ 称为边坡系数。

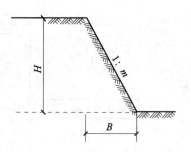

土方边坡的大小主要与土质、开挖深度、开挖方法、边坡留置时间的长短、坡顶荷载状况、降排水情况及气候条件等有关。根据各层土质及土体所受到的压力,边坡可做成直线形、折线形或阶梯形,以减少土方量。当土质均匀、湿度正常,地下水位低于基坑(槽)或管沟底面标高,且敞露时间不长时,挖方边坡可做成直立壁不加支撑,但深度不宜超过下列规定:

图 3-2 边坡坡度示意图

密实、中密的砂土和碎石类土(充填物为砂土)为 1.0m。

硬塑、可塑的粉土及粉质黏土为 1.25m。

硬塑、可塑的黏土和碎石类土(充填物为黏性土)为 1.5m。

坚硬的黏土为 2m。

挖方深度超过上述规定时,应考虑放坡或做成直立壁加支撑。

当土的湿度、土质及其他地质条件较好且地下水位低于基坑(槽)或管沟底面标高时,挖方深度在 5m 以内可放坡开挖不加支撑的,其边坡的最陡坡度经验值应符合表 3-1 规定。

表 3-1　挖方深度在 5m 以内不加支撑的边坡的最陡坡度

土的类别	边坡坡度(高：宽)		
	坡顶无荷载	坡顶有静载	坡顶有动载
中密的砂土	1：1.00	1：1.25	1：1.50
中密的碎石类土(充填物为砂土)	1：0.75	1：1.00	1：1.25
硬塑的粉土	1：0.67	1：0.75	1：1.00
中密的碎石类土(充填物为黏土)	1：0.50	1：0.67	1：0.75
硬塑的粉质黏土、黏土	1：0.33	1：0.50	1：0.67
老黄土	1：0.10	1：0.25	1：0.33
软土(经井点降水后)	1：1.00	—	—

注：静载指堆土或材料等；动载指机械挖土或汽车运输作业等。静载或动载距挖方边缘的距离应保证边坡和直立壁的稳定；堆土或材料应距挖方边缘 0.8m 以外，高度不超过 1.5m。

永久性挖方边坡应按设计要求放坡。对使用时间较长的临时性挖方边坡坡度，根据现行规范，其边坡的挖方深度及边坡的最陡坡度应符合表 3-2 规定。

表 3-2　临时性挖方边坡值

土的类别		边坡值(高：宽)
砂土(不包括细砂、粉砂)		1：1.25～1：1.50
一般性黏土	硬	1：0.75～1：1.00
	硬、塑	1：1.00～1：1.25
	软	1：1.50 或更缓
碎石类土	充填坚硬、硬塑黏性土	1：0.50～1：1.00
	充填砂土	1：1.00～1：1.50

注：1. 设计有要求时，应符合设计标准。

2. 如采用降水或其他加固措施，可不受本表限制，但应计算复核。

3. 开挖深度，对软土不应超过 4m，对硬土不应超过 8m。

2. 土壁支撑

土壁支撑是土方施工中的重要工作。应根据工程特点、地质条件、现有的施工技术水平、施工机械设备等合理选择支护方案，保证施工质量和安全。土壁支撑有较多的方式。

(1) 横撑式支撑。当开挖较窄的沟槽时多采用横撑式支撑。即采用横竖楞木、横竖挡土板、工具式横撑等直接进行支撑。可分为水平挡土板和垂直挡土板两种，如图 3-3 所示。这种支撑形式施工较为方便，但支撑深度不宜太大。

采用横撑式支撑时，应随挖随撑，支撑牢固。施工中应经常检查，如有松

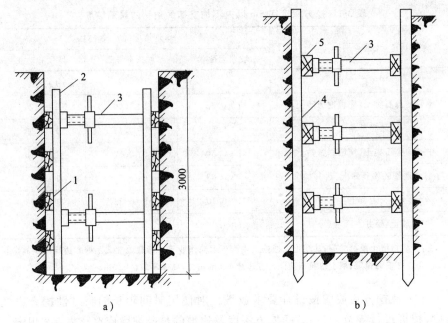

图 3-3　横撑式支撑

a)断续式水平挡土板支撑　b)垂直挡土板支撑

1—水平挡土板　2—竖楞木　3—工具式横撑　4—竖直挡土板　5—横楞木

动、变形等现象时,应及时加固或更换。支撑的拆除应按回填顺序依次进行,多层支撑应自下而上逐层拆除,随拆随填。拆除支撑时,应防止附近建筑物和构筑物等产生下沉和破坏,必要时应采取妥善的保护措施。

(2)桩墙式支撑。桩墙式支撑中有许多的支撑方式,如钢板桩、预制钢筋混凝土板桩等连续式排桩,预制钢筋混凝土桩、人工挖孔灌注桩、钻孔灌注桩、沉管灌注桩、H型钢桩、工字型钢桩等分离式排桩,地下连续墙、有加劲钢筋的水泥土支护墙等。

(3)重力式支撑。通过加固基坑周边的土形成一定厚度的重力式墙,达到挡土的目的。如水泥粉喷桩、深层搅拌水泥支护结构、高压旋喷帷幕墙、化学注浆防渗挡土墙等。

(4)土钉、喷锚支护。土钉、喷锚支护是一种利用加固后的原位土体来维护基坑边坡稳定的支护方法。一般由土钉(锚杆)、钢丝网喷射混凝土面板和加固后的原位土体三部分组成。

3. 基坑(槽)开挖

基坑(槽)开挖有人工开挖和机械开挖,对于大型基坑应优先考虑选用机械化施工,以减轻繁重的体力劳动,加快施工进度。

开挖基坑(槽)应按规定的尺寸合理确定开挖顺序和分层开挖深度,连续地进行施工,尽快地完成。

1) 开挖基坑(槽)时,应符合下列规定:

① 由于土方开挖施工要求标高、断面准确,土体应有足够的强度和稳定性,因此在开挖过程中要随时注意检查。

② 挖出的土除预留一部分用作回填外,在场地内不得任意堆放,应把多余的土运到弃土地区,以免妨碍施工。为防止坑壁滑塌,根据土质情况及坑(槽)深度,在坑顶两边一定距离(一般为 0.8m)内不得堆放弃土,在此距离外堆土高度不得超过 1.5m,否则,应验算边坡的稳定性,在柱基周围、墙基或围墙一侧,不得堆土过高。

③ 在坑边放置有动载的机械设备时,也应根据验算结果,离开坑边较远距离,如地质条件不好,还应采取加固措施。

为防止基底土(尤其是软土)受到浸水或其他原因的扰动,基坑(槽)挖好后,应立即做垫层或浇筑基础,否则,挖土时应在基底标高以上保留 150～300mm 厚的土层,待基础施工时再行挖去。

④ 如用机械挖土,为防止扰动基底土,破坏结构,不应直接挖到坑(槽)底,应根据机械种类,在基底标高以上留出 200～300mm,待基础施工前用人工铲平修整。

挖土不得挖至基坑(槽)的设计标高以下,如果个别处超挖,应用与基土相同的土料填补,并夯实到要求的密实度。如果用当地土填补不能达到要求的密实度时,应用碎石类土填补,并仔细夯实到要求的密实度。如果在重要部位超挖时,可用低强度等级的混凝土填补。

2) 在软土地区开挖基坑(槽)时,尚应符合下列规定:

① 施工前必须做好地面排水和降低地下水位工作,地下水位应降低至基坑底以下 0.5～1.0m 后,方可开挖。降水工作应持续到回填完毕。

② 施工机械行驶道路应填筑适当厚度的碎石或砾石,必要时应铺设工具式路基箱(板)或梢排等。

③ 开挖相邻基坑(槽)时,应遵循先深后浅或同时进行的施工顺序,并应及时做好基础。

④ 在密集群桩上开挖基坑时,应在打桩完成后间隔一段时间,再对称挖土。在密集群桩附近开挖基坑(槽)时,应采取措施防止桩基位移。

⑤ 挖出的土不得堆放在坡顶上或建筑物附近。

4. 深基坑开挖

深基坑一般采用“分层开挖,先撑后挖”的开挖原则。基坑深度较大时,应分层开挖,以防开挖面的坡度过陡,引起土体位移,坑底面隆起,桩基侧移等异常现象发生。深基坑一般都采用支护结构以减小挖土面积,防止边坡塌方。

深基坑开挖注意事项:

1) 在挖土和支撑过程中,对支撑系统的稳定性要有专人检查、观测,并做好记录。发生异常,应立即查清原因,采取针对性技术措施。

2) 开挖过程中,对支护墙体出现的水土流失现象应及时进行封堵,同时留出泄水通道,严防地面大量沉陷、支护结构失稳等灾害性事故的发生。

3) 严格限制坑顶周围堆土等超载,适当限制与隔离坑顶周围振动荷载作用。

4) 开挖过程中,应定时检查井点降水深度。

5) 应做好机械上下基坑坡道部位的支护。严禁在挖土过程中,碰撞支护结构体系和工程桩,严禁损坏防渗帷幕。基坑挖土时,将挖土机械、车辆的通道布置、挖土的顺序及周围堆土位置安排等列为对周围环境的影响因素进行综合考虑。

6) 深基坑开挖过程中,随着土的挖除,下层土因逐渐卸载而有可能回弹,尤其在基坑挖至设计标高后,如搁置时间过久,回弹更为显著。对深基坑开挖后的土体回弹,应有适当的估计,如在勘察阶段,土样的压缩试验中应补充卸荷弹性试验等。还可以采取结构措施,在基底设置桩基等,或事先对结构下部土质进行深层地基加固。施工中减少基坑弹性隆起的一个有效方法是把土体中有效应力的改变降低到最少。具体方法有加速建造主体结构,或逐步利用基础的重量来代替被挖去土体的重量,或采用逆筑法施工(先施工主体,再施工基础)。

7) 基坑(槽)开挖后应及时组织地基验槽,并迅速进行垫层施工,防止暴晒和雨水浸刷,使基坑(槽)的原状结构被破坏。

5. 质量检查

1) 土方开挖前应检查定位放线、排水和降低地下水位系统,合理安排土方运输车的行走路线及弃土场。

2) 施工过程中应检查平面位置、水平标高、边坡坡度、压实度、排水、降低地下水位系统,并随时观测周围的环境变化。

土方工程在施工中应检查平面位置、水平标高、边坡坡度、排水、降水系统及周围环境的影响,对回填土方还应检查回填土料、含水量、分层厚度、压实度,对分层挖方,也应检查开挖深度等。

3) 临时性挖方的边坡值应符合表 3-2 的规定。

4) 土方开挖工程质量检验标准应符合表 3-3 的规定。

表 3-3　土方开挖工程质量检验标准　　　（单位:mm）

项目	序号	检验项目	允许偏差或允许值					检验方法
			柱基基坑基槽	挖方场地平整		管沟	地(路)面基层	
				人工	机械			
主控项目	1	标高	−50	±30	±50	−50	−50	水准仪
	2	长度、宽度(由设计中心线向两边量)	+200 −50	+300 −100	+500 −150	+100	—	经纬仪,用钢尺量
	3	边坡	设计要求					观察或用坡度尺检查
一般项目	1	表面平整度	20	20	50	20	20	用 2m 靠尺和楔形塞尺检查
	2	基底土性	设计要求					观察或土样分析

注:地(路)面基层的偏差只适用于直接在挖、填方上做地(路)面的基层。

业务要点 2:土方回填

1. 土方回填的要求

(1)对回填土料的选择。选择回填土料应符合设计要求。如设计无要求时,应符合下列规定:

1)碎石类土、砂土和爆破石渣(粒径不大于每层铺填厚度的 2/3),可用于表层以下的填料。

2)含水量符合压实要求的黏性土,可用作各层填料。

3)淤泥和淤泥质土一般不能用作填料,但在软土或沼泽地区,经过处理含水量符合压实要求后,可用于填方中的次要部位。

4)碎块草皮和有机质含量大于 8% 的土,仅用于无压实要求的填方。

5)含盐量符合规定的盐渍土,一般可以使用,但在填方上部的建筑物应采取防盐、碱侵蚀的有效措施。填料中不准含有盐晶、盐粒或含盐植物的根茎。

6)填方土料为黏性土时,填土前应检查其含水量,含水量高的黏土不宜作为回填土使用。淤泥、冻土、膨胀性土及有机物质含量大于 8% 的土以及硫酸盐含量大于 5% 的土不能作为回填土料使用。

(2)对回填基底的处理。对回填基底的处理,应符合设计要求。设计无要求时,应符合下列规定:

1)基底上的树墩及主根应拔除,坑穴应清除积水、淤泥和杂草、杂物等,并按规定分层回填夯实。

2) 在建筑物和构筑物地面下的填方或厚度小于 0.5m 的填方,应清除基底上的草皮和垃圾。

3) 在土质较好的平坦地上(地面坡度不陡于 1/10)填方时,可不清除基底上的草皮,但应割除长草。

4) 在稳定山坡上填方,应防止填土横向移动,当山坡坡度为 1/10～1/5 时,应清除基底上的草皮。坡度陡于 1/5 时,应将基底挖成阶梯形,阶宽不小于 1m。

5) 当填方基底为耕植土或松土时,应将基底碾压密实。

6) 在水田、沟渠或池塘上填方前,应根据实际情况采用排水疏干,挖除淤泥或抛填块石、砂砾、矿渣等方法处理后,再进行填土。

(3) 土方回填施工要求。

1) 土方回填前,应根据工程特点、填料种类、设计压实系数、施工条件等合理选择压实机具,并确定填料含水量控制范围、铺土厚度和压实遍数等参数。对于重要的土方回填工程或采用新型压实机具时,上述参数应通过填土压实试验确定。

2) 填土密实度以设计规定的压实系数 λ 作为检查标准。压实系数是指土的实际干密度与最大干密度之比,土的实际干密度在现场采用环刀法、灌水法或灌砂法实测而得,土的最大干密度一般在试验室由击实试验确定。

3) 土方回填施工应接近水平分层填土和夯实,在测定压实后土的干密度、检验其压实系数和压实范围均符合设计要求后,才能填筑上层土方。填土压实的质量要求和取样数量应符合规范的规定。

4) 填土应尽量采用同类土填筑。如采用不同填料分层填筑时,为防止填方内形成水囊,上层宜填筑透水性较小的填料,下层宜填筑透水性较大的填料,填方基底表面应做成适当的排水坡度,边坡不得用透水性较小的填料封闭。因施工条件限制,上层必须填筑透水性较大的填料时,应将下层透水性较小的土层表面做成适当的排水坡度或设置盲沟。

5) 分段填筑时,每层接缝处应做成斜坡形,碾压重叠宽度为 0.5～1.0m。上下层接缝应错开,错开宽度不应小于 1m。

6) 回填基坑和管沟时,应从四周或两侧均匀地分层进行,以防基础和管道在土压力作用下产生偏移或变形。

2. 填土压实的方法

填土压实方法有碾压法、夯实法和振动压实法三种。

(1) 碾压法。是靠机械的滚轮在土表面反复滚压,靠机械自重将土压实。碾压机械有光面碾(压路机)、羊足碾和气胎碾。还可利用运土机械进行碾压。

碾压机械压实填方时,行驶速度不宜过快,一般平碾控制在 2km/h,羊足碾控制在 3km/h。否则会影响压实效果。

用碾压法压实填土时,铺土应均匀一致,碾压遍数要一样,碾压方向以从填土区的两边逐渐压向中心,每次碾压应有 150～200mm 的重叠。

(2)夯实法。是利用夯锤的冲击来达到使基土密实的目的。

夯实法分人工夯实和机械夯实两种。夯实机械有夯锤、内燃夯土机和蛙式打夯机。人工夯土用的工具有木夯、石夯等。

夯实法的优点是,可以夯实较厚的土层。采用重型夯土机(如 1t 以上的重锤)时,其夯实厚度可达 1～1.5m。但对木夯、石夯或蛙式打夯机等夯土工具,其夯实厚度则较小,一般均在 200mm 以内。

(3)振动压实法。振动压实法是将重锤放在土层的表面或内部,借助于振动设备使重锤振动,土壤颗粒即发生相对位移达到紧密状态。此法用于振实非黏性土效果较好。

3. 填土压实的影响因素

填土压实的影响因素较多,主要有压实功、土的含水量以及每层铺土厚度。

(1)压实功的影响。填土压实后的密度与压实机械在其上所施加的功有一定的关系。土的密度与所耗的功的关系如图 3-4 所示。当土的含水量一定,在开始压实时,土的密度急剧增加,待到接近土的最大密度时,压实功虽然增加许多,而土的密度则变化甚

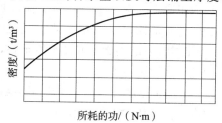

图 3-4　土的密度与压实功的关系示意图

小。实际施工中,对不同的土应根据选择的压实机械和密实度要求选择合理的压实遍数,如对于砂土只需碾压或夯击 2～3 遍,对于粉土只需 3～4 遍,对于粉质黏土或黏土只需 5～6 遍。此外,松土不宜用重型碾压机械直接滚压,否则土层有强烈起伏现象,效率不高。如果先用轻碾压实,再用重碾压实就会取得较好效果。

(2)含水量的影响。在同一压实功条件下,填土的含水量对压实质量有直接影响。较为干燥的土,由于土颗粒之间的摩阻力较大,因而不易压实。当含水量超过一定限度时,土颗粒之间孔隙由水填充而呈饱和状态,也不能压实。当土的含水量适当时,

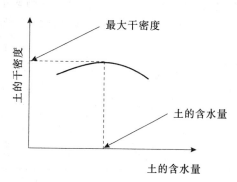

图 3-5　土的干密度与含水量的关系示意图

水起了润滑作用,土颗粒之间的摩阻力减少,压实效果最好。各种土壤都有其最佳含水量。土在这种含水量的条件下,使用同样的压实功进行压实,所得到的密度最大(图3-5),各种土的最佳含水量和最大干密度可参考表3-4。

表3-4 土的最佳含水量和最大干密度参考表

土的种类	变动范围	
	最佳含水量(重量比%)	最大干密度/(g/cm³)
砂土	8~12	1.80~1.88
黏土	19~23	1.58~1.70
粉质黏土	12~15	1.85~1.95
粉土	16~22	1.61~1.80

注:1. 表中土的最大干密度应根据现场实际达到的数字为准。
2. 一般性的回填可不作此项测定。

工地简单检验黏性土含水量的方法一般是以手握成团落地开花为适宜。为了保证填土在压实过程中处于最佳含水量状态,当土过湿时应予翻松晾干,也可掺入同类于土或吸水性土料,过干时,则应预先洒水润湿。

(3) 铺土厚度的影响。土在压实功的作用下,土壤内的应力随深度增加而逐渐减小(图3-6),其影响深度与压实机械、土的性质和含水量等有关。铺土厚度应小于压实机械压土时的作用深度。最优的铺土厚度应能使土方压实而机械的功耗费最少,可按照表3-5选用。在表中规定的压实遍数范围内,轻型压实机械取大值,重型的则取小值。

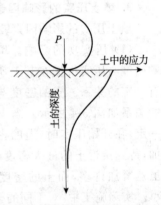

图3-6 压实作用沿深度的变化示意图

表3-5 填方每层的铺土厚度和压实遍数参考表

压实机具	分层厚度/mm	每层压实遍数
平碾	250~300	6~8
振动压实机	250~350	3~4
柴油打夯机	200~250	3~4
人工打夯	<200	3~4

4. 质量检查

1) 土方回填前应清除基底的垃圾、树根等杂物,抽除坑穴积水、淤泥,验收基底标高。如在耕植土或松土上填方,应在基底压实后再进行。

2) 对填方土料应按设计要求验收后方可填入。

3) 填方施工过程中应检查排水措施,每层填筑厚度、含水量控制、压实程度、填筑厚度及压实遍数应根据土质、压实系数及所用机具确定。如无试验依据,应符合表 3-5 的规定。

填方工程的施工参数如每层填筑厚度、压实遍数及压实系数对重要工程均应做现场试验后确定,或由设计提供。

4) 填方施工结束后,应检查标高、边坡坡度、压实程度等,检验标准应符合表 3-6 的规定。

表 3-6 填土工程质量检验标准　　　　　　（单位:mm）

项目	序号	检验项目	允许偏差或允许值					检验方法
			桩基基坑基槽	场地平整		管沟	地(路)面基础层	
				人工	机械			
主控项目	1	标高	−50	±30	±50	−50	−50	水准仪
	2	分层压实系数	设计要求					按规定方法
一般项目	1	回填土料	设计要求					取样检查或直观鉴别
	2	分层厚度及含水量	设计要求					水准仪及抽样检查
	3	表面平整度	20	20	30	20	20	用靠尺或水准仪

第二节　地基处理

本节导读

本节主要介绍地基处理工程施工,内容包括换土垫层法、强夯法、重锤夯实法、灰土挤密桩、砂石桩、水泥粉煤灰碎石桩、深层密实法以及预压法等。其内容关系如图 3-7 所示。

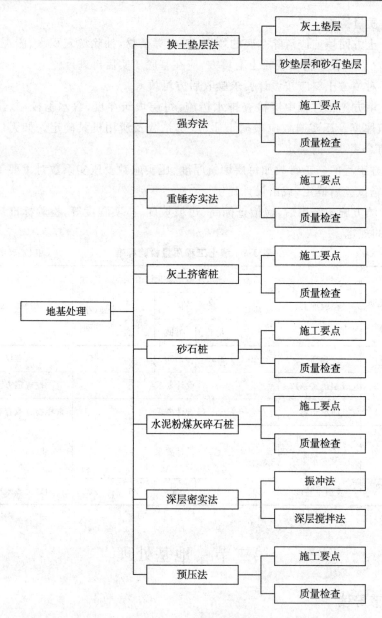

图 3-7　本节内容关系图

业务要点 1:换土垫层法

当建筑物基础下的持力层比较软弱,不能满足上部荷载对地基的要求时,常采用换土垫层法来处理软弱地基。施工时先将基础以下一定深度、宽度范围内的软土层挖去,然后回填强度较大的灰土、砂或石等,并夯至密实。换土垫层按其回填的材料可分为灰土垫层、砂垫层、碎(砂)石垫层等。

1. 灰土垫层

灰土垫层是将基础底面下要求范围内的软弱土层挖去,用一定比例的石灰和黏性土,在最优含水量情况下,充分拌和,分层回填夯实或压实而成。适合于地下水位较低,基槽经常处于较干燥状态下的一般黏性土地基的加固。该垫层具有一定的强度、水稳定性和抗渗性,施工工艺简单,取材容易,费用较低。适用于加固深1~4m厚的软弱土层、湿陷性黄土、杂填土等,还可用作结构的辅助防渗层。

(1)施工要点。

1)施工前应验槽,将积水、淤泥清除干净,夯实两遍,待其干燥后,方可铺灰土。

2)灰土施工时,应适当控制其含水量,以用手紧握土料成团,两指轻捏能碎为宜。如土料水分过多或不足时可以晾干或洒水润湿。灰土应拌和均匀,颜色一致,拌好后应及时铺好夯实,要求随拌随用。

3)铺土应分层进行,每层铺土厚度可参照表3-7确定。厚度由槽(坑)壁上预设标志控制。每层灰土的夯打遍数,应根据设计要求的干密度在现场试验确定。一般夯打(或碾压)不少于4遍。

表 3-7　灰土最大虚铺厚度

序号	夯实机具	质量/t	厚度/mm	备注
1	石夯、木夯	0.04~0.08	200~250	人力送夯,落距400~500mm,每夯搭接半夯
2	轻型夯实机械	—	200~250	蛙式或柴油打夯机
3	压路机	机重6~10	200~300	双轮

4)灰土分段施工时,不得在墙角、柱墩及承重窗间墙下接缝,上下相邻两层灰土的接缝间距不得小于0.5m,接缝处的灰土应充分夯实。当灰土垫层地基高度不同时,应做成阶梯形,每阶宽度不少于0.5m。

5)在地下水位以下的基槽、坑内施工时,应采取排水措施,使在无水状态下施工。入槽的灰土,不得隔日夯打。夯实后的灰土3天内不得受水浸泡。

6)灰土夯打完后,应及时进行基础施工,并及时回填土,否则要做临时遮盖,防止日晒雨淋。刚夯打完毕或尚未夯实的灰土,如遭受雨淋浸泡,则应将积水及松软灰土除去并补填夯实。受浸湿的灰土,应在晾干后再使用。

7)冬期施工,必须在基层不冻的状态下进行,不得采用冻土或夹有冻土的土料,并应采取有效的防冻措施。

(2) 质量检查。

1) 灰土土料、石灰或水泥(当水泥替代灰土中的石灰时)等材料及配合比应符合设计要求,灰土应搅拌均匀。

灰土的土料宜用黏土、粉质黏土。严禁采用冻土、膨胀土和盐渍土等活动性较强的土料。

2) 施工过程中应检查分层铺设的厚度、分段施工时上下两层的搭接长度、夯实时加水量、夯压遍数、压实系数。

验槽发现有软弱土层或孔穴时,应挖除并用素土或灰土分层填实。最优含水量可通过击实试验确定。

3) 施工结束后,应检验灰土地基的承载力。

4) 灰土地基的质量验收标准应符合表 3-8 规定。

表 3-8　灰土地基的质量检验标准

项目	序号	检查项目	允许偏差或允许值		检查方法
			单位	数值	
主控项目	1	地基承载力	设计要求		按规定方法
	2	配合比	设计要求		按拌和时的体积比
	3	压实系数	设计要求		现场实测
一般项目	1	石灰粒径	mm	≤5	筛分法
	2	土料有机质含量	%	≤5	试验室焙烧法
	3	土颗粒粒径	mm	≤15	筛分法
	4	含水量(与要求的最优含水量比较)	%	±2	烘干法
	5	分层厚度偏差(与设计要求比较)	mm	±50	水准仪

2. 砂垫层和砂石垫层

砂垫层和砂石垫层是将基础下面一定厚度软弱土层挖除,然后用强度较大的砂或碎石等回填,并经分层夯实至密实,作为地基的持力层,以起到提高地基承载力、减少沉降、加速软弱土层排水固结、防止冻胀和消除膨胀土的胀缩等作用。该垫层具有施工工艺简单、工期短、造价低等优点。适用于处理透水性强的软弱黏性土地基,但不宜用于湿陷性黄土地基和不透水的黏性土地基的加固,以免引起地基大量下沉,降低其承载力。

(1) 施工要点。

1) 施工前应验槽,先将基底浮土、淤泥、杂物清除干净,基槽(坑)的边坡必须稳定,防止塌方。槽底和两侧如有孔洞、沟、井和墓穴等,应在施工前加以处理。

2) 人工级配的砂、石材料,应按级配拌和均匀,再行铺填捣实。

3）砂垫层和砂石垫层的底面宜铺设在同一标高上,如深度不同时,施工应按先深后浅的程序进行。土面应挖成台阶或斜坡搭接,搭接处应注意捣实。

4）分层分段铺设时,接头处应做成斜坡或阶梯形搭接,每层错开 0.5～1.0m,并注意充分捣实。

5）采用碎石换填时,为防止基坑底面的表层软土发生局部破坏,应在基坑底部及四侧先铺一层砂,然后再铺一层碎石垫层。

6）换填应分层铺设、分层夯(压)实,每层的铺设厚度不宜超过表 3-9 规定数值。分层厚度可用样桩控制。垫层的捣实方法可视施工条件按表 3-9 选用。捣实砂垫层应注意不要扰动基坑底部和四侧的土,以免影响和降低地基强度。每铺好一层垫层,经密实度检验合格后方可进行上一层施工。

表 3-9 砂垫层和砂石垫层每层铺设厚度及最优含水量

序号	压实方法	每层铺设厚度/mm	施工时的最优含水量/%	施工说明	备 注
1	平振法	200～250	15～20	用平板式振捣器往复振捣	不宜使用干细砂或含泥量较大的砂所铺筑的砂垫层
2	插振法	振捣器插入深度	饱和	① 用插入式振捣器 ② 插入点间距可根据机械振幅大小决定 ③ 不应插至下卧黏性土层 ④ 插入振捣完毕后,所留的孔洞,应用砂填实	不宜使用细砂或含泥量较大的砂所铺筑的砂垫层
3	水撼法	250	饱和	① 注水高度应超过每次铺筑面层 ② 用钢叉摇撼捣实插入点间距为 100mm ③ 钢叉分四齿,齿的间距为 80mm,长 300mm,木柄长 90mm	
4	夯实法	150～200	8～12	① 用木夯或机械夯 ② 木夯重 40kg,落距 400～500mm ③ 一夯压半夯全面夯实	
5	碾压法	250～350	8～12	6～12t 压路机往复碾压	适用于大面积施工的砂垫层和砂石垫层

注:在地下水位以下的垫层其最下层的铺筑厚度可比上表增加 50mm。

7)在地下水位高于基坑(槽)底面施工时,应采取排水或降低地下水位的措施,使基坑(槽)保持无积水状态。

8)冬期施工时,不得采用夹有冰块的砂石做垫层,并应采取措施防止砂石内水分冻结。

(2)质量检查。

1)砂、石等原材料质量、配合比应符合设计要求,砂、石应搅拌均匀。

原材料宜用中砂、粗砂、砾砂、碎石(卵石)、石屑。细砂应同时掺入25％～35％碎石或卵石。

2)施工过程中必须检查分层厚度、分段施工时搭接部分的压实情况、加水量、压实遍数、压实系数。

3)施工结束后,应检验砂石地基的承载力。

4)砂和砂石地基的质量检验标准见表3-10。

表3-10　砂和砂石地基的质量检验标准

项目	序号	检查项目	允许偏差或允许值		检查方法
			单位	数值	
主控项目	1	地基承载力	设计要求		按规定的方法
	2	配合比	设计要求		检查拌和时的体积比或重量比
	3	压实系数	设计要求		现场实测
一般项目	1	砂石料有机质含量	％	≤5	焙烧法
	2	砂石料含泥量	％	≤5	水洗法
	3	石料粒径	mm	≤100	筛分法
	4	含水量(与最优含水量比较)	％	±2	烘干法
	5	分层厚度(与设计要求比较)	mm	±50	水准仪

业务要点2:强夯法

强夯是法国人 L. 梅纳(Menard)于 1969 年首创的一种地基加固的方法,即利用起重设备将重锤(一般为 8～40t)提升到较大高度(一般为 10～40m)后,自由落下,将产生的巨大冲击能量和振动能量作用于地基,从而在一定范围内提高地基的强度,降低压缩性,是改善地基抵抗振动液化的能力、消除湿陷性黄土的湿陷性的一种有效的地基加固方法。

强夯法适用于处理碎石土、砂土、低饱和度的黏性土、粉土、湿陷性黄土及填土地基等的深层加固。具有效果好、速度快、节省材料、施工简便,但施工时噪声和振动大等特点。地基经强夯加固后,承载能力提高 2～5 倍,压缩性可降低 2~10 倍,其影响深度在 10m 以上。这种施工方法具有施工简单、速度快、节省材料、效果好等特点,是我国目前最为常用和最经济的深层地基处理方法之一。但强夯所产生的振动和噪声很大,对周围建筑物和其他设施有影响,在城市中心不宜采用,必要时应采取挖隔振沟(沟深要超过建筑物基础深)等防振、隔振措施。

1. 施工要点

1) 正式施工前应做强夯试验(试夯)。根据勘察资料、建筑场地的复杂程度、建筑规模和建筑类型,在拟建场地选取一个或几个有代表性的区段作为试夯区。试夯结束待孔隙水压力消散后进行测试,对比分析夯前、夯后试验结果,确定强夯施工参数,并以此指导施工。

2) 强夯前应平整场地,标出夯点位置并测量场地高程。当地下水位较高时,宜采取人工降水使地下水位低于坑底面以下 2m;或在地表铺一定厚度的砂砾石、碎石、矿渣等粗颗粒垫层,其目的是在地表形成硬层,支承起重设备,确保机械设备通行和施工,同时还可加大地下水和地表面的距离,防止夯击时夯坑积水。

3) 强夯前应查明场地范围内的地下构筑物和各种地下管线的位置及标高等,并采取必要的措施,以免因强夯施工而造成破坏。当强夯产生的振动对邻近建筑物或设备有影响时,应设置监测点,并应采取挖隔振沟等隔振或防振措施。

4) 强夯施工应按设计和试夯的夯击次数及控制标准进行。落锤应保持平稳,夯位准确,若发现因坑底倾斜而造成夯锤歪斜时,应及时将坑底整平。

5) 每夯击一遍后,用推土机将夯坑填平,并测量场地平均下沉量,停歇规定的间歇时间,待土中超静孔隙水压力消散后,进行下一遍夯击。完成全部夯击遍数后,再用低能量满夯,将场地表层松土夯实,并测量夯实后场地高程。场地平均下沉量必须符合要求。

6) 强夯施工过程中应有专人负责监测工作,并做好详细现场记录,如夯击次数、每击夯沉量、夯坑深度、开口大小、填料量、地面隆起与下沉、孔隙水压力增长与消散、附近建筑物的变形等,并注意吊车、夯锤附近人员的安全。

2. 质量检查

1) 施工前应检查夯锤重量、尺寸、落锤控制手段、排水设施及被夯地基的土质。

为避免强夯振动对周边设施的影响,施工前必须对附近建筑物进行调查,必要时采取相应的防振或隔振措施,影响范围约 10~15m。施工时应由邻近建筑物开始夯击逐渐向远处移动。

2) 施工中应检查落距、夯击遍数、夯点位置、夯击范围。

如无经验,宜先试夯取得各类施工参数后再正式施工。对透水性差、含水量高的土层,前后两遍夯击应有一定间歇期,一般为2~4周。夯点超出需加固的范围为加固深度的1/2~1/3,且不小于3m。施工时要有排水措施。

3) 施工结束后,检查被夯地基的强度或进行荷载试验。

4) 强夯地基的质量检验标准见表3-11。

表3-11　强夯地基的质量标准与检查方法

项目	序号	检查项目	允许偏差或允许值		检查方法
			单位	数量	
主控项目	1	地基强度	设计要求		按规定方法
	2	地基承载力	设计要求		按规定方法
一般项目	1	夯锤落距	mm	±300	钢索设标志
	2	锤重	kg	±100	称重
	3	夯击遍数及顺序	设计要求		计数法
	4	夯点间距	mm	±500	用钢尺量
	5	夯击范围(超出基础范围距离)	设计要求		用钢尺量
	6	前后两遍间歇时间	设计要求		

质量检验应在夯后一定的间歇期之后进行,一般为两星期。

业务要点3:重锤夯实法

重锤夯实是用起重机械将夯锤提升到一定高度后,利用自由下落时的冲击能重复夯打击实基土表面,使其形成一层比较密实的硬壳层,从而使地基得到加固。该法施工简便,费用较低;但布点较密,夯击遍数多,施工期相对较长,同时夯击能量小,孔隙水难以消散,加固深度有限。当黏性土的含水量较高时,易夯成橡皮土,处理较困难。该法适用于处理地下水位以上稍湿的黏性土、砂土、杂填土和分层填土,以提高其强度,减少其压缩性和不均匀性;也可用于消除湿陷性黄土的表层湿陷性。但当夯击振动对邻近建筑物或设备产生不利影响时,或当地下水位高于有效夯实深度,以及当有效夯实深度内存在软弱土时,不得采用重锤夯实法。

1. 施工要点

1) 重锤夯实的效果与锤重、锤底直径、落距、夯击遍数和土的含水量有关。施工前应在现场进行试夯,选定夯锤重量、底面直径和落距,以便确定最后下沉量及相应的夯击遍数和总下沉量。最后下沉量系指最后两击平均每击土面的夯沉量,对黏性土和湿陷性黄土取10~20mm,对砂土取5~10mm。通过试夯可确定夯实遍数,一般试夯6~10遍,施工时可适当增加1~2遍。落距一般为

4.0～6.0m。

2）试夯及夯实时地基土的含水量应控制在最优含水量范围以内,才能获得最好的夯实效果。如土的表层含水量过大,可采用铺撒吸水材料(如干土、碎砖、生石灰等)或换土等措施;如土含水量过低,应适当洒水,加水后待全部渗入土中一昼夜后,方可夯打。

3）采用重锤夯实分层填土地基时,每层的虚铺厚度以相当于锤底直径为宜,夯击遍数由试夯确定,夯实层数不宜少于两层。

4）基坑(槽)底面的标高不同时,应按先深后浅的顺序逐层夯实。夯实前坑(槽)底面应高出设计标高,预留土层的厚度可为试夯时的总下沉量再加 50～100mm。基坑(槽)的夯实范围应大于基础底面,每边应比设计宽度加宽 0.3m 以上,以便于底面边角夯打密实。基坑(槽)边坡应适当放缓。

5）在大面积基坑或条形基槽内夯打时,应一夯挨一夯顺序进行。在一次循环中同一夯位应连夯两击,下一循环的夯位,应与前一循环错开 1/2 锤底直径,落锤应平稳,夯位应准确。在独立柱基基坑内夯击时,可采用先周边后中间或先外后里的跳夯法进行。

6）夯实后,应将基坑(槽)表面修整至设计标高。冬期施工时,必须保证地基在不冻的状态下进行夯击。否则,应将冻土层挖去或将土层融化。若基坑挖好后不能立即夯实,应采取防冻措施。

2. 质量检查

重锤夯实地基的质量控制可参考强夯法。

◉ 业务要点 4:灰土挤密桩

灰土挤密桩是利用锤击将钢管打入土中,侧向挤密土壤形成桩孔,将管拔出后,在桩孔中分层回填 2∶8 或 3∶7 灰土并夯实而成,与桩间土共同组成复合地基以承受上部荷载。适用于处理地下水位以上、天然含水量为 12%～25%、厚度为 5～15m 的素填土、杂填土、湿陷性黄土以及含水率较大的软弱地基等,将土挤密或消除湿陷性,其效果是显著的,处理后地基承载力可以提高一倍以上,同时具有节省大量土方,降低造价 70%～80%,施工简便等优点。

1. 施工要点

1）施工前应在现场进行成孔、夯填工艺和挤密效果试验,以确定分层填料厚度、夯击次数和夯实后干密度等要求。

2）灰土的土料和石灰质量要求及配制工艺要求同灰土垫层。填料的含水量超过最佳值±3%时,应进行晾干或洒水润湿等处理。

3）桩施工一般采取先将基坑挖好,预留 20～30cm 土层,然后在坑内施工灰土桩,基础施工前再将已搅动的土层挖去。桩的成孔方法可根据现有机具条件选用沉管(振动或锤击)法、爆扩法、冲击法或洛阳铲成孔法等。

4)桩的施工顺序应先外排后里排,同排内应间隔1～2孔,以免因振动挤压造成相邻孔产生缩孔或塌孔。成孔达到要求深度后,应立即夯填灰土,填孔前应先清底夯实、夯平。夯击次数不少于8次。

5)桩孔内灰土应分层回填夯实,每层回填厚度为250～400mm,夯实可用人工或简易机械进行。一般落锤高度不小于2m,每层夯实不少于10锤。施打时,逐层下料,逐层夯实。桩顶施工标高应高出设计标高约150mm,挖土时将高出部分铲除。

6)如孔底出现饱和软弱土层时,可采取加大成孔间距,以防由于振动而造成已打好的桩孔内挤塞;当孔底有地下水流入时,可采用井点降水后再回填灰土或向桩孔内填入一定数量的干砖渣和石灰,经夯实后再分层填入灰土。

2. 质量检查

1)施工前应对土及灰土的质量、桩孔位置做检查。

2)施工中应对桩孔直径、桩孔深度、夯击次数、填料的含水量等做检查。

3)施工结束后应对成桩的质量做检查。

4)土和灰土挤密桩地基质量检验标准见表3-12。

表3-12　土和灰土挤密桩地基质量检验标准

项目	序号	检查项目	允许偏差或允许值		检查方法
			单位	数值	
主控项目	1	桩体及桩间土干密度	设计要求		现场取样检查
	2	桩长	mm	+500	测桩管长度或垂球测孔深
	3	地基承载力	设计要求		按规定方法
	4	桩径	mm	−20	用钢尺量
一般项目	1	土料有机质含量	%	≤5	试验室焙烧法
	2	石灰粒径	mm	≤5	筛分法
	3	桩位偏差	满堂布桩≤0.40D 条基布桩≤0.25D		用钢尺量,D为桩径
	4	垂直度	%	≤1.5	用经纬仪测桩管
	5	桩径	mm	−20	用钢尺量

注:桩径允许偏差负值是指个别断面。

业务要点5:砂石桩

砂桩和砂石桩统称砂石桩,是指用振动、冲击或水冲等方式在软弱地基中成孔后再将砂挤压入土孔中,形成大直径的密实砂柱体的加固地基方法。适用于挤密松散砂土、粉土、黏性土、素填土和杂填土等地基。对饱和黏土地基上变形控制要求不严的工程,也可采用砂桩置换处理。砂桩还可用于处理可液化的地基。在用于饱和黏土的处理时,最好是通过现场试验后再确定是否采用。

1. 施工要点

1) 打砂石桩时地基表面会产生松动或隆起,在基底标高以上宜预留 1.0～2.0m 的土层,待砂石桩施工完后再将预留土层挖至设计标高,以消除表面松土。如坑底仍不够密实,可再辅以人工夯实或机械压实。

2) 砂石桩的施工顺序,应从外围或两侧向中间进行。如砂石桩间距较大,也可逐排进行。以挤密作用为主的砂石桩同一排应间隔跳打。

3) 砂石桩的施工可采用振动成桩法或锤击成桩法两种施工方法。施工前,应进行成桩挤密试验,桩数宜为 7～9 根。如发现质量不能满足设计要求,应调整桩间距、填砂量等有关参数,重新试验或设计。

4) 灌砂石时含水量应加以控制,对饱和土层,砂石可采用饱和状态,对非饱和土、杂填土或能形成直立的桩孔孔壁的土层,含水量可采用 7%～9%。

5) 砂石桩应控制填砂石量。砂桩的灌砂量应按桩孔的体积和砂在中密状态时的干土密度计算(一般取两倍桩管入土体积)。砂石桩实际灌砂石量(不包括水重),不得少于计算值的 95%。如发现砂石量不够或砂石桩中断等情况,可在原位进行复打灌砂石。

2. 质量检查

1) 施工前应检查砂料的含泥量及有机质含量、样桩的位置等。

2) 施工中检查每根砂桩的桩位、灌砂石量、标高、垂直度等。

3) 施工结束后,检查被加固地基的强度或承载力。

砂桩施工间歇期为 7d,在间歇期后才能进行质量检验。

4) 砂桩地基的质量检验标准见表 3-13。

表 3-13　砂桩地基的质量检验标准

项目	序号	检查项目	允许偏差或允许值		检查方法
			单位	数值	
主控项目	1	灌砂量	%	≥95	实际用砂量与计算体积比
	2	地基强度	设计要求		按规定方法
	3	地基承载力	设计要求		按规定方法
一般项目	1	砂料的含泥量	%	≤3	试验室测定
	2	砂料的有机质含量	%	≤5	焙烧法
	3	桩位	mm	≤50	用钢尺量
	4	砂桩标高	mm	±150	水准仪
	5	垂直度	%	≤1.5	经纬仪检查桩管垂直度

业务要点 6：水泥粉煤灰碎石桩

水泥粉煤灰碎石桩(Cement Flyash Gravel Pile)简称 CFG 桩,是近年发展起来的处理软弱地基的一种新方法。即是在碎石桩的基础上掺入适量石屑、粉煤灰和少量水泥,加水拌和后制成具有一定强度的桩体。其集料仍为碎石,用掺入石屑来改善颗粒级配;掺入粉煤灰来改善混合料的和易性,并利用其活性减少水泥用量;掺入少量水泥使具有一定黏结强度。并是一种低强度混凝土桩,可充分利用桩间土的承载力的共同作用,并可传递荷载到深层地基中去,具有较好的技术性能和经济效果。

CFG 桩的特点是:改变桩长、桩径、桩距等设计参数,可使承载力在较大范围内调整;有较高的承载力,承载力提高幅度在 250%～300%,对软土地基承载力提高更大;沉降量小,变形稳定快;工艺性好,灌注方便,易于控制施工质量;可节约大量水泥、钢材,利用工业废料,消耗大量粉煤灰,降低工程造价,与预制钢筋混凝土桩加固相比,可节省投资 30%～40%。适用于多层和高层建筑如砂土、粉土、松散填土、粉质黏土、黏土、淤泥质土等软弱地基的处理。

1. 施工要点

1) CFG 桩施工工艺如图 3-8 所示。施工程序为:桩机就位→沉管至设计深度→停振下料→振动捣实后拔管→留振 10s→振动拔管、复打。打桩顺序宜采用隔排隔桩跳打,间隔时间不应少于 7d。

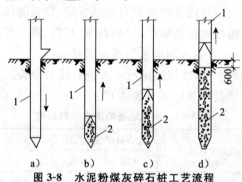

图 3-8 水泥粉煤灰碎石桩工艺流程
a)打入桩管 b)、c)灌水泥粉煤灰碎石振动拔管 d)成桩
1—桩管 2—水泥粉煤灰碎石桩

2) 桩机就位须平整、稳固,沉管与地面保持垂直,垂直偏差不大于 1%;如带预制混凝土桩靴,需埋入地面以下 300mm。

3) 在沉管过程中用料斗在空中向桩管内投料,待沉管至设计标高后须尽快投料,直至与钢管上部投料口平齐。混合料应按设计配合比配制,投入搅拌机加水拌和,搅拌时间不少于 2min,加水量根据混合料坍落度控制,一般坍落度为

30～50mm,成桩后桩顶浮浆厚度一般不超过 200mm。

4)当混合料加至与钢管投料口平齐后,沉管在原地留振 10s 左右,即可边振动边拔管,拔管速度控制在 1.2～1.5m/min,每提升 1.5～2.0m,留振 20s。桩管拔出地面并确认成桩符合设计要求后,用粒状材料或黏土封顶。

5)桩体经 7d 达到一定强度后,方可进行基槽开挖。如桩顶离地面在 1.5m 以内,宜用人工开挖,如大于 1.5m,上部土方采用机械开挖时,下部 700mm 也宜用人工开挖,以避免损坏桩头部分。为使桩与桩间土更好地共同工作,在基础下宜铺一层 150～300mm 厚的碎石或灰土垫层。

2. 质量检查

1)水泥、粉煤灰、砂石、碎石等原材料应符合设计要求。

2)施工中应检查桩身混合料的配合比、坍落度和提拔钻杆速度(或提拔套管速度)、成孔深度、混合料灌入量等。

提拔钻杆(或套管)的速度必须与泵入混合料的速度相配,否则容易产生缩颈或断桩,而且不同土层中提拔的速度不一样,砂性土、砂质黏土、黏土中提拔的速度为 1.2～1.5m/min,在淤泥质土中应当放慢。桩顶标高应高出设计标高 0.5m。由沉管方法成孔后时,应注意新施工桩对已成桩的影响,避免挤桩。

3)施工结束后,应对桩顶标高、桩位、桩体质量、地基承载力以及褥垫层的质量做检查。

复合地基检验应在桩体强度符合试验荷载条件时进行,一般宜在施工结束 2～4 周后进行。

4)水泥粉煤灰碎石桩复合地基的质量检验标准应符合表 3-14 的规定。

表 3-14　水泥粉煤灰碎石桩复合地基的质量检验标准

项目	序号	检查项目	允许偏差或允许值		检查方法
			单位	数值	
主控项目	1	原材料	设计要求		查产品合格证书或抽样送检
	2	桩径	mm	-20	用钢尺量或计算填料量
	3	桩身强度	设计要求		查 28d 试块强度
	4	地基承载力	设计要求		按规定方法
一般项目	1	桩身完整性	按桩基检测技术规范		按桩基检测技术规范
	2	桩位偏差	满堂布桩≤0.40D 条基布桩≤0.25D		用钢尺量,D 为桩径
	3	桩垂直度	%	≤1.5	用经纬仪测桩管
	4	桩长	mm	+100	测桩管长度或垂球测孔深
	5	褥垫层夯填度	≤0.9		用钢尺量

注:1. 夯填度指夯实后的褥垫层厚度与虚体厚度的比值。

2. 桩径允许偏差负值是指个别断面。

业务要点7:深层密实法

1. 振冲法

振冲法,又称振动水冲法,是以起重机吊起振冲器,启动潜水电动机带动偏心块,使振冲器产生高频振动,同时开动水泵,通过喷嘴喷射高压水流在土中形成振冲孔,并在振动冲水过程中分批填以砂石集料,借振冲器的水平及垂直振动,振密填料,形成的砂石桩体与原地基构成复合地基,以提高地基的承载力和改善土体的排水降压通道,并对可能发生液化的砂土产生预振效应,防止液化,减少地基的沉降和沉降差。

振冲桩加固地基可节省钢材、水泥和木材,且施工简单,加固期短,可因地制宜,就地取材,用碎石、卵石和砂、矿渣等填料,费用低廉,是一种快速、经济、有效的加固地基的方法。

振冲桩适用于加固松散的砂土地基;对黏性土和人工填土地基,经试验证明加固有效时,方可使用;对于粗砂土地基,可利用振冲器的振动和水冲过程使砂土结构重新排列挤密。而不必另加砂石填料(也称振冲挤密法)。

(1)施工要点

1)施工前,应先进行振冲试验,以确定其成孔施工合适的水压、水量、成孔速度及填料方法,达到土体密实度时的密实电流值、填料量和留振时间。

2)振冲挤密或振冲置换桩的施工过程包括定位、成孔、清孔和填料振密等(图3-9)。

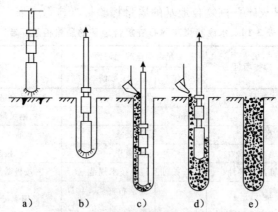

图3-9 振冲碎石桩施工工艺

a)定位 b)振冲下沉 c)振冲至设计标高并下料
d)边振边下料、边上提 e)成桩

① 定位:振冲前,应按设计图定出冲孔中心位置并编号。

② 成孔:振冲器用履带式起重机或卷扬机悬吊,对准桩位,打开下喷水口,启动水泵和振冲器。水压可用 0.4~0.6MPa,水量可用 200~400L/min。此时,振冲器以其自身重力和在振动喷水作用下,以 1~2m/min 的速度徐徐沉入土中,每沉入 0.5m,宜留振 5~10s 进行扩孔。待孔内泥浆溢出时再继续沉入。

③ 清孔:当下沉达到设计深度时,振冲器应在孔底适当留振并关闭下喷水口,打开上喷水口减小射水压力(一般保持 0.1MPa),以便排出泥浆进行清孔。

④ 填料振密:振冲器提出孔口,向孔内加入填料约 1m 高,将振冲器下降至填料中进行振密,待密实电流达到规定的数值后将振冲器提升 0.5m,再从孔口往下填料,每次加料的高度为 0.5~0.8m。如此自下而上反复进行直至孔口,成桩操作即告完成。在砂性土中制桩时,也可采用边振边加料的方法。

3) 振冲成孔方法可按表 3-15 选用。

表 3-15　振冲成孔方法的选择

成孔方法	步　骤	优缺点
排孔法	由一端开始,依次逐步成孔到另一端结束	易于施工,且不易漏掉孔位。但当孔位较密时,后打的桩易发生倾斜和位移
跳打法	同一排孔采取隔一孔成一孔	先后成孔影响小,易保证桩的垂直度,但应注意防止漏掉孔位,并应注意桩位准确
帷幕法	先成外围 2~3 圈孔,然后成内圈孔,采用隔一圈成一圈或依次向中心区成孔	能减少振冲能量的扩散,振密效果好,可节约桩数 10%~15%,大面积施工常用此法,但施工时应注意防止漏掉孔位和保证其位置准确

4) 在振密过程中宜以小水量喷水补给,以降低孔内泥浆密度,有利于填料下沉,便于振捣密实。

5) 振冲桩施工时桩顶部约 1m 范围内的桩体因土覆压力下密实度难以保证,一般应予挖除,另做垫层或用振动碾压使之压实。

6) 冬期施工应采取防冻技术措施,每作业班施工完毕后应及时将供水管和振冲器水管内积水排净,以免冻结,影响施工作业。

(2)质量检查

1) 施工前应检查振冲的性能,电流表、电压表的准确度及填料的性能。

为确切掌握好填料量、密实电流和留振时间,使各段桩体都符合规定的要求,应通过现场试成桩确定这些施工参数。填料应选择不溶于地下水,或不受侵蚀影响且本身无侵蚀性和性能稳定的硬粒料。对粒径控制的目的,确保振冲效果及效率。粒径过大,在边振边填过程中难以落入孔内;粒径过细小,在孔中沉入速度太慢,不易振密。

2) 施工中应检查密实电流、供水压力、供水量、填料量、孔底留振时间、振冲点位置、振冲器施工参数等(施工参数由振冲试验或设计确定)。

振冲置换造孔的方法有：排孔法，即由一端开始到另一端结束；跳打法，即每排孔施工时隔一孔造一孔，反复进行；帷幕法，即先造外围 2～3 圈孔，再造内圈孔，此时可隔一圈造一圈或依次向中心区推进。振冲施工必须防止漏孔，因此要做好孔位编号并施工复查工作。

3) 施工结束后，应在有代表性的地段做地基强度或地基承载力检验。

振冲施工对原土结构造成扰动，强度降低。因此，质量检验应在施工结束后间歇一定时间，对砂土地基间隔 2～3 周。桩顶部位由于周围约束力小，密实度较难达到要求，检验取样应考虑此因素。对振冲密实法加固的砂土地基，如不加填料，质量检验主要是地基的密实度，宜由设计、施工、监理(或业主方)共同确定位置后，再进行检验。

4) 振冲地基质量检验标准应符合表 3-16 的规定。

表 3-16　振冲地基质量检验标准

项目	序号	检查项目	允许偏差或允许值		检查方法
			单位	数值	
主控项目	1	填料粒径	设计要求		抽样检查
	2	密实电流(黏性土)	A	50～55	电流表读数
		密实电流(砂性土或粉土) (以上为功率 30kW 振冲器)	A	40～50	
		密实电流(其他类型振冲器)	A_0	1.5～2.0	电流表读数，A_0 为空振电流
	3	地基承载力	设计要求		按规定方法
一般项目	1	填料含泥量	%	<5	抽样检查
	2	振冲器喷水中心与 孔径中心偏差	mm	≤50	用钢尺量
	3	成孔中心与设计 孔位中心偏差	mm	≤100	用钢尺量
	4	桩体直径	mm	<50	用钢尺量
	5	孔深	mm	±200	量钻杆或重锤测

2. 深层搅拌法

深层搅拌法是利用水泥浆作为固化剂，通过特制的深层搅拌机械，在地基深处就地将软土和固化剂(浆液)强制搅拌，利用固化剂和软土之间所产生的一系列物理、化学反应，使之凝结成具有整体性、水稳性好和较高强度的水泥加固体，与天然地基形成复合地基。

深层搅拌法加固工艺合理,技术可靠,施工中无振动、无噪声,对环境无污染,对土壤无侧向挤压,对邻近建筑影响很小,同时施工期较短,造价较低,效益显著。

深层搅拌法适用于加固较深较厚的淤泥、淤泥质土、粉土和含水量较高且地基承载力不大于120kPa的黏性土地基,对超软土效果更为显著。多用于墙下条形基础、大面积堆料厂房或地块的地基;在深基坑开挖时用于坑壁及边坡支护、坑底抗隆起加固或做止水帷幕墙等。

(1)施工要点。深层搅拌法的施工工艺流程如图3-10所示。施工程序为:深层搅拌机定位→预搅下沉→制配水泥浆→喷浆搅拌提升→重复上、下搅拌→关机清洗→移至下一根桩位,重复以上工序。

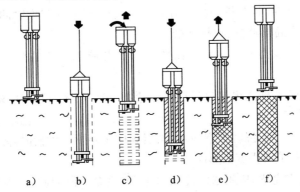

图3-10 深层搅拌法施工工艺流程

a)定位 b)预搅下沉 c)喷浆搅拌机上提
d)重复搅拌下沉 e)重复搅拌上升 f)施工完毕

1)施工时,先将深层搅拌机用钢丝绳吊挂在起重机上,用输浆胶管将储料罐砂浆泵与深层搅拌机接通,开通电动机,搅拌机叶片相向而转,借设备自重,以$0.38\sim0.75$m/min的速度沉至要求的加固深度;再以$0.3\sim0.5$m/min的均匀速度提起搅拌机,与此同时开动砂浆泵,将砂浆从深层搅拌机中心管不断压入土中,由搅拌机叶片将水泥浆与深层处的软土搅拌,边搅拌边喷浆直到提至地面,即完成一次搅拌过程。用同法再一次重复搅拌下沉和重复搅拌喷浆上升,即完成一根柱状加固体,外形呈8字形(轮廓尺寸:纵向最大为1.3m,横向最大为0.8m),一根接一根搭接,相搭接宽度宜大于100mm,以增强其整体性,即成壁状加固,几个壁状加固体连成一片,即成块状。

2)搅拌桩的桩身垂直度偏差不得超过1.5%,桩位的偏差不得大于50mm,成桩直径和桩长不得小于设计值。当桩身强度及尺寸达不到设计要求时,可采用复喷的方法。搅拌次数以一次喷浆、一次搅拌或二次喷浆、三次搅拌为宜,且最后一次提升搅拌宜采用慢速提升。

3) 水泥土搅拌桩施工工艺由于湿法(喷浆)和干法(喷粉,又称粉喷桩)的施工设备不同而略有差异。

① 湿法作业。

a. 所使用的水泥都应过筛,制备好的浆液不得离析,泵送必须连续。拌制水泥浆液的罐数、水泥和外加剂用量以及泵送浆液的时间等应有专人记录;喷浆量及搅拌深度必须采用经国家计量部门认证的监测仪器进行自动记录。

b. 施工时,设计停浆面一般应高出基础底面标高 0.5m。在基坑开挖时,应将高出的部分挖去。

c. 施工时,因故停喷浆,宜将搅拌机下沉至停浆点以下 0.5m,待恢复供浆时,再喷浆提升。若停机时间超过 3h,应清洗管路。

d. 壁状加固时,桩与桩的搭接时间不应大于 24h,如间歇时间过长,应采取钻孔留出榫头或局部补桩、加桩等措施。

e. 搅拌机喷浆提升的速度和次数必须符合施工工艺的要求,并应有专人记录。

f. 当水泥浆液到达出浆口后应喷浆搅拌 30s,在水泥浆与桩端土充分搅拌后,再开始提升搅拌头。

g. 搅拌机预搅下沉时不宜冲水,当遇到硬土层下沉太慢时,方可适量冲水,但应考虑冲水对桩身强度的影响。

h. 每天加固完毕,应用水清洗储料罐、砂浆泵、深层搅拌机及相应管道,以备再用。

② 干法作业。

a. 喷粉施工前应仔细检查搅拌机械、供粉泵、送气(粉)管路、接头和阀门的密封性、可靠性。送气(粉)管路的长度不宜大于 60m。

b. 水泥土搅拌法(干法)喷粉施工机械必须配置经国家计量部门确认的具有能瞬时检测并记录出粉量的粉体计量装置及搅拌深度自动记录仪。

c. 搅拌头每旋转一周,其提升高度不得超过 16mm。

d. 搅拌头的直径应定期复核检查,其磨耗量不得大于 10mm。

e. 当搅拌头到达设计桩底以上 1.5m 时,应即开启喷粉机提前进行喷粉作业。当搅拌头提升至地面下 500mm 时,喷粉机应停止喷粉。

f. 成桩过程中因故停止喷粉,应将搅拌头下沉至停灰面以下 1m 处,待恢复喷粉时再喷粉搅拌提升。

g. 在地基土天然含水量小于 30% 土层中喷粉成桩时,应采用地面注水搅拌工艺。

(2) 质量检查。

1) 施工前应检查水泥及外掺剂的质量、桩位、搅拌机工作性能及各种计量设备完好程度(主要是水泥浆流量计及其他计量装置)。

水泥土搅拌桩对水泥压力量要求较高,必须在施工机械上配置流量控制仪表,以保证一定的水泥用量。

2)施工中应检查机头提升速度、水泥浆或水泥注入量、搅拌桩的长度及标高。

水泥土搅拌桩施工过程中,为确保搅拌充分、桩体质量均匀,搅拌机头提速不宜过快,否则会使搅拌桩体局部水泥量不足或水泥不能均匀地拌和在土中,导致桩体强度不一,因此规定了机头提升速度。

3)施工结束后,应检查桩体强度、桩体直径及地基承载力。

4)进行强度检验时,对承重水泥土搅拌桩应取 90d 后的试件;对支护水泥土搅拌桩应取 28d 后的试件。

5)水泥土搅拌桩地基质量检验标准应符合表 3-17 的规定。

表 3-17　水泥土搅拌桩地基质量检验标准

项目	序号	检查项目	允许偏差或允许值		检查方法
			单位	数值	
主控项目	1	水泥及外掺剂质量	设计要求		查产品合格证书或抽样送检
	2	水泥用量	参数指标		查看流量计
	3	桩体强度	设计要求		按规定方法
	4	地基承载力	设计要求		按规定方法
一般项目	1	机头提升速度	m/min	≤0.5	量机头上升距离及时间
	2	桩底标高	mm	±200	测机头深度
	3	桩顶标高	mm	+100 −50	水准仪 (最上部 500mm 不计入)
	4	桩位偏差	mm	<50	用钢尺量
	5	桩径		≤0.04D	用钢尺量,D 为桩径
	6	垂直度	%	≤1.5	经纬仪
	7	搭接	mm	>200	用钢尺量

◎ 业务要点 8:预压法

砂井堆载预压是在含饱和水的软土或杂填土地基中用钢管打孔,灌砂设置一群排水砂桩(井)作为竖向排水通道,并在桩顶铺设砂垫层作为水平排水通道,先在砂垫层上分期加荷预压,使土中孔隙水不断通过砂井上升至砂垫层,排出地表,从而在建筑物施工之前,地基土大部分先期排水固结,减少了建筑物沉降,提高了地基的稳定性。这种方法具有固结速度快,施工工艺简单,效果好等特点。适用于透水性低的饱和软弱黏性土的地基加固;用于机场跑道、油罐、冷藏库、水池、水工结构、道路、路堤、堤坝、码头、岸坡等工程地基处理。对于泥炭等有机沉积地基则不适用。

1. 施工要点

1)砂井施工机具、方法与打砂桩相同。打砂井的顺序应从外围或两侧向中间进行,如果井距较大可逐排进行。砂井施工完毕后,基坑表层会产生松动隆起,应进行压实。

2)当使用普通砂井成型困难,软土层上难以使用大型机械施工,无须大截面砂井时可采用袋装砂井,砂袋应选用透水性好、韧性强的玻璃丝纤维布、聚丙烯编织布、再生布等制作。当桩管沉到预定深度后插入袋,把袋子的上口固定到装砂用的漏斗上,通过振动将砂子填入袋中并密实;待砂装满后,卸下砂袋扎紧袋口,拧紧套管上盖,提出套管,此时袋口应高出孔口 500mm。如果砂袋没有露出这么长,说明袋中还没有装满砂子,则要拔出重新施工。反之,如果砂袋露出过多,说明砂袋已被套管带起来,也应重新施工。

3)砂井预压加载物一般采用土、砂、石或水。加荷方式有两种:一是在建筑物正式施工前,在建筑物范围内堆载,待沉降基本完成后把堆载卸走,再进行上部结构施工;二是利用建筑物自身的重量,更加直接、简便、经济,不用卸载,每平方米所加荷量宜接近设计荷载。也可用设计标准荷载的 120% 为预压荷载,以加速排水固结。

4)地基预压前,应设置垂直沉降观测点、水平位移观测桩、测斜仪及孔隙水压计。

5)预压加载应分期、分级进行。加荷时应严格控制加荷速度。控制方法是每天测定边桩的水平位移与垂直升降和孔隙水压力等。地面沉降速率不宜超过 10mm/d。边桩水平位移宜控制在 3～5mm/d,边桩垂直上升不宜超过 2mm/d。若超过上述规定数值,应停止加荷或减荷,待稳定后再加荷。

6)加荷预压时间由设计规定,一般为 6 个月,但不宜少于 3 个月。同时,待地基平均沉降速率减小到不大于 2mm/d,方可开始分期、分级卸荷,但应继续观测地基沉降和回弹情况。

2. 质量检查

1)施工前应检查施工监测措施,沉降、孔隙水压力等原始数据,排水设施,砂井(包括袋装砂井)等位置。

软土的固结系数较小,当土层较厚时,达到工作要求的固结度需时较长,为此,对软土预压应设置排水通道,其长度及间距宜通过试压确定。

2)堆载施工应检查堆载高度、沉降速率。真空预压施工应检查密封膜的密封性能、真空表读数等。

堆载预压必须分级堆载，以确保预压效果并避免坍滑事故。一般每天沉降速率控制在 10～15mm，边桩位移速率控制在 4～7mm。孔隙水压力增量不超过预压荷载增量 60%，以这些参考指标控制堆载速率。

真空预压的真空度可一次抽气至最大，当连续 5d 实测沉降小于每天 2mm 或固结度≥80%，或符合设计要求时，可停止抽气，降水预压可参考本条。

3）施工结束后，应检查地基土的强度及要求达到的其他物理力学指标，重要建筑物地基应做承载力检验。

一般工程在预压结束后，做十字板剪切强度或标贯、静力触探试验即可，但重要建筑物地基就应做承载力检验。如设计有明确规定应按设计要求进行检验。

4）预压地基和塑料排水带质量检验标准应符合表 3-18 的规定。

表 3-18　预压地基和塑料排水带质量检验标准

项目	序号	检查项目	允许偏差或允许值		检查方法
			单位	数值	
主控项目	1	预压载荷	%	≤2	水准仪
	2	固结度（与设计要求比）	%	≤2	根据设计要求采用不同的方法
	3	承载力或其他性能指标	设计要求		按规定方法
一般项目	1	沉降速率（与控制值比）	%	±10	水准仪
	2	砂井或塑料排水带位置	mm	±100	用钢尺量
	3	砂井或塑料排水带插入深度	mm	±200	插入时用经纬仪检查
	4	插入塑料排水带时回带长度	mm	≤500	用钢尺量
	5	塑料排水带或砂井高出砂垫层距离	mm	≥200	用钢尺量
	6	插入塑料排水带的回带根数	%	<5	目测

注：如真空预压，主控项目中预压载荷的检查为真空度降低值<2%。

第三节　桩基工程

本节导读

本节主要介绍桩基工程施工，内容包括混凝土预制桩以及混凝土灌注桩等。其内容关系如图 3-11 所示。

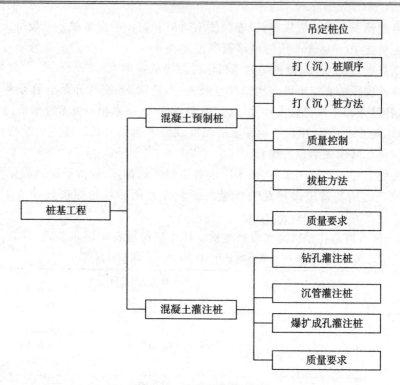

图 3-11 本节内容关系图

业务要点 1:混凝土预制桩

混凝土预制桩为工程上应用最多的一种桩型。它系先在工厂或现场进行预制,然后用打(沉)桩机械,在现场就地打(沉)入设计位置和深度。这种桩的特点是:桩单方承载力高,桩预先制作,不占工期,打设方便,施工准备周期短,施工质量易于控制,成桩不受地下水影响,生产效率高,施工速度快,工期短,无泥浆排放问题等。但打(沉)桩震动大,噪声高,挤土效应显著,造价高。适用于一般黏性土、粉土、砂土、湿陷性黄土,淤泥、淤泥质土及填土,中间夹砂层或砾石层不厚或较弱的土层;地下水位高的地区和对噪声、挤土影响无严格限制的地区,持力层变化不大且埋深不深的地区。

1. 吊定桩位

桩的吊立定位,一般利用桩架附设的起重钩吊桩就位,或配一台起重机送桩就位。

2. 打(沉)桩顺序

根据土质情况,桩基平面尺寸、密集成度、深度、桩机移动方便等决定打桩顺序,图 3-12 为几种打桩顺序和土体挤密情况。当基坑不大时,打桩应从中间开始分头向两边或周边进行。当基坑较大时,应将基坑分为数段,而后在各段范围内分别进行。打桩避免自外向内或从周边向中间进行，以避免中间土体被挤密，桩难打入，或虽勉强打入，但使邻桩侧移或上冒。对基础标高不一的桩，宜先深后浅，对不同规格的桩，宜先大后小，先长后短，以使土层挤密均匀，以避免位移偏斜。在粉质黏土及黏土地区，应避免按照一个方向进行，使土向一边挤压，造成入土深度不一，土体挤实程度不均，导致不均匀沉降。若桩距大于或等于 4 倍桩直径，则与打桩顺序无关。

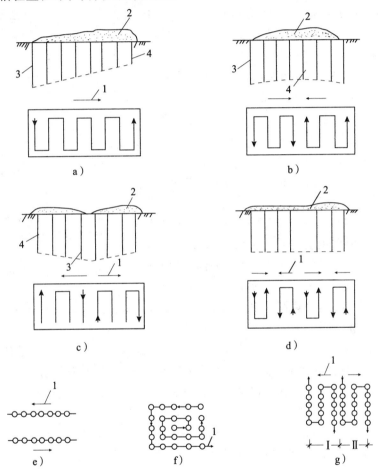

图 3-12　打桩顺序和土体挤密情况

a)逐排单向打设　b)两侧向中心打设　c)中部向两侧打设

d)分段相对打设　e)逐排打设　f)自中部向两边打设　g)分段打设

1—打设方向　2—土层挤密情况　3—沉降量小　4—沉降量大

3. 打(沉)桩方法

有锤击法、振动法及静力压桩法等，以锤击法应用最普遍。

打桩时,应用导板夹具或桩箍将桩嵌固在桩架两导柱中,桩位置及垂直度经校正后,方可将桩锤连同桩帽压在桩顶,开始沉桩。桩锤、桩帽与桩身中心线要一致,桩顶不平,应用厚纸板垫平或用环氧树脂砂浆补抹平整。

开始沉桩应起锤轻压并轻击数锤,观察桩身、桩架、桩锤等垂直一致,方可转入正常。桩插入时的垂直度偏差不得超过 0.5%。打桩应用适合桩头尺寸的桩帽和弹性垫层,以缓和打桩的冲击。桩帽用钢板制成,并用硬木或绳垫承托。桩帽与桩周围的间隙应为 5～10mm。桩帽与桩接触表面须平整,桩锤、桩帽与桩身应在同一直线上,以免沉桩产生偏移。当桩顶标高较低,需送桩入土时,应用钢轨送桩或钢板送桩,如图 3-13 所示,将钢轨或钢板放于桩头上,锤击送桩,将桩送入土中。同一承台桩的接头位置应相互错开。打桩时若遇条石、块石等地下障碍物,宜采用引孔解决。

振动沉桩与锤击沉桩法基本相同,是用振动箱代替桩锤,使桩头套入振动箱连固桩帽或液压夹桩器夹紧,便可照锤击法,启动振动箱进行沉桩至设计要求的深度。

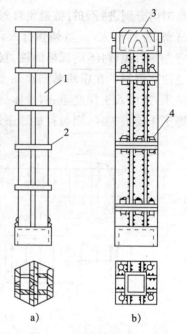

图 3-13　钢送桩构造

a)钢轨送桩　b)钢板送桩

1—钢轨　2—15mm 厚钢板箍

3—硬木垫　4—连接螺栓

4. 质量控制

桩至接近设计深度,应进行观测,一般以设计要求最后 3 次 10 锤的平均贯入度或入土标高为控制,如桩尖土为硬塑和坚硬的黏性土、碎石土、中密状态以上的砂类土或风化岩层时,以贯入度控制为主。桩尖设计标高或桩尖进入持力层作为参考;如桩尖土为其他较软土层时,以标高控制为主,贯入度作为参考。

振动法沉桩是以振动箱代替桩锤,其质量控制是以最后 3 次振动(加压),每次 10min 或 5min,测出每分钟的平均贯入度,以不大于设计规定的数值为合格,而摩擦桩则以沉到设计要求的深度为合格。

5. 拔桩方法

需拔桩时,长桩可用拔桩机,一般桩可用人字架、卷扬机或用钢丝绳捆紧,借横梁用两台千斤顶抬起。采用汽锤打桩,可直接用蒸汽锤拔桩,将汽锤倒连在桩上,当锤的动程向上,桩受到一个向上的力,即可将桩拔出。

6. 质量要求

1) 桩在现场预制时,应对原材料、钢筋骨架(见表 3-19)、混凝土强度进行检查。采用工厂生产的成品桩时,桩进场后应进行外观及尺寸检查。

表 3-19 预制桩钢筋骨架质量检验标准 （单位:mm）

项目	序号	检查项目	允许偏差或允许值	检查方法
主控项目	1	主筋距桩顶距离	±5	用钢尺量
	2	多节桩锚固钢筋位置	5	用钢尺量
	3	多节桩预埋铁件	±3	用钢尺量
	4	主筋保护层厚度	±5	用钢尺量
一般项目	1	主筋间距	±5	用钢尺量
	2	桩尖中心线	10	用钢尺量
	3	箍筋间距	±20	用钢尺量
	4	桩顶钢筋网片	±10	用钢尺量
	5	多节桩锚固钢筋长度	±10	用钢尺量

混凝土预制桩可在工厂生产,也可在现场支模预制。对工厂的成品桩虽有产品合格证书,但在运输过程中容易碰坏,为此,进场后应再做检查。

2) 施工中应对桩体垂直度、沉桩情况、桩顶完整状况、接桩质量等进行检查,对电焊接桩,重要工程应做 10% 的焊缝探伤检查。

经常发生接桩时电焊质量较差,从而接头在锤击过程中断开,尤其接头对接的两端面不平整,电焊更不容易保证质量,对重要工程做 X 射线拍片检查是完全必要的。

3) 施工结束后,应对承载力及桩体质量做检验。

4) 对长桩或总锤击数超过 500 击的锤击桩,应符合桩体强度及 28d 龄期的两项条件才能锤击。

混凝土桩的龄期对抗裂性有影响,这是经过长期试验得出的结果。不到龄期的桩有先天不足的弊端,经长时期锤击或锤击拉应力稍大一些便会产生裂缝,故有强度龄期双控的要求。但对短桩,锤击数又不多,满足强度要求一项应是可行的。有些工程进度较急,桩又不是长桩,可以采用蒸养以求短期内达到强度,即可开始沉桩。

5) 钢筋混凝土预制桩的质量检验标准应符合表 3-20 的规定。

表 3-20 钢筋混凝土预制桩的质量检验标准

项目	序号	检查项目	允许偏差或允许值		检查方法
			单位	数值	
主控项目	1	桩体质量检验	按基桩检测技术规范		按基桩检测技术规范
	2	桩位偏差	见表 3-21		用钢尺量
	3	承载力	按基桩检测技术规范		按基桩检测技术规范

项目	序号	检查项目		允许偏差或允许值		检查方法
				单位	数值	
一般项目	1	砂、石、水泥、钢材等原材料（现场预制时）		符合设计要求		查出厂质保文件或抽样送检
	2	混凝土配合比及强度（现场预制时）		符合设计要求		检查称量及查试块记录
	3	成品桩外形		表面平整，颜色均匀，掉角深度<10mm，蜂窝面积小于总面积的0.5%		直观
	4	成品桩裂缝（收缩裂缝或起吊、装运、堆放引起的裂缝）		深度<20mm，宽度<0.25mm，横向裂缝不超过边长的一半		裂缝测定仪，该项在地下水有侵蚀地区及锤击数超过500击的长桩不适用
	5	成品桩尺寸	横截面边长	mm	±5	用钢尺量
			桩顶对角线差	mm	<10	用钢尺量
			桩尖中心线	mm	<10	用钢尺量
			桩身弯曲矢高		<1/1000l	用钢尺量，l为桩长
			桩顶平整度	mm	<2	用水平尺量
	6	电焊接桩	焊缝质量	见表3-22		见表3-22
			电焊结束后停歇时间	min	>1.0	秒表测定
			上下节平面偏差	mm	<10	用钢尺量
			节点弯曲矢高		<1/1000l	用钢尺量，l为两节桩长
	7	硫黄胶泥接桩	胶泥浇注时间	min	<2	秒表测定
			浇注后停歇时间	min	>7	秒表测定
	8	停锤标准		设计要求		现场实测或查沉桩记录
	9	桩顶标高		mm	±50	水准仪

表 3-21　预制桩(钢桩)桩位的允许偏差　　　　　　(单位:mm)

序号	项　　　　　目	允许偏差
1	盖有基础梁的桩 1) 垂直基础梁的中心线 2) 沿基础梁的中心线	100+0.01H 150+0.01H
2	桩数为1~3根桩基中的桩	100
3	桩数为4~16根桩基中的桩	1/2桩径或边长

续表

序号	项　目	允许偏差
4	桩数大于 16 根桩基中的桩： 1) 最外边的桩 2) 中间桩	1/3 桩径或边长 1/2 桩径或边长

注：H 为施工现场地面标高与桩顶设计标高的距离。

表 3-22　钢桩施工质量检验标准

项目	序号	检查项目		允许偏差或允许值		检查方法
				单位	数值	
主控项目	1	桩位偏差		见表 3-20		用钢尺量
	2	承载力		按基桩检测技术规范		按基桩检测技术规范
一般项目	1	电焊接桩焊缝	上下节端部错口	钢管桩外径≥700mm	mm	≤3	用钢尺量
				钢管桩外径＜700mm	mm	≤2	用钢尺量
			焊缝咬边深度	mm	≤0.5	焊缝检查仪
			焊缝加强层高度	mm	2	焊缝检查仪
			焊缝加强层宽度	mm	2	焊缝检查仪
			焊缝电焊质量外观	无气孔、无焊瘤、无裂缝		直观
			焊缝探伤检验	满足设计要求		按设计要求
	2	电焊结束后的停歇时间		min	＞1	秒表测定
	3	节点弯曲矢高		＜1/1000l		用钢尺量，l 为两节桩长
	4	停锤标准		设计要求		用钢尺量或沉桩记录
	5	桩顶标高		mm	±50	水准仪

业务要点 2：混凝土灌注桩

根据成孔方法不同，灌注桩可分为钻孔灌注桩、套管成孔灌注桩、爆扩成孔灌注桩及人工挖孔灌注桩等。

1. 钻孔灌注桩

钻孔灌注桩是利用钻孔机械钻出桩孔，并在孔中浇筑混凝土（或先在孔中吊放钢筋笼）而成的桩。根据钻孔机械的钻头是否在土壤的含水层中施工，又分为泥浆护壁成孔灌注桩和干作业成孔灌注桩两种施工方法。

（1）泥浆护壁成孔灌注桩。泥浆护壁成孔是利用泥浆保护孔壁，通过循环泥浆裹携悬浮孔内钻挖出的土渣并排出孔外，从而形成桩孔的一种成孔方法。

泥浆在成孔过程中所起的作用是护壁、携渣、冷却和润滑,其中最重要的作用还是护壁。

泥浆护壁成孔灌注桩的施工工艺流程如下:测定桩位→埋设护筒→桩机就位→制备泥浆→成孔→清孔→安放钢筋骨架→浇筑水下混凝土。

1) 测定桩位、埋设护筒。

根据建筑的轴线控制桩定出桩基础的每个桩位,可用小木桩标记。桩位放线允许偏差 20mm。灌注混凝土之前,应对桩基轴线和桩位复查一次,以免木桩标记变动而影响施工。护筒一般由 4～8mm 钢板制成的圆筒,其内径应大于钻头直径 100～200mm,其上部宜开设 1～2 个溢浆孔。护筒的埋设深度:在黏性土中不宜小于 1.0m;在砂土中不宜小于 1.5m。护筒顶面应高于地面 400～600mm,并应保持孔内泥浆面高出地下水位 1m 以上。

2) 制备泥浆。

制备泥浆的方法根据土质确定:在黏性土中成孔时可在孔中注入清水,钻机旋转时,切削土屑与水旋拌,用原土造浆;在其他土中成孔时,泥浆制备应选用高塑性黏土或膨润土。

3) 成孔。

桩架就位后,钻机进行钻孔。钻孔时应在孔中注入泥浆,并始终保持泥浆液面高于地下水位 1.0m 以上,以起护壁、携渣、润滑钻头、降低钻头发热、减少钻进阻力等作用。

钻孔进尺速度应根据土层类别、孔径大小、钻孔深度和供水量确定。对于淤泥和淤泥质土不宜大于 1m/min,其他土层以钻机不超负荷为准,风化岩或其他硬土层以钻机不产生跳动为准。

4) 清孔。

当钻孔达到设计深度后,应进行验孔和清孔,清除孔底沉渣和淤泥。清孔的目的是减少桩基的沉降量,提高其承载能力。对于不易塌孔的桩孔,可用空气吸泥机清孔,对于稳定性差的孔壁应用泥浆(正、反)循环法或抽渣筒排渣。清孔时,保持孔内泥浆面高出地下水位 1.0m 以上,在受水位涨落影响时,泥浆面要高出最高水位 1.5m 以上。

5) 浇筑水下混凝土。

泥浆护壁成孔灌注桩混凝土的浇筑是在泥浆中进行的,所以属于水下浇筑混凝土。水下混凝土浇筑的方法很多,最常用的是导管法。导管法是将密封连接的钢管作为混凝土水下灌注的通道,混凝土沿竖向导管下落至孔底,置换泥浆而成桩。导管的作用是隔离环境水,使其不与混凝土接触。

(2) 干作业成孔灌注桩。干作业成孔灌注桩是用钻机在桩位上成孔,在孔中吊放钢筋笼,再浇筑混凝土的成桩工艺。干作业成孔适用于地下水位较低、在成孔深度内无地下水的干土层中桩基的成孔施工。目前常用的钻孔机械是螺旋钻机。

螺旋钻成孔灌注桩施工流程如下：钻机就位→钻孔→检查成孔质量→孔底清理→盖好孔口盖板→移桩机至下一桩位→移走盖口板→复测桩孔深度及垂直度→安放钢筋笼→放混凝土串筒→浇灌混凝土→插桩顶钢筋。

钻机按桩位就位时，钻杆要垂直对准桩位中心，放下钻机使钻头触及土面。钻孔时，开动转轴旋动钻杆钻进，先慢后快，避免钻杆摇晃，并随时检查钻孔偏移。一节钻杆钻入后，应停机接上第二节，继续钻到要求深度。施工中应注意钻头在穿过软硬土层交界处时，应保持钻杆垂直，缓慢进尺。在含砖头、瓦块的杂填土或含水量较大的软塑黏性土层中钻进时，应尽量减小钻杆晃动，以免扩大孔径及增加孔底虚土。钻进速度应根据电流变化及时调整。钻进过程中应随时清理孔口积土。如出现钻杆跳动、机架摇晃、钻不进或钻头发出响声等异常现象时，应立即停钻检查、处理。遇到地下水、缩孔、塌孔等异常现象，应会同有关单位研究处理。

钻孔至要求深度后，可用钻机在原处空转清土，然后停转，提升钻杆卸土。如孔底虚土超过容许厚度，可用辅助掏土工具或二次投钻清底。清孔完毕后应用盖板盖好孔口。清孔后应及时吊放钢筋笼，浇筑混凝土。浇混凝土前，必须复查孔深、孔径、孔壁垂直度、孔底虚土厚度，不合格时应及时处理。从成孔至混凝土浇筑的时间间隔，不得超过 24h。灌注桩的混凝土强度等级不得低于 C15，坍落度一般采用 80～100mm，混凝土应分层浇筑，振捣密实，连续进行，随浇随振，每层的高度不得大于 1.50m。当混凝土浇筑到桩顶时，应适当超过桩顶标高，以保证在凿除浮浆层后，使桩顶标高和质量能符合设计要求。

2. 沉管灌注桩

沉管灌注桩，又称套管成孔灌注桩、打拔管灌注桩，施工时是使用振动式桩锤或锤击式桩锤将一定直径的钢管沉入土中形成桩孔，然后在钢管内吊放钢筋笼，边灌注混凝土边拔管而形成灌注桩桩体的一种成桩工艺。它包括振动沉管灌注桩、锤击沉管灌注桩、夯压成型沉管灌注桩等。

（1）振动沉管灌注桩。根据工作原理可分为振动沉管施工法和振动冲击施工法两种。振动沉管施工法是在振动锤竖直方向往复振动作用下，桩管也以一定的频率和振幅产生竖向往复振动，减少桩管与周围土体间的摩阻力，当强迫振动频率与土体的自振频率相同时，土体结构因共振而破坏。与此同时，桩管受着加压作用而沉入土中，在达到设计要求深度后，边拔管、边振动、边灌注混凝土、边成桩。振动冲击施工法是利用振动冲击锤在冲击和振动的共同作用下，桩尖对四周的土层进行挤压，改变土体结构排列，使周围土层挤密，桩管迅速沉入土中，在达到设计标高后，边拔管、边振动、边灌注混凝土、边成桩。

1）施工顺序。

振动沉管灌注桩施工流程：

桩机就位→振动沉管→浇筑混凝土→边拔管边振动→安放钢筋笼或插筋，如图3-14所示。

2）施工方法。

振动沉管施工法一般有单打法、复打法、反插法等，应根据土质情况和荷载要求分别选用。单打法适用于含水量较小的土层，且宜采用预制桩尖；反插法及复打法适用于软弱饱和土层。

① 单打法，即一次拔管法。拔管时每提升0.5～1.0m，振动5～10s，再拔管0.5～1.0m，如此反复进行，直至全部拔出为止，一般情况下振动沉管灌注桩均采用此法。

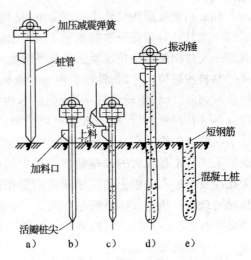

图3-14 振动沉管灌注桩施工工艺流程
a)桩机就位 b)振动沉管 c)浇筑混凝土
d)边拔管边振动边浇筑混凝土 e)成桩

② 复打法。在同一桩孔内进行两次单打，即按单打法制成桩后再在混凝土桩内成孔并灌注混凝土。采用此法可扩大桩径，大大提高桩的承载力。

③ 反插法。将套管每提升0.5m，再下沉0.3m，反插深度不宜大于活瓣桩尖长度的2/3，如此反复进行，直至拔离地面。此法也可扩大桩径，提高桩的承载力。

（2）锤击沉管灌注桩。是采用落锤、蒸汽锤或柴油锤将钢套管沉入土中成孔，然后灌注混凝土或钢筋混凝土，抽出钢管而成。锤击沉管灌注桩宜用于一般黏性土、淤泥质土、砂土和人工填土地基。与振动沉管灌注桩一样，锤击沉管灌注桩也可根据土质情况和荷载要求，分别选用单打法、复打法、反插法。

锤击沉管灌注桩施工顺序：桩机就位→锤击沉管→首次浇注混凝土→边拔管边锤击→放钢筋笼浇注成桩。

（3）夯压成型沉管灌注桩。是利用静压或锤击法将内外钢管沉入土层中，由内夯管夯扩端部混凝土，使桩端形成扩大头，再灌注桩身混凝土，用内夯管和桩锤顶压在管内混凝土面形成桩身混凝土。夯压桩桩身直径一般为400～500mm，扩大头直径一般可达450～700mm，桩长可达20m。适用于中低压缩性黏土、粉土、砂土、碎石土、强风化岩等土层。

3. 爆扩成孔灌注桩

爆扩成孔灌注桩是用钻孔或爆扩法成孔，孔底放入炸药，再灌入适量的混凝土,然后引爆,使孔底形成扩大头,此时,孔内混凝土落入孔底空腔内,再放置钢筋骨架,浇筑桩身混凝土而制成的灌注桩。爆扩成孔灌注桩的施工顺序如下:成孔→检查修理桩孔→安放炸药包→注入压爆混凝土→引爆→检查扩大头→安放钢筋笼→浇筑桩身混凝土→成桩养护。

(1)成孔。成孔方法有:人工成孔法、机钻成孔法和爆扩成孔法。机钻成孔所用设备和钻孔方法相同,下面只介绍爆扩成孔法。

爆扩成孔法是先用小直径(如50mm)洛阳铲或手提麻花钻等钻出导孔,然后根据不同土质放入不同直径的炸药条,经爆扩后形成桩孔,其施工工艺流程如图3-15所示。

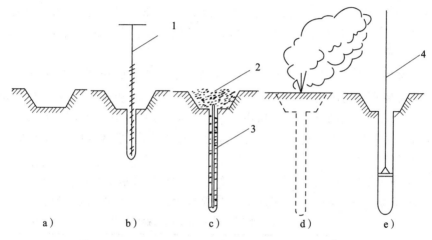

图3-15 爆扩成孔法施工工艺流程

a)挖喇叭口 b)钻导孔 c)安装炸药条并填砂

d)引爆成孔 e)检查并修整桩孔

1—手提钻 2—砂 3—炸药条 4—太阳铲

(2)爆扩大头。扩大头的爆扩,宜采用硝铵炸药和电雷管进行,且同一工程中宜采用同一种类的炸药和雷管。炸药用量应根据设计所要求的扩大头直径,由现场试验确定。药包必须用塑料薄膜等防水材料紧密包扎,并用防水材料封闭以防浸受潮。药包宜包扎成扁圆球形使炸出的扩大头面积较大。药包中心最好并联放置两个雷管,以保证顺利引爆。药包用绳吊下安放于孔底正中,如孔中有水,可加压重物以免浮起,药包放正后上面填盖150~200mm厚的砂子,保证药包不受混凝土冲破。随着从桩孔中灌入一定量的混凝土后,即进行扩大头的引爆。

(3)浇筑混凝土。首先,钢筋笼应细心轻放,不可将孔口和孔壁的泥土带入孔内。灌注混凝土时,应随时注意钢筋笼位置,防止偏向一侧。所用混凝土的坍落度要合适,一般黏性土为 5～7cm;砂类土为 7～9cm;黄土为 6～9cm。混凝土集料最大粒径不得超过 25mm。扩大头和桩柱混凝土要连续浇筑完毕,不留施工缝。混凝土浇筑完毕后,根据气温情况,可用草袋覆盖,浇水养护,在干燥的砂类土地区,桩周围还需浇水养护。

4. 质量要求

1) 施工前应对水泥、砂、石子(如现场搅拌)、钢材等原材料进行检查。对施工组织设计中制定的施工顺序、监测手段(包括仪器、方法)也应检查。

混凝土灌注桩的质量检验应较其他桩种严格,这是工艺本身要求,再则工程事故也较多,因此,对监测手段要事先落实。

2) 施工中应对成孔、清查、放置钢筋笼、灌注混凝土等进行全过程检查,人工挖孔桩尚应复验孔底持力层土(岩)性。嵌岩桩必须有桩端持力层的岩性报告。

沉渣厚度应在钢筋笼放入后、混凝土浇注前测定。成孔结束后,放钢筋笼、混凝土导管都会造成土体跌落,增加沉渣厚度,因此,沉渣厚度应是二次清孔后的结果。沉渣厚度的检查目前均用重锤,有些地方用较先进的沉渣仪,这种仪器应预先做标定。人工挖孔桩一般对持力层有要求,而且到孔底查看土性是有条件的。

3) 施工结束后,应检查混凝土强度,并应做桩体质量及承载力的检验。

4) 混凝土灌注桩的质量检验标准应符合表 3-23、表 3-24 的规定。

表 3-23　混凝土灌注桩钢筋笼质量检验标准　　　(单位:mm)

项目	序号	检查项目	允许偏差或允许值	检查方法
主控项目	1	主筋间距	±10	用钢尺量
	2	钢筋骨架长度	±100	用钢尺量
一般项目	1	钢筋材质检验	设计要求	抽样送检
	2	箍筋间距	±20	用钢尺量
	3	直径	±10	用钢尺量

表 3-24　混凝土灌注桩质量检验标准

项目	序号	检查项目	允许偏差或允许值		检查方法
			单位	数值	
主控项目	1	桩位	见表 3-25		基坑开挖前量护筒,开挖后量桩中心
	2	孔深	mm	+300	只深不浅,用重锤测,可测钻杆、套管长度,嵌岩桩应确保进入设计要求的嵌岩深度

续表

项目	序号	检查项目	允许偏差或允许值		检查方法
			单位	数值	
主控项目	3	桩体质量检验	按基桩检测技术规范如钻芯取样,大直径嵌岩桩应钻至桩尖下500mm		按基桩检测技术规范
	4	混凝土强度	设计要求		试件报告或钻芯取样送检
	5	承载力	按基桩检测技术规范		按基桩检测技术规范
一般项目	1	垂直度	见表3-25		测套管或钻杆,或用超声波探测,干施工时吊锤球
	2	桩径	见表3-25		井径仪或超声波检测,干施工时用钢尺量,人工挖孔桩不包括内衬厚度
	3	泥浆密度(黏土或砂性土中)	1.15~1.20		用比重计测,清孔后在距孔底50cm处取样
	4	泥浆面标高(高于地下水位)	m	0.5~1.0	目测
	5	沉渣厚度:端承桩　　摩擦桩	mm	≤50　　≤150	用沉渣仪或重锤测量
	6	混凝土坍落度	mm	160~220	坍落度仪
	7	钢筋笼安装深度	mm	±100	用钢尺量
	8	混凝土充盈系数	>1		检查每根桩的实际灌注量
	9	桩顶标高	mm	+30,−50	水准仪,应扣除桩顶浮浆层及劣质桩体

表 3-25　灌注桩的平面位置和垂直度的允许偏差

序号	成孔方法		桩径允许偏差/mm	垂直度允许偏差/%	桩位允许偏差/mm	
					1~3根、单排桩基垂直于中心线方向和群桩基础的边桩	条形桩基沿中心线方向和群桩基础的中间桩
1	泥浆护壁钻孔桩	D≤1000mm	±50	<1	D/6,且不大于100	D/4,且不大于150
		D>1000mm	±50		100+0.01H	150+0.01H
2	套管成孔灌注桩	D≤500mm	−20	<1	70	150
		D>500mm			100	150
3	干成孔灌注桩		−20	<1	70	150
4	人工挖孔桩	混凝土护壁	+50	<0.5	50	150
		钢套管护壁	+50	<1	100	200

注:1. 桩径允许偏差的负值是指个别断面。

　　2. 采用复打法、反插法施工的桩,其桩径允许偏差不受上表限制。

　　3. H为施工现场地面标高与桩顶设计标高的距离,D为设计桩径。

5）人工挖孔桩、嵌岩桩的质量检验应按本部分执行。

第四章　砌体工程

第一节　砌筑脚手架

◎ 本节导读

本节主要介绍砌筑脚手架,内容包括外脚手架、悬挂脚手架、内脚手架以及脚手架搭设等。其内容关系如图 4-1 所示。

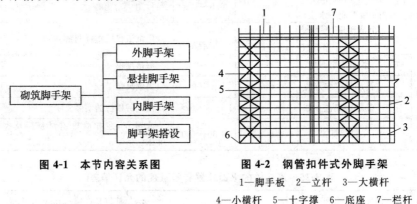

图 4-1　本节内容关系图

图 4-2　钢管扣件式外脚手架
1—脚手板　2—立杆　3—大横杆
4—小横杆　5—十字撑　6—底座　7—栏杆

◎ 业务要点 1:外脚手架

在外墙外面搭设的脚手架称为外脚手架。图 4-2～图 4-4 所示为几种常用的外脚手架。

图 4-2 为钢管扣件式外脚手架。此种脚手架可沿外墙双排或单排搭设,钢管之间靠"扣件"连接。"扣件"有直交的、任意角度的和特殊型的三种。钢管一般用 57 厚 3.5mm 的无缝钢管。搭设时每隔 30m 左右应加斜撑一道。

图 4-3 所示为门形框架脚手架,其宽度有 1.2m、1.5m、1.6m 和高度为 1.3m、1.7m、1.8m、2.0m 等数种。框架立柱材料均采用 $\phi38 \sim \phi40$、厚为 3mm 的钢管焊接而成。安装时要特别注意纵横支撑、剪刀撑的布置及其与墙面的拉结,如图 4-3b)、d)所示,以确保脚手架的稳定。

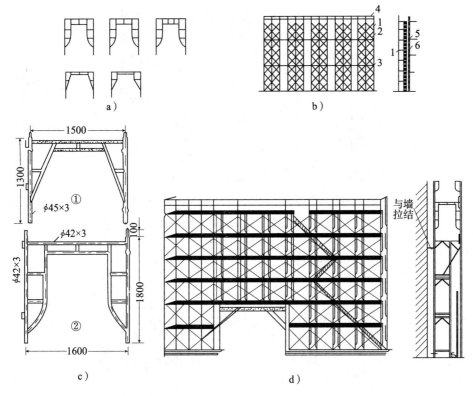

图 4-3　门形框架脚手架(单位:mm)

a)门形框架脚手架形式　b)门形框架脚手架布置图
c)门形框架脚手架构造　d)门形框架脚手架组装图

1—框架　2—斜撑　3—水平撑　4—栏杆　5—连墙杆　6—砖墙

图 4-4 所示为一种混合式脚手架,即桁架与钢管井架结合。这样,可以减少立柱数量,并可利用井架输送材料。桁架可以自由升降,以减少翻架时间。

业务要点 2:悬挂脚手架

悬挂脚手架直接悬挂在建筑物已施工完并具有一定强度的柱、板或屋顶等承重结构上。它也是一种外脚手架,升降灵活,省工省料,既可用于外墙装修,也可用于墙体砌筑。

图 4-5 为一种桥式悬挂脚手架,主要用于 6m 柱距的框架结构房屋的砌墙工程中。铺有脚手板的轻型桁架,借助三角挂架支承于框架柱上。三角挂架一般用 50×5 组成,宽度为 1.3m 左右,通过卡箍与框架柱联结。脚手架的提升则依靠塔式起重机或其他起重设备进行。

图 4-6 为一种能自行提升的悬挂脚手架。它由悬挑部件、操作台、吊架、升降设备等组成,适用于小跨度框架结构房屋或单层工业厂房的外墙砌筑和装饰

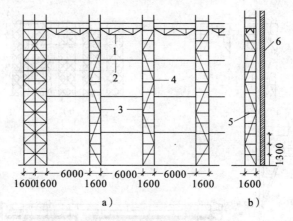

图 4-4 钢管扣件混合式脚手架(单位:mm)

a)布置图 b)剖面图

1—桁架 2—水平拉杆 3—支承架 4—单向斜撑 5—连墙杆 6—砖墙

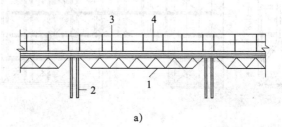

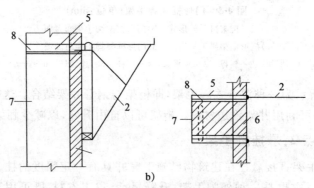

图 4-5 桥式悬挂脚手架

a)轻型桁架 b)三角挂架

1—轻型桁架 2—三角挂架 3—脚手板 4—栏杆

5—卡箍 6—砖墙 7—钢筋混凝土柱 8—螺栓

工程。升降设备通常可采用手扳葫芦,操纵灵活,能随时升降,升降时应尽量保持提升速度一致。吊架也可用吊篮代替。悬挑部件的安装务必牢固可靠,防止出现倾翻事故。

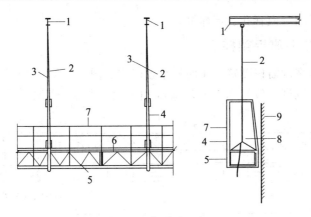

图 4-6　提升式吊架

1—悬臂横杆　2—吊架绳　3—安全绳　4—吊架　5—操作台

6—脚手板　7—栏杆　8—手扳葫芦　9—砖墙

业务要点 3：内脚手架

目前，砖、钢筋混凝土混合结构居住房屋的砌墙工程中，一般均采用内脚手架，即将脚手架搭设在各层楼板上进行砌筑。这样，每个楼层只需搭设两步架或三步架，待砌完一个楼层的墙体后，再将脚手架全部翻到上一楼层上去。由于内脚手架装拆比较频繁，因此其结构形式的尺寸应力求轻便灵活，做到装拆方便，转移迅速。

内脚手架形式很多，图 4-7 所示为常用的几种。

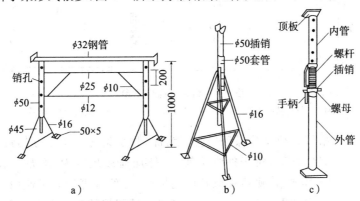

图 4-7　内脚手架形式示例（单位：mm）

图 4-7c）中支柱式脚手架通过内管上的孔与外管上螺杆可任意调节高度。螺杆上对称开槽，槽口长度与螺杆等长。

安装时，按需要的高度调节内外管的位置，再将螺母旋转到内管孔洞处，用插销通过螺杆槽与内管孔连接即可。

◎ 业务要点 4：脚手架搭设

脚手架的宽度需按砌筑工作面的布置确定。图 4-8 为一般砌筑工程的工作面布置图。其宽度一般为 2.05~2.60m，并在任何情况下不小于 1.5m。

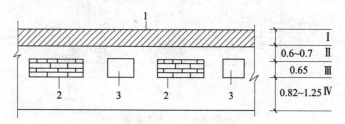

图 4-8　砌砖工作面布置图(单位：m)
1—待砌墙体区　2—砖堆　3—灰浆槽
Ⅰ—待砌墙体区　Ⅱ—操作区　Ⅲ—材料区　Ⅳ—运输区

当采用内脚手架砌筑墙体时，为配合塔式起重机运输，还可设置组合式操作平台作为集中卸料地点。图 4-9 为组合式操作平台的形式之一。它由立柱架、横向桁架、三角挂架、脚手板及连系桁架等组成。

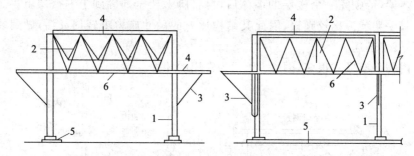

图 4-9　组合式操作平台
1—立柱架　2—横向桁架　3—三角挂架　4—脚手板　5—垫板　6—连系桁架

脚手架的搭设必须充分保证安全。为此，脚手架应具备足够的强度、刚度和稳定性。一般情况下，对于外脚手架，其外加荷载规定为：均布荷载不超过 $270kg/m^2$。如果需超载，则应采取相应的措施，并经验算后方可使用。过高的外脚手架必须注意防雷，钢脚手架的防雷措施是用接地装置与脚手架连接，一般每隔 50m 设置一处。最远点到接地装置脚手架上的过渡电阻值应不超过 10Ω。

使用内脚手架，必须沿外墙设置安全网，以防高空操作人员坠落。安全网一般多用 φ9 的麻、棕绳或尼龙绳编织，其宽度不应小于 1.5m。安全网的承载

能力应不小于 $160kg/m^2$。图 4-10 为安全网的一种搭设方式。

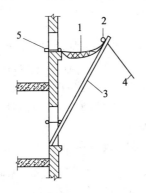

图 4-10　安全网搭设方式之一
1—安全网　2—大横杆　3—斜杆　4—麻绳　5—栏墙杆

第二节　砌筑砂浆

本节导读

本节主要介绍砌筑砂浆,内容包括材料要求以及砂浆的配制与使用等。其内容关系如图 4-11 所示。

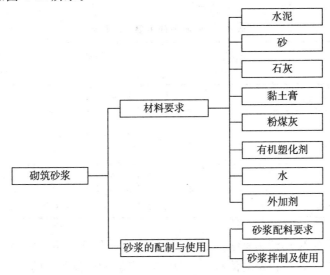

图 4-11　本节内容关系图

◎ 业务要点 1:材料要求

1. 水泥

砌筑用水泥对品种、强度等级没有限制,但使用水泥时,应注意水泥的品种性能及适用范围。宜选用普通硅酸盐水泥或矿渣硅酸盐水泥,不宜选用强度等级太高的水泥,水泥砂浆不宜选用水泥强度等级大于 32.5 级的水泥,混合砂浆选用水泥强度等级不宜大于 42.5 级的水泥。对不同厂家、品种、强度等级的水泥应分别贮存,不得混合使用。

水泥进入施工现场应有出厂质量保证书,且品种和强度等级应符合设计要求。对进场的水泥质量应按有关规定进行复检,经试验鉴定合格后方可使用,出厂日期超过 90d 的水泥(快硬硅酸盐水泥超过 30d)应进行复检,复检达不到质量标准不得使用。严禁使用安定性不合格的水泥。

2. 砂

砖砌体、砌块砌体及料石砌体用的砂浆宜用中砂,砌毛石用的砂浆宜用粗砂,并应过筛,不得含有草根、土块、石块等杂物。砂应进行抽样检验并符合现行国家标准的要求。采用细砂的地区,砂的允许含泥量可经试验后确定。

3. 石灰

1) 石灰岩经煅烧分解,放出二氧化碳气体,得到的产品即为生石灰。生石灰主要技术指标应符合表 4-1 的规定。

表 4-1　生石灰的主要技术指标

项目	钙质生石灰			镁质生石灰		
	优等品	一等品	合格品	优等品	一等品	合格品
$(CaO+MgO)$ 含量(%) ≥	90	85	80	85	80	75
未消化残渣含量 (5mm 圆孔筛余)(%) ≤	5	10	15	5	10	15
CO_2(%) ≤	5	7	9	6	8	10
产浆量/(L/kg) ≥	2.8	2.3	2.0	2.8	2.3	2.0

2) 熟化后的石灰称为熟石灰,其成分以氢氧化钙为主。根据加水量的不同,石灰可被熟化成粉状的消石灰、浆状的石灰膏和液体状态的石灰乳。

消石灰粉的主要技术指标,应符合表 4-2 的规定。

表 4-2　消石灰粉的主要技术指标

项目	钙质消石灰粉			镁质消石灰粉			白云石消石灰粉		
	优等品	一等品	合格品	优等品	一等品	合格品	优等品	一等品	合格品
(CaO＋MgO)含量/% ≥	70	65	60	65	60	55	65	60	55
游离水/%	0.4～2	0.4～2	0.4～2	0.4～2	0.4～2	0.4～2	0.4～2	0.4～2	0.4～2
体积安定性	合格	合格	—	合格	合格	—	合格	合格	—
细度 0.9mm筛筛余/% ≤	0	0	0.5	0	0	0.5	0	0	0.5
细度 0.125mm筛筛余/% ≤	3	10	15	3	10	15	3	10	15

3) 生石灰熟化成石灰膏时,应用孔洞不大于 3mm×3mm 的网过滤,熟化时间不得少于 7d;对于磨细生石灰粉,其熟化时间不得少于 1d。沉淀池中贮存的石灰膏,应防止干燥、冻结和污染。严禁使用脱水硬化的石灰膏。

4. 黏土膏

采用黏土或亚黏土制备黏土膏时,宜用搅拌机加水搅拌,通过孔径不大于 3mm×3mm 的网过筛。用比色法鉴定黏土中的有机物含量时应浅于标准色。

5. 粉煤灰

粉煤灰品质等级用 3 级即可。砂浆中的粉煤灰取代水泥率不宜超过 40%,砂浆中的粉煤灰取代石灰膏率不宜超过 50%。

6. 有机塑化剂

有机塑化剂应符合相关标准和产品说明书的要求。当对其质量产生怀疑时,应经试验检验合格后,方可使用。

7. 水

宜采用饮用水。当采用其他来源水时,水质必须符合《混凝土用水标准》JGJ 63—2006 的规定。

8. 外加剂

引气剂、早强剂、缓凝剂及防冻剂应符合国家质量标准或施工合同确定的标准,并应具有法定检测机构出具的该产品砌体强度形式检验报告,还应经砂浆性能试验合格后方可使用。其掺量应通过试验确定。

业务要点 2:砂浆的配制与使用

1. 砂浆配料要求

1) 水泥、有机塑化剂和冬期施工中掺用的氯盐等的配料准确度应控制在 ±2% 以内;砂、水及石灰膏、电石膏、黏土膏、粉煤灰、磨细生石灰粉等的配料准确度应控制在 ±5% 以内。

2) 砂浆所用细集料主要为天然砂,它应符合混凝土用砂的技术要求。由于砂浆层较薄,对砂子最大料径应有限制。用于毛石砌体砂浆,砂子最大料径应小于砂浆层厚度的1/5~1/4;用于砖砌体的砂浆,宜用中砂,其最大粒径不大于2.5mm;光滑表面的抹灰及勾缝砂浆,宜选用细砂,其最大料径不宜大于1.2mm。当砂浆强度等级大于或等于 M5 时,砂的含泥量不应超过 5%;强度等级为 M5 以下的砂浆,砂的含泥量不应超过 10%。若用煤渣做集料,应选用燃烧完全且有害杂质含量少的煤渣,以免影响砂浆质量。

3) 石灰膏、黏土膏和电石膏的用量,宜按稠度为(120±5)mm 计量。现场施工当石灰膏稠度与试配时不一致时,可按表 4-3 换算。

表 4-3　石灰膏不同稠度时的换算系数

石灰膏稠度/mm	120	110	100	90	80	70	60	50	40	30
换算系数	1.00	0.99	0.97	0.95	0.93	0.92	0.90	0.88	0.87	0.86

4) 为使砂浆具有良好的保水性,应掺入无机或有机塑化剂,不应采取增加水泥用量的方法。

5) 水泥混合砂浆中掺入有机塑化剂时,无机掺加料的用量最多可减少一半。

6) 水泥砂浆中掺入有机塑化剂时,应考虑砌体抗压强度较水泥混合砂浆砌体降低 10% 的不利影响。

7) 水泥黏土砂浆中,不得掺入有机塑化剂。

8) 在冬季砌筑工程中使用氯化钠、氯化钙时,应先将氯化钠、氯化钙溶解于水中后投入搅拌。

2. 砂浆拌制及使用

1) 砌筑砂浆应采用机械搅拌,搅拌时间自投料完起算应符合下列规定:

① 水泥砂浆和水泥混合砂浆不得少于 120s。

② 水泥粉煤灰砂浆和掺用外加剂的砂浆不得少于 180s。

③ 掺增塑剂的砂浆,其搅拌方式、搅拌时间应符合现行行业标准《砌筑砂浆增塑剂》JG/T 164—2004 的有关规定。

④ 干混砂浆及加气混凝土砌块专用砂浆宜按掺用外加剂的砂浆确定搅拌时间或按产品说明书使用。

2) 配制砌筑砂浆时,各组分材料应采用质量计量,水泥及各种外加剂配料的允许偏差为±2%;砂、粉煤灰、石灰膏等配料的允许偏差为±5%。

3) 拌制水泥砂浆,应先将砂与水泥干拌均匀,再加水拌和均匀。

4) 拌制水泥混合砂浆,应先将砂与水泥干拌均匀,再加掺加料(石灰膏、黏土膏)和水拌和均匀。

5) 拌制水泥粉煤灰砂浆,应先将水泥、粉煤灰、砂干拌均匀,再加水拌和均匀。

6）掺用外加剂时，应先将外加剂按规定浓度溶于水中，在拌和水投入时投入外加剂溶液，外加剂不得直接投入拌制的砂浆中。

7）砂浆拌成后和使用时，均应盛入贮灰器中。如砂浆出现泌水现象，应在砌筑前再次拌和。

8）现场拌制的砂浆应随拌随用，拌制的砂浆应在 3h 内使用完毕；当施工期间最高气温超过 30℃ 时，应在 2h 内使用完毕。预拌砂浆及蒸压加气混凝土砌块专用砂浆的使用时间应按照厂方提供的说明书确定。

第三节　砖砌体工程

本节导读

本节主要介绍砖砌体工程施工，内容包括施工准备工作、砌砖的技术要求、砖砌体的组砌形式、砖砌体的施工工艺以及砖砌体工程质量检验与验收等。其内容关系如图 4-12 所示。

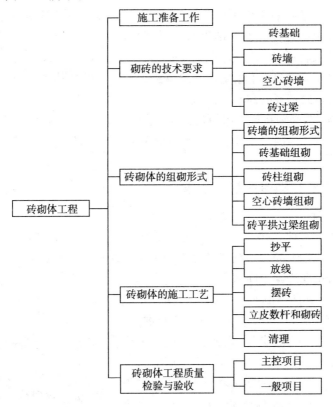

图 4-12　本节内容关系图

业务要点 1:施工准备工作

1)施工需用材料及施工工具,如淋石灰膏、淋黏土膏、筛砂、木砖或锚固件,支过梁模板、油毛毡、钢筋砖过梁及直槎所需的拉结钢筋等材料;运砖车、运灰车、大小灰槽、水桶、靠尺、水平尺、百格网、线坠、小白线等工具应在砌筑前准备好。

2)砖要按规定及时进场,按砖的外观、几何尺寸、强度等级进行验收,并应检查出厂合格证。在常温状态下,黏土砖应在砌筑前 1~2d 浇水湿润,以免在砌筑时由于砖吸收砂浆中的大量水分,降低砂浆流动性,砌筑困难,使砂浆的黏结强度受到影响。但也要注意不能将砖浇得过湿,以水浸入砖内深度 10~15mm 为宜。过湿或者过干都会影响施工速度和施工质量。如果由于天气炎热,砖面水分蒸发过快,操作时揉压困难,也可在脚手架上进行二次浇水。

3)砌筑房屋墙体时,应事先准备好皮数杆。皮数杆上应画出主要部位的标高,如防潮层、窗台、门口过梁、凹凸线脚、挑檐、梁垫、楼板位置和预埋件以及砖的行数。砖的行数应按砖的实际厚度和水平灰缝的允许厚度来确定。水平灰缝和立缝一般为 10mm,不应小于 8mm,也不应大于 12mm。

4)墙体砌筑前将基础顶面的泥土、灰砂、杂物等清扫干净后,在皮数杆上拉线检查基础顶面标高。如基础顶面高低不平,高低差小于 5cm 时应打片砖铺 M10 水泥砂浆找平;高低差大于 5cm 时,应用强度等级在 C10 以上的细石混凝土找平。然后按龙门板上给定的轴线及图纸上标注的墙体尺寸,在基础顶面上用墨线弹出墙的宽度线和轴线。

5)砌筑前,必须按施工组织设计所确定的垂直和水平运输方案,组织机械进场和做好机械的架设工作。与此同时,还要准备好脚手工具,搭设好搅拌棚,安设好搅拌机等。

业务要点 2:砌砖的技术要求

1. 砖基础

砖基础砌筑前,应先检查垫层施工是否符合质量要求,然后将垫层表面的浮土及垃圾清除干净。砌基础时可依皮数杆先砌几皮转角及交接处部分的砖,然后在其间拉准线砌中间部分。如果砖基础不在同一深度,则应先由底往上砌筑。在砖基础高低台阶接头处,下台面台阶要砌一定长度(一般不小于 500mm)实砌体,砌到上面后和上面的砖一起退台,如图 4-13 所示。基础墙的防潮层,如果设计无具体要求,宜用 1:2.5 的水泥砂浆加适量的防水剂铺设,其厚度一般为 20mm。抗震设防地区的建筑物,不用油毡做基

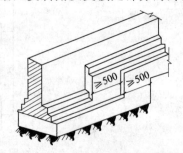

图 4-13 砖基础高低接头处砌法

础墙的水平防潮层。

2. 砖墙

1）全墙砌砖应平行砌起，砖层必须水平，砖层正确位置除用皮数杆控制外，每楼层砌完后必须校对一次水平、轴线和标高，在允许偏差范围内，其偏差值应在基础或楼板顶面调整。

2）砖墙的水平灰缝应平直，灰缝厚度一般为10mm，不宜小于8mm，也不宜大于12mm。竖向灰缝应垂直对齐，对不齐而错位，称为游丁走缝，影响墙体外观质量。为保证砖块均匀受力和使块体紧密结合，要求水平灰缝砂浆饱满，厚薄均匀。砂浆的饱满程度以砂浆饱满度表示，用百格网检查，要求饱满度达到80％以上。竖向灰缝应饱满，可避免透风漏雨，改善保温性能。

3）砖砌体的转角处和交接处应同时砌筑，严禁无可靠措施的内外墙分砌施工。在抗震设防烈度为8度及8度以上地区，对不能同时砌筑而又必须留置的临时间断处应砌成斜槎，普通砖砌体斜槎水平投影长度不应小于高度的2/3（图4-14），多孔砖砌体的斜槎长高比不应小于1/2。斜槎高度不得超过一步脚手架的高度。

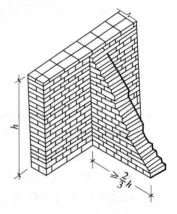

图4-14 斜槎图

非抗震设防及抗震设防烈度为6度、7度地区的临时间断处，当不能留斜槎时，除转角处外，可留直槎，但直槎必须做成凸槎，且应加设拉结钢筋，拉结钢筋应符合下列规定：

① 每120mm墙厚放置1φ6拉结钢筋（120mm厚墙应放置2φ6拉结钢筋）。

② 间距沿墙高不应超过500mm，且竖向间距偏差不应超过100mm。

③ 埋入长度从留槎处算起每边均不应小于500mm，对抗震设防烈度为6度、7度的地区，不应小于1000mm。

④ 末端应有90°弯钩（图4-15）。

隔墙与墙或柱如不同时砌筑而又不留成斜槎时，可于墙或柱中引出阳槎，并于墙或柱的灰缝中预埋拉结筋（其构造与上述相同，但每道不得少于两根）。抗震设防地区建筑物的隔墙，除应留阳槎外，沿墙高每500mm配置2φ6钢筋与承重墙或柱拉结，伸入每边墙内的长度不应小于500mm。

砖砌体接槎时，必须将接槎处的表面清理干净，浇水湿润，并应填实砂浆，保持灰缝平直。

4）宽度小于1m的窗间墙，应选用整砖砌筑，半砖和破损的砖，应分散使用于墙心或受力较小部位。

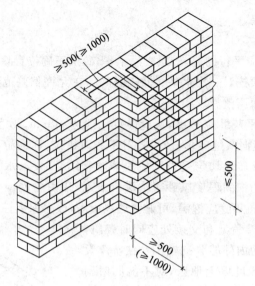

图 4-15　直槎

5）不得在下列墙体或部位设置脚手眼：

① 120mm 厚墙、清水墙、料石墙、独立柱和附墙柱。

② 过梁上与过梁呈 60°的三角形范围及过梁净跨度 1/2 的高度范围内。

③ 宽度小于 1m 的窗间墙。

④ 门窗洞口两侧石砌体 300mm 及其他砌体 200mm 范围内；转角处石砌体 600mm 及其他砌体 450mm 范围内。

⑤ 梁或梁垫下及其左右各 500mm 的范围内。

⑥ 设计不允许设置脚手眼的部位。

⑦ 轻质墙体。

⑧ 夹心复合墙的外叶墙。

6）在墙上留置临时施工洞口，其侧边离交接处墙面不应小于 500mm，洞口净宽度不应超过 1m。抗震设防烈度为 9 度的地区建筑物的临时施工洞口位置，应会同设计单位确定。临时施工洞口应做好补砌。

7）240mm 厚承重墙的每层墙的最上一皮砖，砖砌体的阶台水平面上及挑出层，应整砖丁砌；隔墙与填充墙的顶面与上层结构的接触处，宜用侧砖或立砖斜砌挤紧。

8）设有钢筋混凝土构造柱的抗震多层砖混结构房屋，应先绑扎构造柱钢筋，然后砌砖墙，最后浇筑混凝土。墙与柱应沿高度方向每 500mm 设 2φ6 钢筋（一砖墙），每边伸入墙内的长度不应少于 1m；构造柱应与圈梁连接；砖墙应砌成马牙槎，每一个马牙槎沿高度方向的尺寸不超过 300mm 或五皮砖高，马牙槎从每层柱脚开始,应先退后进,进退相差 1/4 砖,如图 4-16 所示。该层构造柱混凝土浇完之后,才能进行上一层的施工。

9) 砖砌体相邻工作段的高度差,不得超过楼层的高度,也不宜大于 4m。工作段的分段位置宜设在伸缩缝、沉降缝、防震缝或门窗洞口处。砌体临时间断处的高度差不得超过一步脚手架的高度。

10) 砖墙每天砌筑高度以不超过 1.8m 为宜,雨天施工时,每天砌筑高度不宜超过 1.2m。

11) 尚未施工楼面或屋面的墙或柱,其抗风允许自由高度不得超过表 4-4 的规定。如超过表中限值时,必须采用临时支撑等有效措施。

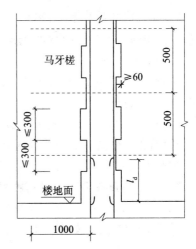

图 4-16　构造柱拉结钢筋布置及马牙槎示意图

表 4-4　墙、柱的允许自由高度　　　　　　　　(单位:m)

墙(柱)厚/mm	砌体密度>1600(kg/m³)			砌体密度 1300~1600(kg/m³)		
	风载/(kN/m²)			风载/(kN/m²)		
	0.3 (约7级风)	0.4 (约8级风)	0.5 (约9级风)	0.3 (约7级风)	0.4 (约8级风)	0.5 (约9级风)
190	—	—	—	1.4	1.1	0.7
240	2.8	2.1	1.4	2.2	1.7	1.1
370	5.2	3.9	2.6	4.2	3.2	2.1
490	8.6	6.5	4.3	7.0	5.2	3.5
620	14.0	10.5	7.0	11.4	8.6	5.7

注:1. 本表适用于施工处相对标高 H 在 10m 范围内的情况。如 10m<H≤15m,15m<H≤20m 时,表中的允许自由高度应分别乘以 0.9、0.8 的系数;如 H>20m 时,应通过抗倾覆验算确定其允许自由高度。

2. 当所砌筑的墙有横墙或其他结构与其连接,而且间距小于表中相应墙、柱的允许自由高度的两倍时,砌筑高度可不受本表的限制。

3. 当砌体密度小于 1300kg/m³ 时,墙和柱的允许自由高度应另行验算确定。

3. 空心砖墙

空心砖墙砌筑前应试摆,在不够整砖处,如无半砖规格,可用普通黏土砖补砌。承重空心砖的孔洞应呈垂直方向砌筑,且长圆孔应顺墙方向。非承重空心砖的孔洞应呈水平方向砌筑。非承重空心砖墙,其底部应至少砌三皮实心砖,在门口两侧一砖长范围内,也应用实心砖砌筑。半砖厚的空心砖隔墙,如墙较高,应在墙的水平灰缝中加设 2ϕ8 钢筋或每隔一定高度砌几皮实心砖带。

4. 砖过梁

砖平拱应用不低于 MU7.5 的砖与不低于 M5.0 的砂浆砌筑。砌筑时,在过梁底部支设模板,模板中部应有 1% 的起拱。过梁底模板应待砂浆强度达到设计强度 50% 以上,方可拆除。砌筑时,应从两边对称向中间砌筑。

钢筋砖过梁其底部配置 3ϕ6～ϕ8 钢筋,两端伸入墙内不应少于 240mm,并有 90°弯钩埋入墙的竖缝内。在过梁的作用范围内(不少于六皮砖高度或过梁跨度的 1/4 高度范围内),应用 M5.0 砂浆砌筑。砌筑前,先在模板上铺设 30mm 厚 1:3 水泥砂浆层,将钢筋置于砂浆层中,均匀摆开,接着逐层平砌砖层,最下一皮应丁砌,如图 4-17 所示。

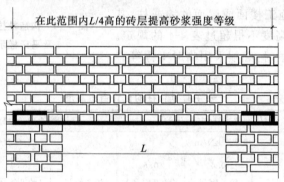

图 4-17　钢筋砖过梁

业务要点 3:砖砌体的组砌形式

砖砌体的组砌要求:上下错缝,内外搭接,以保证砌体的整体性;同时组砌要有规律,少砍砖,以提高砌筑效率,节约材料。

1. 砖墙的组砌形式

(1)满顺满丁。满顺满丁砌法是一皮中全部顺砖与一皮中全部丁砖间隔砌成,上下皮间的竖缝相互错开 1/4 砖,如图 4-18a)所示。这种砌体中无任何通缝,而且丁砖数量较多,能增强横向拉结力且砌筑效率高,多用于一砖厚墙体的砌筑。但当砖的规格参差不齐时,砖的竖缝就难以整齐。

(2)三顺一丁。三顺一丁砌法是三皮中全部顺砖与一皮中全部丁砖间隔砌成。上下皮顺砖间竖缝错开 1/2 砖长,上下皮顺砖与丁砖间竖缝错开 1/4 砖长,如图 4-18b)所示。这种砌筑方法由于顺砖较多,砌筑效率较高,便于高级工带低级工和充分将好砖用于外皮,该组砌法适用于砌一砖和一砖以上的墙体。

(3)顺砌法。各皮砖全部用顺砖砌筑,上下两皮间竖缝搭接为 1/2 砖长。

此种方法仅用于半砖隔断墙。

（4）丁砌法。各皮砖全部用丁砖砌筑，上下皮竖缝相互错开 1/4 砖长。这种砌法一般多用于砌筑圆形水塔、圆仓、烟囱等。

（5）梅花丁。梅花丁又称砂包式、十字式。梅花丁砌法是每皮中丁砖与顺砖相隔，上皮丁砖中坐于下皮顺砖，上下皮间竖缝相互错开 1/4 砖长，如图 4-18c)所示。这种砌法内外竖缝每皮都能错开，故整体性较好，灰缝整齐，而且墙面比较美观，但砌筑效率较低，宜用于砌筑清水墙，或当砖规格不一致时，采用这种砌法较好。

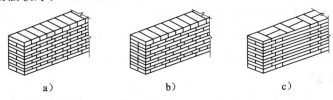

图 4-18　砖墙组砌形式

a)满顺满丁　b)三顺一丁　c)梅花丁（一顺一丁）

为了使砖墙的转角处各皮间竖缝相互错开，必须在外角处砌七分头砖（即 3/4 砖长）。当采用满顺满丁组砌时，七分头的顺面方向依次砌顺砖，丁面方向依次砌丁砖，如图 4-19a)所示。砖墙的丁字接头处，应分皮相互砌通，内角相交处竖缝应错开 1/4 砖长，并在横墙端头处加砌七分头砖，如图 4-19b)所示。砖墙的十字接头处，应分皮相互砌通，交角处的竖缝相互错开 1/4 砖长。如图 4-19c)所示。

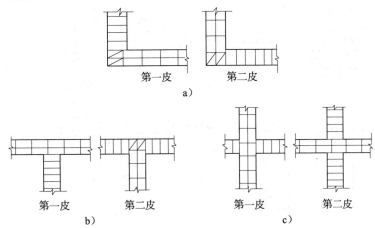

图 4-19　砖墙交接处组砌(满顺满丁)

a)一砖墙转角　b)一砖墙丁字交接处　c)一砖墙十字交接处

2. 砖基础组砌

　　砖基础有条形基础和独立基础,基础下部扩大部分称为大放脚。大放脚有等高式和不等高式两种,如图4-20所示。等高式大放脚是每两皮一收,每边各收进1/4砖长;不等高式大放脚是两皮一收与一皮一收相间隔,每边各收进1/4砖长。大放脚的底宽应根据计算而定,各层大放脚的宽度应为半砖宽的整数倍。大放脚一般采用满顺满丁

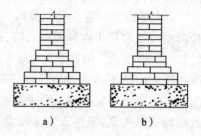

图4-20　基础大放脚形式
a)等高式　b)不等高式

砌法。竖缝要错开,要注意十字及丁字接头处砖块的搭接,在这些交接处,纵横墙要隔皮砌通。大放脚的最下一皮及每层的最上面一皮应以丁砌为主。

3. 砖柱组砌

　　砖柱组砌,应使柱面上下皮的竖缝相互错开1/2砖长或1/4砖长,在柱心无通天缝,少砍砖,并尽量利用二分头砖(即1/4砖)。柱子每天砌筑高度不能超过2.4m,太高了会由于砂浆受压缩后产生变形,可能使柱发生偏斜。严禁采用包心砌法,即先砌四周后填心的砌法,如图4-21所示。

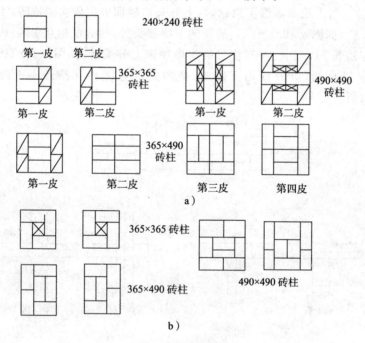

图4-21　砖柱组砌
a)矩形柱的正确砌法　b)矩形柱的错误砌法(包心组砌)

4. 空心砖墙组砌

规格为 $190mm \times 190mm \times 90mm$ 的承重空心砖（即烧结多孔砖）一般是整砖顺砌，其砖孔平行于墙面，上下皮竖缝相互错开 $1/2$ 砖长（100mm）。如有半砖规格的，也可采用每皮中整砖与半砖相隔的梅花丁砌筑形式，如图 4-22 所示。

规格为 $240mm \times 115mm \times 90mm$ 的承重空心砖一般采用满顺满丁或梅花丁砌筑形式。

非承重空心砖一般是侧砌的，上下皮竖缝相互错开 $1/2$ 砖长。

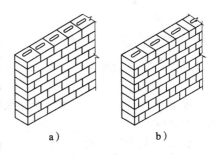

图 4-22　$190mm \times 190mm \times$ $190mm$ 空心砖砌筑形式

a)整砖顺砌　b)梅花丁砌筑

空心砖墙的转角及丁字交接处，应加砌半砖，使灰缝错开。转角处半砖砌在外角上，丁字交接处半砖砌在横墙端头，如图 4-23 所示。

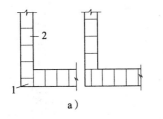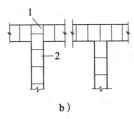

图 4-23　空心砖墙转角及丁字交接

a)转角　b)丁字交接

1—半砖　2—整砖

5. 砖平拱过梁组砌

砖平拱过梁用普通砖侧砌，其高度为 $240mm$、$300mm$、$370mm$，厚度等于墙厚。砌筑时，在拱脚两边的墙端应砌成斜面，斜面的斜度为 $1/6 \sim 1/4$。侧砌砖的块数要求为单数。灰缝为楔形缝，过梁底的灰缝宽度不应小于 $5mm$，过梁顶面的灰缝宽度不应大于 $15mm$，拱脚下面应伸入墙内 $20 \sim 30mm$，如图 4-24 所示。

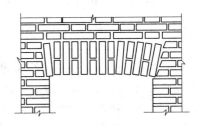

图 4-24　平拱式过梁

💿 业务要点 4：砖砌体的施工工艺

砖砌体的施工过程有：抄平、放线、摆砖、立皮数杆和砌砖、清理等工序。

1. 抄平

砌墙前,应在基础防潮层或楼面上定出各层标高,并用水泥砂浆或细石混凝土找平,使各段砖墙底部标高符合设计要求。找平时,需使上下两层外墙之间不致出现明显的接缝。

2. 放线

根据龙门板上给定的轴线及图纸上标注的墙体尺寸,在基础顶面上用墨线弹出墙的轴线和墙的宽度线,并分出门洞口位置线。

3. 摆砖

摆砖是指在放线的基面上按选定的组砌方式用干砖试摆,又称摆底。一般在房屋外纵墙方向摆顺砖,在山墙方向摆丁砖,摆砖由一个大角摆到另一个大角,砖与砖间留10mm缝隙。摆砖的目的是为了校对所放出的墨线在门窗洞口、附墙垛等处是否符合砖的模数,以尽可能减少砍砖,并使砌体灰缝均匀,组砌得当。

4. **立皮数杆和砌砖**

皮数杆是指在其上画有每皮砖和砖缝厚度,以及门窗洞口、过梁、楼板、预埋件等标高位置的一种木制标杆,如图4-25所示。它是砌筑时控制砌体竖向尺寸的标志,同时还可以保证砌体的垂直度。

皮数杆一般立于房屋的四大角、内外墙交接处、楼梯间以及洞口多的地方,大约每隔10~15m立一根。皮数杆的设立,应从两个方向以斜撑或铆钉加以固定,以保证其牢固和垂直。一般每次开始砌砖前应检查一遍皮数杆的垂直度和牢固程度。

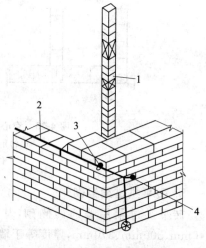

图4-25 皮数杆示意图
1—皮数杆 2—准线
3—竹片 4—圆铁钉

砌砖的操作方法很多,各地的习惯、使用工具也不尽相同,一般宜采用"三一砌砖法",即一铲灰、一块砖、一挤揉,并随手将挤出的砂浆刮去的砌筑方法。此法的特点是:灰缝容易饱满、黏结力好、墙面整洁。砌砖时,应根据皮数杆先在墙角砌4~5皮砖,称为盘角,然后根据皮数杆和已砌的墙角挂线,作为砌筑中间墙体的依据,以保证墙面平整。一砖厚的墙单面挂线,外墙挂外边,内墙挂一边;一砖半及以上厚的墙都要双面挂线。

5. 清理

当该层砖砌体砌筑完毕后,应进行墙面、柱面和落地灰的清理。

业务要点 5:砖砌体工程质量检验与验收

1. 主控项目

砖砌体主控项目质量标准及检验方法应符合表 4-5 的规定。

表 4-5　砖砌体主控项目质量标准及检验方法

项目	质量标准	检验方法	抽检数量
砖和砂浆强度等级	砖和砂浆的强度等级必须符合设计要求	查砖和砂浆试块试验报告	每一生产厂家,烧结普通砖、混凝土实心砖每 15 万块,烧结多孔砖、混凝土多孔砖、蒸压灰砂砖及蒸压粉煤灰砖每 10 万块各为一验收批,不足上述数量时按 1 批计,抽检数量为 1 组 砂浆试验:每一检验批且不超过 250m³ 砌体的各类、各强度等级的普通砌筑砂浆,每台搅拌机应至少抽检一次。验收批的预拌砂浆、蒸压加气混凝土砌块专用砂浆,抽检可为 3 组
水平灰缝砂浆饱满度	砌体灰缝砂浆应密实饱满,砖墙水平灰缝的砂浆饱满度不得低于 80%;砖柱水平灰缝和竖向灰缝饱满度不得低于 90%	用百格网检查砖底面与砂浆的黏结痕迹面积,每处检测 3 块砖,取其平均值	每检验批抽查不应少于 5 处
斜槎留置	砖砌体的转角处和交接处应同时砌筑,严禁无可靠措施的内外墙分砌施工。在抗震设防烈度为 8 度及 8 度以上地区,对不能同时砌筑而又必须留置的临时间断处应砌成斜槎,普通砖砌体斜槎水平投影长度不应小于高度的 2/3,多孔砖砌体的斜槎长高比不应小于 1/2。斜槎高度不得超过一步脚手架的高度	观察检查	每检验批抽查不应少于 5 处

项目	质量标准	检验方法	抽检数量
直槎拉结筋及接槎处理	非抗震设防及抗震设防烈度为 6 度、7 度地区的临时间断处,当不能留斜槎时,除转角处外,可留直槎,但直槎必须做成凸槎,且应加设拉结钢筋,拉结钢筋应符合下列规定: 1) 每 120mm 墙厚放置 1φ6 拉结钢筋(120mm 厚墙应放置 2φ6 拉结钢筋) 2) 间距沿墙高不应超过 500mm,且竖向间距偏差不应超过 100mm 3) 埋入长度从留槎处算起每边均不应小于 500mm,对抗震设防烈度 6 度、7 度的地区,不应小于 1000mm 4) 末端应有 90°弯钩(图 4-15)	观察和尺量检查	每检验批抽查不应少于 5 处

2. 一般项目

砖砌体一般项目质量标准及检验方法应符合表 4-6 的规定。

表 4-6　砖砌体一般项目质量标准及检验方法

项目	质量标准	检验方法	抽检数量
组砌方法	砖砌体组砌方法应正确,内外搭砌,上、下错缝。清水墙、窗间墙无通缝;混水墙中不得有长度大于 300mm 的通缝,长度 200~300mm 的通缝每间不超过 3 处,且不得位于同一面墙体上。砖柱不得采用包心砌法	观察检查。砌体组砌方法抽检每处应为 3~5m	每检验批抽查不应少于 5 处
灰缝质量要求	砖砌体的灰缝应横平竖直,厚薄均匀,水平灰缝厚度及竖向灰缝宽度宜为 10mm,但不应小于 8mm,也不应大于 12mm	水平灰缝厚度用尺量 10 皮砖砌体高度折算;竖向灰缝宽度用尺量 2m 砌体长度折算	每检验批抽查不应少于 5 处
砖砌体尺寸、位置的允许偏差及检验	砖砌体尺寸、位置的允许偏差及检验应符合表 4-7 的规定	见表 4-7	见表 4-7

表 4-7　砖砌体尺寸、位置的允许偏差及检验

项次	项目			允许偏差/mm	检验方法	抽检数量
1	轴线位移			10	用经纬仪和尺或用其他测量仪器检查	承重墙、柱全数检查
2	基础、墙、柱顶面标高			±15	用水准仪和尺检查	不应少于 5 处
3	墙面垂直度	每层		5	用 2m 托线板检查	不应少于 5 处
		全高	≤10m	10	用经纬仪、吊线和尺或用其他测量仪器检查	外墙全部阳角
			>10m	20		
4	表面平整度	清水墙、柱		5	用 2m 靠尺和楔形塞尺检查	不应少于 5 处
		混水墙、柱		8		
5	水平灰缝平直度	清水墙		7	拉 5m 线和尺检查	不应少于 5 处
		混水墙		10		
6	门窗洞口高、宽(后塞口)			±10	用尺检查	不应少于 5 处
7	外墙上下窗口偏移			20	以底层窗口为准,用经纬仪或吊线检查	不应少于 5 处
8	清水墙游丁走缝			20	以每层第一皮砖为准,用吊线和尺检查	不应少于 5 处

第四节　混凝土小型空心砌块砌体工程

本节导读

本节主要介绍混凝土小型空心砌块砌体工程施工,内容包括普通混凝土小型空心砌块、轻集料混凝土小型空心砌块、施工准备、混凝土小砌块砌筑以及混凝土小型空心砌块砌体工程质量检验与验收等。其内容关系如图 4-26 所示。

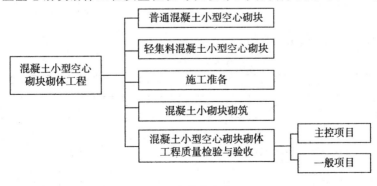

图 4-26　本节内容关系图

业务要点 1：普通混凝土小型空心砌块

普通混凝土小型空心砌块是用水泥、砂、碎石或卵石、水等经搅拌、预制而成。

普通混凝土小型空心砌块主要规格尺寸为 390mm×190mm×190mm，副规格尺寸有 290mm×190mm×190mm、190mm×190mm×190mm 等。最小外壁厚应不小于 30mm，最小肋厚应不小于 25mm。空心率应不小于 25%。其形状如图 4-27 所示。

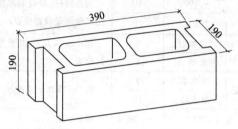

图 4-27　普通混凝土小型空心砌块

普通混凝土小型空心砌块按照尺寸和外观质量分为优等品、一等品及合格品。

普通混凝土小型空心砌块按其强度等级分为 MU3.5、MU5.0、MU7.5、MU10.0、MU15.0、MU20.0。

普通混凝土小型空心砌块尺寸允许偏差应符合表 4-8 的要求。

表 4-8　尺寸允许偏差　　　　　　　　　　　　　　　　（单位：mm）

项目名称	优等品(A)	一等品(B)	合格品(C)
长度	±2	±3	±3
宽度	±2	±3	±3
高度	±2	±3	+3 -4

外观质量应符合表 4-9 的规定。

表 4-9　外观质量

项目名称			优等品(A)	一等品(B)	合格品(C)
弯曲/mm		不大于	2	2	3
掉角缺棱	个数/个	不多于	0	2	2
	三个方向投影尺寸最小值/mm	不大于	0	20	30
裂纹延伸的投影尺寸累计/mm		不大于	0	20	30

强度等级应符合表 4-10 的规定。

表 4-10　强度等级

强度等级	砌块抗压强度/MPa	
	平均值不小于	单块最小值不小于
MU3.5	3.5	2.8
MU5.0	5.0	4.0
MU7.5	7.5	6.0
MU10.0	10.0	8.0
MU15.0	15.0	12.0
MU20.0	20.0	16.0

业务要点 2：轻集料混凝土小型空心砌块

轻集料混凝土小型空心砌块按其孔的排数分为单排孔、双排孔、三排孔和四排孔等。

轻集料混凝土小型空心砌块按其密度等级分为 700、800、900、1000、1100、1200、1300、1400 八个等级；按其强度等级分为 MU2.5、MU3.5、MU5.0、MU7.5、MU10.0 五个等级。

尺寸偏差和外观质量应符合表 4-11 的要求。

表 4-11　尺寸偏差和外观质量

项　　目			指标
尺寸偏差/mm	长度		±3
	宽度		±3
	高度		±3
最小外壁厚/mm	用于承重墙体	≥	30
	用于非承重墙体	≥	20
肋厚/mm	用于承重墙体	≥	25
	用于非承重墙体	≥	20
缺棱掉角	个数/块	≤	2
	三个方向投影的最大值/mm	≤	20
裂缝延伸的累计尺寸/mm		≤	30

密度等级应符合表 4-12 的要求。

表 4-12　密度等级　　　　　　　（单位:kg/m³）

密度等级	干表观密度范围
700	610～700
800	710～800
900	810～900
1000	910～1000
1100	1010～1100
1200	1110～1200
1300	1210～1300
1400	1310～1400

强度等级符合表 4-13 的规定;同一强度等级砌块的抗压强度和密度等级范围应同时满足表 4-13 的要求。

表 4-13　强度等级

强度等级	抗压强度/MPa		密度等级范围/(kg/m³)
	平均值	最小值	
MU2.5	≥2.5	≥2.0	≤800
MU3.5	≥3.5	≥2.8	≤1000
MU5.0	≥5.0	≥4.0	≤1200
MU7.5	≥7.5	≥6.0	≤1200① ≤1300②
MU10.0	≥10.0	≥8.0	≤1200① ≤1400②

注:当砌块的抗压强度同时满足两个强度等级或两个以上强度等级要求时,应以满足要求的最高强度等级为准。

① 除自燃煤矸石掺量不小于砌块质量 35% 以外的其他砌块。

② 自燃煤矸石掺量不小于砌块质量 35% 的砌块。

业务要点 3:施工准备

运到现场的小砌块,应分规格、等级堆放,堆垛上应设标记,堆放现场必须平整,并做好排水。小砌块的堆放高度不宜超过 1.6m,堆垛之间应保持适当的通道。

基础施工前,应用钢尺校核建筑物的放线尺寸,其允许偏差不应超过表 4-14 的规定。

表 4-14 建筑物放线尺寸允许偏差

长度 L、宽度 B/m	允许偏差/mm
L(或 B)≤30	±5
30＜L(或 B)≤60	±10
60＜L(或 B)≤90	±15
L(或 B)＞90	±20

砌筑基础前,应对基坑(或基槽)进行检查,符合要求后方可开始砌筑基础。

普通混凝土小砌块不宜浇水;当天气干燥炎热时,可在小砌块上稍加喷水润湿;轻集料混凝土小砌块可洒水,但不宜过多。

◎ 业务要点 4:混凝土小砌块砌筑

1)龄期不足 28d 及潮湿的小砌块不得进行砌筑。应在建筑物四角或楼梯间转角处设置皮数杆,皮数杆间距不宜超过 15m。皮数杆上画出小砌块高度及水平灰缝的厚度以及砌体中其他构件标高位置。两皮数杆之间拉准线,按照准线砌筑。

2)应尽量采用主规格小砌块,并应清除小砌块表面污物和芯柱用小砌块孔洞底部的毛边。

3)小砌块应将生产时的底面朝上反砌于墙上。

4)小砌块应孔对孔、肋对肋错缝搭砌。单排孔小砌块的搭接长度应为块体长度的 1/2;多排孔小砌块的搭接长度可适当调整,但不宜小于小砌块长度的 1/3,且不应小于 90mm。墙体的个别部位不能满足上述要求时,应在灰缝中设置拉结钢筋或钢筋网片,钢筋或网片的长度应不小于 700mm,如图 4-28 所示。

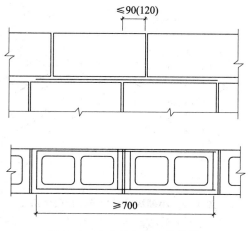

图 4-28 小砌块灰缝中拉结筋

5) 小砌块应从转角或定位处开始,内外墙同时砌筑,纵横墙交错连接。墙体临时间断处应砌成斜槎,斜槎长度不应小于高度的 2/3(一般按一步脚手架高度控制);如留斜槎有困难,除外墙转角处及抗震设防地区,墙体临时间断处不应留直槎外,可以从墙面伸出 200mm 砌成阴阳槎,并沿墙高每三皮砌块(600mm),设拉结筋或钢筋网片,接槎部位宜延至门窗洞口,如图 4-29 所示。

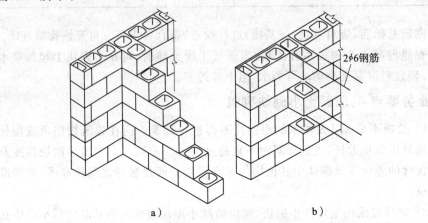

图 4-29 混凝土小砌块墙接槎

a)斜槎 b)直槎

6) 小砌块外墙转角处,应使小砌块隔皮交错搭砌,小砌块端面外露处用水泥砂浆补抹平整。小砌块内外墙丁字交接处,应隔皮加砌两块 290mm×190mm×190mm 的辅助规格小砌块,辅助小砌块位于外墙上,开口处对齐,如图 4-30 所示。

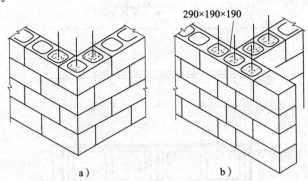

图 4-30 小砌块墙转角及交接处砌法

a)转角处 b)丁字交接处

7) 小砌块砌体的灰缝应横平竖直,全部灰缝应填满砂浆;水平灰缝的砂浆饱满度不得低于90％;竖向灰缝的砂浆饱满度不得低于80％。砌筑中不得出现瞎缝、透明缝。

8）小砌块的水平灰缝厚度和竖向灰缝宽度应控制在8~12mm。砌筑时,铺灰长度不得超过800mm,严禁用水冲浆灌缝。

9）当缺少辅助规格小砌块时,墙体通缝不应超过两皮砌块。

10）承重墙体不得采用小砌块与烧结砖等其他块材混合砌筑。严禁使用断裂小砌块或壁肋中有竖向凹形裂缝的小砌块砌筑承重墙体。

11）对设计规定的洞口、管道、沟槽和预埋件等,应在砌筑时预留或预埋,严禁在砌好的墙体上打凿。在小砌块墙体中不得预留水平沟槽。

12）小砌块砌体内不宜设脚手眼。如必须设置时,可用190mm×190mm×190mm小砌块侧砌,利用其孔洞作脚手眼,砌筑完后用C15混凝土填实脚手眼。但在墙体下列部位不得设置脚手眼:

① 120mm厚墙、清水墙、料石墙、独立柱和附墙柱。

② 过梁上与过梁呈60°的三角形范围及过梁净跨度1/2的高度范围内。

③ 宽度小于1m的窗间墙。

④ 门窗洞口两侧石砌体300mm,其他砌体200mm范围内;转角处石砌体600mm,其他砌体450mm范围内。

⑤ 梁或梁垫下及其左右各500mm的范围内。

⑥ 设计不允许设置脚手眼的部位。

⑦ 轻质墙体。

⑧ 夹心复合墙外叶墙。

13）施工中需要在砌体中设置的临时施工洞口,其侧边离交接处的墙面不应小于600mm,并在洞口顶部设过梁,填砌施工洞口的砌筑砂浆强度等级应提高一级。

14）砌体相邻工作段的高度差不得大于一个楼层高或4m。

15）在常温条件下,普通混凝土小砌块日砌筑高度应控制在1.8m以内;轻集料混凝土小砌块日砌筑高度应控制在2.4m以内。

业务要点5:混凝土小型空心砌块砌体工程质量检验与验收

1. 主控项目

混凝土小型空心砌块砌体主控项目质量标准及检验方法应符合表4-15的规定。

表 4-15　混凝土小型空心砌块砌体主控项目质量标准及检验方法

项　目	质量标准	检验方法	抽查数量
强度等级	小砌块和芯柱混凝土、砌筑砂浆的强度等级必须符合设计要求	检查小砌块和芯柱混凝土、砌筑砂浆试块试验报告	每一生产厂家,每 1 万块小砌块为一验收批,不足 1 万块按一批计,抽检数量为 1 组;用于多层以上建筑的基础和底层的小砌块抽检数量不应少于两组 砂浆试验:每一检验批且不超过 250m³ 砌体的各类、各强度等级的普通砌筑砂浆,每台搅拌机应至少抽检一次。验收批的预拌砂浆、蒸压加气混凝土砌块专用砂浆,抽检可为 3 组
砌体灰缝	砌体水平灰缝和竖向灰缝的砂浆饱满度按净面积计算不得低于 90%	用专用百格网检测小砌块与砂浆黏结痕迹,每处检测 3 块小砌块,取其平均值	每检验批抽查不应少于 5 处
砌筑留槎	墙体转角处和纵横墙交接处应同时砌筑。临时间断处应砌成斜槎,斜槎水平投影长度不应小于斜槎高度。施工洞口可预留直槎,但在洞口砌筑和补砌时,应在直槎上下搭砌的小砌块孔洞内用强度等级不低于 C20(或 Cb20)的混凝土灌实	观察检查	每检验批抽查不应少于 5 处
芯柱	小砌块砌体的芯柱在楼盖处应贯通,不得削弱芯柱截面尺寸;芯柱混凝土不得漏灌	观察检查	每检验批抽查不应少于 5 处

2. 一般项目

混凝土小型空心砌块砌体一般项目质量标准及检验方法应符合表 4-16 的规定。

表 4-16　混凝土小型空心砌块砌体一般项目质量标准及检验方法

项　　目	质量标准	检验方法	检查数量
墙体灰缝尺寸	墙体的水平灰缝厚度和竖向灰缝宽度宜为 10mm，但不应小于 8mm，也不应大于 12mm	水平灰缝厚度用尺量 5 皮小砌块的高度折算；竖向灰缝宽度用尺量 2m 砌体长度折算	每检验批抽查不应少于 5 处
小砌块砌体尺寸、位置的允许偏差	小砌块砌体尺寸、位置的允许偏差应按表 4-7 的规定执行	见表 4-8	见表 4-8

第五节　石砌体工程

本节导读

本节主要介绍石砌体工程施工，内容包括石材的材料要求、石砌体的施工要求以及石砌体工程质量检验与验收等。其内容关系如图 4-31 所示。

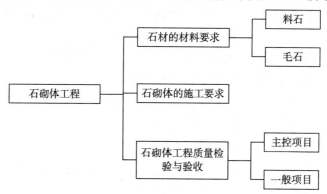

图 4-31　本节内容关系图

业务要点 1：石材的材料要求

石材按其加工后的外形规则程度，可分为料石和毛石，并应符合下列规定：

1. 料石

（1）细料石。

通过细加工，外表规则，叠砌面凹入深度不应大于 10mm，截面的宽度、高度不宜小于 200mm,且不宜小于长度的 1/4。

（2）粗料石。

规格尺寸同上,但叠砌面凹入深度不应大于 20mm。

（3）毛料石。

外形大致方正,一般不加工或仅稍加修整,高度不应小于 200mm,叠砌面凹入深度不应大于 25mm。

2. 毛石

形状不规则,中部厚度不应小于 200mm。

◎ 业务要点 2:石砌体的施工要求

毛料石砌体是用平毛石、乱毛石砌成的砌体。平毛石是指形状不规则,但有两个平面大致平行的石块;乱毛石是指形状不规则的石块。

毛石砌体有毛石墙、毛石基础。

毛石墙的厚度不应小于 200mm。

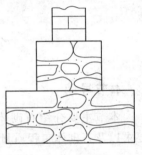

毛石基础可做成梯形或阶梯形。阶梯形毛石基础的上阶石块应至少压砌下阶石块的 1/2,相邻阶梯的毛石应相互错缝搭砌,砌法如图 4-32 所示。

毛石砌体宜分皮卧砌,各皮石块间应利用自然形状,经敲打修整使能与先砌石块基本吻合、搭砌紧密,上下错缝,内外搭砌,不得采用外面侧立石块、中间填心的砌筑方法,中间不得有铲口石（尖石倾斜向

图 4-32 毛石基础

外的石块,如图 4-33a)所示)、斧刃石(下尖上宽的三角形石块,如图 4-33b)所示)和过桥石(仅在两端搭砌的石块,如图 4-33c)所示)。

  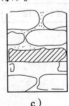

a)　　　　　　　b)　　　　　　　c)

图 4-33 铲口石、斧刃石、过桥石

毛石砌体的灰缝厚度宜为 20～30mm,石块间不得有相互接触现象。石块间较大的空隙应先填塞砂浆后用碎石块嵌实,不得采用干填碎石块或先摆碎石块后塞砂浆的做法。

砌筑毛石基础的第一皮石块应坐浆,并将大面向下。

毛石砌体的第一皮及转角处、交接处和洞口处,应用较大的平毛石砌筑。

每个楼层(包括基础)砌体的最上一皮,宜选用较大的毛石砌筑。

毛石砌体必须设置拉结石。拉结石应均匀分布,相互错开,一般每 $0.7m^2$ 墙面至少设置一块,且同皮内的中距不大于 2m。

拉结石的长度:如基础的宽度或墙厚不大于 400mm,则拉结石的长度应与基础宽度或墙厚相等;如基础宽度或墙厚大于 400mm,可用两块拉结石内外搭接,搭接长度不应小于 150mm,且其中一块长度不应小于基础宽度或墙厚的 2/3。砌筑

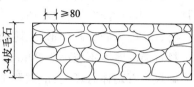

图 4-34 毛石挡土墙立面

毛石挡土墙应按分层高度砌筑,每砌 3～4 皮为一个分层高度,每个分层高度应将顶层石块砌平,两个分层高度间分层处的错缝不得小于 80mm,外露面的灰缝厚度不宜大于 40mm,砌法如图 4-34 所示。

在毛石和实心砖的组合墙中,毛石砌体与砖砌体应同时砌筑,并每隔 4～6 皮砖用 2～3 皮丁砖与毛石砌体拉结砌合,两种砌体间的空隙应填实砂浆,砌法如图 4-35 所示。

毛石墙和砖墙相接的转角处和交接处应同时砌筑。

转角处应自纵墙(或横墙)每隔 4～6 皮砖高度引出不小于 120mm 与横墙(或纵墙)相接,做法如图 4-36 所示。

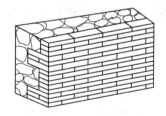

图 4-35 毛石和实心砖组合墙

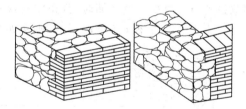

图 4-36 毛石墙和砖墙的转角处

交接处应自纵墙每隔 4～6 皮砖高度引出不小于 120mm 与横墙相接,做法如图 4-37 所示。

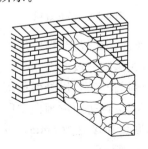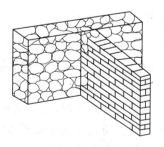

图 4-37 毛石墙和砖墙的交接处

毛石砌体每日的砌筑高度不应超过 1.2m。

料石砌体有料石基础、料石墙和料石柱。

料石砌体是由细料石、粗料石或毛料石砌成的砌体,细料石可砌成墙和柱,粗料石、毛料石可砌成基础和墙。

料石基础可做成阶梯形,上阶料石应至少压砌下阶料石的 1/3。

料石墙的厚度不应小于 20mm。

砌筑料石砌体时,料石应放置平稳,砂浆铺设厚度应略高于规定灰缝厚度,如果同皮内全部采用顺砌,每砌两皮后,应砌一皮丁砌层;如果同皮内采用丁顺组砌,丁砌石应交错设置,其中心间距不应大于 2m。砌筑料石基础的第一皮石块应用丁砌层坐浆砌筑。

料石挡土墙,当中间部分用毛石砌筑时,丁砌料石伸入毛石部分的长度不应小于 200mm。

料石砌体灰缝厚度:毛料石和粗料石的灰缝厚度不宜大于 20mm;细料石的灰缝厚度不宜大于 5mm。在料石和毛石或砖的组合墙中,料石砌体和毛石砌体或砖砌体应同时砌筑,并每隔 2～3 皮料石层用丁砌层与毛石砌体或砖砌体拉结砌合。丁砌料石的长度宜与组合墙厚度相同,砌法如图 4-38 所示。

用料石作过梁,如设计无具体规定时,厚度应为 200～450mm,净跨度不宜大于 1.2m,两端各伸入墙内长度不应小于 250mm,过梁宽度与墙厚相等,也可用双拼料石。过梁上续砌墙时,其正中石块不应小于过梁净跨度的 1/3,其两旁应砌不小于 2/3 过梁净跨度的料石,砌法如图 4-39 所示。

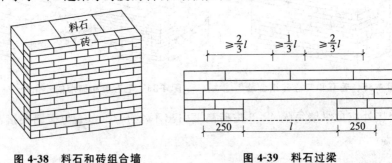

图 4-38　料石和砖组合墙　　　　图 4-39　料石过梁

用料石作平拱,应按设计图要求加工。如设计无规定,则应加工成楔形(上宽下窄),斜度应预先设计,拱两端部的石块,在拱脚处坡度以 60°为宜。平拱石块数应为单数,厚度与墙厚相等,高度为二皮料石高。拱脚处斜面应修整加工,使其与拱石相吻合。砌筑时,应先支设模板,并以两边对称地向中间砌筑,正中一块锁石要挤紧。所用砂浆不低于 M10.0,灰缝厚度宜为 5mm。拆模时,砂浆强度必须大于设计强度的 70%,砌法如图 4-40 所示。

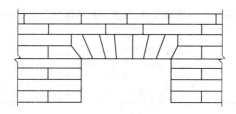

图 4-40 料石平拱

业务要点 3：石砌体工程质量检验与验收

1. 主控项目

石砌体主控项目质量标准及检验方法应符合表 4-17 的规定。

表 4-17 石砌体主控项目质量标准及检验方法

项　　目	质量标准	检验方法	抽检数量
石材和砂浆强度等级	石材及砂浆强度等级必须符合设计要求	料石检查产品质量证明书，石材、砂浆检查试块试验报告	同一产地的同类石材抽检不应少于 1 组 砂浆试验：每一检验批且不超过 $250m^3$ 砌体的各类、各强度等级的普通砌筑砂浆，每台搅拌机应至少抽检一次。验收批的预拌砂浆、蒸压加气混凝土砌块专用砂浆，抽检可为 3 组
砂浆饱满度	砌体灰缝的砂浆饱满度不应小于 80%	观察检查	每检验批抽查不应少于 5 处

2. 一般项目

石砌体一般项目质量标准及检验方法应符合表 4-18 的规定。

表 4-18 石砌体一般项目质量标准及检验方法

项　　目	质量标准	检验方法	检查数量
石砌体尺寸、位置的允许偏差及检验方法	石砌体尺寸、位置的允许偏差及检验方法应符合表 4-19 的规定	见表 4-19	每检验批抽查不应少于 5 处
石砌体组砌	石砌体的组砌形式应符合下列规定： 1）内外搭砌，上下错缝，拉结石、丁砌石交错设置 2）毛石墙拉结石每 $0.7m^2$ 墙面不应少于 1 块	观察检查	每检验批抽查不应少于 5 处

表 4-19　石砌体尺寸、位置的允许偏差及检验方法

项次	项目		允许偏差/mm							检验方法
			毛石砌体		料石砌体					
					毛料石		粗料石		细料石	
			基础	墙	基础	墙	基础	墙	墙、柱	
1	轴线位置		20	15	20	15	15	10	10	用经纬仪和尺检查，或用其他测量仪器检查
2	基础和墙砌体顶面标高		±25	±15	±25	±15	±15	±15	±10	用水准仪和尺检查
3	砌体厚度		+30	+20 −10	+30	+20 −10	+15	+10 −5	+10 −5	用尺检查
4	墙面垂直度	每层	—	20	—	20	—	10	7	用经纬仪、吊线和尺检查或用其他测量仪器检查
		全高	—	30	—	30	—	25	10	
5	表面平整度	清水墙、柱	—	—	—	20	—	10	5	细料石用 2m 靠尺和楔形塞尺检查，其他用两直尺垂直于灰缝拉 2m 线和尺检查
		混水墙、柱	—	—	—	20	—	15	—	
6	清水墙水平灰缝平直度		—	—	—	—	—	10	5	拉 10m 线和尺检查

第六节　配筋砌体工程

本节导读

　　本节主要介绍配筋砌体工程施工，内容包括网状配筋砖砌体、组合配筋砖砌体、配筋砌块剪力墙、配筋砌块柱以及配筋砌体工程质量检验与验收等。其内容关系如图 4-41 所示。

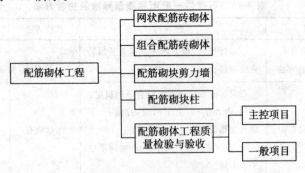

图 4-41　本节内容关系图

业务要点1：网状配筋砖砌体

网状配筋砖砌体是在砖砌体的水平缝中配置钢筋网，包括网状配筋柱、网状配筋墙等，如图4-42所示。

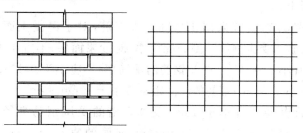

图 4-42　网状配筋砖砌体

网状配筋砖砌体构件的构造应符合下列规定：

1）网状配筋砖砌体中的体积配筋率，不应小于0.1％，并不应大于1％。

2）采用钢筋网时，钢筋的直径宜采用3～4mm。

3）钢筋网中钢筋的间距，不应大于120mm，并不应小于30mm。

4）钢筋网的间距，不应大于五皮砖，并不应大于400mm。

5）网状配筋砖砌体所用的砂浆强度等级不应低于M7.5；钢筋网应设置在砌体的水平灰缝中，灰缝厚度应保证钢筋上下至少各有2mm厚的砂浆层。

业务要点2：组合配筋砖砌体

砖砌体和钢筋混凝土或钢筋砂浆面层组合砌体是在砖砌体外侧设置钢筋混凝土面层或砂浆面层，包括组合砖柱、组合砖垛、组合砖墙等，如图4-43所示。

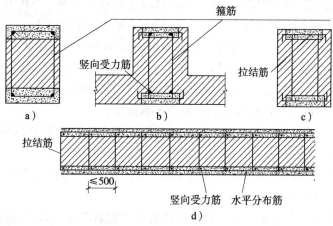

图 4-43　组合配筋砖砌体

a)组合砖柱　b)组合砖垛　c)组合砖柱　d)组合砖墙

1) 面层混凝土强度等级宜采用 C20。面层水泥砂浆强度等级不宜低于 M10.0。砌筑砂浆的强度等级不宜低于 M7.5。

2) 砂浆面层的厚度,可采用 30～45mm。当面层厚度大于 45mm 时,其面层宜采用混凝土。

3) 竖向受力钢筋宜采用 HPB300 级钢筋,对于混凝土面层,也可采用 HRB335 级钢筋。受压钢筋一侧的配筋率,对砂浆面层,不宜小于 0.1%,对混凝土面层,不宜小于 0.2%。受拉钢筋的配筋率,不应小于 0.1%。竖向受力钢筋的直径不应小于 8mm,钢筋的净间距不应小于 30mm。

4) 箍筋的直径不宜小于 4mm 及 0.2 倍的受压钢筋直径,并不宜大于 6mm。箍筋的间距不应大于 20 倍受压钢筋的直径及 500mm,并不应小于 120mm。

5) 当组合砖砌体构件一侧的竖向受力钢筋多于 4 根时,应设置附加箍筋或拉结钢筋。

6) 对于截面长短边相差较大的构件如墙体等,应采用穿通墙体的拉结钢筋作为箍筋,同时设置水平分布钢筋。水平分布钢筋的竖向间距及拉结钢筋的水平间距,均不应大于 500mm。

7) 组合砖砌体构件的顶部及底部,以及牛腿部位,必须设置钢筋混凝土垫块,竖向受力钢筋伸入垫块的长度必须满足锚固要求。

◎ 业务要点 3:配筋砌块剪力墙

配筋砌块剪力墙是在普通混凝土小型空心砌块墙的孔洞或灰缝中配置钢筋。

配筋砌块剪力墙所用小型空心砌块的强度等级不应低于 MU10;砌筑砂浆不应低于 Mb7.5;灌孔混凝土不应低于 Cb20;墙的厚度不应小于 190mm;钢筋的直径不宜大于 25mm,当设置在灰缝中时不应小于 4mm,在其他部位不应小于 10mm;设置在灰缝中的钢筋直径不宜大于灰缝厚度的 1/2;两平行的水平钢筋间的净距不应小于 50mm;柱和壁柱中竖向钢筋的净距不宜大于 40mm。

配筋砌块剪力墙的构造配筋应符合下列规定:

1) 应在墙的转角、端部和孔洞的两侧配置竖向连续的钢筋,钢筋直径不应小于 12mm。

2) 应在洞口的底部和顶部设置不小于 $2\phi10$ 的水平钢筋,其伸入墙内的长度不应小于 $40d$ 和 600mm。

3) 应在楼(屋)盖的所有纵横墙处设置现浇钢筋混凝土圈梁,圈梁的宽度和高度应等于墙厚和块高,圈梁主筋不应少于 $4\phi10$,圈梁的混凝土强度等级不应低于同层混凝土块体强度等级的两倍,或该层灌孔混凝土的强度等级,也不应低于 C20。

4）剪力墙其他部位的竖向和水平钢筋的间距不应大于墙长、墙高的 1/3，也不应大于 900mm。

5）剪力墙沿竖向和水平方向的构造钢筋配筋率均不应小于 0.07%。

业务要点 4：配筋砌块柱

配筋砌块柱是在普通混凝土小型空心砌块的孔洞配置钢筋，如图 4-44 所示。

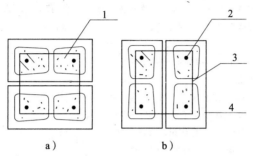

图 4-44　配筋砌块柱截面示意

a）下皮　b）上皮

1—灌孔混凝土　2—钢筋　3—箍筋　4—砌块

柱截面边长不宜小于 400mm，柱高度与截面短边之比不宜大于 30。

柱的竖向受力钢筋的直径不宜小于 12mm，数量不应少于 4 根，全部竖向受力钢筋的配筋率不宜小于 0.2%。

柱中箍筋的设置应根据下列情况确定：

1）当纵向钢筋的配筋率大于 0.25%，且柱承受的轴向力大于受压承载力设计值的 25% 时，柱中应设置箍筋；当配筋率小于等于 0.25% 时，或柱承受的轴向力小于受压承载力设计值的 25% 时，柱中可不设置箍筋。

2）箍筋直径不宜小于 6mm。

3）箍筋的间距不应大于 16 倍的纵向钢筋直径、48 倍箍筋直径及柱截面短边尺寸中较小者。

4）箍筋应封闭，端部应弯钩或绕纵筋水平弯折 90°，弯折段长度不小于 10d。

5）箍筋应设置在灰缝或灌孔混凝土中。

业务要点 5：配筋砌体工程质量检验与验收

1. 主控项目

配筋砌体主控项目质量标准及检验方法应符合表 4-20 的规定。

表 4-20 配筋砌体主控项目质量标准及检验方法

项 目	质量标准	检验方法	抽检数量
钢筋品种、规格、数量和设置部位	钢筋的品种、规格、数量和设置部位应符合设计要求	检查钢筋的合格证书、钢筋性能复试试验报告、隐蔽工程记录	—
混凝土、砂浆强度	构造柱、芯柱、组合砌体构件、配筋砌体剪力墙构件的混凝土及砂浆的强度等级应符合设计要求	检查混凝土和砂浆试块试验报告	每检验批砌体,试块不应少于1组,验收批砌体试块不得少于3组
构造柱与墙体的连接	构造柱与墙体的连接处应符合下列规定: 1) 墙体应砌成马牙槎,马牙槎凹凸尺寸不宜小于 60mm,高度不应超过 300mm,马牙槎先退后进,对称砌筑;马牙槎尺寸偏差每一构造柱不应超过两处 2) 预留拉结钢筋的规格、尺寸、数量及位置应正确,拉结钢筋应沿墙高每隔 500mm 设 2φ6,伸入墙内不宜小于 600mm,钢筋的竖向移位不应超过 100mm,且竖向移位每一构造柱不得超过两处 3) 施工中不得任意弯折拉结钢筋	观察检查和尺量检查	每检验批抽查不应少于5处
受力钢筋的连接方式及锚固长度、搭接长度	配筋砌体中受力钢筋的连接方式及锚固长度、搭接长度应符合设计要求	观察检查	每检验批抽查不应少于5处

2. 一般项目

配筋砌体一般项目质量标准及检验方法应符合表 4-21 的规定。

表 4-21 配筋砌体一般项目质量标准及检验方法

项 目	质量标准	检验方法	抽检数量
构造柱一般尺寸允许偏差及检验方法	构造柱一般尺寸允许偏差及检验方法应符合表 4-22 的规定	见表 4-22	每检验批抽查不应少于5处
钢筋防腐	设置在砌体灰缝中钢筋的防腐保护应符合设计规定,且钢筋防护层完好,不应有肉眼可见裂纹、剥落和擦痕等缺陷	观察检查	每检验批抽查不应少于5处

项　目	质量标准	检验方法	抽检数量
网状配筋及放置间距	网状配筋砖砌体中,钢筋网规格及放置间距应符合设计规定。每一构件钢筋网沿砌体高度位置超过设计规定一皮砖厚不得多于一处	通过钢筋网成品检查钢筋规格,钢筋网放置间距采用局部剔缝观察,或用探针刺入灰缝内检查,或用钢筋位置测定仪测定	每检验批抽查不应少于5处
钢筋安装位置的允许偏差及检验方法	钢筋安装位置的允许偏差及检验方法应符合表4-23的规定	见表4-23	每检验批抽查不应少于5处

表 4-22　构造柱一般尺寸允许偏差及检验方法

项次	项　目			允许偏差/mm	检验方法
1	中心线位置			10	用经纬仪和尺检查或用其他测量仪器检查
2	层间错位			8	用经纬仪和尺检查或用其他测量仪器检查
3	垂直度	每层		10	用2m托线板检查
		全高	≤10m	15	用经纬仪、吊线和尺检查或用其他测量仪器检查
			>10m	20	

表 4-23　钢筋安装位置的允许偏差及检验方法

项目		允许偏差/mm	检验方法
受力钢筋保护层厚度	网状配筋砌体	±10	检查钢筋网成品,钢筋网放置位置局部剔缝观察,或用探针刺入灰缝内检查,或用钢筋位置测定仪测定
	组合砖砌体	±5	支模前观察与尺量检查
	配筋小砌块砌体	±10	浇筑灌孔混凝土前观察与尺量检查
配筋小砌块砌体墙凹槽中水平钢筋间距		±10	钢尺量连续三档,取最大值

第七节　加气混凝土砌块砌体工程

◎ 本节导读

本节主要介绍加气混凝土砌块砌体工程施工,内容包括加气混凝土砌块的特征、加气混凝土砌块的构造、加气混凝土砌块的施工要求以及填充墙砌体工程质量检验与验收等。其内容关系如图 4-45 所示。

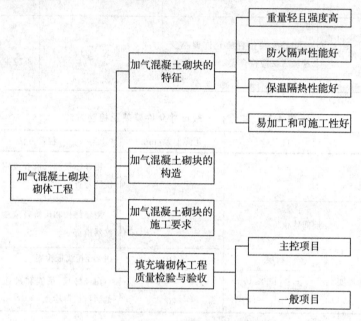

图 4-45　本节内容关系图

◎ 业务要点 1:加气混凝土砌块的特征

加气混凝土砌块有两种类型:一种是以河砂为主要原材料的砂型砌块;另一种是以发电厂的废料——粉煤灰为主要原材料而加工的高压蒸养粉煤灰砌块。河砂资源丰富,不破坏耕地;而粉煤灰是发电厂的废料,充分利用可减少堆放占用土地,消除对环境的污染。

1. 重量轻且强度高

加气混凝土砌块本身的质量密度只有 5.5kg/m^3 ,砌成墙体加上灰缝,其质量密度也仅在 6kg/m^3 左右,与普通实心黏土砖的质量密度 18kg/m^3 相比,单位体积材料质量轻 60% 以上,对减少结构自重极其有利。作为轻型砌块,两种不同原材料生产的砌块抗压强度在 $4\sim5\text{MPa}$ 之间,一般可满足围护及承重需要。

2. 防火隔声性能好

厚度为 200mm 的加气混凝土墙的防火性能指标，可达到建筑防火墙要求；同时，只需外围护墙体厚 300mm、分户墙厚 200mm，即可满足内外墙隔声的要求。

3. 保温隔热性能好

加气混凝土砌块的热导系数为 0.17~0.20W/(m·K)，寒冷地区采用厚度为 300mm 的墙体足可达到保温隔热的要求，而普通黏土砖则需厚度为 720mm 的墙体才可达到设计要求。

4. 易加工和可施工性好

加气混凝土砌块较黏土砖，更容易加工，如可锯、刨、钉及钻眼，方便门窗固定，暖气片挂吊，明线及暗线、管道敷设及埋设、移位、改造等。

◎ 业务要点 2：加气混凝土砌块的构造

加气混凝土砌块只用作墙体的砌筑，所砌墙体有单层墙和双层墙之分。单层墙是砌块侧立砌筑、墙厚等于砌块宽度；双层墙由两侧单层墙及其拉结筋组成，两侧墙之间留宽度为 75mm 的空气层。拉结筋可采用 $\phi4$~$\phi6$ 钢筋扒钉（或 8 号铅丝），沿墙高约 500mm 设置一层，其水平间距为 600mm，如图 4-46 所示。

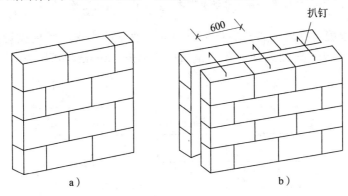

图 4-46　加气混凝土砌块墙

a）单层墙　　b）双层墙

承重加气混凝土砌块墙转角处、十字交接处、丁字交接处，均应在水平灰缝中设置拉结筋。拉结筋用 $3\phi6$ 钢筋，沿墙高 1m 左右各放置一道，其伸入墙内深度不少于 1m，如图 4-47 所示。山墙部位沿墙高 1m 左右加 $3\phi6$ 通长钢筋。

非承重加气混凝土砌块墙的转角处以及与承重砌块墙的交接处，也应在水平灰缝中设置拉结筋，拉结筋用 $2\phi6$ 钢筋，钢筋应预先置在结构柱内，伸入墙内深度不小于 700mm，如图 4-48 所示。

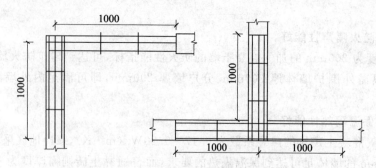

图 4-47　承重砌块墙灰缝中拉结筋设置

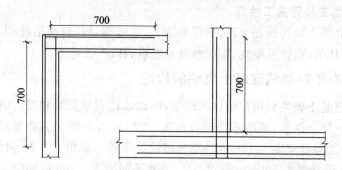

图 4-48　非承重砌块墙灰缝中拉结筋设置

加气混凝土砌块墙的窗洞口下第一皮砌块下的水平灰缝内应设置拉结钢筋，拉结钢筋为 3φ6，钢筋伸过窗口侧边应不小于 500mm，如图 4-49 所示。

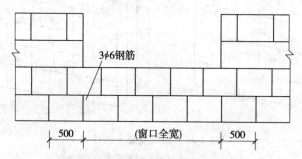

图 4-49　砌块墙窗洞口下附加筋设置

加气混凝土砌块墙中洞口过梁，可采用钢筋混凝土过梁或配筋过梁。钢筋混凝土过梁高度为 60mm 或 120mm，过梁两端伸入墙内深度不小于 250mm；配筋过梁依洞口宽度大小配置 2φ8 或 3φ8 钢筋，钢筋两端伸入墙内深度不小于 500mm，其砂浆层厚度为 30mm，如图 4-50 所示。

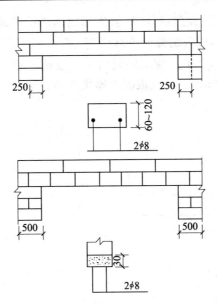

图 4-50　砌块墙中洞口过梁

业务要点 3:加气混凝土砌块的施工要求

加气混凝土砌块砌筑时,其产品龄期应超过 28d。进场后应按品种、规格分别堆放整齐,堆置高度不宜超过 2m,并应防止雨淋。砌筑时,应向砌筑面适量浇水。

加气混凝土砌块砌筑时,应采用专用工具,如铺灰铲、刀锯、手摇钻、平直架、镂槽器等,如图 4-51 所示。

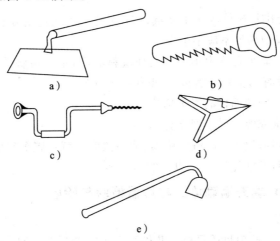

图 4-51　砌筑加气混凝土砌块工具

a)铺灰铲　b)刀锯　c)手摇钻　d)平直架　e)镂槽器

用加气混凝土砌块砌筑墙体时,墙底部应砌烧结普通砖或多孔砖,或普通混凝土小型空心砌块,或现浇混凝土坎台等,其高度不宜小于 200mm。加气混凝土砌块应错缝搭砌,上下皮砌块的竖向灰缝应相互错开,相互错开长度宜为300mm,并不小于 150mm。加气混凝土砌块墙的转角处、丁字交接处分皮砌法如图 4-52 所示。

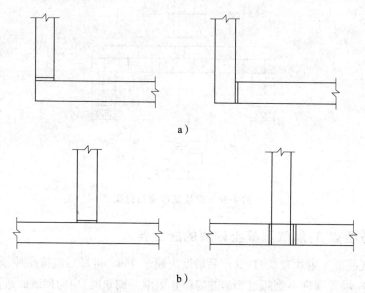

a)

b)

图 4-52 砌块墙转角处、丁字交接处分皮砌法

a)转角处 b)丁字交接处

加气混凝土砌块砌体的水平灰缝厚度及竖向灰缝宽度分别宜为 15mm 和20mm,灰缝砂浆饱满度不应小于 80%。

加气混凝土砌块砌体中不应与其他块材混砌,不得留脚手眼;加气混凝土砌块砌体如果没有切实有效措施,不得在以下部位使用:

1)建筑物室内地面标高以下部位。

2)长期浸水或经常受干湿交替部位。

3)受化学环境侵蚀(如强酸、强碱)或高浓度二氧化碳等环境。

4)砌块表面经常处于 80℃以上的高温环境。

业务要点 4:填充墙砌体工程质量检验与验收

1. 主控项目

填充墙砌体主控项目质量标准及检验方法应符合表 4-24 的规定。

表 4-24 填充墙砌体主控项目质量标准及检验方法

项 目	质量标准	检验方法	抽检数量
烧结空心砖、小砌块和砌筑砂浆的强度等级	烧结空心砖、小砌块和砌筑砂浆的强度等级应符合设计要求	查砖、小砌块进场复验报告和砂浆试块试验报告	烧结空心砖每10万块为一验收批,小砌块每1万块为一验收批,不足上述数量时按一批计,抽检数量为1组 砂浆试验:每一检验批且不超过250m³砌体的各类、各强度等级的普通砌筑砂浆,每台搅拌机应至少抽检一次。验收批的预拌砂浆、蒸压加气混凝土砌块专用砂浆,抽检可为3组
填充墙砌体与主体结构的连接构造	填充墙砌体应与主体结构可靠连接,其连接构造应符合设计要求,未经设计同意,不得随意改变连接构造方法。每一填充墙与柱的拉结筋的位置超过一皮块体高度的数量不得多于一处	观察检查	每检验批抽查不应少于5处
填充墙与承重墙、柱、梁的连接钢筋	填充墙与承重墙、柱、梁的连接钢筋,当采用化学植筋的连接方式时,应进行实体检测。锚固钢筋拉拔试验的轴向受拉非破坏承载力检验值应为6.0kN。抽检钢筋在检验值作用下应基材无裂缝、钢筋无滑移宏观裂损现象;持荷2min期间荷载值降低不大于5%。检验批验收可按表4-25通过正常一次、二次抽样判定。填充墙砌体植筋锚固力检测记录可按表4-26填写	原位试验检查	按表4-27确定

表 4-25 正常一次性抽样的判定

样本容量	合格判定数	不合格判定数
5	0	1
8	1	2
10	1	2
20	2	3
32	3	4
50	5	6

表 4-26　填充墙砌体植筋锚固力检测记录

共　　页　第　　页

工程名称		分项工程名称		植筋日期	
施工单位		项目经理			
分包单位		施工班组组长		检测日期	
检测执行标准及编号					

试件编号	实测荷载/kN	检测部位		检测结果	
		轴线	层	完好	不符合要求情况

监理(建设)单位验收结论	
备注	1. 植筋埋置深度(设计)：　　mm 2. 设计型号： 3. 基材混凝土设计强度等级为(C　　) 4. 锚固钢筋拉拔承载力检验值：6.0kN

复核：　　　　　　　　检测：　　　　　　　　记录：

表 4-27　检验批抽检锚固钢筋样本最小容量

检验批的容量	样本最小容量
≤90	5
91～150	8
151～280	13
281～500	20
501～1200	32
1201～3200	50

2. 一般项目

填充墙砌体一般项目质量标准及检验方法应符合表 4-28 的规定。

表 4-28　填充墙砌体一般项目质量标准及检验方法

项　目	质量标准	检验方法	检查数量
填充墙砌体尺寸、位置的允许偏差及检验方法	填充墙砌体尺寸、位置的允许偏差及检验方法应符合表 4-29 的规定	见表 4-29	每检验批抽查不应少于 5 处
砂浆饱满度	填充墙砌体的砂浆饱满度及检验方法应符合表 4-30 的规定	见表 4-30	每检验批抽查不应少于 5 处
拉结钢筋网片位置	填充墙留置的拉结钢筋或网片的位置应与块体皮数相符合。拉结钢筋或网片位置于灰缝中，埋置长度应符合设计要求，竖向位置偏差不应超过一皮高度	观察和用尺量检查	每检验批抽查不应少于 5 处
错缝搭砌	砌筑填充墙时应错缝搭砌，蒸压加气混凝土砌块搭砌长度不应小于砌块长度的 1/3；轻集料混凝土小型空心砌块搭砌长度不应小于 90mm；竖向通缝不应大于两皮	观察检查	每检验批抽查不应少于 5 处
填充墙灰缝	填充墙的水平灰缝厚度和竖向灰缝宽度应正确，烧结空心砖、轻集料混凝土小型空心砌块砌体的灰缝应为 8～12mm；蒸压加气混凝土砌块砌体当采用水泥砂浆、水泥混合砂浆或蒸压加气混凝土砌块砌筑砂浆时，水平灰缝厚度和竖向灰缝宽度不应超过 15mm；当蒸压加气混凝土砌块砌体采用蒸压加气混凝土砌块黏结砂浆时，水平灰缝厚度和竖向灰缝宽度宜为 3～4mm	水平灰缝厚度用尺量 5 皮小砌块的高度折算；竖向灰缝宽度用尺量 2m 砌体长度折算	每检验批抽查不应少于 5 处

表 4-29　填充墙砌体尺寸、位置的允许偏差及检验方法

项次	项目		允许偏差/mm	检验方法
1	轴线位移		10	用尺检查
	垂直度（每层）	≤3m	5	用 2m 托线板或吊线、尺检查
		>3m	10	
2	表面平整度		8	用 2m 靠尺和楔形尺检查
3	门窗洞口高、宽（后塞口）		±10	用尺检查
4	外墙上、下窗口偏移		20	用经纬仪或吊线检查

表 4-30　填充墙砌体的砂浆饱满度及检验方法

砌体分类	灰缝	饱满度及要求	检验方法
空心砖砌体	水平	≥80%	采用百格网检查块体底面或侧面砂浆的黏结痕迹面积
	垂直	填满砂浆,不得有透明缝、瞎缝、假缝	
蒸压加气混凝土砌块、轻集料混凝土小型空心砌块砌体	水平	≥80%	
	垂直	≥80%	

第五章　混凝土结构工程

第一节　模板工程

本节导读

本节主要介绍模板工程施工，内容包括模板工程的材料要求、组合式模板的构造与安装、工具式模板的构造与安装、模板安装以及模板拆除等。其内容关系如图 5-1 所示。

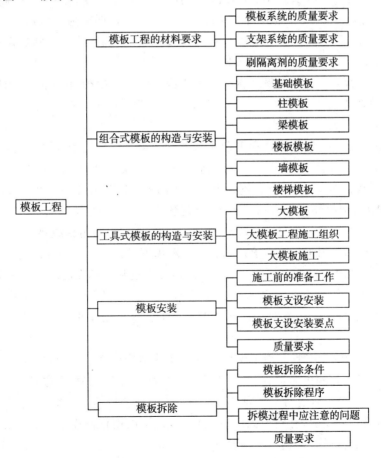

图 5-1　本节内容关系图

业务要点 1：模板工程的材料要求

1. 模板系统的质量要求

1) 模板的材料宜选用钢材、胶合板、塑料等，模板支架的材料宜选用钢材等，材料的材质应符合有关的专门规定。当采用木材时，其树种可根据各地区实际情况选用，材质不宜低于Ⅲ等材。

2) 对跨度不小于 4m 的现浇钢筋混凝土梁、板，其模板应按设计要求起拱；当设计无具体要求时，起拱高度宜为跨度的 1/1000～3/1000。

2. 支架系统的质量要求

模板支架由桁架、三脚架、支柱、托具和模板成型卡具等组成，它们应符合下列规定：

(1) 桁架。用于支承梁、板类结构的模板，通常采用角钢、圆钢和扁钢筋制成，为了适应不同跨度的使用，可以调节长度。一般以两榀为一组，其跨度可调整到 2100～3500mm，荷载较大时，可采用多榀组成排放，并在下弦加设水平支撑，使其相互连接固定，增加侧向刚度。

(2) 三脚架。用于悬挑结构模板的支撑，如阳台、挑檐、雨篷等。采用角钢铆接连接而成，悬臂长不应大于 1200mm，跨度为 600mm 左右，每根三脚架的控制荷载应不大于 4.5kN。

(3) 支柱。有组合支柱和钢管支柱两种。组合支柱用钢筋或小规格角钢、钢板焊成，支柱高度可在 2.6～3.8m 范围内调节，支柱之间设水平拉杆，每根支柱的受压控制荷载为 20kN。钢管支柱采用两根直径各为 60mm 及 50mm 钢管（管壁厚度不小于 3.5mm）承插组成，沿钢管孔眼插入一对销子固定。上下两钢管的承插搭接长度不小于 300mm，下部焊有底板，柱帽为角钢或钢板。

(4) 托具。用来靠墙支承楞木、桁架、斜撑等，用钢筋焊接而成，上面焊一块钢托板，托具两齿间距为三皮砖厚。在砌体强度达到支模强度时将托具垂直打入灰缝内。在梁端荷载集中部位安设托具，其数量不少于 3 个，承受均布荷载部位，间距不大于 1m，且沿全长不得少于 3 个。每个托具的控制使用荷载不得大于 4kN。

(5) 模板成型卡具。用于支承梁、柱、墙等结构构件的模板，常用的有柱箍和钢管卡具。柱箍由角钢、压型角钢或扁钢做成的插销、夹板和限位器组成，间距为 400～800mm，适用于柱宽小于 700mm 的柱的模板。钢管卡具适用于圈梁、矩形梁等的模板，将侧模固定在底板上，也可以用作侧模上口的卡固定位。如用角钢代替钢管，则成为角钢卡具。

3. 刷隔离剂的质量要求

涂刷隔离剂(脱模剂)的目的是保证模板与混凝土的脱模质量以及混凝土

构件表面的光滑度和平整度，减少模板的损耗，提高生产率。隔离剂应满足下列要求：

1）取材容易，配制简单，价格便宜。

2）有一定的稳定性，不变质，不易产生沉淀。

3）隔离效果好，不易脱落，不玷污钢筋、构件，不与模板、钢筋、混凝土发生化学反应，不影响构件与抹灰的黏结。

4）有较宽的温度适应范围，易干燥，不易被水冲洗掉。

5）便于喷洒或涂刷，不刺激皮肤，无异味，对人体无害。

业务要点 2：组合式模板的构造与安装

1. 基础模板

阶梯式基础模板的构造如图 5-2 所示。所选钢模板的宽度最好与阶梯高度相同，如果基础阶梯高度不符合钢模板宽度的模数时，剩下宽度不足 50mm 的部分可加镶木板。上层阶梯外侧模板较长，拼接时需用两块钢板，拼接处除用两根 L 形插销外，上下可加扁钢并用 U 形卡连接，上层阶梯内侧模板长度应与阶梯等长，与外侧模板拼接处，上下应加 T 形扁钢板连接。下层阶梯钢模板的长度最好与下层阶梯等长，四角用连接角模拼接。如果没有长度合适的钢模板，转角处用 T 形扁钢连接，剩余长度可顺序向外伸出。

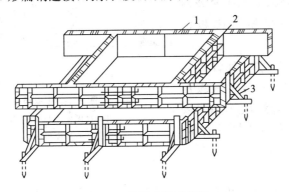

图 5-2　阶梯式基础模板

1—扁钢连接件　2—T 形连接件　3—角钢三角撑

基础模板一般现场拼装。拼装时，先依照边线安装下层阶梯模板，用角钢三角撑或其他设备箍紧（如钢管围檩等），然后在下层阶梯钢模板上安装上层阶梯钢模板，并在上层阶梯钢模板下方垫以钢筋支架或混凝土垫块作为附加支点。

2. 柱模板

柱模板的构造如图 5-3 所示,由四块拼板组成,每块拼板由若干块钢模板组成,四角由连接角模连接。如果柱太高,可根据需要在柱中部设置混凝土浇筑孔。浇筑孔的盖板,可用木板或钢模板镶拼。柱的下端也可留垃圾清理口。

安装柱模板前,应沿边线先用水泥砂浆找平,并调整好柱模板安装底面的标高,如图 5-4a)所示。如果不用水泥砂浆找平,也可沿边线用木板钉一木框,在木框上安装钢模板。边柱的外侧模板需支承在承垫板条上,并用螺栓将板条固定在下层结构上,如图 5-4b)所示。

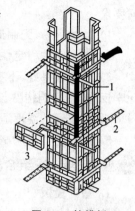

图 5-3　柱模板
1—平面钢模板　2—柱箍
3—浇筑孔盖板

柱模板现场拼装时,先安装最下一圈,然后逐圈而上直至柱顶。同时安装混凝土浇筑孔的盖板,为便于以后取下及安装盖板,可在盖板下边及两侧的拼缝中夹一个薄铁片。钢模板拼装完经垂直度校正后,便可安装柱箍,并用水平及斜向拉杆(斜撑)保持柱模板的稳定。

场外拼装时,在场外设置一钢模板拼装平台,将柱模板按配置图预拼成 4 片,然后运往现场安装就位,用连接角模连接成整体,最后安装柱箍。

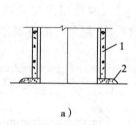

a)　　　　　　　　　b)

图 5-4　柱模板安装
1—柱模板　2—砂浆找平层
3—边柱外侧模板　4—承垫板条

3. 梁模板

梁模板的两侧模板及底模板用连接角模连接,如图 5-5 所示。梁侧模板则用楼板模板与阴角模板相连接。整个梁模板用支架或支柱支承。支架或支柱应支设在垫板上,垫板厚度为 50mm,长度至少要能连续支承三个支柱。垫板下的地基必须坚实。

两侧模板间应设置横撑和对拉螺栓,以抵抗浇筑混凝土时的侧压力,并保持一定的梁宽。

梁模板一般在钢模板拼接平台上按配板图拼成三片,用钢楞加固后运到现场安装。安装模板前,应先立好支架或支柱,调整好支柱顶的标高,并以水平及斜向拉杆固定,再将梁底模板安装在支柱顶上,最后安装梁侧模板。

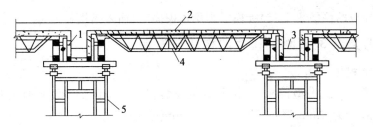

图 5-5　梁、楼板模板

1—梁模板　2—楼板模板　3—对拉螺栓　4—伸缩式桁架　5—门式支架

梁模板安装也可采用整体安装的办法,即在钢模板拼装平台上,用钢楞、对拉螺栓等将三片钢模板加固稳妥后,放入梁的钢筋,运往工地用起重机吊装入位。

4.楼板模板

楼板模板由平面钢模板拼装而成,其周边用梁或墙模板与阴角模板相连接。楼板模板用支架及钢楞支承,为了减少支架用量,扩大板下施工空间,最好用伸缩式桁架支承,如图 5-5 所示。

先安装梁支承架、桁架或钢楞,再安装楼板模板。楼板模板可以散拼安装,即在已安装好的支架上按配板图逐块拼装,也可以整体安装。

5.墙模板

墙模板如图 5-6 所示,由两片模板组成,每片模板由若干块平面模板拼成。这些平面模板可竖拼也可横拼,外面用竖(横)钢楞加固,并用斜撑保持稳定,用对拉螺栓(或称钢拉杆)以抵抗混凝土的侧压力和保持两片模板之间的间距(墙厚)。

墙模板安装时,首先沿边线抹水泥砂浆做好安装墙模板的基底处理。墙模板可以散拼安装,即按配板图由上向下,由一端向另一端,逐层拼装。也可以拼成整片安装。

墙的钢筋可以在模板安装前绑扎,也可以在安装好一边的模板后再绑扎钢筋,最后安装另一边的模板。

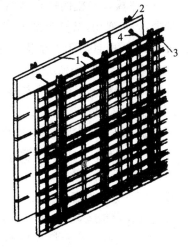

图 5-6　墙模板

1—墙模板　2—竖楞
3—横楞　4—对拉螺栓

6.楼梯模板

楼梯模板由梯板底模板、梯板侧模板、梯级侧模板、梯级模板组成。其中梯板的底模板和侧模板用平面钢模板拼成,其上、下端与楼梯梁连接部分,可用木模板镶拼;梯级侧模板可根据梯级放样图用 8 号槽钢及薄钢板制成,用 U 形卡固定在梯板的侧模板上;梯级模板则用木楔固定,插入槽钢口内。

◎ 业务要点 3:工具式模板的构造与安装

1. 大模板

采用工具式大型模板,使用起重机安装就位后浇筑混凝土墙体的模板,其板面大部分为 6mm 厚的钢板。每 450mm 设一道规格为 100mm×50mm×3mm 的槽钢楞,为增加大模板的刚度,主楞内再设小楞。根据规定,在一定的距离设 φ16 的孔,以便穿螺杆进行固定。在立另一面模板前,根据墙体的宽度,在模板内侧穿墙螺杆上套一个与墙厚相等、并有一定强度的塑料管,以控制墙厚度符合设计要求。

大模板施工工艺简单、进度快、劳动强度低、湿作业少、机械化施工程度高、结构抗震性能好,具有较好的技术经济效果。因此,为使模板能做到周转通用,降低模板摊销费用,要求建筑结构设计标准化。

大模板工程可分为三类:外墙预制内墙现浇(简称"内浇外板")、外墙砌砖内墙现浇(简称"内浇外砌")和内外墙全现浇(简称"全现浇")。

大模板主要由面板、加劲肋、支撑、桁架、竖楞、稳定机构以及附件组成。

大模板包括平模、组合模、大角模、小角模及筒形模。

(1)平模。平模的优点是墙面平整度高,装拆方便,模板容易加工,装修工作量少,周转通用;缺点是加大了工作面,在断开处加设了钢筋网使纵横墙间有竖直施工缝,而且由于大型模板本身重量大,因此悬空底模板的支设所使用的材料必须具有较高的强度和刚度。

(2)组合模。组合模在横墙平模上附加一个角钢和小条钢板,能与纵墙模板组合在一起,便于同时浇筑纵横墙体的混凝土,同时也减少了施工缝,增强了抗震性能,使工序紧凑;缺点是模板装拆比平模复杂,装修量比平模要多。

(3)大角模。大角模的模板固定于竖肋,两肢可用合页灵活转动,回转半径应不小于模板的总厚度。4 个上下排列的合页应在同一轴线上,横向设 3 道支撑均用 90×9 的角钢重叠且可以调整长度。松开花篮螺栓,角模的两肢内收,相互垂直收紧花篮,模板面与混凝土墙脱离。

(4)小角模。小角模用来连接纵横墙模板转角处,在平模端部通过合页连接并可调整。为了装拆方便,小角模可做成如图 5-7 所示的形状。

(5)筒形模。制作一个房间的混凝土模板,用一组挂轴悬挂在一个定型的钢架上,墙角用小角模封闭,构成一个筒形单元整体。

筒形模的优点是提高劳动效率,减少施工缝,冬期施工养护方便;缺点是筒形模自重大,约 4.6t,需要起重能力大的机械设备,只有长、宽、高模数相同的房间才能使用,模板安装时精确度要求高。由于笨重难以就位,稍有不慎就会撞

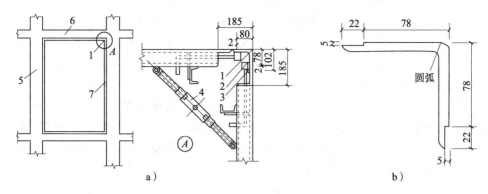

图 5-7　小角模外形

a)小角模连接构造　b)小角模外形尺寸

1—小角模　2—偏心压杆　3—铰链　4—花篮螺栓　5—横墙　6—纵墙　7—平模

坏其他结构,尤其是角部混凝土容易不平,增加了装修工作量。

2. 大模板工程施工组织

1)充分利用大模板,争取把完成从支模到拆模的全部工序的时间控制在24h 以内。

2)合理安排工序的衔接,确保混凝土达到一定强度时才拆模。

3)相邻流水段用的模板型号和数量应尽可能一致,尽可能发挥吊装设备的能力,加快施工进度。

3. 大模板施工

(1)大模板的安装。在模板上涂脱模剂,安装水电管线、绑扎钢筋件、安装门窗口、清理杂物、模板安装、调整模板。

(2)大模板安装允许偏差。垂直度允许偏差为 3mm,位置允许偏差为±2mm,上口宽度允许偏差为 0,标高允许偏差为±10mm。

(3)模板拆除。接到拆模通知单以后,松开螺栓、吊挂模板、保持 75°～80°存放,清理板面。

业务要点 4:模板安装

模板结构一般由模板和支架两部分构成。模板的作用是使混凝土结构或构件成型的模具,它与混凝土直接接触,使混凝土构件具有所要求的形状。支架部分的作用是保证模板形状和位置并承受模板和新浇筑混凝土的重量以及施工荷载。模板安装工艺随模板种类不同而有较大差异。由于模板种类较多,下面主要介绍较为常用的钢模板的安装。

1. 施工前的准备工作

1)安装前,要做好模板的定位基准工作:

① 进行中心线和位置的放线。首先引测建筑的边柱或墙轴线,并以该轴线

为起点,引出每条轴线。模板放线时,根据施工图用墨线弹出模板的内边线和中心线,墙模板要弹出模板的边线和外侧控制线,以便于模板安装和校正。

②做好标高测量工作。用水准仪把建筑物水平标高根据实际标高的要求,直接引测到模板安装位置。

③进行找平工作。模板承垫底部应预先找平,以确保模板位置正确,防止模板底部漏浆。常用的找平方法是沿模板边线用1:3水泥砂浆抹找平层,如图5-8a)所示。另外,在外墙、外柱部位,继续安装模板前,要设置模板承垫条带如图5-8b)所示,并校正其平直。

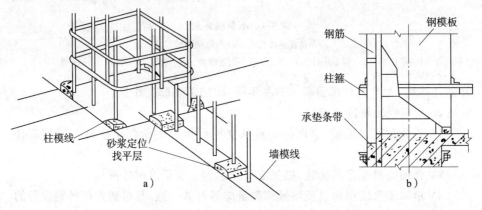

图5-8 墙、柱模板找平

a)砂浆找平层 b)外柱外模板设承垫条带

④设置模板定位基准。按照构件的断面尺寸先用同强度等级的细石混凝土定位块作为模板定位基准。或采用钢筋定位,即根据构件断面尺寸切断一定长度的钢筋或角钢头,定位焊在主筋上,并按两排主筋的中心位置分档,以保证钢筋与模板位置的准确。

2)采取预组装模板施工时,预组装工作应在组装平台或经平整处理的地面上进行,并按表5-2的质量标准逐块检验后进行试吊,试吊后再进行复查,并检查配件数量、位置和紧固情况。

表5-2 钢模板施工组装质量标准

项 目	允许偏差/mm
两块模板之间拼接缝隙	≤2.0
相邻模板面的高低差	≤2.0
组装模板板面平面度	≤2.0(用2m长平尺检查)
组装模板板面的长宽尺寸	≤长度和宽度的1/1000,最大±4.0
组装模板两对角线长度差值	≤对角线长度的1/1000,最大≤7.0

3）模板安装前,应做好下列准备工作:

① 梁模板和楼板模板的支柱支设在土壤地面时,应将地面事先整平夯实,根据土质情况考虑排水或防水措施,并准备柱底垫板。

② 竖向模板的安装底面应平整坚实,清理干净,并采取可靠的定位措施。

③ 竖向模板应按施工设计要求预埋支承锚固件。

2. 模板支设安装

1）模板的支设安装,应遵守下列规定:

① 按配板图与施工说明书循序拼装,保证模板系统的整体稳定。

② 配件必须装插牢固。支柱和斜撑下的支承面应平整垫实,并有足够的受压面积。支撑件应着力于外钢楞。

③ 预埋件与预留孔洞必须位置准确,安设牢固。

④ 基础模板必须支拉牢固,防止变形,侧模斜撑的底部应加设垫木。

⑤ 墙和柱子模板的底面应找平,下端应与事先做好的定位基准靠紧垫平,在墙、柱上继续安装模板时,模板应有可靠的支承点,其平直度应进行校正。

⑥ 楼板模板支模时,应先完成一个格构的水平支撑及斜撑安装,再逐渐向外扩展,以保持支撑系统的稳定性。

⑦ 墙柱与梁板同时施工时,应先支设墙柱模板,调整固定后,再在其上架设梁板模板。

⑧ 当墙柱混凝土已经浇灌完毕时,可以利用已灌注的混凝土结构来支承梁、楼板模板。

⑨ 预组装墙模板吊装就位后,下端应垫平,紧靠定位基准;两侧模板均应利用斜撑调整和固定其垂直度。

⑩ 支柱在高度方向所设的水平撑与剪刀撑,应按构造与整体稳定性布置。多层及高层建筑中,上下层对应的模板支柱应设置在同一竖向中心线上。

2）模板安装时,应符合下列要求:

① 同一条拼缝上的 U 形卡不宜向同一方向卡紧。

② 墙两侧模板的对拉螺栓孔应平直相对,穿插螺栓时不得斜拉硬顶。钻孔应采用机具,严禁用电、气焊灼孔。

③ 钢楞宜取用整根杆件,接头应错开设置,搭接长度不应少于 200mm。

3. 模板支设安装要点

模板的支设方法基本上有两种,即单块就位组拼和预组拼,其中预组拼又可分为整体组拼和分片组拼两种。采用预组拼方法,可以加快施工速度,提高模板的安装质量,但必须具备相适应的吊装设备和有较大的拼装场地。

1）柱模板支设安装应符合下列要求:

① 保证柱模的长度符合模数,不符合部分放到节点部位处理;或以梁底标

高为准,由上往下配模,不符模数部分放到柱根部位处理;高度在 4m 和 4m 以上时,一般应四面支撑。当柱高超过 6m 时,不宜单根柱支撑,宜几根柱同时支撑连成构架。

② 柱模根部要用水泥砂浆堵严,防止跑浆;在配模时应一并考虑留出柱模的浇筑口和清扫口。

③ 梁、柱模板分两次支设时,在柱子混凝土达到拆模强度时,最上一段柱模先保留不拆,以便于与梁模板连接。

④ 柱模安装就位后,立即用四根支撑或有花篮螺栓的缆风绳与柱顶四角拉结,并校正中心线和偏斜如图 5-9 所示,全面检查合格后,再群体固定。

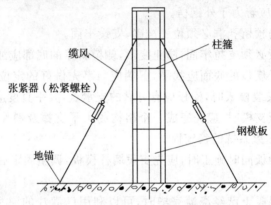

图 5-9 校正柱模板

2) 梁模板支设安装应符合下列要求:

① 梁口与柱头模板的节点连接,一般可按图 5-10 和图 5-11 处理。

② 梁模支柱的设置,应经模板设计计算决定,一般情况下采用双支柱时,间距以 60～100cm 为宜。

③ 模板支柱纵、横方向的水平拉杆、剪刀撑等,均应按设计要求布置;当设计无规定时,支柱间距一般不宜大于 2m,纵横方向的水平拉杆的上下间距不宜大于 1.5m,纵横方向的垂直剪刀撑的间距不宜大于 6m。

④ 采用扣件钢管脚手架作支撑时,扣件要拧紧,梁底支撑间隔用双卡扣,横杆的步距要按设计要求设置。采用桁架支模时,要按设计要求设置,拼接桁架的螺栓要拧紧,数量要满足要求。

⑤ 由于空调等各种设备管道安装的要求,需要在模板上预留孔洞时,应尽量使穿梁管道孔分散,穿梁管道孔的位置应设置在梁中(图 5-12),以防削弱梁的截面,影响梁的承载能力。

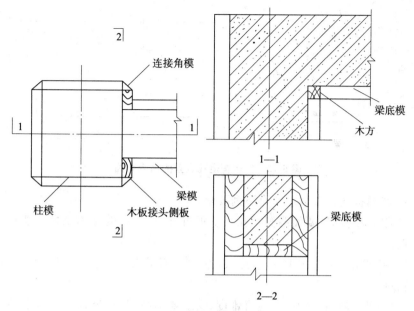

图 5-10　柱顶梁口采用嵌补模板

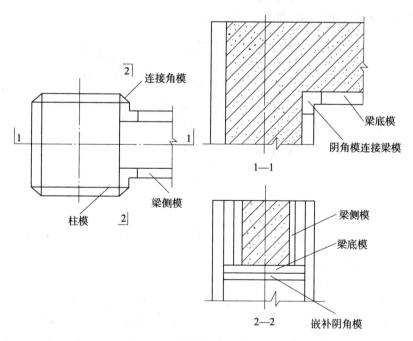

图 5-11　柱顶梁口用木方镶拼

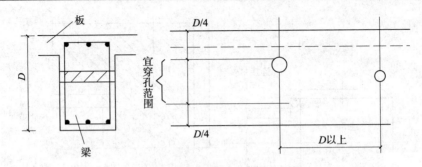

图 5-12　穿梁管道孔设置的高度范围

3) 墙模板支设安装应符合下列要求：

① 组装模板时，要使两侧穿孔的模板对称放置，以使穿墙螺栓与墙模板保持垂直。

② 相邻模板边肋用 U 形卡连接的间距，不得大于 300mm，预组拼模板接缝处宜对严。

③ 预留门窗洞口的模板应有锥度，安装要牢固，既不变形，又便于拆除。

④ 墙模板上预留的小型设备孔洞，当遇到钢筋时，应设法确保钢筋位置正确，不得将钢筋移向一侧，如图 5-13 所示。

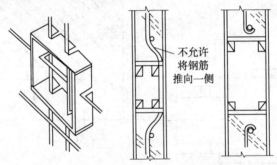

图 5-13　墙模板上设备孔洞模板做法

⑤ 墙高超过 2m 以上时，一般应留设门子板。设置方法同柱模板，门子板水平距一般为 2.5m。

4) 楼板模板支设安装应符合下列要求：

① 采用立柱作支架时，立柱和钢楞(龙骨)的间距，根据模板设计计算决定，一般情况下立柱与外钢楞间距为 600～1200mm，内钢楞(小龙骨)间距为 400～600mm，调平后即可铺设模板。在模板铺设完，标高校正后，立柱之间应加设水平拉杆，其道数根据立柱高度决定。一般情况下离地面 200～300mm 处设一道，往上纵横方向每隔 1.6m 左右设一道。

② 采用桁架作支承结构时,一般应预先支好梁、墙模板,然后将桁架按模板设计要求支设在梁侧模通长的型钢或方木上,调平固定后再铺设模板。

③ 楼板模板当采用单块就位组拼时,宜以每个节间从四周先用阴角模板与墙、梁模板连接,然后向中央铺设。相邻模板边肋应按设计要求用U形卡连接,也可用钩头螺栓与钢楞连接。也可采用U形卡预拼大块再吊装铺设。

④ 采用钢管脚手架作支撑时,在支柱高度方向每隔 1.2～1.3m 设一道双向水平拉杆。

5) 楼梯模板一般比较复杂,常见的有板式和梁式楼梯,其支模工艺基本相同。其中休息平台模板的支设方法与楼板模板相同。

施工前应根据设计图纸放大样或通过计算,配制出楼梯外帮板(或梁式楼梯的斜梁侧模板)、反三角模板、踏步侧模板等。

楼梯段模板支架可采用方木、钢管或定型支柱等作立柱。立柱应与地面垂直,斜向撑杆与梯段基本垂直并与立柱固定。梯段底模可采用木板、竹(木)胶合板或组合钢模板。先安装休息平台梁模板,再安装楼梯模板斜楞,然后铺设楼梯底模和安装外侧帮模板,绑扎钢筋后再安装反三角模板和踏步立板。楼梯踏步也可采用定型钢模板整体支拆。

安装模板时要特别注意斜向支柱(斜撑)的固定,防止浇筑混凝土时模板移动。

楼梯段模板组装情况,如图 5-14 所示。

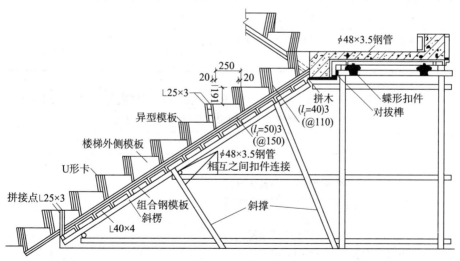

图 5-14 楼梯模板支设示意图

6) 预埋件和预留孔洞的设置,梁顶面和板顶面埋件的留设方法如图 5-15 所示。

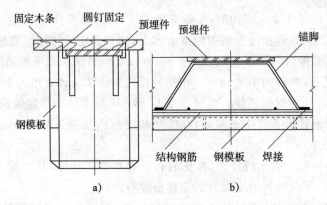

图 5-15　水平构件预埋件固定示意

a)梁顶面　b)板顶面

4. 质量要求

（1）主控项目。模板安装主控项目质量标准及检验方法应符合表 5-3 的规定。

表 5-3　模板安装主控项目质量标准及检验方法

项　　目	质量标准	检验方法	检查数量
模板支撑、立柱位置和垫板	安装现浇结构的上层模板及其支架时，下层楼板应具有承受上层荷载的承载能力，或加设支架；上、下层支架的立柱应对准，并铺设垫板	全数检查	对照模板设计文件和施工技术方案观察
避免隔离剂玷污	在涂刷模板隔离剂时，不得玷污钢筋和混凝土接槎处	全数检查	观察

（2）一般项目。模板安装一般项目质量标准及检验方法应符合表 5-4 的规定。

表 5-4　模板安装一般项目质量标准及检验方法

项　　目	质量标准	检验方法	检查数量
模板安装要求	模板安装应满足下列要求： 1）模板的接缝不应漏浆；在浇筑混凝土前，木模板应浇水湿润，但模板内不应有积水 2）模板与混凝土的接触面应清理干净并涂刷隔离剂，但不得采用影响结构性能或妨碍装饰工程施工的隔离剂 3）浇筑混凝土前，模板内的杂物应清理干净 4）对清水混凝土工程及装饰混凝土工程，应使用能达到设计效果的模板	全数检查	观察

续表

项　　目	质量标准	检验方法	检查数量
用作模板的地坪、胎模质量	用作模板的地坪、胎模等应平整光洁,不得产生影响构件质量的下沉、裂缝、起砂或起鼓	全数检查	观察
模板起拱高度	对跨度不小于 4m 的现浇钢筋混凝土梁、板,其模板应按设计要求起拱;当设计无具体要求时,起拱高度宜为跨度的 1/1000～3/1000	在同一检验批内,对梁,应抽查构件数量的 10%,且不少于 3 件;对板,应按有代表性的自然间抽查 10%,且不少于 3 间;对大空间结构,板可按纵、横轴线划分检查面,抽查 10%,且不少于 3 面	水准仪或拉线、钢尺检查
预埋件、预留孔和预留洞允许偏差	固定在模板上的预埋件、预留孔和预留洞均不得遗漏,且应安装牢固,其偏差应符合表 5-5 的规定	在同一检验批内,对梁、柱和独立基础,应抽查构件数量的 10%,且不少于 3 件;对墙和板,应按有代表性的自然间抽查 10%,且不少于 3 间;对大空间结构,墙可按相邻轴线间高度 5m 左右划分检查面,板可按纵横轴线划分检查面,抽查 10%,且不少于 3 面	钢尺检查
模板安装允许偏差	现浇结构模板安装的允许偏差应符合表 5-6 的规定	—	—
	预制构件模板安装的允许偏差应符合表 5-7 的规定	首次使用及大修后的模板应全数检查;使用中的模板应定期检查,并根据使用情况不定期抽查	—

表 5-5　预埋件和预留孔洞的允许偏差

项　目		允许偏差/mm
预埋钢板中心线位置		3
预埋管、预留孔中心线位置		3
插筋	中心线位置	5
	外露长度	+10,0
预埋螺栓	中心线位置	2
	外露长度	+10,0
预留洞	中心线位置	10
	尺寸	+10,0

注:检查中心线位置时,应沿纵、横两个方向量测,并取其中的较大值。

表 5-6　现浇结构模板安装的允许偏差及检验方法

项　目		允许偏差/mm	检验方法
轴线位置		5	钢尺检查
底模上表面标高		±5	水准仪或拉线、钢尺检查
截面内部尺寸	基础	±10	钢尺检查
	柱、墙、梁	+4,−5	钢尺检查
层高垂直度	不大于5m	6	经纬仪或吊线、钢尺检查
	大于5m	8	经纬仪或吊线、钢尺检查
相邻两板表面高低差		2	钢尺检查
表面平整度		5	2m靠尺和塞尺检查

注:检查轴线位置时,应沿纵、横两个方向量测,并取其中的较大值。

表 5-7　预制构件模板安装的允许偏差及检验方法

项　目		允许偏差/mm	检验方法
长度	板、梁	±5	钢尺量两角边,取其中较大值
	薄腹梁、桁架	±10	
	柱	0,−10	
	墙板	0,−5	
宽度	板、墙板	0,−5	钢尺量一端及中部,取其中较大值
	梁、薄腹梁、桁架、柱	+2,−5	

续表

项目		允许偏差/mm	检验方法
高(厚)度	板	+2,−3	钢尺量一端及中部,取其中较大值
	墙板	0,−5	
	梁、薄腹梁、桁架、柱	+2,−5	
侧向弯曲	梁、板、柱	$l/1000$ 且≤15	拉线、钢尺量最大弯曲处
	墙板、薄腹梁、桁架	$l/1500$ 且≤15	
板的表面平整度		3	2m靠尺和塞尺检查
相邻两板表面高低差		1	钢尺检查
对角线差	板	7	钢尺量两个对角线
	墙板	5	
翘曲	板、墙板	$l/1500$	调平尺在两端量测
设计起拱	薄腹梁、桁架、梁	±3	拉线、钢尺量跨中

注:l 为构件长度(mm)。

业务要点5:模板拆除

混凝土结构在浇筑完成一些构件或一层结构之后,经过自然养护(或冬期蓄热法等养护)之后,在混凝土具有相当强度时,为使模板能周转使用,就要对支撑的模板进行拆除。拆模可分为两种情况:一种是在混凝土硬化后对模板无作用力的,如侧模板;一种是混凝土虽已硬化,但要拆除模板则其构件本身还不具备承担荷载的能力。那么,这种构件的模板不是随便就可以拆除的,如梁、板、楼梯等构件。

1. 模板拆除条件

(1)现浇混凝土结构拆模条件。对于整体式结构的拆模期限,应遵守以下规定:

1)非承重的侧面模板,在混凝土强度能保证其表面及棱角不因拆除模板而损坏时,方可拆除。

2)底模板在混凝土强度达到表5-8规定后,方能拆除。

表5-8　底模板拆除时的混凝土强度要求

构件类型	构件跨度/m	达到设计的混凝土立方体抗压强度标准值的百分率/%
板	≤2	≥50
	>2,≤8	≥75
	>8	≥100

构件类型	构件跨度/m	达到设计的混凝土立方体抗压强度标准值的百分率/%
梁拱、壳	≤8	≥75
	>8	≥100
悬臂构件	—	≥100

3）已拆除模板及其支架的结构，应在混凝土达到设计的混凝土强度标准值后才能承受全部使用荷载。施工中不得超载使用已拆除模板的结构，严禁堆放过量建筑材料。当承受施工荷载产生的效应比使用荷载更为不利时，必须经过核算，加临时支撑。

4）钢筋混凝土结构如在混凝土未达到表5-8中所规定的强度时进行拆模及承受部分荷载，应经过计算复核结构在实际荷载作用下的强度。必要时应加设临时支撑，但需说明的是表5-8中的强度系指抗压强度标准值。

5）多层框架结构当需拆除下层结构的模板和支架，而其混凝土强度尚不能承受上层模板和支架所传来的荷载时，则上层结构的模板应选用减轻荷载的结构，但必须考虑其支承部分的强度和刚度。或对下层结构另设支柱（或称再支撑）后，才可安装上层结构的模板。

（2）预制构件拆模条件。拆除时的混凝土强度应符合设计要求；当设计无具体要求时，应符合下列规定：

1）侧模，在混凝土强度能保证构件不变形、棱角完整时，方可拆除。

2）芯模或预留孔洞的内模，在混凝土强度能保证构件和孔洞表面不发生坍陷和裂缝后方可拆除。

3）承重底模时应符合表5-9的规定。

表5-9　预制构件拆模时所需的混凝土强度

预制构件的类别	按设计的混凝土强度标准值的百分率计/%	
	拆侧模板	拆底模板
普通梁、跨度在4m及4m以内分节脱模	25	50
普通薄腹梁、吊车梁、T形梁、厂形梁、柱、跨度在4m以上	40	75
先张法预应力屋架、屋面板、吊车梁等	50	建立预应力后
先张法各类预应力薄板重叠浇筑	25	建立预应力后
后张法预应力块体竖立浇筑	40	75
后张法预应力块体平卧重叠浇筑	25	75

（3）滑升模板拆除条件。滑升模板装置的拆除，尽可能避免在高空作业。

提升系统的拆除可在操作平台上进行,只要先切断电源,外防护齐全(千斤顶拟留待与模板系统同时拆除),不会产生安全问题。

1) 模板系统及千斤顶和外挑架、外吊架的拆除,宜采用按轴线分段整体拆除的方法。总的原则是先拆外墙(柱)模板(提升架、外挑架、外吊架一同整体拆下);后拆内墙(柱)模板。模板拆除程序为:将外墙(柱)提升架向建筑物内侧拉牢→外吊架挂好溜绳→松开围圈连接件→挂好起重吊绳,并稍稍绷紧→松开模板拉牢绳索→割断支承杆→模板吊起缓慢落下→牵引溜绳使模板系统整体躺倒地面→模板系统解体。

此种方法模板吊点必须找好,钢丝绳垂直线应接近模板段重心,钢丝绳绷紧时,其拉力接近并稍小于模板段总重。

2) 若条件不允许时,模板必须高空解体散拆。高空作业危险性较大,除在操作层下方设置卧式安全网防护,危险作业人员系好安全带外,必须编制好详细、可行的施工方案。一般情况下,模板系统解体前,拆除提升系统及操作平台系统的方法与分段整体拆除相同,模板系统解体散拆的施工程序为:拆除外吊架脚手板、护身栏(自外墙无门窗洞口处开始,向后倒退拆除→拆除外吊架吊杆及外挑架→拆除内固定平台→拆除外墙(柱)模板→拆除外墙(柱)围圈→拆除外墙(柱)提升架→将外墙(柱)千斤顶从支承杆上端抽出→拆除内墙模板→拆除一个轴线段围圈,相应拆除一个轴线段提升架→千斤顶从支承杆上端抽出。

高空解体散拆模板必须掌握的原则是:在模板解体散拆的过程中,必须保证模板系统的总体稳定和局部稳定,防止模板系统整体或局部倾倒塌落。因此,制订方案、技术交底和实施过程中,务必有专责人员统一组织、指挥。

3) 滑升模板拆除中的技术安全措施。高层建筑滑模设备的拆除一般应做好下述几项工作:

① 根据操作平台的结构特点,制订其拆除方案和拆除顺序。

② 认真核实所吊运件的重量和起重机在不同起吊半径内的起重能力。

③ 在施工区域,画出安全警戒区,其范围应视建筑物高度及周围具体情况而定。禁区边缘应设置明显的安全标志,并配备警戒人员。

④ 建立可靠的通信指挥系统。

⑤ 拆除外围设备时必须系好安全带,并有专人监护。

⑥ 使用氧气和乙炔设备应有安全防火措施。

⑦ 施工期间应密切注意气候变化情况,及时采取预防措施。

⑧ 拆除工作一般不宜在夜间进行。

2. 模板拆除程序

1) 模板拆除一般是先支的后拆,后支的先拆,先拆除非承重部位,后拆除承重部位,并做到不损伤构件或模板。重大复杂模板的拆除,事先应制订拆模方案。

2) 肋形楼盖应先拆柱模板,再拆楼板底模板、梁侧模板,最后拆梁底模板。拆除跨度较大的梁下支柱时,应先从跨中开始分别拆向两端。侧立模的拆除应按自上而下的原则进行。

3) 工具式支模的梁、板模板的拆除,应先拆卡具,顺口方木、侧板,再松动木楔,使支柱、桁架等平稳下降,逐段抽出底模板和横挡木,最后取下桁架、支柱、托具。

4) 多层楼板支柱的拆除,应按下列要求进行:上层楼板正在浇筑混凝土时,下一层楼板的模板支柱不得拆除,再下一层楼板模板的支柱,仅可拆除一部分。跨度4m及4m以上的梁下均应保留支柱,其间距不大于3m;其余再下一层楼板的模板支柱,当楼板混凝土达到设计强度时,始可全部拆除。

3. 拆模过程中应注意的问题

1) 拆除时不要用力过猛,拆下来的模板要及时运走、整理、堆放以便再用。

2) 在拆模过程中,如发现实际结构混凝土强度并未达到要求,有影响结构安全的质量问题时,应暂停拆除。待实际强度达到要求后,方可继续拆除。

3) 拆除跨度较大的梁下支柱时,应先从跨中开始,分别拆向两端。

4) 多层楼板模板支柱的拆除,其上层楼板正在浇灌混凝土时,下一层楼板模板的支柱不得拆除,再下一层楼板的模板支柱,仅可拆除一部分。

5) 拆模间歇时,应将已活动的模板、牵杆、支撑等运走或妥善堆放,防止因扶空、踏空而坠落。

6) 模板上有预留孔洞者,应在安装后将洞口盖好。混凝土板上的预留孔洞,应在模板拆除后随即将洞口盖好。

7) 模板上架设的电线和使用的电动工具,应用36V的低压电源或采用其他有效的安全措施。

8) 拆除模板一般用长撬棍。人不许站在正在拆除的模板下。在拆除模板时,要防止整块模板掉下,拆模人员要站在门窗洞口外拉支撑,防止模板突然全部掉落伤人。

9) 高空拆模时,应有专人指挥,并在下面标明工作区,暂停人员过往。

10) 定型模板要加强保护,拆除后即清理干净,堆放整齐,以便再用。

11) 已拆除模板及其支架的结构,应在混凝土强度达到设计的混凝土强度标准值后才允许承受全部使用荷载。当承受施工荷载产生的效应比使用荷载更为不利时,必须经过核算,加设临时支撑。

4. 质量要求

（1）主控项目。模板拆除主控项目质量标准及检验方法应符合表 5-10 的规定。

表 5-10 模板拆除主控项目质量标准及检验方法

项　　目	质量标准	检验方法	检查数量
底模及支架拆除时要求	底模及其支架拆除时的混凝土强度应符合设计要求；当设计无具体要求时，混凝土强度应符合表 5-8 的规定	检查同条件养护试件强度试验报告	全数检查
后张法预应力混凝土结构构件模板拆除	对后张法预应力混凝土结构构件，侧模宜在预应力张拉前拆除；底模支架的拆除应按施工技术方案执行，当无具体要求时，不应在结构构件建立预应力前拆除	观察	全数检查
后浇带模板	后浇带模板的拆除和支顶应按施工技术方案执行	观察	全数检查

（2）一般项目。模板拆除一般项目质量标准及检验方法应符合表 5-11 的规定。

表 5-11 模板拆除一般项目质量标准及检验方法

项　　目	质量标准	检验方法	检查数量
侧模拆除	侧模拆除时的混凝土强度应能保证其表面及棱角不受损伤	观察	全数检查
模板拆除时具体要求	模板拆除时，不应对楼层形成冲击荷载。拆除的模板和支架宜分散堆放并及时清运	观察	全数检查

第二节　钢筋工程

本节导读

本节主要介绍钢筋工程施工，内容包括钢筋的分类、绑扎钢筋的常用方法、钢筋配料、钢筋加工、钢筋连接以及钢筋安装等。其内容关系如图 5-16 所示。

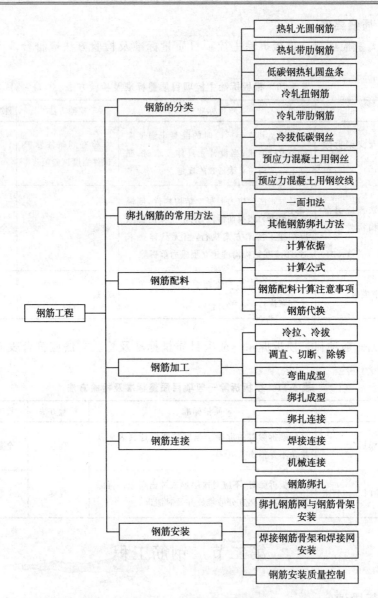

图 5-16　本节内容关系图

业务要点 1：钢筋的分类

1. 热轧光圆钢筋

1）热轧光圆钢筋的公称直径范围为 6～22mm，推荐的钢筋公称直径为 6、8、10、12、16、20(mm)。

2）钢筋牌号及化学成分(熔炼分析)应符合表 5-12 的规定。

表 5-12　化学成分要求

牌号	化学成分(质量分数)/%,不大于				
	C	Si	Mn	P	S
HPB300	0.25	0.55	1.50	0.045	0.050

3）热轧光圆钢筋的公称横截面面积与理论质量应符合表 5-13 的规定。

表 5-13　热轧光圆钢筋的公称横截面面积与理论质量

公称直径/mm	公称横截面面积/mm²	理论重量/(kg/m)
6(6.5)	28.27(33.18)	0.222(0.260)
8	50.27	0.395
10	78.54	0.617
12	113.1	0.888
14	153.9	1.21
16	201.1	1.58
18	254.5	2.00
20	314.2	2.47
22	380.1	2.98

注:表中理论重量按密度为 7.85g/cm³ 计算。公称直径 6.5mm 的产品为过渡性产品。

4）热轧光圆钢筋力学性能应符合表 5-14 的规定。

表 5-14　力学性能

牌号	屈服点 R_{el}/MPa	抗拉强度 R_m/MPa	断后伸长率 A/%	最大力总伸长率 A_{gt}/%	冷弯试验180° d—弯芯直径 a—钢筋公称直径
	不小于				
HPB300	300	420	25.0	10.0	$d=a$

2. 热轧带肋钢筋

1）热轧带肋钢筋的公称直径、质量

① 公称直径范围及推荐直径:热轧带肋钢筋的公称直径范围 6～50mm,推荐的钢筋公称直径为 6、8、10、12、16、20、25、32、40、50(mm)。

② 热轧带肋钢筋的公称横截面面积与理论质量列于表 5-15。

表 5-15　热轧带肋钢筋的公称横截面面积与理论质量

公称直径/mm	公称横截面面积/mm²	理论重量/(kg/m)
6	28.27	0.222
8	50.27	0.395

公称直径/mm	公称横截面面积/mm²	理论重量/(kg/m)
10	78.54	0.617
12	113.1	0.888
14	153.9	1.21
16	201.1	1.58
18	254.5	2.00
20	314.2	2.47
22	380.1	2.98
25	490.9	3.85
28	615.8	4.83
32	804.2	6.31
36	1018	7.99
40	1257	9.87
50	1964	15.42

注:本表中理论重量按密度为 7.85g/cm³ 计算。

2) 热轧带肋钢筋的技术性能要求见表 5-16 和表 5-17。

表 5-16　热轧带肋钢筋的化学成分

牌号	化学成分(质量分数)/%,不大于					
	C	Si	Mn	P	S	Ceq
HRB335 HRBF335	0.25	0.80	1.60	0.045	0.045	0.52
HRB400 HRBF400	0.25	0.80	1.60	0.045	0.045	0.54
HRB500 HRBF500						0.55

表 5-17 热轧带肋钢筋的力学性能

牌号	公称直径 d/mm	弯芯直径 /mm	R_{el}/MPa	R_m/MPa	A/%	A_{gt}/%
			不小于			
HRB335 HRBF335	6~25	3d	335	455	17	
	28~40	4d				
	>40~50	5d				
HRB400 HRBF400	6~25	4d	400	540	16	7.5
	28~40	5d				
	>40~50	6d				
HRB500 HRBF500	6~25	6d	500	630	15	
	28~40	7d				
	>40~50	8d				

3. 低碳钢热轧圆盘条

1）热轧圆盘条是热轧型钢中截面尺寸最小的一种,大多通过卷线机卷成盘卷供应,因此称盘条或盘圆。低碳钢热轧圆盘条由屈服强度较低的碳素结构钢轧制,是目前用量最大、使用最广的线材,适用于非预应力钢筋、箍筋、构造钢筋、吊钩等。热轧圆盘条又是冷拔低碳钢丝的主要原材料,用热轧圆盘条冷拔而成的冷拔低碳钢丝可作为预应力钢丝,用于小型预应力构件(如多孔板等)或其他构造钢筋、网片等。热轧圆盘条的直径范围为 5.5~14.0mm。常用的公称直径为 5.5、6.0、6.5、7.0、8.0、9.0、10.0、11.0、12.0、13.0、14.0(mm)。

2）低碳钢热轧圆盘条的技术性能要求见表 5-18。

表 5-18 低碳钢热轧圆盘条的技术性能要求

牌号	力学性能		冷弯试验 180° d=弯芯直径 a=试样直径
	抗拉强度 R_m/(N/mm²) 不大于	断后伸长率 $A_{11.3}$/% 不小于	
Q195	410	30	d=0
Q215	435	28	d=0
Q235	500	23	d=0.5a
Q275	540	21	d=1.5a

4. 冷轧扭钢筋

冷轧扭钢筋是由普通低碳钢热轧盘圆钢筋经冷轧扭工艺制成。其表面形状为连续的螺旋形,因此它与混凝土的黏结性能很强,同时具有较高的强度和足够的塑性。冷轧扭钢筋的力学性能应符合表 5-19 的规定;其规格及截面参数见表 5-20;冷轧扭钢筋的外形尺寸见表 5-21。

表 5-19　冷轧扭钢筋的力学性能

强度级别	型号	抗拉强度 $\sigma_b/(N/mm^2)$	伸长率 $A/\%$	180°弯曲试验(弯芯直径=3d)
CTB550	Ⅰ	≥550	$A_{11.3}$≥4.5	受弯曲部位钢筋 表面不得产生裂纹
	Ⅱ	≥550	A≥10	
	Ⅲ	≥550	A≥12	
CTB650	Ⅲ	≥650	A_{100}≥4	

注:1. d 为冷轧扭钢筋标志直径。

2. A、$A_{11.3}$ 分别表示以标距 5.65 $\sqrt{S_0}$ 或 11.3 $\sqrt{S_0}$(S_0 为试样原始截面面积)的试样拉断伸长率,A_{100} 表示标距为 100mm 的试样拉断伸长率。

表 5-20　冷轧扭钢筋的规格及截面参数

强度级别	型号	标志直径 d/mm	公称横截面面积 A_s/mm^2	理论质量/(kg/m)
CTB550	Ⅰ	6.5	29.50	0.232
		8	45.30	0.356
		10	68.30	0.536
		12	96.14	0.755
	Ⅱ	6.5	29.20	0.229
		8	42.30	0.332
		10	66.10	0.519
		12	92.74	0.728
	Ⅲ	6.5	29.86	0.234
		8	45.24	0.355
		10	70.69	0.555
CTB650	Ⅲ	6.5	28.20	0.221
		8	42.73	0.335
		10	66.76	0.524

注:Ⅰ型为矩形截面;Ⅱ型为方形截面;Ⅲ型为圆形截面。

表 5-21　冷轧扭钢筋的截面控制尺寸、节距

强度级别	型号	标志直径 d/mm	截面控制尺寸/mm 不小于				节距 l_1/mm
			轧扁厚度 t_1	正方形边长 a_1	外圆直径 d_1	内圆直径 d_2	不大于
CTB550	Ⅰ	6.5	3.7	—	—	—	75
		8	4.2	—	—	—	95
		10	5.3	—	—	—	110
		12	6.2	—	—	—	150

续表

强度级别	型号	标志直径 d/mm	截面控制尺寸/mm 不小于				节距 l_1/mm 不大于
			轧扁厚度 t_1	正方形边长 a_1	外圆直径 d_1	内圆直径 d_2	
CTB550	II	6.5	—	5.40	—	—	30
		8	—	6.50	—	—	40
		10	—	8.10	—	—	50
		12	—	9.60	—	—	80
	III	6.5	—	—	6.17	5.67	40
		8	—	—	7.59	7.09	60
		10	—	—	9.49	8.89	70
CTB650	III	6.5	—	—	6.00	5.50	30
		8	—	—	7.38	6.88	50
		10	—	—	9.22	8.67	70

冷轧扭钢筋一般用于预应力钢筋混凝土楼板和现浇钢筋混凝土楼板等。

5. 冷轧带肋钢筋

其牌号由 CRB 和钢筋的抗拉强度最小值构成。以普通低碳钢或低合金钢热轧圆盘条为母材,经冷轧或冷拔减径后在其表面冷轧成具有三面或两面月牙形横肋的钢筋。这类钢筋同热轧钢筋相比,具有强度高、塑性好、握裹力强等优点,因此被广泛应用于工业与民用建筑中。

1) 冷轧带肋钢筋成品公称直径范围为 4～12mm。其外形尺寸、重量和允许偏差应符合表 5-22 的规定。

表 5-22　三面肋和两面肋钢筋的尺寸、重量及允许偏差

公称直径 d /mm	公称横截面面积 /mm²	重量		横肋中点高		横肋 1/4 处高 $h_{1/4}$ /mm	横肋顶宽 b/mm	横肋间隙		相对肋面积 f_r 不小于
		理论重量 /(kg/m)	允许偏差 /%	h /mm	允许偏差 /mm			l /mm	允许偏差 /%	
4	12.6	0.099		0.30		0.24		4.0		0.036
4.5	15.9	0.125		0.32		0.26		4.0		0.039
5	19.6	0.154		0.32		0.26		4.0		0.039
5.5	23.7	0.186	±4	0.40	+0.10 −0.05	0.32	~0.2d	5.0	±15	0.039
6	28.3	0.222		0.40		0.32		5.0		0.039
6.5	33.2	0.261		0.46		0.37		5.0		0.045
7	38.5	0.302		0.46		0.37		5.0		0.045

续表

公称直径 d /mm	公称横截面面积 /mm²	重量		横肋中点高		横肋 1/4 处高 $h_{1/4}$ /mm	横肋顶宽 b/mm	横肋间隙		相对肋面积 f_r 不小于
		理论重量 /(kg/m)	允许偏差 /%	h /mm	允许偏差 /mm			l /mm	允许偏差 /%	
7.5	44.2	0.347		0.55	+0.10 −0.05	0.44		6.0		0.045
8	50.3	0.395		0.55		0.44		6.0		0.045
8.5	56.7	0.445		0.55		0.44		7.0		0.045
9	63.6	0.499		0.75		0.60		7.0		0.052
9.5	70.8	0.556	±4	0.75		0.60	~0.2d	7.0	±15	0.052
10	78.5	0.617		0.75	±0.10	0.60		7.0		0.052
10.5	86.5	0.679		0.75		0.60		7.4		0.052
11	95.0	0.746		0.85		0.68		7.4		0.056
11.5	103.8	0.815		0.95		0.76		8.4		0.056
12	113.1	0.888		0.95		0.76		8.4		0.056

注：1. 横肋 1/4 处高、横肋顶宽供孔型设计用。

　　2. 两面肋钢筋允许有高度不大于 0.5h 的纵肋。

2）冷轧带肋钢筋的力学性能和工艺性能应符合表 5-23 的规定。当进行弯曲试验时，受弯曲部位表面不得产生裂纹。反复弯曲试验的弯曲半径应符合表 5-24 的规定。

表 5-23　力学性能和工艺性能

牌号	$R_{p0.2}$/MPa 不大于	R_m/MPa 不大于	伸长率/% 不小于		弯曲试验 180°	反复弯曲次数	应力松弛 初始应力应相当于公称抗拉强度的 70%
			$A_{11.3}$	A_{100}			1000h 松弛率/% 不大于
CRB550	500	550	8.0	—	D=3d	—	—
CRB650	585	650	—	4.0	—	3	8
CRB800	720	800	—	4.0	—	3	8
CRB970	875	970	—	4.0	—	3	8

注：表中 D 为弯芯直径，d 为钢筋公称直径。

表 5-24　反复弯曲试验的弯曲半径　　　　　（单位：mm）

钢筋公称直径	4	5	6
弯曲半径	10	15	15

6. 冷拔低碳钢丝

冷拔低碳钢丝是用普通低碳钢热轧圆盘条钢筋拔制而成。按强度分为甲级和乙级两种。甲级钢丝主要用于预应力筋;乙级钢丝用于焊接网、焊接骨架、箍筋和构造钢筋。其力学性能见表5-25。

表5-25　冷拔低碳钢丝的力学性能

级别	公称直径 d/mm	抗拉强度 R_m/MPa 不小于	断后伸长率 A_{100} /%不小于	反复弯曲次数 /(次/180°)不小于
甲级	5.0	650	3.0	4
		600		
	4.0	700	2.5	
		650		
乙级	3.0,4.0,5.0,6.0	550	2.0	

注:甲级冷拔低碳钢丝作预应力筋用时,如经机械调直则抗拉强度标准值应降低50MPa。

7. 预应力混凝土用钢丝

1) 预应力混凝土用钢丝的分类见表5-26。

表5-26　预应力混凝土用钢丝分类

分类方法	名　称		
加工状态	冷拉钢丝(WCD)		
	消除应力钢丝	低松弛级钢丝(WLR)	
		普通松弛级钢丝(WNR)	
外形	光圆钢丝(P)		
	螺旋肋钢丝(H)		
	刻痕钢丝(I)		

2) 光圆钢丝、螺旋肋钢丝、三面刻痕钢丝尺寸及允许偏差见表5-27～表5-29。

表5-27　光圆钢丝尺寸及允许偏差、每米参考质量

公称直径 d_n/mm	直径允许偏差/mm	公称横截面面积 S_n/mm²	参考重量/(kg/m)
3.00	±0.04	7.07	0.058
4.00		12.57	0.099
5.00		19.63	0.154
6.00	±0.05	28.27	0.222
7.00		38.48	0.302

公称直径 d_n/mm	直径允许偏差/mm	公称横截面面积 S_n/mm²	参考重量/(kg/m)
8.00		50.26	0.394
9.00	±0.06	63.62	0.499
10.00		78.54	·0.616
12.00		113.1	0.888

表 5-28 螺旋肋钢丝的尺寸及允许偏差

公称直径 d_n/mm	螺旋肋数量/条	基圆尺寸		外轮廓尺寸		单肋尺寸	螺旋肋导程 C/mm
		基圆直径 D_1/mm	允许偏差/mm	外轮廓直径 D/mm	允许偏差/mm	宽度 a/mm	
4.00	4	3.85		4.25		0.09～1.30	24～30
4.80	4	4.60		5.10	±0.05	1.30～1.70	28～36
5.00	4	4.80		5.30			
6.00	4	5.80	±0.05	6.30		1.60～2.00	30～38
6.25	4	6.00		6.70			30～40
7.00	4	6.73		7.46		1.80～2.20	35～45
8.00	4	7.75		8.45	±0.10	2.00～2.40	40～50
9.00	4	8.75		9.45		2.10～2.70	42～52
10.00	4	9.75		10.45		2.50～3.00	45～58

表 5-29 三面刻痕钢丝的尺寸及允许偏差

公称直径 d_n/mm	刻痕深度		刻痕长度		节距	
	公称深度 a/mm	允许偏差/mm	公称长度 b/mm	允许偏差/mm	公称节距 L/mm	允许偏差/mm
≤5.00	0.12	±0.05	3.5	±0.05	5.5	±0.05
>5.00	0.15		5.0		8.0	

注:公称直径指横截面面积等同于光圆钢丝横截面面积时所对应的直径。

3) 冷拉钢丝、消除应力光圆及螺旋肋钢丝、消除应力刻痕钢丝的力学性能见表 5-30～表 5-32。

表 5-30　冷拉钢丝的力学性能

公称直径 d_n /mm	抗拉强度 σ_b /MPa 不小于	规定非比例伸长应力 $\sigma_{P0.2}$ /MPa 不小于	最大力下总伸长率 (L_o=200mm) δ_{gt}/% 不小于	弯曲次数 /(次/180°) 不小于	弯曲半径 R /mm	断面收缩率 ψ/% 不小于	每210mm扭距的扭转次数 n 不小于	初始应力相当于70%公称抗拉强度时，1000h后应力松弛率 r/% 不大于
3.00	1470	1100		4	7.5	—	—	
4.00	1570	1180		4	10		8	
5.00	1670	1250		4	15	35	8	
	1770	1330	1.5					8
6.00	1470	1100		5	15		7	
7.00	1570	1180		5	20	30	6	
8.00	1670	1250		5	20		5	
	1770	1330						

表 5-31　消除应力光圆及螺旋肋钢丝的力学性能

公称直径 d_n/mm	抗拉强度 σ_b /MPa 不小于	规定非比例伸长应力 $\sigma_{P0.2}$/MPa 不小于		最大力下总伸长率 (L_o=200mm) δ_{gt}/% 不小于	弯曲次数 /(次/180°) 不小于	弯曲半径 R /mm	应力松弛性能		
							初始应力相当于公称抗拉强度的百分数 /%	1000h后应力松弛率 r/% 不大于	
		WLR	WNR					WLR	WNR
							对所有规格		
4.00	1470	1290	1250		3	10			
	1570	1380	1330						
4.80	1670	1470	1410			15			
	1770	1560	1500		4	15	60	1.0	4.5
5.00	1860	1640	1580						
6.00	1470	1290	1250		4	15			
6.25	1570	1380	1330	3.5	4	20	70	2.5	8
	1670	1470	1410		4	20			
7.00	1770	1560	1500		4	20			
8.00	1470	1290	1250				80	4.5	12
9.00	1570	1380	1330		4	25			
10.00	1470	1290	1250			25			
12.00					4	30			

表 5-32　消除应力刻痕钢丝的力学性能

公称直径 d_n/mm	抗拉强度 σ_b/MPa 不小于	规定非比例伸长应力 $\sigma_{P0.2}$/MPa 不小于		最大力下总伸长率 ($L_o=200mm$) δ_{gt}/% 不小于	弯曲次数 /(次/180°) 不小于	弯曲半径 R/mm	应力松弛性能		
							初始应力相当于公称抗拉强度的百分数 /%	1000h后应力松弛率 r/% 不大于	
		WLR	WNR				对所有规格	WLR	WNR
≤5.0	1470	1290	1250	3.5	3	15	60	1.0	4.5
	1570	1380	1330						
	1670	1470	1410						
	1770	1560	1500						
	1860	1640	1580			70	2.5	8
>5.0	1470	1290	1250			20			
	1570	1380	1330						
	1670	1470	1410			80	4.5	12
	1770	1560	1500						

8. 预应力混凝土用钢绞线

预应力混凝土用钢绞线一般是用 2 根、3 根或 7 根 2.5～5.0mm 的冷拉碳素钢丝在绞线机上绞捻后经一定热处理而制成。

1) 预应力混凝土用钢绞线的尺寸及力学性能。1×2 结构钢绞线的力学性能应符合表 5-33 的规定。

表 5-33　1×2 结构钢绞线的力学性能

钢绞线结构	钢绞线公称直径 D_n/mm	抗拉强度 R_m/MPa 不小于	整根钢绞线的最大力 F_m/kN 不小于	规定非比例延伸力 $F_{P0.2}$/kN 不小于	最大力总伸长率 ($L_o \geqslant 400mm$) A_{gt}/% 不小于	应力松弛性能	
						初始负荷相当于公称最大力的百分数/%	1000h后应力松弛率 r/%不大于
1×2	5.00	1570	15.4	13.9	对所有规格	对所有规格	对所有规格
		1720	16.9	15.2			
		1860	18.3	16.5			
		1960	19.2	17.3	3.5	60	1.0
	5.80	1570	20.7	18.6			
		1720	22.7	20.4			
		1860	24.6	22.1			
		1960	25.9	23.3			

钢绞线结构	钢绞线公称直径 D_n/mm	抗拉强度 R_m/MPa 不小于	整根钢绞线的最大力 F_m/kN 不小于	规定非比例延伸力 $F_{P0.2}$/kN 不小于	最大力总伸长率 ($L_o \geqslant 400mm$) A_{gt}/% 不小于	应力松弛性能	
						初始负荷相当于公称最大力的百分数/%	1000h后应力松弛率 r/% 不大于
1×2	8.00	1470	36.9	33.2	对所有规格	对所有规格	对所有规格
		1570	39.4	35.5			
		1720	43.2	38.9	3.5	70	2.5
		1860	46.7	42.0			
		1960	49.2	44.3			
	10.00	1470	57.8	52.0			
		1570	61.7	55.5			
		1720	67.6	60.8			
		1860	73.1	65.8			
		1960	77.0	69.3			
	12.00	1470	83.1	74.8			
		1570	88.7	79.8		80	4.5
		1720	97.2	87.5			
		1860	105	94.5			

注：规定非比例延伸力值 $F_{P0.2}$ 不小于整根钢绞线公称最大力 F_m 的90％。

1×3 结构钢绞线的力学性能应符合表5-34的规定。

表5-34　1×3 结构钢绞线的力学性能

钢绞线结构	钢绞线公称直径 D_n/mm	抗拉强度 R_m/MPa 不小于	整根钢绞线的最大力 F_m/kN 不小于	规定非比例延伸力 $F_{P0.2}$/kN 不小于	最大力总伸长率 ($L_o \geqslant 400mm$) A_{gt}/% 不小于	应力松弛性能	
						初始负荷相当于公称最大力的百分数/%	1000h后应力松弛率 r/% 不大于
1×3	6.20	1570	31.1	28.0	对所有规格	对所有规格	对所有规格
		1720	34.1	30.7			
		1860	36.8	33.1			
		1960	38.8	34.9			
	6.50	1570	33.3	30.0			
		1720	36.5	32.9		60	1.0
		1860	39.4	35.5			
		1960	41.6	37.4			

钢绞线 结构	钢绞线 公称直径 D_n/mm	抗拉 强度 R_m/MPa 不小于	整根钢绞 线的最大 力 F_m/kN 不小于	规定非比 例延伸力 $F_{P0.2}$/kN 不小于	最大力总 伸长率 （$L_o \geqslant 400\text{mm}$） A_{gt}/%不小于	应力松弛性能	
						初始负荷相当 于公称最大力 的百分数/%	1000h 后应 力松弛率 r /%不大于
1×3	8.60	1470	55.4	49.9	对所有规格	对所有规格	对所有规格
		1570	59.2	53.3			
		1720	64.8	58.3		70	2.5
		1860	70.1	63.1			
		1960	73.9	66.5			
	8.74	1570	60.6	54.5	3.5		
		1670	64.5	58.1			
		1860	71.8	64.6			
	10.80	1470	86.6	77.9			
		1570	92.5	83.3			
		1720	101	90.9		80	4.5
		1860	110	99.0			
		1960	115	104			
	12.90	1470	125	113			
		1570	133	120			
		1720	146	131			
		1860	158	142			
		1960	168	149			
1×3 I	8.74	1570	60.6	54.5			
		1670	64.5	58.1			
		1860	71.8	64.6			

注：规定非比例延伸力 $F_{P0.2}$ 值不小于整根钢绞线公称最大力 F_m 的 90%。

1×7 结构钢绞线的力学性能应符合表 5-35 的规定。

表 5-35　1×7 结构钢绞线的力学性能

钢绞线结构	钢绞线公称直径 D_n/mm	抗拉强度 R_m/MPa 不小于	整根钢绞线的最大力 F_m/kN 不小于	规定非比例延伸力 $F_{P0.2}$/kN 不小于	最大力总伸长率 ($L_0 \geqslant 400mm$) A_{gt}/% 不小于	应力松弛性能	
						初始负荷相当于公称最大力的百分数/%	1000h 后应力松弛率 r /% 不大于
1×7	9.50	1720	94.3	84.9	对所有规格	对所有规格	对所有规格
		1860	102	91.8			
		1960	107	96.3			
	11.10	1720	128	115			
		1860	138	124			
		1960	145	131		60	1.0
	12.70	1720	170	153			
		1860	184	166			
		1960	193	174	3.5		
	15.20	1470	206	185			
		1570	220	198		70	2.5
		1670	234	211			
		1720	241	217			
		1860	260	234			
		1960	274	247			
	15.70	1720	266	239			
		1860	279	251			
	17.80	1720	327	294		80	4.5
		1860	353	318			
(1×7)C	12.70	1860	208	187			
	15.20	1820	300	270			
	18.00	1720	384	346			

注:规定非比例延伸力 $F_{P0.2}$ 值不小于整根钢绞线公称最大力 F_m 的 90%。

2）钢绞线强度高,与混凝土握裹力强、断面面积大、易于锚固,多用于大跨度、重荷载预应力构件。

业务要点 2:绑扎钢筋的常用方法

1. 一面扣法

其操作方法是将镀锌钢丝对折成 180°,理顺叠齐,放在左手掌内,绑扎时左手拇指将一根钢丝推出,食指配合将弯折一端伸入绑扎点钢筋底部;右手持绑扎钩子用钩尖钩起镀锌钢丝弯折处向上拉至钢筋上部,以左手所执的镀锌钢丝开口端紧靠,两者拧紧在一起,拧转 2～3 圈,如图 5-17 所示。将镀锌钢丝向上拉时,镀锌钢丝要紧靠钢筋底部,将底面筋绷紧在一起,绑扎才能牢靠。一面扣法多用于平面上扣很多的地方,如楼板等不易滑动的部位。

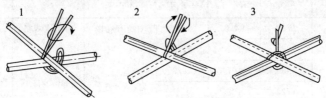

图 5-17　钢筋绑扎一面扣法

2. 其他钢筋绑扎方法

其他钢筋绑扎方法包括十字花扣、反十字花扣、兜扣加缠、套扣等,这些方法主要根据绑扎部位进行选择,其形式如图 5-18 所示。

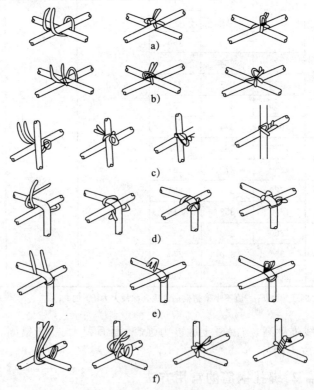

图 5-18　钢筋的其他绑扎方法

a)兜扣　b)十字花扣　c)缠扣　d)反十字花扣　e)套扣　f)兜扣加缠

1）兜扣、十字花扣适用于平板钢筋网和箍筋处绑扎。

2）缠扣多用于墙钢筋网和柱箍。

3）套扣用于梁的架立钢筋和箍筋的绑扎。

4）反十字花扣、兜扣加缠适用于梁骨架的箍筋和主筋的绑扎。

业务要点 3：钢筋配料

钢筋配料就是根据结构施工图、规范要求、施工方案等，先绘制出各种形状和规格的钢筋简图，并加以编号，然后分别计算构件中各种钢筋的下料长度、根数及重量，并编制钢筋配料单。钢筋配料是确定钢筋材料计划、进行钢筋加工和结算的依据。施工管理人员必须认真对待这项工作。

1. 计算依据

（1）外包尺寸。外包尺寸是指钢筋外缘之间的长度，结构施工图中所指钢筋长度和施工中量度钢筋所得的长度均视为钢筋的外包尺寸。

（2）钢筋的混凝土保护层厚度。构件中普通钢筋及预应力筋的混凝土保护层厚度应满足下列要求：

1）构件中受力钢筋的保护层厚度不应小于钢筋的公称直径 d。

2）设计使用年限为 50 年的混凝土结构，最外层钢筋的保护层厚度应符合表 5-36 的规定；设计使用年限为 100 年的混凝土结构，最外层钢筋的保护层厚度不应小于表 5-36 中数值的 1.4 倍。

表 5-36　混凝土保护层的最小厚度 c　　　　（单位：mm）

环境类别	板、墙、壳	梁、柱、杆
一	15	20
二 a	20	25
二 b	25	35
三 a	30	40
三 b	40	50

注：1. 混凝土强度等级不大于 C25 时，表中保护层厚度数值应增加 5mm。

　　2. 钢筋混凝土基础宜设置混凝土垫层，基础中钢筋的混凝土保护层厚度应从垫层顶面算起，且不应小于 40mm。

（3）量度差值。钢筋加工中需要进行弯曲。钢筋弯曲后，外边缘伸长，内边缘缩短，而中心线既不伸长也不缩短。这样，钢筋的外包尺寸与钢筋中心线长度之间存在一个差值，这个差值称为量度差值。

计算钢筋下料长度时必须扣除量度差值，否则由于钢筋下料太长，一方面造成浪费；另一方面可引起钢筋的保护层不够以及钢筋安装的不方便甚至影响钢筋的位置（特别是钢筋密集时）。

钢筋弯曲处的量度差值见表 5-37。

表 5-37　钢筋弯曲量度差值

弯曲角度	量度差值
45°	$0.5d_0$
60°	$0.85d_0$
90°	$2.0d_0$
135°	$2.5d_0$

　(4) 弯钩增加长度。规范规定,光圆钢筋末端做 180°弯钩时,其弯弧内直径应大于或等于钢筋直径的 2.5 倍,弯钩的弯折后平直段长度不应小于钢筋直径的 3 倍。显然,此类钢筋下料长度要大于钢筋的外包尺寸,此时,计算中每个弯钩应增加一定的长度即弯钩增加长度。每个弯钩增加长度为 $6.25d_0$。

　(5) 箍筋下料长度调整值。箍筋的末端应做弯钩,弯钩形式应符合设计要求。当设计无具体要求时,用 HPB300 级钢筋或冷拔低碳钢丝制作的箍筋,其弯钩的弯曲直径应大于受力钢筋直径,且不小于箍筋直径的 2.5 倍;弯钩平直部分的长度,对一般结构,不宜小于箍筋直径的 5 倍,对有抗震要求的结构,不应小于箍筋直径的 10 倍。箍筋的下料长度应比其外包尺寸大,在计算中也要增加一定的长度即箍筋弯钩增加值。

　箍筋弯钩增加值见表 5-38。

表 5-38　箍筋弯钩增加值

弯曲角度	量度差值
135°/135°	$14d_0(24d_0)$
90°/180°	$14d_0(24d_0)$
90°/90°	$11d_0(21d_0)$

注:表中括号内数据为有抗震要求时。

2. 计算公式

　钢筋下料是根据需要将钢筋切断成一定长度的直线段。钢筋的下料长度就是钢筋的中心线长度。计算钢筋下料长度可按以下公式进行:

$$直线钢筋下料长度＝构件长度－保护层厚度－$$
$$弯折量度差值＋弯钩增加长度 \tag{5-1}$$
$$弯起钢筋下料长度＝直线长度＋弯起段长度－$$
$$弯折量度差值＋弯钩增加长度 \tag{5-2}$$
$$箍筋下料长度＝外包尺寸－量度差值＋箍筋弯钩增加值 \tag{5-3}$$

3. 钢筋配料计算注意事项

　1) 在设计图纸中,钢筋配置的细节问题未注明时,应按构造要求处理。

2）配料计算时，要考虑钢筋的形状和尺寸在满足设计要求的前提下还应有利于加工和安装。

3）配料时，还必须考虑施工中所需要的附加钢筋。例如，后张法预应力构件预留孔道定位用的钢筋井字架，基础双层钢筋网中保证上层钢筋网位置用的钢筋撑脚，墙板双层钢筋网中保证钢筋间距用的钢筋撑铁，柱钢筋骨架增加的四面斜撑等。

4）计算好各种钢筋的下料长度后还应填写钢筋配料单。要反映出工程名称、构件名称、钢筋编号、钢筋简图及尺寸、直径、钢号、数量、下料长度及钢筋重量，以便组织加工。

4. 钢筋代换

当施工中如果遇到供应的钢筋品种、级别或规格与设计要求不符时，在征得设计单位同意后可以进行钢筋代换。

（1）钢筋代换原则

1）等强度代换：不同级别钢筋的代换，按抗拉设计值相等的原则进行代换。如设计图中所用的钢筋设计强度为 f_{y1}，钢筋总面积为 A_{s1}，代换后的钢筋设计强度为 f_{y2}，钢筋总面积为 A_{s2}，则应使：

$$A_{s1} \cdot f_{y1} \leqslant A_{s2} \cdot f_{y2} \tag{5-4}$$

$$n_2 \geqslant \frac{n_1 \cdot d_1^2 \cdot f_{y1}}{d_2^2 \cdot f_{y2}} \tag{5-5}$$

式中　n_2——代换钢筋根数；

n_1——原设计钢筋根数；

d_2——代换钢筋直径；

d_1——原设计钢筋直径。

2）等面积代换：构件按最小配筋率配筋时，或同钢号钢筋之间的代换，按代换前后面积相等的原则进行代换。即

$$A_{s1} \leqslant A_{s2} \tag{5-6}$$

$$n_2 \geqslant n_1 \frac{d_1^2}{d_2^2} \tag{5-7}$$

式中符号同上。

钢筋代换后，有时由于受力钢筋根数增多而使钢筋排数增加，这样构件截面的有效高度 h_0 减少，截面强度降低。通常对这种影响可凭经验适当增加钢筋面积，然后再做截面强度复核。

对于矩形截面的受弯构件，可根据弯矩相等，按下式复核界面强度：

$$N_2\left[h_{02} - \frac{N_2}{2f_{cm} \cdot b}\right] \geqslant N_1\left[h_{01} - \frac{N_1}{2f_{cm} \cdot b}\right] \tag{5-8}$$

式中　N_1——原设计钢筋的拉力,等于 $A_{s1} \cdot f_{y1}$;

　　　N_2——代换钢筋拉力,等于 $A_{s2} \cdot f_{y2}$;

　　　h_{01}——原设计钢筋的合力点至构件截面受压边缘的距离,即构件截面的有效高度;

　　　h_{02}——代换钢筋的合力点至构件截面受压边缘的距离;

　　　f_{cm}——混凝土的弯曲抗压强度设计值,对 C20 混凝土为 $11N/mm^2$;对 C30 为 $16.5N/mm^2$;

　　　b——构件截面宽度。

(2) 钢筋代换注意事项。钢筋代换应办理设计变更文件,还要注意下列事项:

1) 不同种类钢筋代换,应按钢筋受拉承载力设计值相等的原则进行。

2) 对重要受力构件,如薄腹梁、吊车梁、桁架下弦等,不宜用 HPB300 级光面钢筋代换 HRB335 级、HRB400 级、RRB400 级钢筋,以免裂缝开展过大。

3) 钢筋代换后,应满足混凝土结构设计规范中所规定的钢筋间距、最小钢筋直径、锚固长度、根数等。

4) 当构件受裂缝宽度或挠度控制时,钢筋代换后应进行裂缝、刚度计算。

5) 梁的纵向受力钢筋与弯起钢筋应分别进行代换。偏心受拉构件或偏心受压构件(如有吊车的厂房柱、框架柱、桁架上弦等)作钢筋代换时,不取整个截面配筋量计算,应按受力面(受拉或受压)分别代换。

6) 有抗震要求的梁、柱和框架,不宜以强度等级高的钢筋代换原设计中的钢筋。如果必须代换时,其代换的钢筋还要符合抗震钢筋的要求。

7) 预制构件的吊环,必须采用未经冷拉的 HPB300 级热轧钢筋制作,严禁以其他钢筋代换。

业务要点 4:钢筋加工

钢筋加工的形式有冷拉、冷拔、调直、切断、除锈、弯曲成型、绑扎成型等。

1. 冷拉、冷拔

钢筋的冷拉是在常温下通过冷拉设备对钢筋进行强力拉伸,使钢筋产生塑性变形,以达到调直钢筋、提高强度的目的。对 HPB300 级、HRB335 级、HRB400 级、RRB400 级钢筋都可以进行冷拉。冷拉 HPB300 级钢筋可用作普通混凝土结构中的受拉钢筋,冷拉 HRB335 级、HRB400 级、RRB400 级钢筋可用作预应力混凝土结构中的预应力钢筋。

钢筋的冷拉应力和冷拉率是影响钢筋冷拉质量的两个主要参数。采用控制冷拉应力方法时,其冷拉控制应力及最大冷拉率应符合表 5-39 的规定。当采用控制冷拉率方法时,冷拉率必须由试验确定。冷拉钢筋的检查验收方法和质量要求应符合《混凝土结构工程施工质量验收规范》GB 50204—2002 中的有关规定。

表 5-39　冷拉控制应力及最大冷拉率

钢筋级别	钢筋直径/mm	冷拉控制应力/MPa	最大冷拉率/%
HPB300	≤12	280	10.0
HRB335	≤25	450	5.5
	28～40	430	5.5
HRB400	8～40	500	5.0

钢筋的冷拔是使直径 6～8mm 的 HPB300 级钢筋在常温下强力通过特制的直径逐渐减小的钨合金拔丝模孔,多次拉拔成比原钢筋直径小的钢丝。拉拔中钢筋产生塑性变形,同时其强度也得到较大提高。经冷拔的钢筋称为冷拔低碳钢丝。冷拔低碳钢丝有甲级、乙级两种,甲级钢丝适用于作预应力筋,乙级钢丝适用于作焊接网,焊接骨架、箍筋和构造钢筋。

冷拔低碳钢丝的质量要求为:表面不得有裂纹和机械损伤,并应按施工规范要求进行拉力试验和反复弯曲试验。

2. 调直、切断、除锈

(1)钢筋调直。钢筋调直是指将钢筋调整成为使用时的直线状态。钢筋调直有手工调直和机械调直。细钢筋可以采用调直机调直,粗钢筋可以采用锤直或扳直的方法。钢筋的调直还可采用冷拉方法,其冷拉率 HPB300 级光圆钢筋不宜大于 4%,HRB335 级、HRB400 级、HRB500 级、HRBF335 级、HRBF400级、HRBF500 级和 RRB400 级带肋钢筋的冷拉率不宜大于 1%。一般拉至钢筋表面氧化皮开始脱落为止。

(2)钢筋切断。钢筋切断可采用钢筋切断机或手动切断器。

(3)钢筋除锈。施工现场的钢筋容易生锈,应除去钢筋表面可能产生的颗粒状或片状老锈。钢筋除锈可用人工除锈、钢筋除锈机除锈和酸洗除锈。

3. 弯曲成型

弯曲成型是将已切断、配好的钢筋按照施工图纸的要求加工成规定的形状尺寸。常用弯曲成型设备是钢筋弯曲成型机,也有的采用简易钢筋弯曲成型装置。

钢筋加工中其弯曲和弯折应符合下列规定:

1)HPB300 级钢筋末端应做 180°弯钩,其弯弧内直径不应小于钢筋直径的2.5 倍,弯钩的弯后平直部分长度不应小于钢筋直径的 3 倍。

2)当设计要求钢筋末端需做 135°弯钩时,HRB335 级、HRB400 级钢筋的弯弧内直径不应小于钢筋直径的 4 倍,弯钩的弯后平直部分长度应符合设计要求。

3）钢筋作不大于 90°的弯折时,弯折处的弯弧内直径不应小于钢筋直径的 5 倍。

4. 绑扎成型

绑扎是指在钢筋的交叉点用细铁丝将其扎牢使其成为钢筋骨架或钢筋网片,也可以使两段钢筋连接起来(绑扎连接)。

业务要点 5：钢筋连接

成品钢筋的长度是一定的,而结构或构件的尺寸往往较大,因此,在施工中钢筋需要接长。钢筋的连接可以采取绑扎连接、焊接连接和机械连接等方式。

规范规定,钢筋接头宜设置在受力较小处;有抗震设防要求的结构中,梁端、柱端箍筋加密区范围内不宜设置钢筋接头,且不应进行钢筋搭接。同一纵向受力钢筋不宜设置两个或两个以上接头。接头末端至钢筋弯起点的距离不应小于钢筋直径的 10 倍。

1. 绑扎连接

绑扎连接是用 20～22 号铁丝将两段钢筋扎牢使其连接起来而达到接长的目的。对绑扎连接,施工规范规定：

1）同一构件内的接头宜分批错开。各接头的横向净间距 s 不应小于钢筋直径,且不应小于 25mm。

2）接头连接区段的长度为 1.3 倍搭接长度,凡接头中点位于该连接区段长度内的接头均应属于同一连接区段;搭接长度可取相互连接两根钢筋中较小直径计算。纵向受力钢筋的最小搭接长度应符合《混凝土结构工程施工规范》GB 50666—2011 附录 C 的规定。

3）同一连接区段内,纵向受力钢筋接头面积百分率为该区段内有接头的纵向受力钢筋截面面积与全部纵向受力钢筋截面面积的比值(图 5-19);纵向受压钢筋的接头面积百分率可不受限制;纵向受拉钢筋的接头面积百分率应符合下列规定：

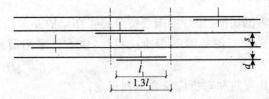

图 5-19　钢筋绑扎搭接接头连接区段及接头面积百分率

注：图中所示搭接接头同一连接区段内的搭接钢筋为两根,当各钢筋直径相同时,接头面积百分率为 50%。

① 梁类、板类及墙类构件,不宜超过 25%;基础筏板,不宜超过 50%。

② 柱类构件,不宜超过 50%。

③ 当工程中确有必要增大接头面积百分率时,对梁类构件,不应大于 50%;对其他构件,可根据实际情况适当放宽。

4) 钢筋绑扎连接接头的搭接长度应符合设计要求、符合现行规范和施工图集的要求。

5) 在梁、柱类构件的纵向受力钢筋搭接长度范围内,配置箍筋应符合设计要求、符合现行规范和施工图集的要求。

2. 焊接连接

采用焊接代替绑扎,可节约钢材,改善结构受力性能,提高工效,降低成本。焊接方法是土木工程施工中常用的钢筋连接方法。钢筋的焊接方法有:闪光对焊、电弧焊、电渣压力焊和电阻点焊等。钢筋的焊接质量与钢材的可焊性、焊接工艺有关。

(1) 闪光对焊。闪光对焊广泛用于钢筋纵向连接及预应力钢筋与螺丝端杆的焊接。热轧钢筋宜优先采用闪光对焊。闪光对焊适用于直径为 8~40mm 的 HPB300 级、HRB335 级、HRB400 级钢筋的连接。

钢筋闪光对焊后,应按国家现行标准《钢筋焊接及验收规程》JGJ 18—2012 的规定抽取试件做力学性能试验和进行外观检查。力学性能检验按同规格接头 6% 的比例,做三根拉力试验和三根冷弯试验。外观检查要求:无裂纹和烧伤,接头弯折不大于 2°,接头轴线偏移不大于 1/10 钢筋直径,也不大于 1mm。

(2) 电弧焊。电弧焊是利用弧焊机使焊条与焊件之间产生高温电弧,使焊条和电弧燃烧范围内的焊件熔化,待其凝固便形成焊缝或接头,电弧焊广泛用于钢筋接头、钢筋骨架焊接、装配式结构接头的焊接、钢筋与钢板的焊接及各种钢结构焊接。

钢筋电弧焊的接头形式有:

1) 搭接焊接头(单面焊缝或双面焊缝)(适用于直径 10~40mm 的 HPB300 级、HRB335 级钢筋)。

2) 帮条焊接头(单面焊缝或双面焊缝)(适用于直径 10~40mm 的各级热轧钢筋)。

3) 坡口焊接头(平焊或立焊)(适用于直径 18~40mm 的各级热轧钢筋)。

4) 熔槽帮条焊接头(用于安装焊接 $d \geqslant 25mm$ 的钢筋)。

5) 水平钢筋窄间隙焊接头(适用于直径 18~40mm 的 HPB300 级、HRB335 级、HRB400 级钢筋)。

电弧焊的外观质量要求:

焊缝表面平整,无裂纹,无较大凹陷、焊瘤,无明显咬边、气孔、夹渣等缺陷。

力学性能检验时,以现场安装条件下每一楼层300个同类型接头为一个验收批,每个验收批选取三个接头进行拉力试验。如有不合格者,应取双倍试件复验。再有不合格者,则该验收批接头不合格。如对焊接质量有怀疑或发现异常情况,还可以进行非破损方式检验(X射线、γ射线、超声波探伤等)。

(3)电渣压力焊。电渣压力焊在土木工程施工中应用十分广泛。它多用于现浇混凝土结构构件内竖向钢筋(直径12～40mm的HPB300级、HRB335级、HRB400级钢筋)的接长。但不适于水平钢筋或倾斜钢筋(倾斜度不大于10°)的连接,也不适用可焊性差的钢筋连接。

电渣压力焊的外观质量要求:

不得有裂纹和明显的烧伤,轴线偏移不得大于1mm,接头弯折不得大于2°。力学性能检验时,以每300个接头为一个验收批(不足300个也为一个验收批),切取三个试件做拉力试验。如有不合格者,应取双倍试件复验。再有不合格者,则该验收批接头不合格。

焊接操作人员必须经过技术培训和考核,实行持证上岗。

(4)电阻点焊。电阻点焊主要用于小直径钢筋的交叉连接,如用来焊接钢筋网片、钢筋骨架等。常用的点焊机有单点点焊机、多头点焊机、悬挂式点焊机(可焊钢筋骨架或钢筋网)、手提式点焊机(用于施工现场)。

3. 机械连接

钢筋机械连接是通过连接件的机械咬合作用或钢筋端面的承压作用,将一根钢筋中的力传递至另一根钢筋的连接方法。具有施工简便、工艺性能良好、接头质量可靠、不受钢筋焊接性的制约、可全天候施工、节约钢材和能源等优点。

(1)带肋钢筋套筒挤压连接

带肋钢筋套筒挤压连接是将需要连接的带肋钢筋,插于特制的钢套筒内,利用挤压机压缩套筒,使之产生塑性变形,靠变形后的钢套筒与带肋钢筋之间的紧密咬合来实现钢筋的连接。适用于钢筋直径为16～40mm的热轧HRB335级、HRB400级带肋钢筋的连接。

钢筋挤压连接有钢筋径向挤压连接和钢筋轴向挤压连接两种形式。

1)带肋钢筋套筒径向挤压连接。带肋钢筋套筒径向挤压连接,是采用挤压机沿径向(即与套筒轴线垂直方向)将钢套筒挤压产生塑性变形,使之紧密地咬住带肋钢筋的横肋,实现两根钢筋的连接(图5-20)。当不同直径的带肋钢筋采用挤压接头连接时,若套筒两端外径和壁厚相同,被连接钢筋的直径相差不应大于5mm。挤压连接工艺流程:钢筋套筒检验→钢筋断料,刻划钢筋套入长度定出标记→套筒套入钢筋→安装挤压机→开动液压泵,逐渐加压套筒至接头成型→卸下挤压机→接头外形检查。

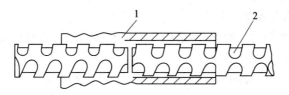

图 5-20 钢筋径向挤压

1—钢套管 2—钢筋

2）带肋钢筋套筒轴向挤压连接。钢筋轴向挤压连接,是采用挤压机和压模对钢套筒及插入的两根对接钢筋,沿其轴向方向进行挤压,使套筒咬合到带肋钢筋的肋间,使其结合成一体,见图 5-21。

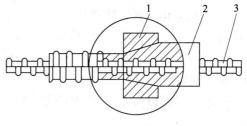

图 5-21 钢筋轴向挤压

1—压模 2—钢套管 3—钢筋

3）带肋钢筋套筒径向挤压连接的要求

① 钢套筒的屈服承载力和抗拉承载力应大于钢筋的屈服承载力和抗拉承载力的 1.1 倍。

② 套筒的材料及几何尺寸应符合检验认定的技术要求,并应有相应的出厂合格证。

③ 钢筋端头的锈、泥沙、油污、杂物都应清理干净,端头要直、面宜平,不同直径钢筋的套筒不得相互串用。

④ 钢筋端头要画出标记,用以检查钢筋伸入套筒内的长度。

⑤ 挤压后钢筋端头离套筒中线不应超过 10mm,压痕间距应为 1～6mm,挤压后套筒长度应增长为原套筒的 1.10～1.15 倍,挤压后压痕处套筒的最小外径应为原套筒外径的 85%～90%。

⑥ 接头处弯折角度不得大于 4°。

⑦ 接头处不得有肉眼可见裂纹及过压现象。

⑧ 现场每 500 个相同规格、相同制作条件的接头为一个验收批,抽取不少于三个试件(每结构层中不应少于一个试件)做抗拉强度检验。若一个不合格应取双倍试件送试,再有不合格,则该批挤压接头评为不合格。

业务要点 6:钢筋安装

1. 钢筋绑扎

1）钢筋绑扎应熟悉施工图纸,核对成品钢筋的级别、直径、形状、尺寸和数量,核对配料表和料牌,如有出入,应予纠正或增补,同时准备好绑扎用镀锌钢丝、绑扎工具、绑扎架等。

2）对形状复杂的结构部位，应研究好钢筋穿插就位的顺序及与模板等其他专业的配合先后次序。

3）基础底板、楼板和墙的钢筋网绑扎，除靠近外围两行钢筋的相交点全部绑扎外，中间部分交叉点可间隔交错扎牢；双向受力的钢筋则需全部扎牢。相邻绑扎点的镀锌钢丝扣要成八字形，以免网片歪斜变形。钢筋绑扎接头的钢筋搭接处，应在中心和两端用镀锌钢丝扎牢。

4）结构采用双排钢筋网时，上下两排钢筋网之间应设置钢筋撑脚或混凝土支柱(墩)，每隔1m放置一个，墙壁钢筋网之间应绑扎 $\phi6\sim\phi10$ 钢筋制成的撑钩，间距约为1.0m，相互错开排列；大型基础底板或设备基础，应用 $\phi16\sim\phi25$ 钢筋或型钢焊成的支架来支承上层钢筋，支架间距为0.8～1.5m；梁、板纵向受力钢筋采取双层排列时，两排钢筋之间应垫以直径 $\phi25$ 以上短钢筋，以保证间距正确。

5）梁、柱箍筋应与受力筋垂直设置，箍筋弯钩叠合处应沿受力钢筋方向张开设置，箍筋转角与受力钢筋的交叉点均应扎牢；箍筋平直部分与纵向交叉点可间隔扎牢，以防止骨架歪斜。

6）板、次梁与主筋交叉处，板的钢筋在上，次梁的钢筋居中，主梁的钢筋在下；当有圈梁或垫梁时，主梁的钢筋应放在圈梁上。受力筋两端的搁置长度应保持均匀一致。框架梁牛腿及柱帽等钢筋，应放在柱的纵向受力钢筋内侧，同时要注意梁顶面受力筋间的净距要保持30mm，以利于浇筑混凝土。

7）预制柱、梁、屋架等构件常采取底模上就地绑扎，应先排好箍筋，再穿入受力筋，然后绑扎牛腿和节点部位钢筋，以减少绑扎困难和复杂性。

2. 绑扎钢筋网与钢筋骨架安装

1）钢筋网与钢筋骨架的分段(块)，应根据结构配筋特点及起重运输能力而定。一般钢筋网的分块面积以 $6\sim20m^2$ 为宜，钢筋骨架的分段长度以 $6\sim12m$ 为宜。

2）钢筋网与钢筋骨架，为防止在运输和安装过程中发生歪斜变形，应采取临时加固措施，图5-27是绑扎钢筋网的临时加固情况。

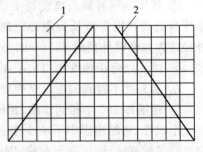

图 5-27　绑扎钢筋网的临时加固
1—钢筋网　2—加固钢筋

3）钢筋网与钢筋骨架的吊点，应根据其尺寸、重量及刚度而定。宽度大于1m的水平钢筋网宜采用四点起吊，跨度小于6m的钢筋骨架宜采用两点起吊(图5-28a)，跨度大、刚度差的钢筋骨架宜采用横吊梁(铁扁担)四点起吊(图5-

28b))。为了防止吊点处钢筋受力变形,可采取兜底吊或加短钢筋。

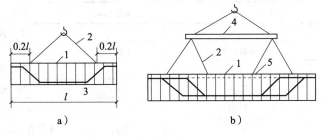

图 5-28　钢筋绑扎骨架起吊

a)两点绑扎　　b)采用铁扁担四点绑扎

1—钢筋骨架　2—吊索　3—兜底索　4—铁扁担　5—短钢筋

4)焊接网和焊接钢筋骨架沿受力钢筋方向的搭接接头,宜位于构件受力较小的部位,如承受均布荷载的简支受弯构件,焊接网受力钢筋接头宜放置在跨度两端各四分之一跨长范围内。

5)受力钢筋直径≥16mm 时,焊接网沿分布钢筋方向的接头宜辅以附加钢筋网(图 5-29),其每边的搭接长度 $l_d = 15d$(d 为分布钢筋直径),但不小于 100mm。

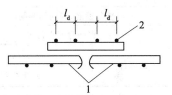

图 5-29　接头附加钢筋网

1—基本钢筋网　2—附加钢筋网

3. 焊接钢筋骨架和焊接网安装

1)焊接钢筋骨架和焊接网的搭接接头,不宜位于构件和最大弯矩处,焊接网在非受力方向的搭拉长度宜为 100mm;受拉焊接钢筋骨架和焊接网在受力钢筋方向的搭接长度应符合设计规定;受压焊接钢筋骨架和焊接网在受力钢筋方向的搭接长度,可取受拉焊接钢筋骨架和焊接网在受力钢筋方向的搭接长度的 0.7 倍。

2)在梁中,焊接钢筋骨架的搭接长度内应配置箍筋或短的槽形焊接网。箍筋或网中的横向钢筋间距不得大于 $5d$。对轴心受压或偏心受压构件中的搭接长度内,箍筋或横向钢筋的间距不得大于 $10d$。

3)在构件宽度内有若干焊接网或焊接骨架时,其接头位置应错开。在同一截面内搭接的受力钢筋的总截面面积不得超过受力钢筋总截面面积的 50%;在轴心受拉及小偏心受拉构件(板和墙除外)中,不得采用搭接接头。

4)焊接网在非受力方向的搭接长度宜为 100mm。当受力钢筋直径≥16mm 时,焊接网沿分布钢筋方向的接头宜辅以附加钢筋网,其每边的搭接长度为 15d。

4. 钢筋安装质量控制

1)钢筋安装及预埋件位置的允许偏差应符合表 5-46 的规定。

表 5-46　钢筋安装及预埋件位置的允许偏差和检验方法

项目			允许偏差/mm	检验方法
绑扎钢筋网	长、宽		±10	钢尺检查
	网眼尺寸		±20	钢尺量连续三挡,取最大值
绑扎钢筋骨架	长		±10	钢尺检查
	宽、高		±5	钢尺检查
受力钢筋	间距		±10	钢尺量两端、中间各一点,取最大值
	排距		±5	
	保护层厚度	基础	±10	钢尺检查
		柱、梁	±5	钢尺检查
		板、墙、壳	±3	钢尺检查
绑扎箍筋、横向钢筋间距			±20	钢尺量连续三挡,取最大值
钢筋弯起点位置			20	钢尺检查
预埋件	中心线位置		5	钢尺检查
	水平高差		+3,0	钢尺和塞尺检查

注:1. 检查预埋件中心线位置时,应沿纵、横两个方向量测,并取其中的较大值。

2. 表中梁类、板类构件上部纵向受力钢筋保护层厚度的合格点率应达到 90% 及以上,且不得有超过表中数值 1.5 倍的尺寸偏差。

2) 钢筋安装质量通病与预防见表 5-47。

表 5-47　钢筋安装质量通病与预防

质量通病	原　因	预　防
绑扎网片斜扭	搬运时用力过猛	搬运时应仔细,刚性差的,可增加绑点和加斜拉筋
	绑扣交点太少,绑一面顺时,方向交换太少	网片中间部分至少隔一交点绑一扣,一面顺扣法要交错交换方向绑,片面积较大时,可绑扎斜拉筋
柱子外伸钢筋错位	固定钢筋措施不可靠,发生变位	在外伸部位加一道临时箍筋,按图样位置安好,用样板、铁卡卡好固定
	浇捣混凝土时碰撞,且未及时校正	注意浇捣操作规程。浇捣过程应由专人随时检查,及时校正

续表

质量通病	原　因	预　防
同截面接头过多	忽略某些杆件不允许采用绑扎接头的规定,以及同一截面内其中距不得小于搭接长度的规定	记住轴心受拉和小偏心受拉杆件中的接头均应焊接,不得绑扎。配料时,按下料单钢筋编号再划分几个分号,对同一组搭配而安装方法不同的,要加文字说明
	分不清钢筋位在受拉区还是受压区	如分不清受拉或受压时,接头设置均应按受拉区的规定办
骨架吊装变形	骨架本身刚度不足,吊装碰撞	起吊骨架的挂勾点应根据骨架形状确定,刚度差的骨架可绑木杆加固
	骨架交点绑扎欠牢	骨架各交点都要绑扎牢固,必要时,用电焊适当焊几点
骨架歪斜	绑扣形式选择不当,绑孔点太稀	网片中间部分至少隔一交点绑一扣,绑扎形式应根据绑扣对象选定
	梁中纵向构造钢筋或拉筋太少,柱中纵向构造钢筋或附加箍筋太少	柱截面边长大于或等于 600mm 时,应设置直径 10～16mm 的纵向构造钢筋,并设附加箍筋;当柱各边纵向钢筋多于 3 根时,也应设附加箍筋;梁的纵向构造钢筋,拉筋严格按设计规定执行

第三节　混凝土工程

◎ 本节导读

　　本节主要介绍混凝土工程施工,内容包括混凝土工程施工准备、混凝土配合比、混凝土拌制、混凝土运输、混凝土浇筑以及混凝土养护等。其内容关系如图 5-30 所示。

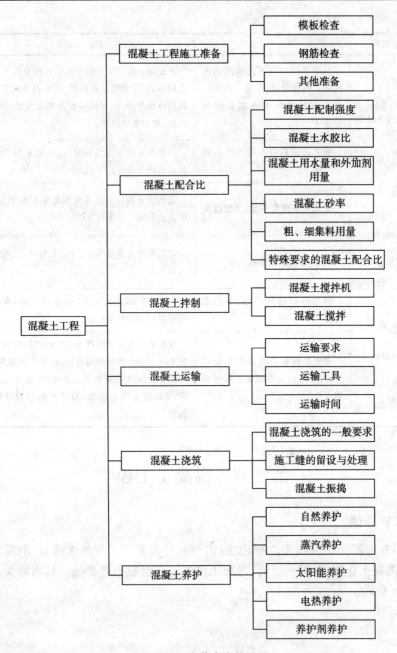

图 5-30　本节内容关系图

业务要点 1:混凝土工程施工准备

混凝土工程施工包括配料、搅拌、运输、浇筑、养护等施工过程,如图 5-31 所示。混凝土一般是结构的承重部分,因此工程质量非常重要。要求混凝土构件不但外形要正确,而且要有良好的强度、密实性和整体性。

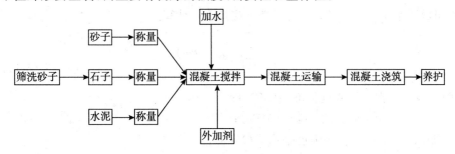

图 5-31　混凝土工程施工过程示意图

1. 模板检查

主要检查模板的位置、标高、截面尺寸、垂直度是否正确、支撑是否牢固,预埋件位置和数量是否符合图纸的要求。混凝土浇筑前,要清除模板内的木屑、垃圾等杂物,木模要浇水湿润。混凝土浇筑过程中要配专人对模板进行观察和及时修整。

2. 钢筋检查

主要检查钢筋的规格、数量、位置、接头是否正确,并填写隐蔽工程验收单,在混凝土浇筑时,要派人配合修整。

3. 其他准备

对混凝土浇筑必备的材料、机具和道路要进行检查,各项准备工作必须满足混凝土浇筑的要求。水、电要保证连续供应,准备好防雨或防冻的设施,夜间施工准备好照明设备,对现场机械要做好维修和更换的准备。

要做好安全设施检查,并对进入现场人员做好安全技术交底。

业务要点 2:混凝土配合比

1. 混凝土配制强度

混凝土配制强度应按下列规定确定:

1)当混凝土的设计强度等级小于 C60 时,配制强度应按下式确定:

$$f_{cu,0} \geqslant f_{cu,k} + 1.645\sigma \tag{5-9}$$

式中　$f_{cu,0}$——混凝土配制强度(MPa);

$f_{cu,k}$——混凝土立方体抗压强度标准值,这里取混凝土的设计强度等级值(MPa);

σ——混凝土强度标准差(MPa)。

2)当设计强度等级不小于 C60 时,配制强度应按下式确定:

$$f_{cu,0} \geqslant 1.15 f_{cu,k} \tag{5-10}$$

混凝土强度标准差应按下列规定确定：

1) 当具有近 1～3 个月的同一品种、同一强度等级混凝土的强度资料，且试件组数不小于 30 时，其强度标准差 σ 应按下式计算：

$$\sigma = \sqrt{\frac{\sum\limits_{i=1}^{n} f_{cu,i}^2 - nm_{fcu}^2}{n-1}} \qquad (5\text{-}11)$$

式中 σ——混凝土强度标准差（MPa）；

　　$f_{cu,i}$——第 i 组的试件强度（MPa）；

　　m_{fcu}——n 组试件的强度平均值（MPa）；

　　n——试件组数。

对于强度等级不大于 C30 的混凝土，当混凝土强度标准差计算值不小于 3.0MPa 时，应按式（5-11）计算结果取值；当混凝土强度标准差计算值小于 3.0MPa 时，应取 3.0MPa。

对于强度等级大于 C30 且小于 C60 的混凝土，当混凝土强度标准差计算值不小于 4.0MPa 时，应按式（5-11）计算结果取值；当混凝土强度标准差计算值小于 4.0MPa 时，应取 4.0MPa。

2) 当没有近期的同一品种、同一强度等级混凝土强度资料时，其强度标准差 σ 可按表 5-48 取值。

表 5-48　标准差 σ 值　　　　　（单位：MPa）

混凝土强度等级	≤C20	C25～C45	C50～C55
σ	4.0	5.0	6.0

2. 混凝土水胶比

1) 当混凝土强度等级小于 C60 时，混凝土水胶比宜按下式计算：

$$\frac{W}{B} = \frac{\alpha_a f_b}{f_{cu,0} + \alpha_a \alpha_b f_b} \qquad (5\text{-}12)$$

式中 W/B——混凝土水胶比；

　　α_a、α_b——回归系数；

　　f_b——胶凝材料 28d 胶砂抗压强度（MPa），可实测，且试验方法应按现行国家标准《水泥胶砂强度检验方法（ISO 法）》GB/T 17671—1999 执行；也可按式（5-13）确定：

$$f_b = \gamma_f \gamma_s f_{ce} \qquad (5\text{-}13)$$

　　γ_f、γ_s——粉煤灰影响系数和粒化高炉矿渣粉影响系数，可按表 5-49 选用；

　　f_{ce}——水泥 28d 胶砂抗压强度（MPa），可实测，也可按式（5-14）确定：

$$f_{ce} = \gamma_c f_{ce,g} \tag{5-14}$$

γ_c——水泥强度等级值的富余系数,可按实际统计资料确定;当缺乏实际统计资料时,也可按表 5-50 选用;

$f_{ce,g}$——水泥强度等级值(MPa)。

表 5-49　粉煤灰影响系数(γ_f)和粒化高炉矿渣粉影响系数(γ_s)

种类 掺量(%)	粉煤灰影响系数 γ_f	粒化高炉矿渣粉影响系数 γ_s
0	1.00	1.00
10	0.85～0.95	1.00
20	0.75～0.85	0.95～1.00
30	0.65～0.75	0.90～1.00
40	0.55～0.65	0.80～0.90
50	—	0.70～0.85

注:1. 采用Ⅰ级、Ⅱ级粉煤灰宜取上限值。

2. 采用 S75 级粒化高炉矿渣粉宜取下限值,采用 S95 级粒化高炉矿渣粉宜取上限值,采用 S105 级粒化高炉矿渣粉可取上限值加 0.05。

3. 当超出表中的掺量时,粉煤灰和粒化高炉砂渣粉影响系数应经试验确定。

表 5-50　水泥强度等级值的富余系数(γ_c)

水泥强度等级值	32.5	42.5	52.5
富余系数	1.12	1.16	1.10

2) 回归系数(α_a、α_b)宜按下列规定确定:

① 根据工程所使用的原材料,通过试验建立的水胶比与混凝土强度关系式来确定。

② 当不具备上述试验统计资料时,可按表 5-51 选用。

表 5-51　回归系数(α_a、α_b)取值

粗集料品种 系数	碎石	卵石
α_a	0.53	0.49
α_b	0.20	0.13

3. 混凝土用水量和外加剂用量

1) 每立方米干硬性或塑性混凝土的用水量(m_{w0})应符合下列规定:

① 混凝土水胶比在 0.40～0.80 范围时,可按表 5-52 和表 5-53 选取。

② 混凝土水胶比小于 0.40 时,可通过试验确定。

表 5-52　干硬性混凝土的用水量　　　　(单位:kg/m³)

拌和物稠度		卵石最大公称粒径/mm			碎石最大公称粒径/mm		
项目	指标	10.0	20.0	40.0	16.0	20.0	40.0
维勃稠度 /s	16~20	175	160	145	180	170	155
	11~15	180	165	150	185	175	160
	5~10	185	170	155	190	180	165

表 5-53　塑性混凝土的用水量　　　　(单位:kg/m³)

拌和物稠度		卵石最大公称粒径/mm				碎石最大公称粒径/mm			
项目	指标	10.0	20.0	31.5	40.0	16.0	20.0	31.5	40.0
坍落度 /mm	10~30	190	170	160	150	200	185	175	165
	35~50	200	180	170	160	210	195	185	175
	55~70	210	190	180	170	220	205	195	185
	75~90	215	195	185	175	230	215	205	195

2) 掺外加剂时,每立方米流动性或大流动性混凝土的用水量(m_{w0})可按下式计算:

$$m_{w0} = m'_{w0}(1-\beta) \tag{5-15}$$

式中　m_{w0}——计算配合比每立方米混凝土的用水量(kg/m³);

m'_{w0}——未掺外加剂时推定的满足实际坍落度要求的每立方米混凝土用水量(kg/m³),以表 5-53 中 90mm 坍落度的用水量为基础,按每增大 20mm 坍落度相应增加 5kg/m³ 用水量来计算,当坍落度增大到 180mm 以上时,随坍落度相应增加的用水量可减少;

β——外加剂的减水率(%),应经混凝土试验确定。

3) 每立方米混凝土中外加剂用量(m_{a0})应按下式计算:

$$m_{a0} = m_{b0}\beta_a \tag{5-16}$$

式中　m_{a0}——计算配合比每立方米混凝土中外加剂用量(kg/m³);

m_{b0}——计算配合比每立方米混凝土中胶凝材料用量(kg/m³),计算应符合式(5-17)的规定:

$$m_{b0} = \frac{m_{w0}}{W/B} \tag{5-17}$$

m_{w0}——计算配合比每立方米混凝土的用水量(kg/m³);

W/B——混凝土水胶比;

β_a——外加剂掺量(%),应经混凝土试验确定。

4. 混凝土砂率

1) 砂率(β_s)应根据集料的技术指标、混凝土拌和物性能和施工要求,参考既有历史资料确定。

2) 当缺乏砂率的历史资料时,混凝土砂率的确定应符合下列规定:

① 坍落度小于 10mm 的混凝土,其砂率应经试验确定。

② 坍落度为 10~60mm 的混凝土,其砂率可根据粗集料品种、最大公称粒径及水胶比按表 5-54 选取。

③ 坍落度大于 60mm 的混凝土,其砂率可经试验确定,也可在表 5-54 的基础上,按坍落度每增大 20mm、砂率增大 1% 的幅度予以调整。

表 5-54 混凝土的砂率　　　　　　　　　　　　　（单位:%）

水胶比	卵石最大公称粒径/mm			碎石最大公称粒径/mm		
	10.0	20.0	40.0	16.0	20.0	40.0
0.40	26~32	25~31	24~30	30~35	29~34	27~32
0.50	30~35	29~34	28~33	33~38	32~37	30~35
0.60	33~8	32~37	31~36	36~41	35~40	33~38
0.70	36~41	35~40	34~39	39~44	38~43	36~41

注:1. 本表数值系中砂的选用砂率,对细砂或粗砂,可相应地减小或增大砂率。

2. 采用人工砂配制混凝土时,砂率可适当增大。

3. 只用一个单粒级粗集料配制混凝土时,砂率应适当增大。

5. 粗、细集料用量

1) 当采用质量法计算混凝土配合比时,粗、细集料用量应按式(5-18)计算;砂率应按式(5-19)计算。

$$m_{f0} + m_{c0} + m_{g0} + m_{s0} + m_{w0} = m_{cp} \tag{5-18}$$

$$\beta_s = \frac{m_{s0}}{m_{g0} + m_{s0}} \times 100\% \tag{5-19}$$

式中　m_{g0}——计算配合比每立方米混凝土的粗集料用量(kg/m³);

　　　　m_{s0}——计算配合比每立方米混凝土的细集料用量(kg/m³);

　　　　β_s——砂率(%);

　　　　m_{cp}——每立方米混凝土拌和物的假定质量(kg),可取 2350~2450kg/m³。

2) 当采用体积法计算混凝土配合比时,砂率应按式(5-19)计算,粗、细集料用量应按式(5-20)计算。

$$\frac{m_{c0}}{\rho_c} + \frac{m_{f0}}{\rho_f} + \frac{m_{g0}}{\rho_g} + \frac{m_{s0}}{\rho_s} + \frac{m_{w0}}{\rho_w} + 0.01\alpha = 1 \tag{5-20}$$

式中　　ρ_c——水泥密度(kg/m³),可按现行国家标准《水泥密度测定方法》GB/T 208—1994 测定,也可取 2900~3100kg/m³;

　　　　ρ_f——矿物掺和料密度(kg/m³),可按现行国家标准《水泥密度测定方法》GB/T 208—1994 测定;

　　　　ρ_g——粗集料的表观密度(kg/m³),应按现行行业标准《普通混凝土用砂、石质量及检验方法标准》JGJ 52—2006 测定;

　　　　ρ_s——细集料的表观密度(kg/m³),应按现行行业标准《普通混凝土用砂、石质量及检验方法标准》JGJ 52—2006 测定;

　　　　ρ_w——水的密度(kg/m³),可取 1000kg/m³;

　　　　α——混凝土的含气量百分数,在不使用引气剂或引气型外加剂时,α 可取 1。

6. 特殊要求的混凝土配合比

(1) 抗渗混凝土。

1) 抗渗混凝土的原材料应符合下列规定:

① 水泥宜采用普通硅酸盐水泥。

② 粗集料宜采用连续级配,其最大公称粒径不宜大于 40.0mm,含泥量不得大于 1.0%,泥块含量不得大于 0.5%。

③ 细集料宜采用中砂,含泥量不得大于 3.0%,泥块含量不得大于 1.0%。

④ 抗渗混凝土宜掺用外加剂和矿物掺和料,粉煤灰等级应为Ⅰ级或Ⅱ级。

2) 抗渗混凝土配合比应符合下列规定:

① 最大水胶比应符合表 5-55 的规定。

② 每立方米混凝土中的胶凝材料用量不宜小于 320kg。

③ 砂率宜为 35%~45%。

表 5-55　抗渗混凝土最大水胶比

设计抗渗等级	最大水胶比	
	C20~C30	C30 以上
P6	0.60	0.55
P8~P12	0.55	0.50
>P12	0.50	0.45

3) 配合比设计中混凝土抗渗技术要求应符合下列规定:

① 配制抗渗混凝土要求的抗渗水压值应比设计值提高 0.2MPa。

② 抗渗试验结果应满足下式要求:

$$P_t \geqslant \frac{P}{10} + 0.2 \qquad (5\text{-}21)$$

式中　　P_t——6 个试件中不少于 4 个未出现渗水时的最大水压值(MPa);

　　P——设计要求的抗渗等级值。

　　4）掺用引气剂或引气型外加剂的抗渗混凝土，应进行含气量试验，含气量宜控制在 3.0%～5.0%。

　　（2）抗冻混凝土。

　　1）抗冻混凝土所用原材料应符合以下规定：

　　① 水泥应采用硅酸盐水泥或普通硅酸盐水泥。

　　② 粗集料宜选用连续级配，其含泥量不得大于 1.0%，泥块含量不得大于 0.5%。

　　③ 细集料含泥量不得大于 3.0%，泥块含量不得大于 1.0%。

　　④ 粗、细集料均应进行坚固性试验，并应符合现行行业标准《普通混凝土用砂、石质量及检验方法标准》JGJ 52—2006 的规定。

　　⑤ 抗冻等级不小于 F100 的抗冻混凝土宜掺用引气剂。

　　⑥ 在钢筋混凝土和预应力混凝土中不得掺用含有氯盐的防冻剂；在预应力混凝土中不得掺用含有亚硝酸盐或碳酸盐的防冻剂。

　　2）抗冻混凝土配合比应符合下列规定：

　　① 最大水胶比和最小胶凝材料用量应符合表 5-56 的规定。

　　② 复合矿物掺和料掺量宜符合表 5-57 的规定；其他矿物掺和料掺量宜符合表 5-58 的规定。

　　③ 掺用引气剂的混凝土最小含气量表 5-59 的规定。

表 5-56　最大水胶比和最小胶材料用量

设计抗冻等级	最大水胶比		最小胶凝材料用量 /(kg/m³)
	无引气剂时	掺引气剂时	
F50	0.55	0.60	300
F100	0.50	0.55	320
不低于 F150	—	0.50	350

表 5-57　复合矿物掺和料最大掺量

水胶比	最大掺量（%）	
	采用硅酸盐水泥时	采用普通硅酸盐水泥时
≤0.40	60	50
>0.40	50	40

　　注：1. 采用其他通用硅酸盐水泥时，可将水泥混合材掺量 20% 以上的混合材量计入矿物掺和料。

　　2. 复合矿物掺和料中各矿物掺和料组分的掺量不宜超过表 5-58 中单掺时的限量。

表 5-58 钢筋混凝土中矿物掺和料最大掺量

矿物掺和料种类	水胶比	最大掺量/%	
		采用硅酸盐水泥时	采用普通硅酸盐水泥时
粉煤灰	≤0.40	45	35
	>0.40	40	30
粒化高炉矿渣粉	≤0.40	65	55
	>0.40	55	45
钢渣粉	—	30	20
磷渣粉	—	30	20
硅灰	—	10	10
复合掺和料	≤0.40	65	55
	>0.40	55	45

注:1. 采用其他通用硅酸盐水泥时,宜将水泥混合材掺量20%以上的混合材量计入矿物掺和料。

2. 复合掺和料各组分的掺量不宜超过单掺时的最大掺量。

3. 在混合使用两种或两种以上矿物掺和料时,矿物掺和料总掺量应符合表中复合掺和料的规定。

表 5-59 混凝土最小含气量

粗集料最大公称粒径/mm	混凝土最小含气量(%)	
	潮湿或水位变动的寒冷和严寒环境	盐冻环境
40.0	4.5	5.0
25.0	5.0	5.5
20.0	5.5	6.0

注:含气量为气体占混凝土体积的百分比。

业务要点 3:混凝土拌制

1. 混凝土搅拌机

混凝土搅拌机按其搅拌原理分为自落式搅拌机和强制式搅拌机两类。

自落式搅拌机搅拌筒内壁装有弧形叶片,搅拌筒旋转,弧形叶片不断将物料提升一定的高度,然后利用自身的重力作用自由下落。由于各组成材料颗粒下落的时间、速度、落点及滚动距离不同,从而使各颗粒之间相互穿插、渗透和扩散,最后混凝土各组成材料达到均匀混合。自落式搅拌机按其搅拌筒的形状不同分为鼓筒式、锥形反转出料式和双锥形倾翻出料式三种类型。自落式搅拌机宜用于搅拌塑性混凝土,锥形反转出料式和双锥形倾翻出料式搅料机还可用于搅拌低流动性混凝土。

强制式搅拌机主要是根据剪切拌和原理设计的。它的搅拌筒内有很多组叶片,通过叶片强制搅拌装在搅拌筒中的物料,使物料沿环向、径向和竖向运动,拌和成均匀的混合物。强制式搅拌机按其构造特征分为立轴式和卧轴式两类。

强制式搅拌机和自落式搅拌机相比,拌和强烈,搅拌时间短,适合于搅拌干硬性混凝土、低流动性混凝土和轻骨料混凝土。

2. 混凝土搅拌

(1)加料顺序。搅拌时加料顺序普遍采用一次投料法,将砂、石、水泥和水一起加入搅拌筒中进行搅拌。搅拌混凝土前,先在料斗中装入石子,再装水泥及砂;水泥夹在石子和砂中间,上料时可减少水泥的飞扬和水泥的粘罐现象。料斗将砂、石、水泥倾入搅拌机的同时加水搅拌。

另一种为二次投料法,先将水泥、砂和水加入搅拌筒内进行充分搅拌,成为均匀水泥砂浆后,再加入石子搅拌成均匀混凝土。这种投料方法目前多用于强制式搅拌机搅拌混凝土。

(2)搅拌时间。从砂、石、水泥和水等全部材料投入搅拌筒起,到开始卸料时止所经历的时间称为混凝土搅拌时间。混凝土搅拌时间是影响混凝土的质量和搅拌机生产率的一个主要因素。搅拌时间短,混凝土搅拌不均匀,强度及和易性将下降;搅拌时间过长,混凝土的匀质性并不能显著增加,反而使混凝土和易性降低且影响混凝土搅拌机的生产率。混凝土搅拌的最短时间与搅拌机的类型和容量、骨料的品种、对混凝土流动性的要求等因素有关,应符合表 5-60 的规定。

表 5-60　混凝土搅拌的最短时间　　　　　　(单位:s)

混凝土坍落度/mm	搅拌机机型	搅拌机出料量/L		
		<250	250~500	>500
≤40	强制式	60	90	120
>40 且<100	强制式	60	60	90
≥100	强制式	60		

注:1. 混凝土搅拌的最短时间指从全部材料装入搅拌筒中起,到开始卸料时止的时间段。

　　2. 当掺有外加剂与矿物掺和料时,搅拌时间应适当延长。

　　3. 采用自落式搅拌机时,搅拌时间宜延长 30s。

　　4. 当采用其他形式的搅拌设备时,搅拌的最短时间也可按设备说明书的规定或经试验确定。

(3)一次投料量。施工配合比换算是以每立方米混凝土为计算单位的,搅拌时要根据搅拌机的出料容量(即一次可搅拌出的混凝土量)来确定一次投料量。

搅拌混凝土时,根据计算出的各组成材料的一次投料量,按重量投料。投料时允许偏差不得超过表 5-61 的规定。

表 5-61　原材料每盘称量的允许偏差

材料名称	允许偏差
水泥、掺和料	±2%
粗、细集料	±3%
水、外加剂	±2%

注:1. 各种衡器应定期校验,每次使用前应进行零点校核,保持计量准确。

　2. 当遇雨天或含水率有显著变化时,应增加含水率检测次数,并及时调整水和骨料用量。

业务要点 4:混凝土运输

1. 运输要求

混凝土应及时运至浇筑地点。为保证混凝土的质量,对混凝土运输有以下基本要求:

1)混凝土运输过程中要能保持良好的均匀性,不离析、不漏浆。

2)保证混凝土浇筑时具有设计规定的坍落度。

3)使混凝土在初凝前浇筑完毕。

4)保证混凝土浇筑能连续进行。

2. 运输工具

1)在施工现场主要要解决垂直运输和水平运输(包括地面水平运输和楼面水平运输)。

2)垂直运输多采用塔式起重机加料斗、混凝土泵、快速提升斗及井架等。

3)地面水平运输可采用双轮手推车、小型机动翻斗车、混凝土搅拌运输车或自卸汽车。

4)楼面水平运输可用双轮手推车、皮带运输机,塔吊和混凝土泵也可以解决一定的水平运输。

3. 运输时间

运输时应将混凝土以最少的转运次数和最短的时间从搅拌地点运至浇筑地点,并在初凝之前浇筑完毕。

业务要点 5:混凝土浇筑

混凝土浇筑就是将混凝土放入已安装好的模板内并振捣密实以形成符合要求的结构或构件。混凝土浇筑工作包括布料、摊平、捣实和抹面修整等工序。无疑,混凝土浇筑是一项非常重要的工作。

1. 混凝土浇筑的一般要求

1)混凝土浇筑前不应发生初凝和离析现象,如果已经发生,可以进行重新搅拌,恢复混凝土的流动性和黏聚性后再进行浇筑。混凝土运到后,其坍落度应满足表 5-62 的要求。

表 5-62 混凝土浇筑时的坍落度

结构种类	坍落度/mm
基础或地面等的垫层、无配筋的大体积结构(挡土墙、基础或厚大的块体等)或配筋稀疏的结构	10～30
板、梁和大型及中型截面的柱子等	30～50
配筋密列的结构(薄壁、斗仓、筒仓、细柱等)	50～70
配筋特密的结构	70～90

注:1. 本表系指采用机械振捣的坍落度,采用人工捣实时可适当增大。

2. 需要配制大坍落度混凝土时,应掺用外加剂。

3. 曲面或斜面结构的混凝土,其坍落度值,应根据实际需要另行选定。

4. 轻集料混凝土的坍落度,宜比表中数值减少 10～20mm。

5. 自密实混凝土的坍落度另行规定。

2)为了保证混凝土浇筑时不产生离析现象,混凝土自高处倾落时的自由倾落高度不宜超过 2m。若混凝土自由倾落高度超过 2m(竖向结构超过 3m)时,则应设溜槽或串筒。当混凝土浇筑深度超过 8m 时,则应采用带节管的振动串筒,即在串筒上每隔 2～3 节安装一台振动器。

3)为保证混凝土结构的整体性,混凝土浇筑原则上应一次完成。但由于振捣方法、振捣机具性能、结构构件的配筋情况等的差异,混凝土浇筑需要分层。每层浇筑厚度应符合表 5-63 的规定。

表 5-63 混凝土浇筑层厚度

捣实混凝土的方法		浇筑层的厚度/mm
插入式振捣		振捣器作用部分长度的 1.25 倍
表面振动		200
人工捣固	在基础、无筋混凝土或配筋稀疏的结构中	250
	在梁、墙板、柱结构中	200
	在配筋密列的结构中	150
轻集料混凝土	插入式振捣	300
	表面振动(振动时需加荷)	200

4)混凝土的浇筑工作应尽可能连续作业,如上下层或前后层混凝土浇筑必须间歇,其间歇时间应尽量缩短,并应在前层(下层)混凝土凝结(终凝)前,将次层混凝土浇筑完毕,以防止扰动已初凝的混凝土而出现质量缺陷。混凝土的初凝时间与水泥品种、凝结条件、掺用外加剂的品种和数量等因素有关,应由试验确定。

5)如间隔时间必须超过混凝土初凝时间,则应按施工技术方案的要求留设施工缝。所谓施工缝，是指在混凝土浇筑中，因设计要求或施工需要分段浇筑混凝土而在先、后浇筑的混凝土之间所形成的接缝。

因停电等意外原因造成下层混凝土已初凝时，则应在继续浇筑混凝土之前，按照施工技术方案对混凝土接槎（施工缝）的要求进行处理，使新旧混凝土结合紧密，保证混凝土结构的整体性。

6）在竖向结构中浇筑混凝土时，如浇筑高度超过 3m，应采用串筒或溜槽。

7）混凝土后浇带对避免混凝土结构的温度收缩裂缝等有较大作用。混凝土后浇带位置应按设计要求和施工技术方案留置，后浇带混凝土的浇筑时间、处理方法等也应事先在施工技术方案中确定。

2. 施工缝的留设与处理

（1）混凝土施工缝留设原则。混凝土施工缝不应随意留设，应在混凝土浇筑前按设计要求和施工技术方案确定。

确定施工缝位置的原则为：尽可能留置在结构受剪力较小且便于施工的部位。承受动力荷载的设备基础，原则上不留置施工缝。当必须留置时，应符合设计要求并按施工技术方案执行。

（2）常见的混凝土施工缝留置部位。柱子混凝土施工缝为水平施工缝。宜留置在基础与柱子的交接处的水平面上，或梁的下面，或吊车梁牛腿的下面，或吊车梁的上面，或无梁楼盖柱帽的下面。在框架结构中，如梁的负筋向下弯入柱内，施工缝也可设置在这些钢筋的下端，以便于钢筋的绑扎。

梁的混凝土施工缝有竖直施工缝（不得留成斜面）和水平施工缝。当梁高度大于 1m 时可按设计或施工技术方案的要求留置水平施工缝。有主次梁的楼盖结构，宜顺着次梁方向浇筑，施工缝应留置在次梁跨度的中间 1/3 的范围内，而不应留置在主梁上。

单向板可在平行于板短边的任何位置留置混凝土施工缝，也可以在次梁施工缝位置同时设置楼板施工缝。双向板施工缝应按设计要求留置。

现浇钢筋混凝土楼梯常采用板式楼梯。楼梯施工缝可留置在 1/3 的位置。也有的将楼梯施工缝留置在平台梁上。

墙留置在门洞口过梁跨中 1/3 范围内，也可以留在纵横墙的交接处。

大体积混凝土结构、拱、薄壳、蓄水池、多层刚架等应按设计要求留置施工缝。

（3）混凝土施工缝的处理。施工缝的处理应按施工技术方案执行。一般应注意以下几点：

1）施工缝处继续浇筑混凝土时，在混凝土的抗压强度不低于 1.2MPa 后方可。

2）要清理干净混凝土表面的浮浆、软弱的混凝土层、松动的石子、可能存在的杂物等。

3）用清水湿润，但不得积水。

4）对竖向结构构件（墙、柱），先在底部填筑一层 50～100mm 厚的与所浇混凝土内水泥砂浆成分相同的水泥砂浆。对梁类、板类构件，先铺水泥浆一层（水泥：水＝1：0.4）或与所浇混凝土内水泥砂浆成分相同的水泥砂浆一层，厚度为 10～15mm。

5）浇筑时混凝土应细致捣实，使新旧混凝土紧密结合。

3. 混凝土振捣

（1）机械振捣。混凝土振捣机械按其工作方式分为内部振捣器（插入式振捣器）、表面振捣器（平板式振捣器）、外部振捣器（附着式振捣器）和振动台等。

内部振捣器和表面振捣器是施工现场常用的振捣设备。内部振捣器多用于振捣梁、柱、墙、厚板和大体积混凝土等厚大结构，表面振捣器适用于楼板、地面等薄型构件。用内部振捣器振捣混凝土时应注意：插点布置要均匀，间距要适当，不得漏振，要注意上下层混凝土的接合，应使振捣棒垂直、自然地沉入混凝土中，快插慢拔。切忌与钢筋、模板等硬物碰撞，棒体插入混凝土中的深度不应超过棒长的 2/3～3/4。振捣时要特别注意竖向结构构件的底部以及结构构件中的配筋密集处等部位。

用表面振捣器振捣混凝土时，拖行速度不应太快，拖行时应有一定重叠，并及时将混凝土调整平整。

混凝土振捣后是否密实的判断方法：一是表面泛浆和外观均匀；二是混凝土不再显著下沉和不出现气泡（用内部振捣器时，每个插点振捣时间为 20～30s）。

（2）真空吸水工艺。真空吸水工艺是利用真空吸水装置使混凝土密实。在真空负压作用下混凝土内产生一系列变化，如游离水减少、大孔隙数量减少、气泡孔径减小、总孔隙率降低、孔的分布趋于合理等，且由于水、气的移动产生的贯穿毛细孔很快被水泥浆填充。经过真空吸水工艺处理的混凝土，体积收缩，密实度提高。而且由于游离水的减少，水泥水化速度加快，混凝土各个龄期的强度都会有较大提高。

业务要点 6：混凝土养护

养护是为了保证混凝土凝结和硬化必需的湿度和适宜的温度，促使水泥水化作用充分发展的过程，它是获得优质混凝土必不可少的措施。混凝土中拌和水的用量虽比水泥水化所需的水量大得多，但由于蒸发、骨料、模板和基层的吸水作用以及环境条件等因素的影响，可使混凝土内的水分降低到水泥水化必需的用量之下，从而妨碍了水泥水化的正常进行。因此，混凝土养护不及时、不充分时（尤其在早期），不仅易产生收缩裂缝、降低强度，而且影响混凝土的耐久性以及其他各种性能。实验表明,未养护的混凝土与经充分养护的混凝土相比,其 28d 抗压强度将降低 30% 左右,一年后的抗压强度约降低 5%,由此可见养护对于混凝土工程的重要性。

1. 自然养护

自然养护的覆盖与浇水应满足下列要求:

1)当采用特种水泥时,混凝土的养护应根据所采用水泥的技术性能确定。

2)自然养护不同温度与龄期的混凝土强度增长百分率见表 5-64。

表 5-64　自然养护不同温度与龄期的混凝土强度增长百分率

水泥品种、强度等级	硬化龄期 /d	混凝土硬化时的平均温度/℃							
		1	5	10	15	20	25	30	35
32.5级普通水泥	2	—	—	—	28	35	41	46	50
	3	12	20	26	33	40	46	52	57
	5	20	28	35	44	50	56	62	67
	7	26	34	42	50	58	64	68	75
	10	35	44	52	61	68	75	80	86
	15	44	54	64	73	81	88	—	—
	28	65	72	82	92	100			
42.5级普通水泥	2	—	—	19	25	30	35	40	45
	3	14	20	25	32	37	43	48	52
	5	24	30	36	44	50	57	63	66
	7	32	40	46	54	62	68	73	76
	10	42	50	58	66	74	78	82	86
	15	52	63	71	80	88	—	—	—
	28	68	78	86	94	100			
32.5级矿渣水泥火山灰质水泥	2	—	—	—	15	18	24	30	35
	3	—	—	11	16	22	28	34	44
	5	—	16	21	27	33	42	50	58
	7	14	23	30	36	44	52	61	70
	10	21	32	41	49	55	65	74	80
	15	28	41	54	64	72	80	88	—
	28	41	61	77	90	100			
42.5级矿渣水泥火山灰质水泥	2	—	—	—	15	18	24	30	35
	3	—	—	11	17	22	26	32	38
	5	12	17	22	28	34	39	44	52
	7	18	24	32	38	45	50	55	63
	10	25	34	44	52	58	63	67	75
	15	32	46	57	67	74	80	86	92
	28	48	64	83	92	100			

2. 蒸汽养护

蒸汽养护是利用蒸汽加热养护混凝土。可选用棚罩法、蒸汽套法、热模法、蒸汽毛管法。棚罩法是用帆布或其他罩子扣罩,内部通蒸汽养护混凝土,适用于预制梁、板、地下基础、沟道等。蒸汽套法是制作密封保温外套,分段送汽养护混凝土蒸汽通入模板与套板之间的空隙来加热混凝土,适用于现浇梁、板、框架结构、墙、柱等,其构造见图5-32。

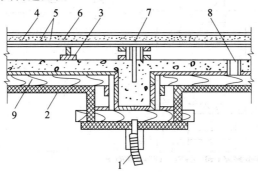

图5-32　蒸汽套构造示意图

1—蒸汽管　2—保温套板　3—垫板　4—木板　5—油毡
6—锯末　7—测温孔　8—送汽孔　9—模板

热模法是在模板外侧配置蒸汽管,加热模板再由模板传热给混凝土进行养护,适用于墙、柱及框架结构,其构造见图5-33。蒸汽毛管法是在结构内部预留孔道,通蒸汽加热混凝土进行养护,适用于预制梁、柱、桁架、现浇梁、柱、框架单梁,其构造见图5-34。

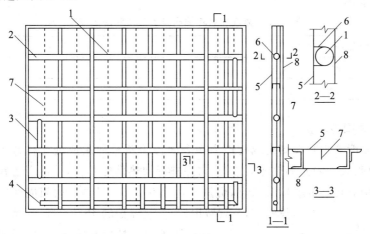

图5-33　蒸汽热模构造

1—ϕ89钢管　2—ϕ20进汽口　3—ϕ50连通管　4—ϕ20出汽口
5—3mm后面板　6—3mm×50mm导热横肋　7—导热竖肋　8—26号薄钢板

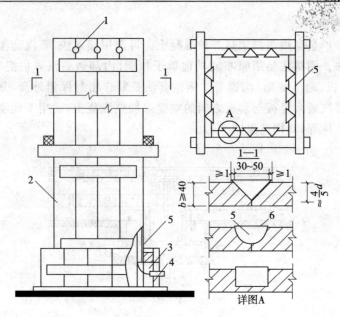

图 5-34 柱毛管模板
1—出汽孔 2—模板 3—蒸汽分配箱 4—进汽管 5—毛管 6—薄钢板

蒸汽养护应使用低压饱和蒸汽。采用普通硅酸盐水泥时最高养护温度不超过80℃,采用矿渣硅酸盐水泥时可提高到85℃,但采用内部通汽法时,最高加热温度不超过60℃。采用蒸汽养护整体浇筑的结构时,升温和降温速度不得超过表5-65的规定。蒸汽养护混凝土可掺入早强剂或无引气型减水剂。

表 5-65　蒸汽加热养护混凝土升温和降温速度

结构表面系数/m⁻¹	升温速度/(℃/h)	降温速度/(℃/h)
≥6	15	10
<6	10	5

3. 太阳能养护

太阳能养护是在结构或构件周围表面覆盖塑料薄膜或透光材料搭设的棚罩,用以吸收太阳光的热能对结构、构件进行加热蓄热养护,使混凝土在强度增长过程中有足够的温度和湿度,促进水泥水化,获得早强。太阳能养护具有工艺简单,劳动强度低,投资少,节省费用(为自然养护的45%～65%,蒸汽养护的30%),缩短养护周期30%～50%,节省能源和养护用水等优点,但需消耗一定量塑料薄膜材料,而棚罩式不便保管,占场地较多。适于中、小型构件的养护,也可用于现场楼板、路面等的养护。

太阳能养护要点:

1)养护时要加强管理,根据气候情况,随时调整养护制度,当湿度不够时,要适当喷水。

2)塑料薄膜较易损坏,要经常检查修补。修补方法是:将损坏部分擦洗干净,然后用刷子蘸点塑料胶涂刷在破损部位,再将事先剪好的塑料薄膜贴上去,用手压平即可。

3)采用太阳能集热箱养护混凝土应注意使玻璃板斜度与太阳光垂直或接近垂直射入效果最好;反射角度可以调节,以反射光能全部射入为佳;反射板在夜间宜闭合,盖在玻璃板上,以减少箱内热介质传导散热的损失;吸热材料要注意防潮。

4)当遇阴雨天气,收集的热量不足时,可在构件上加铺黑色薄膜,提高吸收效率。

4. 电热养护

电热养护是利用电能作为热源来加热养护混凝土的方法。这种方法设备简单、操作方便、热损失少、能适应各种条件。但耗电量较大、附加费用较高,只宜在其他方法不能保证混凝土在冻结前达到规定的强度、并有充足的电源时使用。

(1)电极加热。电极加热是在混凝土构件内安设电极并通以交流电,利用混凝土作为导体和本身的电阻,使电能转变为热能,对混凝土进行加热(图 5-35)。为保证施工安全和防止热量损失,通电加热应在混凝土的外露表面覆盖后进行。所用的工作电压宜为 50~110V。加热时,混凝土的升、降温速度不得超过设计的规定,混凝土的养护温度不得超过表 5-66 的规定。在养护过程中,应注意观察混凝土外露表面的湿度,防止干燥脱水。当表面开始干燥时,应先停电,然后浇温水湿润混凝土表面。

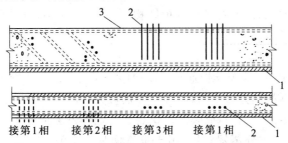

图 5-35 电极法加热梁示意图

1—模板 2—电极 3—梁内钢筋

表 5-66　电加热法养护混凝土的温度　　　　（单位：℃）

水泥强度等级	结构表面系数/m⁻¹		
	<10	10～15	>15
32.5	70	50	45
42.5	40	40	35

（2）电热器加热。电热器加热是将电热器贴近于混凝土表面，靠电热元件发出的热量来加热混凝土。电热器可以用红外线电热元件或电阻丝电热元件制成，外形可做成板状或棒状，置于混凝土表面或内部进行加热养护。

（3）电磁感应加热。电磁感应加热是利用在电磁场中铁质材料发热的原理，使钢模板及混凝土中的钢筋发热，并将热量持续均匀地传给混凝土。工程中是在构件（如柱）模板表面绕上连续的感应线圈（图 5-36），线圈中通入交流电，则在钢模板和钢筋中都会产生涡流，钢模板和钢筋都会发热，从而加热其周围的混凝土。

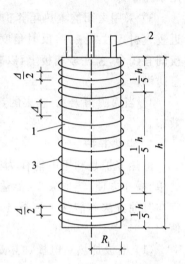

图 5-36　电磁感应加热示意图
1—模板　2—钢筋　3—感应线圈
△—线圈的间距
h—感应线圈缠绕的高度

5. 养护剂养护

养护剂养护又称喷膜养护，是在结构构件表面喷涂或刷涂养护剂，溶液中水分挥发后，在混凝土表面上结成一层塑料薄膜，使混凝土表面与空气隔缝，阻止内部水分蒸发，而使水泥水化作用完成。养护剂养护结构构件不用浇水养护，节省人工和养护用水等优点，但 28d 龄期强度要偏低 8％左右。适于表面面积大、不便浇水养护结构（如烟囱筒壁、间隔浇筑的构件等）的地面、路面、机场跑道或缺水地区使用。

（1）常用养护剂。

1）薄膜养护剂：薄膜养护剂是将基料溶解于溶剂或乳化剂中而制成的一种液状材料。根据配制方法不同，薄膜养护剂可分为溶剂型和乳化剂型两种。溶剂型比乳化剂型涂膜均匀，成膜快。缺点是溶剂挥发会散发出异味。乳化剂型成本低廉，但由于水分蒸发较慢，用于垂直面易产生流淌现象。将养护剂喷涂于混凝土表面当溶剂挥发或乳化液裂后，有 10％～50％的固体物质残留于混凝土表面而形成一层不透水薄膜，从而使混凝土与空气隔离，水分被封闭在混凝土内。混凝土靠自身的水分进行水化作用，即可达到养护的目的。为了反射阳光并供直观检验涂膜的完整性起见，通常都在养护剂里掺入适量的白色或灰色短效染料。常用的薄膜养护剂有树脂型养护剂、油乳型养护剂、煤焦油养护剂和沥青型养护剂几种。树脂型养护剂以树脂、清漆、干性油及其他防水性物质作基料，以高挥发性溶液作溶剂配制而成。一种是以粗苯作溶剂，过氯乙烯树脂 9.5％，粗苯 86％，苯二甲酸二丁酯 4％，丙酮 0.5％配制而成的。另一种是以溶剂油作溶剂，其中溶剂油 87.5％，过氯乙烯树脂 10％，苯二甲酸二丁酯 2.5％配制而成。

2）油乳型养护剂：油乳型养护剂以石蜡和熟亚麻油作基料，用水作乳化剂，用硬脂酸和三乙醇胺作稳定剂，其配方为石蜡 12％，熟亚麻油 20％，硬脂酸 4％，三乙醇胺 3％，水 61％。硬脂酸和三乙醇胺的比例，视乳化液的稳定状况可稍作调整。

3）煤焦油养护剂：煤焦油养护剂是用溶剂将煤焦油稀释至适宜于喷涂的稠度即成。

4）沥青型养护剂：沥青型养护剂是以沥青作基料，用水作乳化剂而制成。也可用溶剂制成。在炎热气温下使用时，应在涂刷养护剂 3～4h 后刷一道石灰水，否则由于表面吸热过大会使混凝土表面与内部温差过大而产生裂缝。

（2）薄膜养护剂使用要点。

1）薄膜养护剂用人工涂刷或机械喷洒均可，但机械喷洒的涂膜均匀，操作速度快，尤其适宜大面积使用。

2）喷涂时间视环境条件和混凝土泌水情况而定，通常当混凝土表面无水渍，用手轻按无印痕时即可喷涂。

3）喷涂过早会影响涂膜与混凝土表面的结合；喷涂过迟，养护剂易为混凝土表面的孔隙吸收而影响混凝土强度。

4）对模内的混凝土，拆模后应立即喷涂养护剂。如混凝土表面已明显干燥或失水严重，则应喷水使其湿润均匀，等表面游离水消失后方可喷涂养护剂。

5）对薄膜养护剂的技术要求是应无毒性，能黏附在混凝土表面，还应具有一定的弹性，能形成一层至少 7d 内不破裂的薄膜。

6）由于薄膜相当薄，隔热效能差，在炎夏使用时为避免烈日暴晒应加盖覆盖层或遮蔽阳光。

第四节　预应力混凝土工程

本节导读

本节主要介绍预应力混凝土工程施工，内容包括预应力混凝土材料、先张法施工以及后张法施工等。其内容关系如图 5-37 所示。

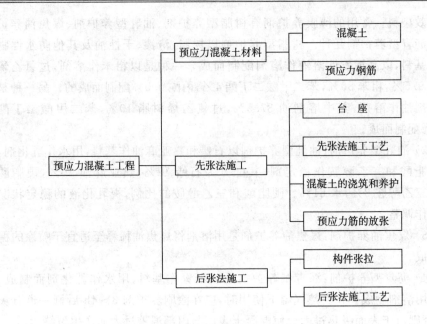

图 5-37　本节内容关系图

业务要点 1：预应力混凝土材料

1. 混凝土

在预应力混凝土结构中所采用的混凝土应具有高强、轻质和高耐久性的性质。一般要求混凝土的强度等级不低于 C30。目前，我国在一些重要的预应力混凝土结构中，已开始采用 C50～C60 的高强混凝土，最高混凝土强度等级已达到 C80，并逐步向更高强度等级的混凝土发展。国外混凝土的平均抗压强度每 10 年提高 5～10MPa，现已出现抗压强度高达 200MPa 的混凝土。

2. 预应力钢筋

预应力筋通常由单根或成束的钢丝、钢绞线或钢筋组成。

对预应力筋的基本要求是高强度、较好的塑性以及较好的黏结性能。

（1）高强钢筋。高强钢筋可分为冷拉热轧低合金钢筋和热处理低合金钢筋两种。

（2）高强钢丝。常用的高强钢丝分为冷拉和矫直回火两种，按外形分为光面、刻痕和螺旋肋三种。常用的高强钢丝的直径（mm）有：4.0、5.0、6.0、7.0、8.0、9.0 等几种。

（3）钢绞线。钢绞线是用冷拔钢丝绞扭而成，其方法是在绞线机上以一种稍粗的直钢丝为中心，其余钢丝则围绕其进行螺旋状绞合（图 5-38），再经低温回火处理即可。

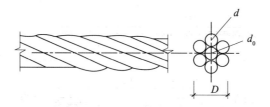

图 5-38　预应力钢绞线的截面

D—钢绞线直径　d_0—中心钢丝直径　d—外层钢丝直径

（4）无黏结预应力钢筋。无黏结预应力钢筋是一种在施加预应力后沿全长与周围混凝土不黏结的预应力钢筋，它由预应力钢材、涂料层和包裹层组成（图 5-39）。

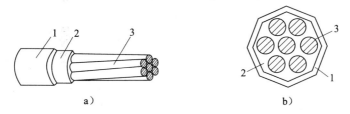

a）　　　　　　　　　　　　　　b）

图 5-39　无黏结预应力筋

a)无黏结预应力筋　b)截面示意

1—聚乙烯塑料套管　2—保护油脂　3—钢绞线或钢丝束

业务要点 2：先张法施工

先张法施工是在浇筑混凝土前，预先将需张拉的预应力钢筋，用夹具固定在台座或钢材制成的定性模板上，然后做绑扎非预应力钢筋、支模等工序，并根据设计要求对预应力钢筋进行张拉到位，再浇筑混凝土，待混凝土达到一定强度（一般不低于设计强度标准值的 75%），保证预应力筋与混凝土有足够的黏结力时，放松预应力筋，借助于混凝土与预应力筋的黏结，使混凝土产生预压应力。

预应力混凝土构件先张法施工如图 5-40 所示。图 5-40a)为预应力张拉时的情况，预应力筋一端用锚固夹具固定在台座上，另一端用张拉机械张拉后也用锚固夹具固定在台座的横梁上。图 5-40b)为混凝土浇筑及养护阶段，这时只有预应力筋有应力，混凝土没有应力。图 5-40c)为放松预应力筋后的情况，由于预应力筋和混凝土之间存在黏结力，因此在预应力筋弹性回缩时使混凝土产生预压应力。先张法中常用的预应力筋有钢丝和钢筋两类。先张法生产预应力混凝土构件，可采用台座法或机组流水法。但由于台座或钢模承受预应力筋的张拉能力受到限制并考虑到构件的运输条件，因此先张法施工适于在构件厂生产中小型预应力混凝土构件，如楼板、屋面板、中小型吊车梁等。

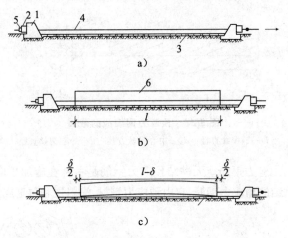

图 5-40 先张法施工示意图

1—台座承力结构 2—横梁 3—台面
4—预应力筋 5—锚固夹具 6—混凝土构件

1. 台座

台座是先张法施工的主要设备之一,它承受预应力筋的全部张拉力。因此,台座应有足够的强度、刚度和稳定性,以免台座变形、滑移或倾斜而引起预应力损失。台座按构造形式分为墩式和槽式两类;选用时根据构件种类、张拉力大小和施工条件而定。

(1)墩式台座。

1)墩式台座的构造。

墩式台座由台墩、台面和横梁等组成,如图 5-41 所示。

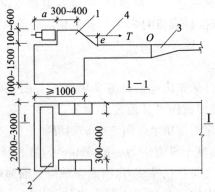

图 5-41 墩式台座

1—台墩 2—横梁 3—台面 4—预应力筋

台墩是墩式台座的主要受力结构,台墩依靠其自重和土压力平衡张拉力产生的倾覆力矩,依靠土的反力和摩阻力平衡张拉力产生的水平滑移,因此台墩结构体型大、埋设较深、投资较大。为了改善台墩的受力状况,常采用台墩与台面共同工作的做法以减小台墩自重和埋深。

台面是预应力混凝土构件成型的胎模。它是由素土夯实后铺碎砖垫层,再浇筑50～80mm厚的C15～C20混凝土面层组成的。台面要求平整、光滑,沿其纵向设3‰的排水坡度,每隔10～20m设置宽30～50mm的温度缝。为防止台面出现裂缝,台面宜做成预应力混凝土的。横梁是锚固夹具临时固定预应力筋的支座,常采用型钢或钢筋混凝土制作而成。横梁的挠度要求小于2mm,并不得产生翘曲。

墩式台座的长度通常为100～150m,因此又称长线台座。墩式台座张拉一次可生产多根预应力混凝土构件,减少了张拉和临时固定的工作,同时也减少了由于预应力筋滑移和横梁变形引起的预应力损失。

2)墩式台座的稳定性验算。

墩式台座一般埋置在地下,由现浇钢筋混凝土做成。台座应具有足够的强度、刚度和稳定性。稳定性验算包括抗倾覆验算和抗滑移验算两个方面,验算时可按台面受力和台面不受力两种情况考虑。当不考虑台面受力时,如图5-42a)所示,台墩借自重及土压力以平衡张拉力矩,借土压力和摩阻力以抵抗水平滑移,因此台墩自重大、埋设深;当考虑台面受力时,如图5-42b)所示,由张拉力引起的水平滑移主要由混凝土台面抵抗,而土压力和摩阻力只抵抗少部分滑移力,因而可减小埋深。由张拉力引起的倾覆力矩靠台墩自重对台面 O 点的力矩来平衡,这时由于倾覆旋转点 O 上移,倾覆力矩减小,台墩自重可以减小。因此,为了减小台墩的自重和埋深,应采用台墩与台面共同工作的做法,充分利用台面受力。

a)　　　　　　　　　　　　　　　　　　　b)

图 5-42　墩式台座稳定性验算简图

a)不考虑台面受力　b)考虑台面受力

墩式台座的抗倾覆验算,可按下式进行:

$$K_1 = \frac{M_1}{M} \geqslant 1.5 \tag{5-22}$$

式中　　K_1——抗倾覆安全系数;

M_1——抗倾覆力矩;

M——倾覆力矩。

墩式台座的抗滑移验算,可按下式进行:

$$K_2 = \frac{T_1}{T} \geqslant 1.3 \tag{5-23}$$

式中 K_2——抗滑移安全系数;

T_1——抗滑移力;

T——张拉力的合力。

如果台座的设计考虑台墩与台面共同工作,则可不做抗滑移验算,而应计算台面的承载力。

台座强度验算时,支承横梁的牛腿,按柱子牛腿计算方法计算其配筋;墩式台座与台面接触的外伸部分,按偏心受压构件计算;台面按轴心受压杆件计算;横梁按承受均布荷载的简支梁计算,其挠度应控制在 2mm 以内,并不得翘曲。

台面伸缩缝可根据当地温差和经验设置,一般约为 10m 设置一条。

(2)槽式台座。槽式台座由钢筋混凝土端柱、传力柱、柱垫、上下横梁、台面和砖墙等组成,既可承受张拉力,又可作蒸汽养护槽,适用于张拉吨位较高的大型构件,如吊车梁、屋架等。槽式台座构造如图 5-43 所示。

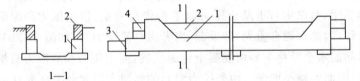

图 5-43 槽式台座
1—钢筋混凝土端柱 2—砖墙 3—下横梁 4—上横梁

槽式台座的长度一般不大于 76m,宽度随构件外形及制作方式而定,一般不小于 1m。槽式台座一般与地面相平,以便运送混凝土和蒸汽养护,但需考虑地下水位和排水等问题。端柱、传力柱的端面必须平整,对接接头必须紧密。柱与柱垫连接必须牢靠。

槽式台座需进行强度和稳定性验算。端柱和传力柱的强度按钢筋混凝土结构偏压构件计算。槽式台座端柱抗倾覆力矩由端柱、横梁自重力等组成。

2. 先张法施工工艺

先张法预应力混凝土构件在台座上生产时,其工艺流程一般如图 5-44 所示。

(1)预应力筋的铺设。长线台座台面(或胎模)在铺放钢丝前应涂隔离剂。隔离剂不应玷污钢丝,以免影响钢丝与混凝土的黏结。如果预应力筋遭受污染,应使用适宜的溶剂加以清洗干净。在生产过程中,应防止雨水冲刷掉台面上的隔离剂。

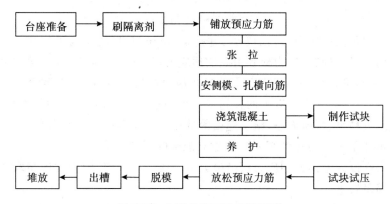

图 5-44　先张法施工工艺流程图

预应力钢丝宜用牵引车铺设。如遇钢丝需接长,可借助于钢丝拼接器用 20～22 号镀锌钢丝密排绑扎。绑扎长度:对冷拔低碳钢丝不得小于 $40d$;对刻痕钢丝不得小于 $80d$。钢丝搭接长度应比绑扎长度长 $10d$(d 为钢丝直径)。

预应力钢筋铺设时,钢筋之间的连接或钢筋与螺杆之间的连接,可采用连接器。

(2)预应力筋的张拉。预应力筋的张拉应根据设计要求采用合适的张拉方法、张拉顺序及张拉程序进行,并应有可靠的保证质量措施和安全技术措施。

1)张拉控制应力。

预应力筋的张拉控制应力 σ_{con} 应符合表 5-67 的规定。

表 5-67　张拉控制应力限值

钢筋种类	张拉控制应力
消除应力钢丝、钢绞线	$0.4f_{ptk} \leqslant \sigma_{con} \leqslant 0.75f_{ptk}$
中强度预应力钢丝	$0.4f_{ptk} \leqslant \sigma_{con} \leqslant 0.70f_{ptk}$
预应力螺纹钢筋	$0.5f_{pyk} \leqslant \sigma_{con} \leqslant 0.85f_{pyk}$

注:1. f_{ptk} 为预应力筋极限强度标准值;f_{pyk} 为预应力螺纹钢筋屈服强度标准值。

　2. 在下列情况下,表中的张拉控制应力限值可相应提高 $0.05f_{ptk}$ 或 $0.05f_{pyk}$:要求提高构件在施工阶段的抗裂性能而在使用阶段受压区内设置的预应力钢筋,要求部分抵消由于应力松弛、摩擦、钢筋分批张拉以及预应力筋与张拉台座之间的温差因素产生的预应力损失。

2)张拉程序。

预应力筋的张拉程序有超张拉和一次张拉两种。所谓超张拉,就是指张拉应力超过规范规定的控制应力值。用超张拉方法时,预应力筋可按下列两种张拉程序之一进行张拉:

$$0 \rightarrow 1.05\sigma_{con} \xrightarrow{\text{持荷 2min}} \sigma_{con}$$

或 $0 \rightarrow 1.03\sigma_{con}$

第一种张拉程序中,超张拉 5% 并持荷 2min,其目的是为了加速预应力筋松弛早期发展,以减少应力松弛引起的预应力损失(约减少 50%)。第二种张拉程序中,超张拉 3%,其目的是为了弥补预应力筋的松弛损失。这种张拉程序施工简便,一般多被采用。以上两种超张拉程序是等效的,可根据构件类型、预应力筋与锚具种类、张拉方法、施工速度等选用。采用第一种张拉程序时,千斤顶回油至稍低于 σ_{con},再进油至 σ_{con},以建立准确的预应力值。

如果在设计中钢筋的应力松弛损失按一次张拉取值,则张拉程序取 $0 \rightarrow \sigma_{con}$ 就可以满足要求。

(3)预应力筋伸长值的检验。张拉预应力筋可单根进行也可多根成组同时进行。同时张拉多根预应力筋时,应预先调整初应力,使其相互之间的应力一致。预应力筋张拉锚固后,对设计位置的偏差不得大于 5mm 也不得大于截面短边长度的 4%。

采用应力控制方法张拉时,应校核预应力筋的伸长值。如实际伸长值比计算伸长值大于 10% 或小于 5%,应暂停张拉,在查明原因、采用措施予以调整后,方可继续张拉。

预应力筋的计算伸长值 Δl(mm)可按下式计算:

$$\Delta l = \frac{F_p \cdot l}{A_p \cdot E_s} \tag{5-24}$$

式中　F_p——预应力筋的平均张拉力,直线筋取张拉端的拉力;两端张拉的曲线筋,取张拉端的拉力与跨中扣除孔道摩阻损失后拉力的平均值;

　　　l——预应力筋的长度(mm);

　　　A_p——预应力筋的截面面积(mm^2);

　　　E_s——预应力筋的弹性模量(kN/mm^2)。

预应力筋的实际伸长值,宜在初应力为张拉控制应力 10% 左右时开始量测,但必须加上初应力以下的推算伸长值。通过伸长值的检验,可以综合反映张拉力是否足够以及预应力筋是否有异常现象等。因此,对于伸长值的检验必须重视。

3. 混凝土的浇筑和养护

预应力筋张拉完毕后即应浇筑混凝土,且应一次浇筑完毕。混凝土的强度等级不得小于 C30。构件应避开台面的温度缝,当不可能避开时,在温度缝上可先铺薄钢板或垫油毡,然后浇筑混凝土。为保证钢丝与混凝土有良好的黏结,浇筑时振动器不应碰撞钢丝,混凝土未达到一定强度前,也不允许碰撞或踩动钢丝。混凝土的用水量和水泥用量必须严格控制,混凝土必须振捣密实,以减少混凝土由于收缩和徐变而引起的预应力损失。

采用平卧叠浇法制作预应力混凝土构件时,其下层构件混凝土的强度需达到 5.0MPa 后,方可浇筑上层构件混凝土并应有隔离措施。

混凝土可采用自然养护或蒸汽养护。但应注意,在台座上用蒸汽养护时,温度升高后,预应力筋膨胀而台座的长度并无变化,因而预应力筋应力减小,这就是温差引起的预应力损失。为了减少这种温差应力损失,应保证混凝土在达到一定强度之前,温差不能太大(一般不超过 20℃),故在台座上用蒸汽养护时,其最高允许温度应根据设计要求的允许温差(张拉钢筋的温度与台座温度的差)经计算确定。当混凝土强度养护至 7.0MPa(粗钢筋配筋)或 10.0MPa(钢丝、钢绞线配筋)以上时,则可不受设计要求的温差限制,按一般构件的蒸汽养护规定进行。这种养护方法又称为二次升温养护法。在采用机组流水法用钢模制作、蒸汽养护时,由于钢模和预应力筋同样伸缩,所以不存在因温差而引起的预应力损失,因此可以采用一般加热养护制度。

4. 预应力筋的放张

先张法预应力筋的放张工作应有序并缓慢进行,防止突然放线所引起的冲击,造成混凝土裂缝。

预应力筋放张时,混凝土强度应符合设计要求;当设计无要求时,不得低于设计的混凝土强度标准值的 75%。对于重叠生产的构件,要求最上一层构件的混凝土强度不低于设计强度标准值的 75% 时方可进行预应力筋的放张。过早放张预应力筋会引起较大的预应力损失或预应力钢丝产生滑动。预应力混凝土构件在预应力筋放张前要对混凝土试块进行试压,以确定混凝土的实际强度。

(1)放张顺序。预应力筋的放张顺序,应符合设计要求;当设计无专门要求时,应符合下列规定:

1)对承受轴心预压力的构件(如压杆、桩等),所有预应力筋应同时放张。

2)对承受偏心预压力的构件,应先同时放张预压力较小区域的预应力筋再同时放张预压力较大区域的预应力筋。

3)当不能按上述规定放张时,应分阶段、对称、相互交错地放张,以防止放张过程中构件发生翘曲、裂纹及预应力筋断裂等现象。

4)放张后预应力筋的切断顺序,宜由放张端开始,逐次切向另一端。

(2)放张方法。当构件的预应力筋为钢丝时,对配筋不多的钢丝,放张可采用剪切、割断和熔断的方法逐根放张并应自中间向两侧进行,以减少回弹量,利于脱模。对配筋较多的预应力钢丝,放张应同时进行,不得采用逐根放张的方法,以防止最后的预应力钢丝因应力增加过大而断裂或使构件端部开裂,放张的方法可用放张横梁来实现。横梁可用千斤顶或预先设置在横梁支点处的放张装置(楔块或砂箱)来放张。

当构件的预应力筋为钢筋时,放张应缓慢进行。对配筋不多的钢筋,可采用逐根加热熔断或借预先设置在钢筋锚固端的楔块等单根放张。对配筋较多的预应力钢筋,所有钢筋应同时放张,放张可采用楔块或砂箱等装置进行缓慢放张。

如图5-45所示为楔块放张的例子。楔块装置放置在台座与横梁之间,放张预应力筋时,旋转螺母使螺杆向上运动,带动楔块向上移动,横梁向台座方向移动,预应力筋得到放松。楔块放张,一般用于张拉力不大于300kN的情况。

如图5-46所示为砂箱放张的例子。砂箱装置放置在台座和横梁之间,它由钢制的套箱和活塞组成,内装石英砂或铁砂。预应力筋张拉时,砂箱中的砂被压实、承受横梁的反力。预应力筋放张时,将出砂口打开,砂缓慢流出,从而使预应力筋缓慢的放张。砂箱装置中的砂应采用干砂并选定适宜的级配,防止出现砂子压碎引起流不出的现象或者增加砂的空隙率,使预应力筋的预应力损失增加。采用砂箱放张,能控制放张速度,工作可靠,施工方便,可用于张拉力大于1000kN的情况。

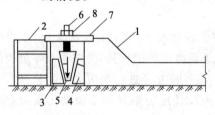

图 5-45　楔块放张图

1—台座　2—横梁　3、4—钢块　5—钢楔块
6—螺杆　7—承力板　8—螺母

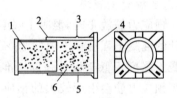

图 5-46　砂箱装置构造图

1—活塞　2—钢套箱　3—进砂口
4—钢套箱　5—出砂口　6—砂子

业务要点3:后张法施工

后张法施工是在浇筑混凝土构件时,在配置预应力筋的位置处预先留出相应的孔道,然后绑扎非预应力钢筋、浇筑混凝土,待构件混凝土强度达到设计规定的数值后,在孔道内穿入预应力筋,用张拉机具进行张拉,然后用锚具将预应力筋锚固在构件上,最后进行孔道灌浆。预应力筋承受的张拉力通过锚具传递给混凝土构件,使混凝土产生预压应力。

1. 构件张拉

如图5-47所示为预应力混凝土构件后张法施工示意图。图5-47a)为制作混凝土构件并在预应力筋的设计位置上预留孔道,待混凝土达到规定的强度后,穿入预应力筋进行张拉。图5-47b)为预应力筋的张拉,用张拉机械直接在构件上进行张拉,混凝土同时完成弹性压缩。图5-47c)为预应力筋的锚固和孔道灌浆,预应力筋的张拉力通过构件两端的锚具,传递给混凝土构件,使其产生预压应力,最后进行孔道灌浆。

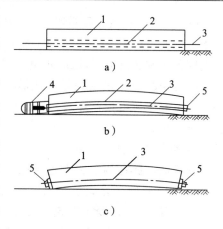

后张法施工由于直接在混凝土构件上进行张拉,因此不需要固定的台座设备、不受地点限制,适于在施工现场生产大型预应力混凝土构件,尤其是大跨度构件。后张法施工还可作为一种预制构件的拼装手段,大型构件(如拼装式屋架)可以预制成小型块体,运至施工现场后,通过预加应力的手段拼装整体预应力结构。但后张法施工工序较多,工艺复杂,锚具作为预应力筋的组成部分,将永远留置在构件上不能重复使用。

图 5-47　后张法施工示意图

a)制作混凝土构件

b)张拉钢筋　c)锚固和孔槽灌浆

1—混凝土构件　2—预留孔道

3—预应力筋　4—千斤顶　5—锚具

后张法施工中常用的预应力筋有单根钢筋、钢筋束(包括钢绞线束)和钢丝束等几类。

2. 后张法施工工艺

后张法预应力混凝土构件的制作工艺流程如图 5-48 所示。下面主要介绍孔道的留设、预应力筋的张拉和孔道灌浆等内容。

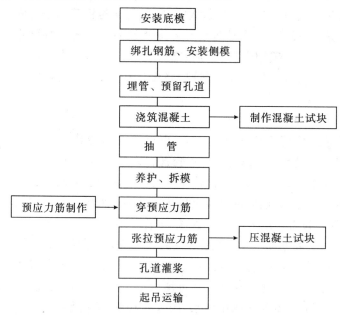

图 5-48　后张法施工工艺流程图

（1）孔道的留设。孔道留设是后张法施工中的一道关键工序。预留孔道的尺寸与位置应正确、孔道应平顺；端部的预埋垫板应垂直于孔道中心线并用螺栓或钉子固定在模板上，以防止浇筑混凝土时发生走动，孔道的直径应比预应力筋的直径的对焊接头处外径或需穿入孔道的锚具或连接器的外径大 10～15mm，以利于预应力筋穿入。孔道留设的方法有钢管抽芯法、胶管抽芯法和预埋波纹管法等。

1）钢管抽芯法。

钢管抽芯法适用于留设直线孔道。钢管抽芯法是预先将钢管敷设在模板的孔道位置上，在混凝土浇筑后每隔一定时间慢慢转动钢管，防止与混凝土粘住，待混凝土初凝后、终凝前抽出钢管形成孔道。选用的钢管要平直，表面要

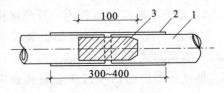

图 5-49　钢管连接方式
1—钢管　2—白铁皮套管　3—硬木塞

光滑，敷设位置要准确。钢管用钢筋井字架固定，间距不宜大于 1.0m。每根钢管的长度最好不超过 15m，以利于转动和抽管。钢管两端应各伸出构件约 500mm，较长的构件可采用两根钢管，中间用套管连接，套管连接方式如图 5-49 所示。

准确地掌握抽管时间很重要，抽管时间与水泥品种、气温和养护条件有关。抽管宜在混凝土初凝后、终凝以前进行，以用手指按压混凝土表面不显指纹时为宜。抽管过早，会造成塌孔事故；太晚，则混凝土与钢管黏结牢固，抽管困难，甚至抽不出来。常温下抽管时间在混凝土浇筑后 3～5h。抽管顺序宜先上后下。抽管可采用人工或用卷扬机，抽管时速度必须均匀、边抽边转并与孔道保持直线。抽管后应及时检查孔道情况，并做好孔道清理工作，以防止以后穿筋困难。

2）胶管抽芯法。

胶管抽芯法可用于留设直线孔道，也可留设曲线或折线孔道。胶管弹性好，便于弯曲，一般有五层或七层帆布胶管和钢丝网橡皮管两种。前者质软，必须在管内充气或充水后才能使用；后者质硬，且有一定的弹性，预留孔道时与钢管一样使用，所不同的是浇筑混凝土后不需转动，抽管时可利用其有一定弹性的特点，胶管在拉力作用下断面缩小，即可把管抽出。

胶管用钢筋井字架固定，间距不宜大于 0.5m 且曲线孔道处应适当加密。对于充气或充水的胶管，在浇筑混凝土前，胶管中应充入压力为 0.6～0.8MPa 的压缩空气或压力水，此时胶管直径可增大 3mm 左右，然后浇筑混凝土，待混凝土初凝后，放出压缩空气或压力水，胶管孔径缩小，与混凝土脱开，随即抽出胶管，形成孔道。胶管抽芯法预留孔道，混凝土浇筑后不需要旋转胶管。抽管

时间,一般控制在 200h·℃,抽管顺序一般应先上后下、先曲后直。

3)预埋波纹管法。

孔道的留设除采用钢管或胶管抽拔成孔外,也可采用预埋波纹管的方法成孔,波纹管直接埋设在构件中而不再抽出。波纹管应密封良好并有一定的轴向刚度,接头应严密,不得漏浆。固定波纹管的钢筋井字架间距不宜大于 0.8m。波纹管全称镀锌双波纹金属软管,是由镀锌薄钢带经压波后卷成,具有重量轻、刚度好、弯折方便、连接容易、与混凝土黏结性能好等优点,可做成各种形状的孔道并可省去抽管工序。因此,这种留孔方法具有较大的推广价值。

在留设孔道的同时,还要在设计规定的位置留设灌浆孔和排气孔。灌浆孔的间距:预埋波纹管不宜大于 30m;抽芯成形孔道不宜大于 12m。曲线孔道的曲线波峰部位,宜设置排气孔,留设灌浆孔或排气孔时,可用木塞或白铁皮管成孔。孔道成形后,应立即逐孔检查,发现堵塞,应及时疏通。

(2)预应力筋的张拉。预应力筋的张拉是制作预应力混凝土构件的关键,必须按照现行《混凝土结构工程施工质量验收规范》GB 50204—2002 的有关规定进行施工。

1)一般规定。

预应力筋张拉时,结构的混凝土强度应符合设计要求;当设计无具体要求时,不应低于设计强度标准值的 75%,以确保在张拉过程中,混凝土不至于受压而破坏。对于块体拼装的预应力构件,立缝处混凝土或砂浆的强度如设计无规定时,不应低于块体混凝土设计强度标准值的 40% 也不得低于 15.0MPa,以防止在张拉预应力筋时压裂混凝土块体或使混凝土产生过大的弹性压缩;安装张拉设备时,直线预应力筋应使张拉力的作用线与孔道中心线重合;曲线预应力筋应使张拉力的作用线与孔道中心线末端的切线重合;预应力筋张拉、锚固完毕,如需要割去锚具外露出的预应力筋时,则留在锚具外的预应力筋长度不得小于 30mm。锚具应用封端混凝土保护,如需长期外露应采取措施防止锈蚀。

后张法预应力筋的张拉控制应力,按《混凝土结构设计规范》GB 50010—2010 的规定取用,见表 5-67。后张法预应力筋的张拉程序与先张法相同,既可以采用超张拉法也可以采用一次张拉法。

2)张拉方法。

为了减少预应力筋与孔道摩擦引起的损失,预应力筋张拉端的设置,应符合设计要求;当设计无要求时,应符合下列规定:

① 抽芯成型孔道:曲线预应力筋和长度大于 24m 的直线预应力筋,应在两端张拉;长度不大于 24m 的直线预应力筋可在一端张拉。

② 预埋波纹管孔道:曲线预应力筋和长度大于 30m 的直线预应力筋,应在两端张拉;长度不大于 30m 的直线预应力筋可在一端张拉。

同一截面中有多根一端张拉的预应力筋时,张拉端宜分别设置在结构的两端。当两端同时张拉同一根预应力筋时,为了减少预应力损失,宜先在一端锚固,再在另一端补足张拉力后进行锚固。

3) 张拉顺序。

预应力筋的张拉顺序应符合设计要求,当设计无具体要求时,可采用分批、分阶段对称张拉。应使混凝土不产生超应力、构件不扭转与侧弯、结构不变位等。因此,对称张拉是一项重要原则。同时,还要考虑到尽量减少张拉机械的移动次数。

对配有多根预应力筋的预应力混凝土构件,由于不可能同时一次张拉,应分批、对称的进行张拉。分批张拉时,应计算分批张拉的弹性回缩造成的预应力损失值,分别加到先张拉预应力筋的张拉控制应力内,或采用同一张拉力值逐根复位补足。

对于平卧叠浇的预应力混凝土构件,上层构件重量产生的水平摩阻力会阻止下层构件在预应力筋张拉时产生的混凝土弹性压缩的自由变形,待上层构件起吊后,由于摩阻力影响消失,则混凝土弹性压缩的自由变形恢复而引起预应力损失。所以,对于平卧重叠浇筑的构件,宜先上后下逐层进行张拉。为了减少上下层构件之间的摩阻力引起的预应力损失,可采用逐层加大张拉力的方法。但底层张拉力值:对光面钢丝、钢绞线和热处理钢筋,不宜比顶层张拉力大5%;对于冷拉 HRB335 级、HRB400 级、RRB400 级钢筋,不宜比顶层张拉力大9%,但也不得大于预应力筋的最大超张拉力的规定。若构件之间隔离层的隔离效果很好时(如用塑料薄膜作隔离层或用砖作隔离层。用砖作隔离层时,大部分砖应在张拉预应力筋时取出,仅有局部的支承点,构件之间基本上架空),也可自上而下采用同一张拉力值。

4) 预应力值的校核和伸长值的确定。

预应力筋张拉之前,应按设计张拉控制应力和施工所需的超张拉要求计算总张拉力。可以用下式计算:

$$N_p = (1 + P)(\sigma_{con} + \sigma_p) A_p \qquad (5-25)$$

式中　N_p——预应力筋总张拉力(kN);

　　P——超张拉百分率(%);

　　σ_{con}——张拉控制应力(kN/mm^2);

　　A_p——同一批张拉的预应力筋面积(mm^2);

　　σ_p——分批张拉时,考虑后批张拉对先批张拉的混凝土产生弹性回缩影响所增加的应力值(对后批张拉时,该项为零,仅一批张拉时,该项也为零)。

预应力筋张拉时,应尽量减少张拉机具的摩阻力,摩阻力的数值应由试验确定,将其加在预应力筋的总张拉力中去,然后折算成油压表读数值,作为施工时的控制数值。

为了了解预应力值建立的可靠性,需对预应力筋的应力及损失进行检验和测定,以便在张拉时补足和调整预应力值。检验应力损失最方便的方法,在后张法中是将钢筋张拉 24h 后,未进行孔道灌浆以前,重复张拉一次,测读前后两次应力值之差,即为钢筋预应力损失(并非全部损失,但已完成很大部分)。

预应力筋张拉时,通过伸长值的校核,综合反映张拉力是否足够,孔道摩阻损失是否偏大,以及预应力筋是否有异常现象。

用应力控制方法张拉时,还应测定预应力筋的实际伸长值,以对预应力筋的预应力值进行校核。预应力筋实际伸长值的测定方法与先张法相同。

(3)孔道灌浆。预应力筋张拉锚固后,利用灰浆泵将水泥浆压灌到预应力孔道中去,这样既可以起到预应力筋的防锈蚀作用,也可使预应力筋与混凝土构件的有效黏结增加,控制超载时的裂缝发展,减轻两端锚具的负荷状况。

孔道灌浆应采用强度等级不低于 42.5 级普通硅酸盐水泥或矿渣硅酸盐水泥配制的水泥浆;对空隙大的孔道可采用砂浆灌浆。水泥浆及砂浆强度均不应低于 20.0MPa。灌浆用水泥浆的水灰比宜为 0.4 左右,搅拌后 3h 泌水率宜控制在 2%,最大不得超过 3%。纯水泥浆的收缩性较大,为了增加孔道灌浆的密实性,在水泥浆中可掺入为水泥用量 0.01% 的铝粉或 0.25% 的木质素磺酸钙或其他减水剂,但不得掺入氯化物或其他对预应力筋有腐蚀作用的外加剂。

灌浆前,混凝土孔道应用压力水冲刷干净并润湿孔壁。灌浆顺序应先下后上,以避免上层孔道漏浆而把下层孔道堵塞,孔道灌浆可采用电动灰浆泵,灌浆应缓慢均匀地进行,不得中断,灌满孔道并封闭排气孔后,宜再继续加压至 0.5~0.6MPa 并稳压一段时间,以确保孔道灌浆的密实性。对于不掺外加剂的水泥浆可采用二次灌浆法,以提高孔道灌浆的密实性。灌浆后孔道内水泥浆及砂浆强度达到 15.0MPa 时,预应力混凝土构件即可进行起吊运输或安装。

第六章　钢结构工程

第一节　钢结构连接

本节导读

本节主要介绍钢结构连接工程施工，内容包括焊接分类及形式、焊条的组成、焊丝的牌号、焊接施工以及高强度螺栓连接施工等。其内容关系如图 6-1 所示。

钢结构连接
焊接分类及形式
建筑钢结构中常用的焊接方法分类
焊缝形式
焊条的组成
焊丝的牌号
焊接施工
焊接方法选择
焊接工艺要点
高强度螺栓连接施工
一般要求
安装工艺
紧固方法

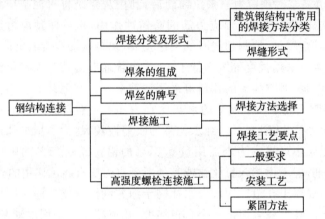

图 6-1　本节内容关系图

业务要点 1：焊接分类及形式

1. 建筑钢结构中常用的焊接方法分类

焊接方法分类见图 6-2。

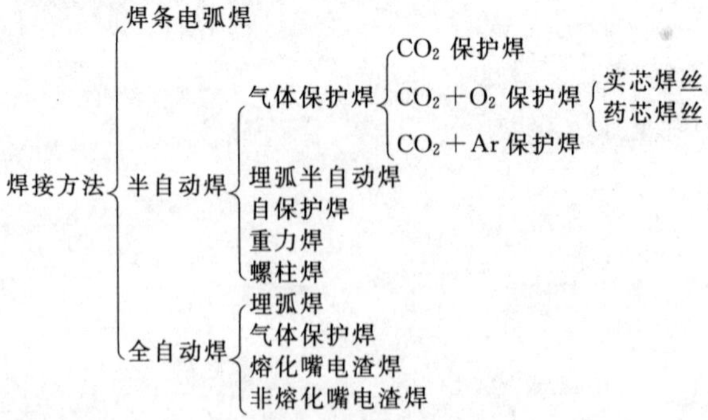

焊接方法
焊条电弧焊
半自动焊
气体保护焊
CO_2 保护焊
CO_2+O_2 保护焊
实芯焊丝
药芯焊丝
CO_2+Ar 保护焊
埋弧半自动焊
自保护焊
重力焊
螺柱焊
全自动焊
埋弧焊
气体保护焊
熔化嘴电渣焊
非熔化嘴电渣焊

图 6-2　焊接方法分类

2. 焊缝形式

焊缝形式如图 6-3 所示。

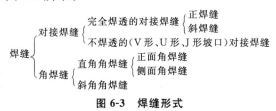

图 6-3 焊缝形式

业务要点 2:焊条的组成

焊条是涂有药皮供焊条电弧焊用的熔化电极,由药皮和焊芯两部分组成,如图 6-4 所示。焊条直径是指不包括药皮的焊芯直径。焊条药皮与焊芯(不包括夹持端)的重量比,称为药皮重量系数。

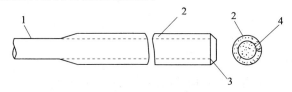

图 6-4 焊条组成示意图

1—夹持端 2—药皮 3—引弧端 4—焊芯

业务要点 3:焊丝的牌号

1) 管状焊丝牌号的表示方法,基本是由五部分组成的。有特殊性能和用途的管状焊丝在其牌号后加注,说明起主要作用的元素或主要用途的汉字(一般不超过两个字)。如"管结 422−1",表示用于结构钢焊接,焊缝金属抗拉强度不低于 $420N/mm^2$,钛钙型,交直流两用,气保护的管状焊丝。

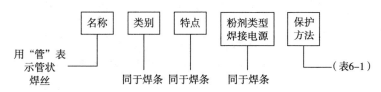

表 6-1 管状焊丝保护方法代号

代　　号	代号含义(焊接时保护方法)
1	气保护
2	自保护
3	气保护、自保护两用
4	其他保护形式

2) 有色金属焊丝和铸铁焊丝牌号的表示方法,是由三部分组成的。如"丝221",表示化学组成为铜及铜合金,牌号编号为 21 的焊丝。

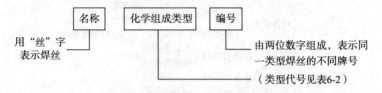

表 6-2　焊丝化学组成类型代号

代　　号	代号含义(化学组成类型)
1	堆焊硬质合金
2	铜及铜合金
3	铝及铝合金
4	铸铁

业务要点 4:焊接施工

1. 焊接方法选择

焊接是钢结构使用最主要的连接方法之一。在钢结构制作和安装领域中,广泛使用的是电弧焊。在电弧焊中又以药皮焊条、电弧焊条、埋弧自动焊、半自动焊与自动 CO_2 气体保护焊为主。在某些特殊场合,则必须使用电渣焊。焊接的类型、特点和适用范围见表 6-3。

表 6-3　钢结构焊接方法选择

焊接的类型		特　点	适用范围
电弧焊	交流焊机	利用焊条与焊件之间产生的电弧热焊接,设备简单,操作灵活,可进行各种位置的焊接,是建筑工地应用最广泛的焊接方法	焊接普通钢结构
	直流焊机	焊接技术与交流焊机相同,成本比交流焊机高,但焊接时电弧稳定	焊接要求较高的钢结构
	埋弧自动焊	利用埋在焊剂层下的电弧热焊接,效率高,质量好,操作技术要求低,劳动条件好,是大型构件制作中应用最广的高效焊接方法	焊接长度较大的对接、贴角焊缝,一般是有规律的直焊缝
	半自动焊	与埋弧自动焊基本相同,操作灵活,但使用不够方便	焊接较短的或弯曲的对接、贴角焊缝
	CO_2 气体保护焊	用 CO_2 或惰性气体保护的实芯焊丝或药芯焊接,设备简单,操作简便,焊接效率高,质量好	用于构件长焊缝的自动焊
	电渣焊	利用电流通过液态熔渣所产生的电阻热焊接,能焊大厚度焊缝	用于箱型梁及柱隔板与面板全焊透连接

2. 焊接工艺要点

（1）焊接工艺设计。确定焊接方式、焊接参数及焊条、焊丝、焊剂的规格型号等。

（2）焊条烘烤。焊条和粉芯焊丝使用前必须按质量要求进行烘焙，低氢型焊条经过烘焙后，应放在保温箱内随用随取。

（3）定位焊。焊接结构在拼接、组装时要确定零件的准确位置，要先进行定位焊。定位焊的长度、厚度应由计算确定。电流要比正式焊接提高 $10\% \sim 15\%$，定位焊的位置应尽量避开构件的端部、边角等应力集中的地方。

（4）焊前预热。预热可降低热影响区冷却速度，防止焊接延迟裂纹的产生。预热区焊缝两侧，每侧宽度均应大于焊件厚度的 1.5 倍以上，且不应小于 100mm。

（5）焊接顺序确定。一般从焊件的中心开始向四周扩展；先焊收缩量大的焊缝，后焊收缩量小的焊缝；尽量对称施焊；焊缝相交时，先焊纵向焊缝，待冷却至常温后，再焊横向焊缝；钢板较厚时分层施焊。

（6）焊后热处理。焊后热处理主要是对焊缝进行脱氢处理，以防止冷裂纹的产生。焊后热处理应在焊后立即进行，保温时间应根据板厚按每 25mm 板厚 1h 确定。预热及后热均可采用散发式火焰枪进行。

业务要点 5：高强度螺栓连接施工

高强度螺栓连接是目前与焊接并举的钢结构主要连接方法之一。其特点是施工方便，可拆可换，传力均匀，接头刚性好，承载能力大，疲劳强度高，螺母不易松动，结构安全可靠。高强度螺栓从外形上可分为大六角头高强度螺栓（即扭矩型高强度螺栓）和扭剪型高强度螺栓两种。高强度螺栓和与之配套的螺母、垫圈总称为高强度螺栓连接副。

1. 一般要求

1）高强度螺栓使用前，应按有关规定对高强度螺栓的各项性能进行检验。运输过程应轻装轻卸，防止损坏。当发现包装破损、螺栓有污染等异常现象时，应用煤油清洗，按高强度螺栓验收规程进行复验，经复验扭矩系数合格后方能使用。

2）工地储存高强度螺栓时，应放在干燥、通风、防雨、防潮的仓库内，并不得沾染异物。

3）安装时，应按当天需用量领取，当天没有用完的螺栓，必须装回容器内，妥善保管，不得乱扔、乱放。

4）安装高强度螺栓时接头摩擦面上不允许有毛刺、铁屑、油污、焊接飞溅物。摩擦面应干燥，没有结露、积霜、积雪，并不得在雨天进行安装。

5)使用定扭矩扳子紧固高强度螺栓时,每天上班前应对定扭矩扳子进行校核,合格后方能使用。

2. 安装工艺

1)一个接头上的高强度螺栓连接,应从螺栓群中部开始安装,向四周扩展,逐个拧紧。扭矩型高强度螺栓的初拧、复拧、终拧,每完成一次应涂上相应的颜色或标记,以防漏拧。

2)接头如既有高强度螺栓连接又有焊接连接时,直接按先栓后焊的方式施工,先终拧完高强度螺栓再焊接焊缝。

3)高强度螺栓应自由穿入螺栓孔内,当板层发生错孔时,允许用铰刀扩孔。扩孔时,铁屑不得掉入板层间。扩孔数量不得超过一个接头螺栓的1/3,扩孔后的孔径不应大于$1.2d$(d为螺栓直径)。严禁使用气割进行高强度螺栓孔的扩孔。

4)一个接头多个高强度螺栓穿入方向应一致。垫圈有倒角的一侧应朝向螺栓头和螺母,螺母有圆台的一面应朝向垫圈,螺母和垫圈不应装反。

5)高强度螺栓连接副在终拧以后,螺栓丝扣外露应为2~3扣,其中允许有10％的螺栓丝扣外露1扣或4扣。

3. 紧固方法

(1)大六角头高强度螺栓连接副紧固。大六角头高强度螺栓连接副一般采用扭矩法和转角法紧固。

扭矩法:使用可直接显示扭矩值的专用扳手,分初拧和终拧两次拧紧。初拧扭矩为终拧扭矩的60％~80％,其目的是通过初拧,使接头各层钢板达到充分密贴,终拧扭矩把螺栓拧紧。

转角法:根据构件紧密接触后,螺母的旋转角度与螺栓的预拉力成正比的关系确定的一种方法。操作时分初拧和终拧两次施拧。初拧可用短扳手将螺母拧至附件靠拢,并作标记。终拧用长扳手将螺母从标记位置拧至规定的终拧位置。转动角度的大小在施工前由试验确定。

(2)扭剪型高强度螺栓紧固。扭剪型高强度螺栓有一特制尾部,采用带有两个套筒的专用电动扳手紧固。紧固时用专用扳手的两个套筒分别套住螺母和螺栓尾部的梅花头,接通电源后,两个套筒按反向旋转,拧断尾部后即达相应的扭矩值。一般用定扭矩扳手初拧,用专用电动扳手终拧。

第二节　钢结构加工制作

本节导读

本节主要介绍钢结构加工制作工程施工,内容包括加工制作前的准备工作、加工环境要求、零件加工、钢构件组装、钢构件预拼装、钢结构构件成品的表面处理以及钢结构构件成品验收等。其内容关系如图 6-5 所示。

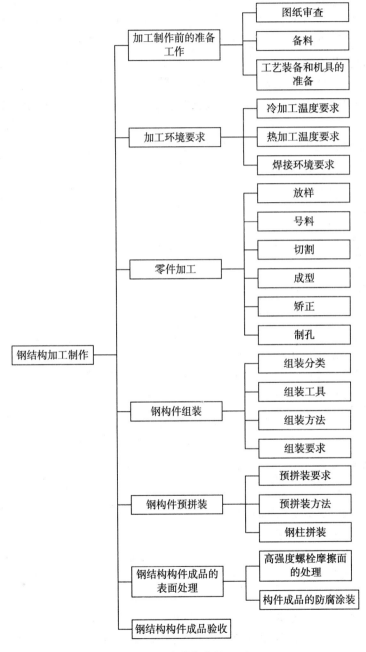

图 6-5 本节内容关系图

业务要点 1：加工制作前的准备工作

1. 图纸审查

图纸审查的目的，一方面是检查图纸设计的深度能否满足施工的要求，核对图纸上构件的数量和安装尺寸，检查构件之间有无矛盾等；另一方面也对图纸进行工艺审核，即审查在技术上是否合理，构造是否便于施工，图纸上的技术要求按加工单位的施工水平能否实现等。图纸审查的主要内容包括：

1) 设计文件是否齐全。设计文件包括设计图、施工图、图纸说明和设计变更通知单等。

2) 构件的几何尺寸是否标注齐全，相关构件的尺寸是否正确。

3) 构件连接是否合理，是否符合国家标准。

4) 加工符号、焊接符号是否齐全。

5) 构件分段是否符合制作、运输安装的要求。

6) 标题栏内构件的数量是否符合工程的总数量。

7) 结合本单位的设备和技术条件考虑能否满足图纸上的技术要求。

2. 备料

根据设计图纸算出各种材质、规格的材料净用量，并根据构件的不同类型和供货条件，增加一定的损耗率（一般为实际所需量的 10%）提出材料预算计划。

3. 工艺装备和机具的准备

1) 根据设计图纸及国家标准定出成品的技术要求。

2) 编制工艺流程，确定各工序的公差要求和技术标准。

3) 根据用料要求和来料尺寸统筹安排、合理配料，确定拼装位置。

4) 根据工艺和图纸要求，准备必要的工艺装备（胎、夹、模具）。

业务要点 2：加工环境要求

为保证钢结构零部件在加工中钢材原材质不变，在零件冷、热加工和焊接时，应按照施工规范规定的环境温度和工艺要求进行施工。

1. 冷加工温度要求

1) 当零件为普通碳素结构钢，操作地点环境温度低于 -20℃，零件为低合金结构钢，操作地点环境温度低于 -15℃时，均不得进行剪切和冲孔。否则，在外力作用下容易发生裂纹。

2) 当零件为普通碳素结构钢，操作地点环境温度低于 -16℃，零件为低合金结构钢，操作地点环境温度低于 -12℃时，均不得进行矫正和冷弯曲，以防在低温条件和外力作用下发生裂纹。

3) 冷矫正和冷弯曲不但严格要求在规定的温度下进行，还要求弯曲半径不宜过小,以免钢材丧失塑性出现裂纹。

2. 热加工温度要求

1）零件热加工时,其加热温度为 1000～1100℃,此时钢材表面呈现淡黄色;当普通碳素结构钢的温度下降到 500～550℃之前(钢材表面呈现蓝色)和低合金结构钢的温度下降到 800～850℃之前(钢材表面呈现红色)均应结束加工,应使加工件缓慢冷却,必要时应采用绝热材料加以围护,以延长冷却时间使其内部组织得到充分的恢复。

2）为使普通碳素结构钢和低合金结构钢的机械性能不发生改变,加热矫正时的加热温度严禁超过正火温度(900℃),其中低合金结构钢加热矫正后必须缓慢冷却,更不允许在热矫正时用浇冷水法急冷,以免产生淬硬组织,导致脆性裂纹。

3）普通碳素结构钢、低合金结构钢的零件在热弯曲加工时,其加热温度在 900℃ 左右进行。否则温度过高会使零件外侧在弯曲外力作用下被过多的拉伸而减薄;内侧在弯曲压力作用下厚度增厚;温度过低不但成型较困难,更重要的是钢材在蓝脆状态下弯曲受力时,塑性降低,易产生裂纹。

3. 焊接环境要求

在低温的环境下焊接不同钢种、厚度较厚的钢材时,为使加热与散热的速度按正比关系变化,避免散热速度过快,导致焊接的热影响区产生金属组织硬化,形成焊接残余应力,在焊接金属熔合线交界边缘或受热区域内的母材金属处局部产生裂纹,在焊接前应按《钢结构工程施工质量验收规范》GB 50205—2001 标准规定的温度进行预热和保证良好的焊接环境。

1）普通碳素结构钢厚度大于 34mm,低合金结构钢厚度不小于 30mm,当工作地点温度不低于 0℃时,均需在焊接坡口两侧各 80～100mm 范围内进行预热,焊接预热温度及层间温度控制在 100～150℃之间。

焊件经预热后可以达到以下的作用:

① 减缓焊接母材金属的冷却速度。

② 防止焊接区域的金属温度梯度突然变化。

③ 降低残余应力,并减少构件的焊后变形。

④ 消除焊接时产生气孔和熔合性飞溅物的产生。

⑤ 有利于氢的逸出,防止氢在金属内部起破坏作用。

⑥ 防止焊接加热过程中产生热裂纹,焊缝终止冷却时产生冷裂纹或延迟性冷裂纹以及再加热裂纹。

2）如果焊接操作地点温度低于 0℃时,需要预热的温度应根据试验来确定,试验确定的结果应符合下列要求。

① 焊接加热过程中在焊缝及热影响区域不发生热裂纹。

② 焊接完成冷却后,在焊接范围的焊缝金属及母材上不产生即时性冷裂纹和延迟性冷裂纹。

③ 焊缝及热影响区的金属强度、塑性等性能应符合设计要求。

④ 在刚性固定的情况下进行焊接有较好的塑性,不致产生较大的约束应力或裂纹。

⑤ 焊接部位不产生过大的应力,焊后不需做热处理等调质措施。

⑥ 焊后接点处的各项机械性能指标,均符合设计结构要求。

3) 当焊接重要钢结构构件时,应注意对施工现场焊接环境的监测与管理。如出现下列情况时,应采取相应有效的防护措施:

① 雨雪天气。

② 风速超过 8m/s。

③ 环境温度在－5℃以下或相对湿度在 90％以上。

为保证钢结构的焊接质量,应改善上述不良的焊接环境,一般的做法是在具有保证质量条件的厂房、车间内施工;在安装现场制作与安装时,应在临建的防雨、雪棚内施工,棚内应设有提高温度、降低湿度的设施,以保证规定的正常焊接环境。

业务要点 3:零件加工

1. 放样

1) 放样前要熟悉施工图纸,并逐个核对图纸之间的尺寸和相互关系。以 1:1 的比例放出实样,制成样板(样杆)作为下料、成型、边缘加工和成孔的依据。

2) 样板一般用 0.50～0.75mm 的薄钢板制作;样杆一般用扁钢制作;当长度较短时可用木杆。样板精度要求见表 6-4。

表 6-4　样板精度要求

项　　目	偏差极限
平行线距离和分段尺寸	±0.5mm
宽、长度	±0.5mm
孔　距	±0.5mm
两对角线差	1.0mm
加工样板的角度	±20′

3) 样板(样杆)上应注明工号、零件号、数量及加工边、坡口部位、弯折线和弯折方向、孔径和滚圆半径等。样板(样杆)妥为保存,直至工程结束方可销毁。

4) 放样时,要边缘加工的工件应考虑加工预留量,焊接构件要按规范要求放出焊接收缩量。由于边缘加工时常成叠加工,尤其当长度较大时不易对齐,所有加工边一般要留加工余量2～3mm。

刨边时的加工工艺参数见表6-5。

表6-5 刨边时的最小加工余量

钢材性质	低碳结构钢	低碳结构钢	各种钢材	优质高强度低合金钢
边缘加工形式	剪断机剪或切割	气割	气割	气割
钢板厚度/mm	≤16	>16	各种厚度	各种厚度
最小余量/mm	2	3	>3	>3

2. 号料

1) 以样板(样杆)为依据,在原材料上画出实际图形,并打上加工记号。

2) 根据配料表和样板进行套裁,尽可能节约材料。

3) 当工艺有规定时,应按规定的方向取料。

4) 操作人员画线时,要根据材料厚度和切割方法留出适当的切割余量。气割下料的切割余量参见表6-6。

表6-6 切割余量

材料厚度/mm	切割缝余量/mm
≤10	1～2
10～20	2.5
20～40	3.0
40以上	4.0

5) 号料的允许偏差应符合表6-7的规定。

表6-7 号料允许偏差

项 目	允许偏差/mm
零件外形尺寸	±1.0
孔 距	±0.5

3. 切割

1) 切割下料时,根据钢材截面形状、厚度以及切割边缘质量要求的不同可以采用机械切割法、气割法或等离子切割法。

2) 在钢结构制造厂,一般情况下钢板厚度12mm以下的直线性切割常采用机械剪切。气割多数是用于带曲线的零件和厚板的切割。各类中小规格的型钢和钢管一般采用机械切割,较大规格的型钢和钢管可采用气割的方法。等离子切割主要用于不锈钢材料及有色金属切割。

3）机械切割注意事项。

① 变形的型钢应预先经过矫直，方可进行锯切。

② 所选用的设备和锯片规格，必须满足构件所要求的加工精度。

③ 单个构件锯切，先画出号料线，然后对线锯切。号料时，需留出锯槽宽度，（锯槽宽度为锯片厚度＋0.5～1.0mm）。成批加工的构件，可预先安装定位挡板进行加工。

④ 加工精度要求较高的重要构件，应考虑留放适当的精加工余量，以供锯割后进行端面精加工。

4）气割注意事项。

气割原则上采用自动切割机，也可以使用半自动切割机和手工切割，气体可为氧乙炔、丙烷、碳-3气及混合气等。

① 气割前，钢材切割区域表面的铁锈、污物等清除干净，并在钢材下面留出一定的空间，以利于熔渣的吹出。气割时，割矩的移动应保持匀速，被切割件表面距离焰心尖端以 2～5mm 为宜。距离太近，会使切口边沿熔化；太远了热量不足，易使切割中断。

② 气割时，气压要稳定；压力表、速度计等正常无损；机体行走平稳，使用轨道时要保证平直和无振动；割嘴的气流畅通，无污损；割矩的角度和位置准确。

③ 气割时，大型工件的切割，应先从短边开始；在钢板上切割不同尺寸的工件时，应先割小件，后割大件；在钢板上切割不同形状的工件时，应先割较复杂的，后割较简单的；窄长条形板的切割，长度两端留出 50mm 不割，待割完长边后再割断，或者采用多割矩的对称气割的方法。

④ 气割时应正确选择割嘴型号、氧气压力、气割速度和预热火焰的能率等工艺参数。工艺参数的选择主要是根据气割机械的类型和切割的钢板厚度。表 6-8、表 6-9 和表 6-10 分别为氧、乙炔切割，氧、丙烷切割的工艺参数和切嘴倾角与割件厚度的关系。

表 6-8　氧、乙炔切割工艺参数

切割板厚度/mm		<10	10～20	20～30	30～50	50～100
切割氧孔直径/mm	自动、半自动	0.5～1.5	0.8～1.5	1.2～1.5	1.7～2.1	2.1～2.2
	手工	0.6	0.8	1.0	1.3	1.6
割嘴型号	手工	G01－30	G01－30	G01－30 G01－100	G01－100	G01－100
割嘴号码	自动、半自动	1	1	2	2、3	3
	手工	1	2	3、1、2	2	3

续表

切割板厚度/mm			<10	10～20	20～30	30～50	50～100
气体压力 /(N/mm²)	氧气	自动、 半自动	0.1～0.3	0.15～0.34	0.19～0.37	0.16～0.41	0.16～0.41
		手工	0.1～0.49	0.39～0.59	0.59～0.69	0.59～0.69	0.59～0.78
	乙炔	自动、 半自动	0.02	0.02	0.02	0.02	0.04
		手工	—	0.001～0.12	0.001～0.12	—	—
气体流量	氧气 /(m³/h)	自动、 半自动	0.5～3.3	1.8～4.5	3.7～4.9	5.2～7.4	5.2～10.9
		手工	0.8	1.4	2.2	3.5～4.3	5.5～7.3
	乙炔 /(L/h)	自动	0.14～0.31	0.23～0.43	0.39～0.45	0.39～0.57	0.45～0.74
		手工	210	240	310	460～500	550～600
气割速度 /(mm/min)	自动		450～800	360～600	350～480	250～380	160～350
	半自动		500～600	500～600	400～500	400～500	200～400

表 6-9　氧、丙烷切割工艺参数

切割板厚度/mm		<10	10～20	20～30	30～40	40～50	50～60
气体压力 /(N/mm²)	氧气	0.69～0.78	0.69～0.78	0.69～0.78	0.69～0.78	0.69～0.78	0.69～0.78
	丙烷	0.02～0.03	0.03～0.04	0.04	0.04～0.05	0.04～0.05	0.05
切割速度 /(mm/min)		400～500	400～500	400～420	350～400	350～400	200～350
割嘴与钢板距离		预热焰的 3/4					

表 6-10　切嘴倾角与割件厚度的关系

割件厚度/mm	<6	6～30	>30		
			起割	割穿后	停割
倾角方向	后倾	垂直	前倾	垂直	后倾
倾角度数	25°～45°	0°	5°～10°	0°	5°～10°

5）等离子切割注意事项。

等离子切割是应用特殊的割矩，在电流、气流及冷却水的作用下，产生高达 20000～30000℃ 的等离子弧熔化金属而进行切割的设备。

① 等离子切割的回路采用直流正接法，即工件接正，钨极接负，减少电极的烧损，以保证等离子弧的稳定燃烧。

② 手工切割时不得在切割线上引弧,切割内圆或内部轮廓时,应先在板材上钻出 $\phi12\sim\phi16$mm 的孔,切割由孔开始进行。

③ 自动切割时,应调节好切割规范和小车行走速度。切割过程中要保持割轮与工件垂直,避免产生熔瘤,保证切割质量。

4. 成型

1)在钢结构制作中,成型的主要方法有卷板(滚圈)、弯曲(煨弯)、折边和模具压制等。成型是由热加工或冷加工来完成的。

2)热加工时所要求的加热温度:对于低碳钢一般在 1000～1100℃,热加工终止温度不应低于 700℃。加热温度过高,加热时间过长,都会引起钢材内部组织的变化,破坏原材料的机械性能。加热温度在 500～550℃时,钢材产生蓝脆性。在这个温度范围内,严禁锤打,否则,容易使部件断裂。

3)冷加工是利用机械设备和专用工具进行加工。在低温时不宜进行冷加工。对于普通碳素结构钢在环境温度低于 -16℃,低合金结构钢在环境温度低于 -12℃时,不得进行冷矫正。

4)型材弯曲方法有冷弯、热弯,并应按型材的截面形状、材质、规格及弯曲半径制作相应的胎具,进行弯曲加工。

① 型材冷弯曲加工时,其最小曲率半径和最大弯曲矢高应符合设计要求。制作冷压弯和冷拉弯胎具时,应考虑材料的回弹性。胎具制成后,应先用试件制作,确认符合要求后方可正式加工。

② 型材热弯曲加工时,应严格控制加热温度,满足工艺要求,防止因温度过高而使胎具变形。

5. 矫正

钢结构制作中矫正可视变形大小、制作条件、质量要求采用冷矫正或热矫正方法。

(1)冷矫正。应采用机械矫正。冷矫正一般应在常温下进行。普通碳素结构钢在环境温度(现场温度)低于 -16℃,低合金结构钢低于 -12℃时,不得进行冷矫正。用手工锤击矫正时,应采取在钢材下面加放垫锤等措施。

(2)热矫正。用冷矫正有困难或达不到质量要求时,可采用热矫正。

1)火焰矫正常用的加热方法有点状加热、线状加热和三角形加热三种。点状加热根据结构特点和变形情况,可加热一点或数点;线状加热时,火焰沿直线移动或同时在宽度方向作横向摆动,宽度一般约是钢材厚度的 0.5～2 倍,多用于变形量较大或刚性较大的结构;三角形加热的收缩量较大,常用于矫正厚度较大、刚性较强的构件的弯曲变形。

2)低碳钢和普通低合金钢的热矫正加热温度一般为 600～900℃,800～900℃是热塑性变形的理想温度,但不应超过 900℃。中碳钢一般不用火焰矫正。

3)矫正后,钢材表面不应有明显的凹面或损伤,划痕深度不得大于0.5mm。

6. 制孔

1)螺栓孔分为精制螺栓孔(A、B级螺栓孔——Ⅰ类孔)和普通螺栓孔(C级螺栓孔——Ⅱ类孔)。精制螺栓孔的螺栓直径与孔等径,其孔的精度与孔壁表面粗糙度要求较高,一般先钻小孔,板叠组装后铰孔才能达到质量标准;普通螺栓孔包括高强度螺栓孔、普通螺栓孔、半圆头铆钉孔等,孔径应符合设计要求,其精度与孔粗糙度比A、B级螺栓孔要求略低。

2)制孔方法有两种:钻孔和冲孔。钻孔是在钻床等机械上进行,可以钻任何厚度的钢结构构件(零件)。钻孔的优点是螺栓孔孔壁损伤较小,质量较好。

3)当精度要求较高、板叠层数较多、同类孔较多时,可采用钻模制孔或预钻较小孔径、在组装时扩孔的方法,当板叠层数小于5层时,预钻小孔的直径小于公称直径一级(3.0mm);当板叠层数大于5层时,预钻小孔的直径小于公称直径二级(6.0mm)。

4)钻透孔用平钻头,钻不透孔用尖钻头。当板叠较厚,直径较大,或材料强度较高时,则应使用可以降低切削力的群钻钻头,便于排屑和减少钻头的磨损。

5)当批量大、孔距精度要求较高时,采用钻模。钻模有通用型、组合型和专用钻模。

6)长孔可用两端钻孔中间氧割的办法加工,但孔的长度必须大于孔直径的两倍。

7)冲孔。钢结构制造中,冲孔一般只用于冲制非圆孔及薄板孔。冲孔的孔径必须大于板厚。

8)高强度螺栓孔应采用钻成孔。高强度螺栓连接板上所有螺栓孔,均应采用量规检查,其通过率为:

用比孔的公称直径小1.0mm的量规检查,每组至少应通过85%;用比螺栓直径大0.2~0.3mm的量规检查,应全部通过。

按上述方法检查时,凡量规不能通过的孔,必须经施工图编制单位同意后,方可扩钻或补焊后重新钻孔。扩钻后的孔径不得大于原设计孔径2.0mm。补焊时,应用与母材力学性能相当的焊条,严禁用钢块填塞。每组孔中补焊重新钻孔的数量不得超过20%。处理后的孔应做好记录。

业务要点4:钢构件组装

1. 组装分类

钢结构构件的组装是遵照施工图的要求,把已加工完成的各零件或半成品构件,用装配的手段组合成为独立的成品,这种装配的方法通常称为组装。组装根据钢构件的特性及组装程度,可分为部件组装、组装和预总装。

1)部件组装是装配的最小单元的组合,它一般是由两个或两个以上零件按照施工图的要求装配成为半成品的结构部件。

2)组装也称拼装、装配、组立,是把零件或半成品按照施工图的要求装配成为独立的成品构件。

3)预总装是根据施工总图把相关的两个以上成品构件,在工厂制作场地上,按其各构件空间位置总装起来。其目的是直观地反映出各构件装配节点,保证构件安装质量。目前在采用高强度螺栓连接的钢结构构件制造中已广泛使用。

2. 组装工具

在工厂组装时,常用的组装工具有卡兰、铁楔子夹具、矫正夹具、槽钢夹紧器及正反螺纹推撑器等,其作用如下:

1)卡兰或铁楔子夹具,利用螺栓压紧或铁楔子塞紧的作用将两个零件夹紧在一起,起定位作用。

2)钢结构构件组装接头矫正夹具,用于装配钢板结构,拉紧两零件之间缝隙的拉紧器。

3)槽钢夹紧器,可用于装配钢结构构件对接接头的定位。

4)正反螺纹推撑器,用于装配圆筒体钢结构构件时,调整接头间隙和矫正筒体圆度时用。

3. 组装方法

钢构件的组装方法较多,但较常用地样法组装和胎模组装法。

1)地样法组装,也叫画线法组装,是钢构件组装中最简便的装配方法。它是根据图纸画出各组装零件具体装配定位的基准线,来进行各零件相互之间的装配。这种组装方法只适用于小批量零部件的组装,不适用于大批量零部件的组装。

2)胎模组装法,是目前制作大批量构件组装中普遍采用的组装方法之一,其特点是装配质量高、工效快。它的具体操作是用胎模把各零部件固定在其装配的位置上,然后焊接定位,使其一次性成型。

选择构件组装方法时,必须根据构件的结构特性和技术要求,结合制造厂的机械设备、加工能力等情况,选择能有效控制组装精度、耗工少、效益高的方法进行。也可根据表 6-11 进行选择。

表 6-11　钢结构构件组装方法

名　　称	装配方法	适用范围
地样法	用 1∶1 的比例在装配平台上放出构件实样,然后根据零件在实样上的位置,分别组装起来成为构件	桁架、框架等小批量结构组装

续表

名　称	装配方法	适用范围
仿形复制装配法	先用地样法组装成单面(单片)的结构,并且必须定位焊,然后翻身作为复制胎模,在其上面装配另一单面的结构,往返两次组装	横断面互为对称的桁架结构
立装	根据构件的特点,及其零件的稳定位置,选择自上而下或自下而上的顺序装配	用于放置平稳、高度不大的结构或大直径的圆筒
卧装	将构件放置于卧的位置进行的装配	用于断面不大、但长度较大的细长构件
胎模装配法	将构件的零件用胎模定位在其装配位置上的组装	用于制造构件批量大、精度高的产品

4. 组装要求

1) 组装应按工艺方法的组装次序进行。当有隐蔽焊缝时,必须先施焊,经检验合格后方可覆盖。当复杂部位不易施焊时,也须按工序次序分别先后组装和施焊。严禁不按次序组装和强力组对。

2) 为减小大件组装焊接的变形,一般应先采取小件组焊,经矫正后,再整体大部件组装。胎具及装出的首个成品须经过严格检验,方可大批进行组装工作。

3) 组装前,连接表面及焊缝每边 30～50mm 范围内的铁锈、油污、毛刺及潮气等必须清除干净,并露出金属光泽。

4) 应根据金属结构的实际情况,选用或制作相应的装配胎具(如组装平台、胎架、铁凳等)或工(夹)具,如简易手动杠杆夹具、螺栓千斤顶、螺栓拉紧器、丝杆卡具和楔子矫正夹具等,如图 6-6 所示,应尽可能避免在结构上焊接临时固定件、支撑件。工夹具及吊耳必须焊接固定在构件上时,材质与焊接材料应与该构件相同,用后需除掉时,不应用锤强力打击,而应用气割或机械方法进行。对于残留痕迹应进行打磨、修整。

5) 除工艺要求外板叠上所有铆钉孔、螺栓孔等应采用量规检查,其通过率应符合下列规定:

用比孔直径小 1.0mm 的量规检查,应通过每组孔数的 85%;用比螺栓公称直径大 0.2～0.3mm 的量规检查应全部通过。量规不能通过的孔,应经施工图编制单位同意后,才能扩钻或补焊后重新钻孔。扩钻后的孔径不得比原设计孔径大 2.0mm,补孔应制订焊补工艺方案并经过审查批准,用与母材强度相应的焊条补焊,不允许用钢块填塞,处理后应做出记录。

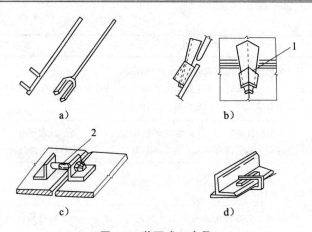

图 6-6　装配式工夹具

a)手动杠杆夹具　b)螺栓拉紧器　c)楔子矫正夹具　d)楔子卡具夹紧

1—楔子卡具　2—丝杆卡具

业务要点 5:钢构件预拼装

1. 预拼装要求

1) 钢构件预拼装的比例应符合施工合同和设计要求,一般按实际平面情况预装 10%～20%。

2) 拼装构件一般应设拼装工作台,如果在现场拼装,则应放在较坚硬的场地上用水平仪抄平。拼装时构件全长应拉通线,并在构件有代表性的点上用水平尺找平,符合设计尺寸后电焊点固焊牢。刚性较差的构件,翻身前要进行加固,构件翻身后也应进行找平,否则构件焊接后无法矫正。

3) 构件在制作、拼装、吊装中所用的钢尺应一致,且必须经计量检验,并相互核对,测量时间宜在早晨日出前,下午日落后最佳。

4) 各支承点的水平度应符合以下规定:

① 当拼装总面积不大于 300～1000m² 时,允许偏差≤2mm。

② 当拼装总面积在 1000～5000m² 之间时,允许偏差＜3mm。

单构件支承点不论柱、梁、支撑,应不少于两个支承点。

5) 钢构件预拼装地面应坚实,胎架强度、刚度必须经设计计算而定,各支承点的水平精度可用已计量检验的各种仪器逐点测定调整。

6) 在胎架上预拼装过程中,不得对构件动用锤击、火焰等,各杆件的重心线应交汇于节点中心,并应完全处于自由状态。

7) 预拼装钢构件控制基准线与胎架基准线必须保持一致。

8) 高强度螺栓连接预拼装时,使用冲钉直径必须与孔径一致,每个节点要多于三只,临时普通螺栓数量一般为螺栓孔的三分之一。对孔径检测,试孔器必须垂直自由穿落。

9）所有需要进行预拼装的构件制作完毕后，必须经专检员验收，并应符合质量标准的要求。相同的单构件可以互换，也不会影响到整体几何尺寸。

10）大型框架露天预拼装的检测时间，建议在日出前、日落后定时进行，所用卷尺精度应与安装单位相一致。

2. 预拼装方法

（1）平装法。平装法操作方便，不需要稳定加固措施，也不需要搭设脚手架。焊缝焊接大多数为平焊缝，焊接操作简易，不需要技术很高的焊接工人，焊缝质量易于保证，校正及起拱方便、准确。

平装法适用于拼装跨度较小、构件相对刚度较大的钢结构，如长度为 18m 以内钢柱、跨度 6m 以内天窗架及跨度 21m 以内的钢屋架的拼装。

（2）立拼拼装法。立拼拼装法可一次拼装多榀，块体占地面积小，不用铺设或搭设专用拼装操作平台或枕木墩，节省材料和工时，省却翻身工序，质量易于保证，不用增设专供块体翻身、倒运、就位、堆放的起重设备，缩短工期。块体拼装连接件或节点的拼接焊缝可两边对称施焊，可避免预制构件连接件或钢构件由于节点焊接变形而使整个块体产生侧弯。

但需搭设一定数量的稳定支架，块体校正、起拱较难，钢构件的连接节点及预制构件的连接件的焊接立缝较多，增加焊接操作的难度。

立拼拼装法可适用于跨度较大、侧向刚度较差的钢结构，如长度为 18m 以上钢柱、跨度 9m 及 12m 窗架、24m 以上钢屋架以及屋架上的天窗架。

（3）利用模具拼装法。模具是指符合工件几何形状或轮廓的模型（外模或内模）。用模具来拼装组焊钢结构，具有产品质量好、生产效率高等许多优点。对成批的板材结构、型钢结构，应当考虑采用模具拼组装。

桁架结构的装配模，往往是以两点连直线的方法制成，其结构简单，使用效果好。构架装配模示意图如图 6-7 所示。

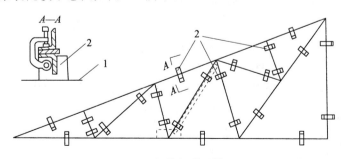

图 6-7 构架装配模

1—工作台 2—模板

3. 钢柱拼装

(1) 施工步骤。

1) 平装。先在柱的适当位置用枕木搭设3～4个支点,如图6-8a)所示。各支承点高度应拉通线,使柱轴线中心线成一水平线,先吊下节柱找平,再吊上节柱,对准两端头,然后找中心线,并将安装螺栓或夹具上紧,最后进行接头焊接,采取对称施焊,焊完一面再翻身焊另一面。

2) 立拼。在下节柱适当位置设2～3个支点,上节柱设1～2个支点,如图6-8b)所示,各支点用水平仪测平垫平。拼装时先吊下节,使牛腿向下,并找平中心,再吊上节,对准两节的节头端,然后找正中心线,并将安装螺栓拧紧,最后进行接头焊接。

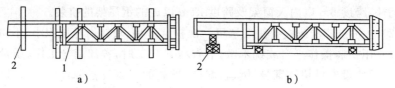

图 6-8　钢柱的拼装

a)平拼拼装点　b)立拼拼装点

1—拼装点　2—枕木

(2) 柱底座板和柱身组合拼装。柱底座板与柱身组合拼装时,应符合下列规定:

1) 将柱身按设计尺寸先行拼装焊接,使柱身达到横平竖直,符合设计和验收标准的要求。如果不符合质量要求,可进行矫正以达到质量要求。

2) 将事先准备好的柱底座板按设计规定尺寸,分清内外方向画结构线并焊挡铁定位,以免在拼装时位移。

3) 柱底座板与柱身组合拼装之前,必须将柱底座板与柱身接触的端面用刨床或砂轮加工平整。同时将柱身分几点垫平,如图6-9所示。使柱身垂直柱底座板,使安装后受力均称,防止产生偏心压力,以达到质量要求。

端部铣平面的允许偏差,见表6-12。

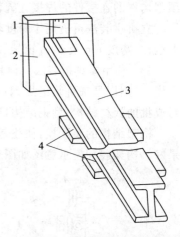

图 6-9　钢柱拼装示意图

1—定位角钢　2—柱底座板

3—柱身　4—水平垫基

4) 拼装时,将柱底座板用平面型钢或角钢头按位置点固,作为定位倒吊挂在柱身平面,并用直角尺检查垂直度和间隙大小,待合格后进行四周全面点固。

为防止焊接变形,应采用对称或对角方法进行焊接。

表 6-12　端部铣平面的允许偏差

项　目	允许偏差/mm
两端铣平时构件长度	±2.0
两端铣平时零件长度	±0.5
铣平面的平面度	0.3
铣平面对轴线的垂直度	$l/1500$

5) 如果柱底座板左右有梯形板时,可先将底座板与柱端接触焊缝焊完后,再组对梯形板,并同时焊接,这样可避免梯形板妨碍底座板缝的焊接。

业务要点 6:钢结构构件成品的表面处理

1. 高强度螺栓摩擦面的处理

采用高强度螺栓连接时,应对构件摩擦面进行加工处理。

摩擦面的处理方法一般有喷砂、酸洗、砂轮打磨等几种,其中喷砂处理过的摩擦面的抗滑移系数值较高,离散率较小。

构件出厂前应按批做试件检验抗滑移系数,试件的处理方法应与构件相同,检验的最小数值应符合设计要求,并附三组试件供安装时复验抗滑移系数。

2. 构件成品的防腐涂装

钢结构构件在加工验收合格后,应进行防腐涂料涂装。但构件焊缝连接处、高强度螺栓摩擦面处不能作防腐涂装,应在现场安装完后,再补刷防腐涂料。

业务要点 7:钢结构构件成品验收

钢结构构件制作完成后,应根据《钢结构工程施工质量验收规范》GB 50205—2001 及其他相关规范、规程的规定进行成品验收。钢结构构件加工制作质量验收,可按相应的钢结构制作工程或钢结构安装工程检验批的划分原则划分为一个或若干个检验批进行。

构件出厂时,应提交产品质量证明(构件合格证)和下列技术文件:

1) 钢结构施工详图、设计更改文件、制作过程中的技术协商文件。

2) 钢材、焊接材料及高强度螺栓的质量证明书及必要的实验报告。

3) 钢零件及钢部件加工质量检验记录。

4) 高强度螺栓连接质量检验记录,包括构件摩擦面处抗滑移系数的试验报告。

5) 焊接质量检验记录。

6) 构件组装质量检验记录。

第三节　钢结构安装工程

本节导读

本节主要介绍钢结构安装工程施工，内容包括单层钢结构安装、多层及高层钢结构安装以及钢网架结构安装等。其内容关系如图 6-10 所示。

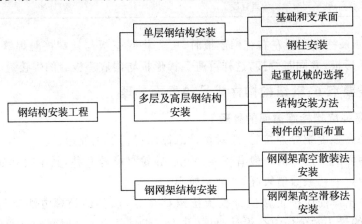

图 6-10　本节内容关系图

业务要点 1：单层钢结构安装

1. 基础和支承面

（1）基础。

1）基础准备。基础准备包括轴线测量、基础支承面的准备、支承表面标高与水平度的检查、地脚螺栓和伸出支承面长度的测量等。安装前应进行检测，符合下列要求后办理交接验收：

① 基础混凝土强度达到设计要求。

② 基础周围回填夯实完毕。

③ 基础的轴线标志和标高基准点准确齐全。

④ 地脚螺栓位置应符合设计要求及其允许偏差应符合表 6-13 的规定。

表 6-13　地脚螺栓（锚栓）尺寸的允许偏差　　　　　（单位：mm）

项　　目	允　许　偏　差
螺栓（锚栓）露出长度	+30.0 0.0
螺纹长度	+30.0 0.0

⑤ 基础表面应平整，二次浇灌处的基础表面应凿毛；地脚螺栓(锚栓)预留孔应清洁；地脚螺栓(锚栓)应完好无损。

2) 当基础顶面或支座直接作为柱的支承面时，支承面标高及水平度应符合表 6-14 的规定，同时要求支承面应平整，无蜂窝、孔洞、夹渣、裂纹、疏松及坑凸等外观缺陷。

表 6-14　支承面、地脚螺栓(锚栓)位置的允许偏差　（单位：mm）

项　　目		允许偏差
支承面	标高	±3.0
	水平度	$l/1000$
地脚螺栓(锚栓)	螺栓中心偏移	5.0
预留孔中心偏移	10.0	

注：l 为支承面长度。

3) 当基础顶面有预埋钢板作为柱的支承面时，钢板顶面标高及水平度应符合表 6-14 的规定，同时要求钢板表面应平整，无焊疤、飞溅及水泥砂浆等污物。

4) 对钢柱脚和基础之间加钢垫板、再进行二次浇灌细石混凝土的基础，钢垫板应符合下列规定：

① 钢垫板面积应根据混凝土的强度等级、柱脚底板承受的荷载和地脚螺栓(锚栓)的紧固拉力计算确定。

钢垫板的面积推荐下式进行近似计算：

$$A = \frac{1000(Q_1 + Q_2)}{C}K \qquad (6-1)$$

式中　A——钢垫板面积(mm^2)；

　　　Q_1——二次浇筑前结构(建筑)重量及施工荷载等(kN)；

　　　Q_2——地脚螺栓(锚栓)紧固拉力(kN)；

　　　C——基础混凝土强度等级(N/mm^2)；

　　　K——安全系数，一般为 3～5。

② 钢垫板应设置在靠近地脚螺栓(锚栓)的柱脚底板加劲板或柱肢下，每根地脚螺栓(锚栓)侧应设 1～2 组垫板，每组垫板不得多于 5 块，垫板与基础顶面和柱脚底面的接触应平整、紧密。

③ 当采用成对斜垫板时，两块垫板斜度应相同，其叠合长度不应小于垫板长度的 2/3。

④ 垫板边缘应清除毛刺、飞边、氧化铁渣，每组垫板之间应贴合紧密，钢柱校正、地脚螺栓(锚栓)紧固后，二次浇灌混凝土前，垫板与柱脚底板、垫板与垫板之间均应焊接固定。

5) 当采用坐浆垫板时,应符合下列规定:

① 坐浆垫板设置位置、数量和面积,应根据无收缩砂浆的强度、柱脚底板承受的荷载和地脚螺栓(锚栓)的紧固拉力计算确定。

② 坐浆垫板的标高、水平度、位置的允许偏差应符合《钢结构工程施工质量验收规范》GB 50205—2001 第 10 章的要求。

③ 采用坐浆垫板时,应采用无收缩砂浆混凝土,砂浆试块强度等级应高于基础混凝土强度一个等级。砂浆试块的取样、制作、养护、试验和评定应符合现行国家标准《混凝土强度检验评定标准》GB/T 50107—2010 的规定。

坐浆垫板是安装行业在近几年来所采用的一项重大革新工艺,它不仅可以减轻施工人员的劳动强度,提高工效,而且可以节约数量可观的钢材。坐浆垫板要承受结构的全部荷载。考虑到坐浆垫板设置后不可调节的特性,因此对坐浆垫板的顶面标高要求较严格,规定误差为−3.0~0mm。

(2) 基础支承面准备的两种方法。

1) 基础一次浇筑到设计标高,即基础表面先浇筑到设计标高以下 20~30mm 处,然后在设计标高处设角钢或钢制导架,测量其标高,再以导架为依据,用水泥砂浆仔细铺筑支座表面。

2) 基础预留标高,即基础表面先浇筑至距设计标高 50~60mm 处,柱子吊装时,在基础面上放钢垫板(不得多于 5 块)以调整标高,待柱子吊装就位后,再在钢柱脚底板下浇筑细石混凝土。

2. 钢柱安装

(1) 吊装。钢柱的吊装一般采用自行式起重机,根据钢柱的重量和长度、施工现场条件,可采用单机、双机或三机吊装,吊装方法可采用滑行法、旋转法、递送法等。

钢柱吊装时,吊点位置和吊点数,根据钢柱形状、长度以及起重机性能等具体情况确定。

一般钢柱刚性都较好,可采用一点起吊,吊耳设在柱顶处,吊装时要保持柱身垂直,易于校正。对细长钢柱,可采用两点或三点起吊,以免变形。

如果不采用焊接吊耳,直接用钢丝绳在钢柱本身绑扎时要注意两点:一是在钢柱四角做包角,以防钢丝绳割断;二是在绑扎点处,为防止工字型钢柱局部受挤压破坏,可增设加强肋板,吊装格构柱,绑扎点处设支撑杆。

(2) 就位、校正。

1) 柱子吊起前,为防止地脚螺栓螺纹损伤,宜用薄钢板卷成套筒套在螺栓上,钢柱就位后,取去套筒。柱子吊起后,当柱底距离基准线达到准确位置,指挥吊车下降就位,并拧紧全部基础螺栓,临时用缆风绳将柱子加固。

2) 柱的校正包括平面位置、标高和垂直度的校正,由于柱的标高校正在基础抄平时已进行,平面位置校正在临时固定时已完成,因此,柱的校正主要是垂直度校正。

3) 钢柱校正方法是:垂直度用吊线坠或经纬仪检验,如果有偏差,采用液压千斤顶或丝杠千斤顶进行校正,底部空隙塞紧铁片或铁垫,或在柱脚和基础之间打入钢楔抬高,以增减垫板校正(图 6-11a)、b));位移校正可用千斤顶顶正(图 6-11c);标高校正用千斤顶将底座少许抬高,然后增减垫板使达到设计要求。

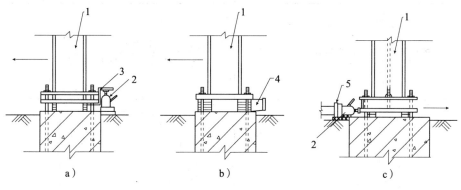

图 6-11　钢柱校正

a)用千斤顶、钢楔校正垂直度　b)用千斤顶、钢楔校正垂直度　c)用液压千斤顶校正位移

1—钢柱　2—小型液压千斤顶　3—工字钢顶架　4—钢楔　5—千斤顶托座

4) 对于杯口基础,柱子对位时应从柱四周向杯口放入 8 个楔块,并用撬棍拨动柱脚,使柱的吊装中心线对准杯口上的吊装准线,并使柱基本保持垂直。柱对位后,应先把楔块略为打紧,再放松吊钩,检查柱沉至杯底后的对中情况,如果符合要求,即可将楔块打紧作柱的临时固定,然后起重钩便可脱钩。吊装细长柱或重型柱时除需按上述进行临时固定外,必要时应增设缆风绳拉锚。

5) 柱最后固定:柱脚校正后柱的垂直度偏差应符合表 6-15 的规定,此时缆风绳不受力,紧固地脚螺栓,并将承重钢垫板上下定位焊固定,防止走动;对于杯口基础,钢柱校正后应立即进行固定,及时在钢柱脚底板下浇筑细石混凝土和包柱脚,以防已校正好的柱子倾斜或移位。其方法是在柱脚与杯口的空隙中浇筑比柱混凝土强度等级高一级的细石混凝土。混凝土浇筑

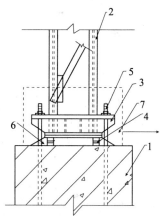

图 6-12　钢柱底脚固定方式

1—柱基础　2—钢柱　3—钢柱脚
4—钢垫板　5—地脚螺栓
6—二次灌浆细石混凝土
7—柱脚外包混凝土

应分两次进行,第一次浇至楔块底面,待混凝土强度达 25% 时拔去楔块,再将混凝土浇满杯口。待第二次浇筑的混凝土强度达 70% 后,才能吊装上部构件。对于其他基础,当吊车梁、屋面结构安装完毕,并经整体校正检查无误后,在结构节点固定之前,再在钢柱脚底板下浇筑细石混凝土固定,如图 6-12 所示。

表 6-15　钢屋(托)架、桁架、梁及受压杆件
垂直度和侧向弯曲矢高的允许偏差　　　　　　　　　　（单位:mm）

项　目	允许偏差	图　例
跨中的垂直度	$h/250$,且不大于 15.0	
侧向弯曲矢高 f	$l\leqslant 30\text{m}$	$l/1000$,且不应大于 10.0	
	$30\text{m}<l\leqslant 60\text{m}$	$l/1000$,且不应大于 30.0	
	$l>60\text{m}$	$l/1000$,且不应大于 50.0	

6）钢柱校正固定后,随即将柱间支撑安装并固定,使成稳定体系。

7）钢柱垂直度校正宜在无风天气的早晨或下午 16 点以后进行,以免由于太阳照射受温差影响,柱子向阴面弯曲,出现较大的水平位移值,而影响其垂直度。

8）除定位焊外,不得在柱构件上焊其他无用的焊点,或在焊缝以外的母材上起弧、熄弧和打火。

业务要点 2:多层及高层钢结构安装

1. 起重机械的选择

（1）起重机类型选择。用于多/高层建筑构件安装的起重机械的选择主要根据主体结构的特点(平面尺寸、高度、构件重量和大小等)、施工现场条件和现有机械条件等因素来确定。目前较多使用的起重机械与单层厂房结构类似,分别是轨道式塔式起重机、自行式起重机(履带式起重机、汽车式起重机、轮胎式起重机)和自升式塔式起重机。其中,履带式起重机起重量大,移动灵活,对外形(平面或立面)不规则的框架结构的吊装而言具有其优越性,但因为它的起重高度和工作幅度较小,因而适用于 5 层以下框架结构的吊装,采用履带式起重机通常是跨内开行,用综合吊装法施工。塔式起重机具有较高的提升高度和较大的工作幅度,吊运特性好,构件吊装灵活,安装效率高,但由于需要铺设轨道,安装拆除耗费工时,因而适用于 5 层以上框架结构的吊装。

(2)型号的选择。塔式起重机型号的选择取决于房屋的高度、宽度和构件的重量。塔式起重机通常采用单侧布置、双侧布置或环形布置等形式,并宜采用爬升式或附着式塔式起重机。

单侧布置时,其回转半径应满足:

$$R \geqslant b + d \tag{6-2}$$

式中　b——房屋宽度;

　　　d——房屋外墙面至轨道中心的距离。

双侧布置时,其回转半径应满足:

$$R \geqslant b/2 + d \tag{6-3}$$

2. 结构安装方法

(1)综合吊装法。综合吊装法是以一个柱网(节间)或若干个柱网(节间)为一个施工段,而以房屋的全高为一个施工层,组织各工序的流水作业。起重机把一个施工段的构件吊装至房屋的全高,然后转移到下一个施工段。当采用自行式起重机吊装框架结构时,或者虽然采用塔式起重机吊装,但由于建筑物四周场地狭窄而不能把起重机布置在房屋外边,或者,由于房屋宽度较大和构件较重,只有把起重机布置在跨内才能满足吊装要求时,则需采用综合吊装法。

(2)分件吊装法。分件吊装法又称做分层分段流水吊装法,就是以一个楼层为一个施工层(如果柱是两节,则以两个楼层为一个施工层),每一个施工层再划分成若干个施工段,以便于构件吊装、校正、焊接以及接头灌浆等工序的流水作业。起重机在每一施工段作数次往返开行,每次开行,吊装该段内某一种构件。施工段的划分,主要取决于建筑物平面的形状和平面尺寸、起重机械的性能及其开行路线、完成各个工序所需的时间和临时固定设备的数量等因素。

分层大流水吊装法是每个施工层不再划分施工段,而按一个楼层组织各工序的流水。

分件吊装法是装配式框架结构最常用的方法。其优点是:容易组织吊装、校正、焊接、灌浆等工序的流水作业;容易安排构件的供应和现场布置工作;每次吊装同类型构件,可减少起重机变幅和索具更换的次数,从而提高吊装速度和效率;各工序的操作比较方便和安全。

3. 构件的平面布置

装配式框架结构除有些较重、较长的柱需在现场就地预制外,其他构件大多在工厂集中预制后运往工地吊装。因此,构件布置主要是解决柱的现场预制的布置和工厂预制构件运来现场后的堆放。构件的平面布置与所选用的吊装方案、起重机性能、构件制作方法或堆放要求等有关,建筑物平面及每个节间构件堆放布置均应位于选用的起重机械臂杆的回转半径范围内,避免和减少现场二次搬运。在工厂集中预制的构件,运到现场后应按照构件平面布置图码放,或采用构件分阶段运送,随运随吊装就位的方法。

业务要点3:钢网架结构安装

1. 钢网架高空散装法安装

(1) 小拼单元的划分与拼装。

1) 将网架根据实际情况合理地分割成各种单主体:直接由单根杆件、单个节点、一球一杆、两球一杆总拼成网架;由小拼单元——一球四杆(四角锥体)、一球三杆(三角锥体)总拼成网架;由小拼单元—中拼单元—总拼成网架。

2) 划分小拼单元时,应考虑网架结构的类型及施工方案等条件。小拼单元一般可分为平面桁架型和锥体型两种。斜放四角锥型网架小拼单元划分成平面桁架型小拼单元时,该桁架缺少上弦,需要加设临时上弦。如果采取锥体型小拼单元,则在工厂中的电焊工作量占 75% 左右,因此斜放四角锥型网架以划分成锥体型小拼单元较有利。两向正交斜放网架小拼单元划分时考虑到总拼时标高控制,每行小拼单元的两端均应在同一标高上。

(2) 网架单元预拼装。采取先在地面预拼装后拆开,再行吊装的措施。但当场地不够时,也利用"套拼"的方法,即两个或三个单元,在地面预拼装,吊取一个单元后,再拼装下一个单元。

(3) 确定合理的高空拼装顺序。安装顺序应根据网架形式、支承类型、结构受力特征、杆件小拼单元、临时稳定的边界条件、施工机械设备的性能和施工场地情况等诸多因素综合确定。

选定的高空拼装顺序应能保证拼装的精度、减少积累的误差。常用的网架拼装顺序有:

1) 平面呈矩形的周边支承两向正交斜放网架

① 总的安装顺序由建筑物的一端向另一端呈三角形推进。

② 因考虑网片安装中,为避免积累的误差,应由网脊线分别向两边安装。

2）平面呈矩形的三边支承两向正交斜放网架

总的安装顺序由建筑物的一端向另一端呈平行四边形推进,在横向由三边框架内侧逐渐向大门方向(外侧)逐条安装。

3）平面呈方形由两向正交正放桁架和两向正交斜放拱、索桁架组成的周边支承网架

总的安装顺序应先安装拱桁架,再安装索桁架,在拱索桁架已固定且已形成能够承受自重的结构体系后,再对称安装周边四角、三角形网架。

（4）严格控制基准轴线位置、标高及垂直偏差,并及时纠正。

1）网架安装应对建筑物的定位轴线（即基准轴线）、支座轴线和支承的标高、预埋螺栓（锚栓）位置进行检查,做出检查记录,办理交接验收手续。支承面、预埋螺栓（锚栓）的允许误差见表6-16。

表 6-16　支承面、预埋螺栓（锚栓）的允许误差　（单位:mm）

项　　目		允许偏差
支承面	标高	0 −30
	水平度	$l/1000$（l 为短边长度）
预埋螺栓（锚栓）	螺栓中心偏移	5.0
	螺栓露出长度	±30.0 0
	螺纹长度	±30.0 0
预留孔中心偏移		10.0
检查数量		按柱基数抽查10%,且不少于3个

2）网架安装过程中,应对网架支座轴线、支承面标高（或网架下弦标高、网架屋脊线、檐口线位置和标高）进行跟踪控制。发现误差积累要及时纠正。

3）采用网片和小拼单元进行拼装时,要严格控制网片和小拼单元的定位线和垂直度。

4）各杆件与节点连接时中心线应汇交于一点;焊接球、螺栓球应汇交于球心。

5）网架结构总拼完成后,纵横向长度偏差、支座中心偏移、相邻支座偏移、相邻支座高差、最低最高支座差等指标均应符合网架规程要求。

（5）拼装支架的设置。支架既是操作平台支架,又是网架拼装成型的承力架。因此,支架搭设位置必须对准网架下弦节点。

支架一般用扣件和钢管搭设,它应具有整体稳定性和在荷载作用下有足够

的刚度,应将支架本身的弹性压缩、接头变形、地基沉降等引起的总沉降值控制在 5mm 以下。因此,为了调整沉降值和卸荷方便,可在网架下弦节点与支架之间设置调整标高用的千斤顶。

拼装支架必须牢固,设计时应对单肢稳定、整体稳定进行验算,并估算沉降量。其中单肢稳定验算可按一般钢结构设计方法进行。

(6) 拼装操作。总的拼装顺序是从建筑物的一端开始向另一端以两个三角形同时推进,当两个三角形相交后,则按人字形逐榀向前推进,最后在另一端的正中合拢。每榀块体的安装顺序,在开始两个三角形部分是由屋脊部分开始分别向两边拼装,两个三角形相交后,则由交点开始同时向两边拼装。

吊装分块用两台履带式或塔式起重机进行,钢制拼装支架可局部搭设成活动式,也可满堂红搭设。分块拼装后,在支架上分别用方木和千斤顶顶住网架中央竖杆下方进行标高调整,其他分块则边拼装边拧紧高强螺栓,与已拼好的分块连接即可。

(7) 焊接。在钢管球节点的网架结构中,当钢管厚度大于 6mm 时,必须开坡口。在要求钢管与球全焊透连接时,钢管与球壁之间必须留有 1~2mm 的间隙并加衬管,来保证焊缝与钢管的等强连接。

如果将坡口(不留根)钢管直接与环壁顶紧后焊接,则必须用单面焊接双面成型的焊接工艺。

(8) 支顶点的拆除。

1) 拼装支承点(临时支座)拆除必须遵循"变形协调,卸载均衡"的原则,否则会导致临时支座超载失稳,或者网架结构局部甚至整体受损。

2) 临时支座拆除顺序和方法:将中央、中间和边缘三个区分阶段按比例下降。由中间向四周,中心对称进行。为防止个别支承点集中受力,应根据各支撑点的结构自重挠度值,采用分区分阶段按 2:1.5:1 的比例下降或用每步不大于 10mm 等步下降法拆除临时支承点。

3) 拆除临时支承点应注意的事项:

检查千斤顶行程是否满足支承点下降高度,关键支承点要增设备用千斤顶。降落过程中,统一指挥责任到人,遇有问题由总指挥处理解决。

(9) 螺栓球节点网架总拼。

1) 螺栓球节点网架拼装时,一般是先拼下弦,将下弦的标高和轴线调整好后,全部拧紧螺栓,起定位作用。

2) 开始连接腹杆,螺栓不应拧紧,但必须使其与下弦连接端的螺栓吃上劲,若吃不上劲,在周围螺栓都拧紧后,这个螺栓就可能偏歪(因锥头或封板的孔较大),导致无法拧紧。

3) 连接上弦时,开始不能拧紧。当分条拼装时,安装好三行上弦球后,即可将前两行抄到中轴线,这时可通过调整下弦球的垫块高低进行,然后固定第一排锥体的两端支座,同时将第一排锥体的螺栓拧紧。

下面的拼装按以上各条循环进行。

4)在整个网架拼装完成后,必须进行一次全面检查,检查螺栓是否拧紧。

5)高空拼装时,一般从一端开始,以一个网格为一排,逐排步进。

拼装顺序为:下弦节点→下弦杆→腹杆及上弦节点→上弦杆→校正→全部拧紧螺栓。

校正前的各道工序螺栓均不拧紧。

如果经过试拼确有把握时,也可以一次拧紧。

(10)空心球节点网架总拼。

1)空心球节点网架高空拼装是将小单元或散件(单根杆件及单节点)直接在设计位置进行总拼。

2)为保证网架在总拼过程中具有较少的焊接应力和利于调整尺寸,合理的总拼顺序应该是从中间向两边或从中间向四周发展。

3)焊接网架结构严禁形成封闭圈,固定在封闭圈中焊接会产生很大的收缩应力。

4)为确保安装精度,在操作平台上选一个适当位置进行一组试拼,检查无误后,才能正式开始拼装。

网架焊接时一般先焊下弦,使下弦收缩而略向上拱,然后焊接腹杆及上弦,如果先焊上弦,则易导致不易消除的人为挠度。

5)为防止网架在拼装过程中(由于网架自重和支架网度较差)出现挠度,可预先设施工起拱,起拱度一般为 10~15mm。

(11)防腐处理。

1)网架的防腐处理包括制作阶段对构件及节点的防腐处理和拼装后最终的防腐处理。

2)焊接球与钢管连接时,钢管及球均不与大气相通,对于新轧制的钢管的内壁可不除锈,直接刷防锈漆即可,对于旧钢管内外均应认真除锈,并刷防锈漆。

3)螺栓球与钢管的连接应属于与大气相通的状态,尤其是拉杆,杆件在受拉力后变形,必然产生缝隙,南方地区较潮湿,水汽有可能进入高强度螺栓或钢管中,不利于高强度螺栓。

网架承受大部分荷载后,对各个接头用油腻子将所有空余螺孔及接缝处填嵌密实,并补刷防锈漆,以确保不留渗漏水汽的缝隙。

4)电焊后对已刷油漆破坏掉及焊缝漏刷油漆的情况,按规定补刷好油漆。

2. 钢网架高空滑移法安装

（1）滑移方式的选择。

1）单条滑移法。将条状单元一条一条地分别从一端滑移到另一端就位安装，各条之间分别在高空再行连接，即逐条滑移，逐条连成整体。

2）逐条累计滑移法。先将条状单元滑移一段距离（能连接上第一单元的宽度即可），连接好第二单元后，两条一起再滑移一段距离（宽度同上），再连接第三条，三条又一起滑移一段距离，如此循环操作直到接上最后一条单元为止。

3）按摩擦方式可分为滑动式和滚动式两类。滑动式滑移即网架支座直接搁置在滑轨上，网架滑移时通过支座底板与滑轨的滑动摩擦方式进行；滚动式滑移即网架装上滚轮，网架滑移时通过滚轮与滑轨的滚动摩擦方式进行。

4）按滑移坡度可分为水平滑移、上坡滑移和下坡滑移三类。当建筑平面为矩形时，可采用水平滑移或下坡滑移；当建筑平面为梯形时，长边低、短边高、上弦节点支承式网架，则可采用上坡滑移。

5）按滑移时力作用方向可分为顶推法和牵引法两类。顶推法即用千斤顶顶推网架后方，使网架前进，作用点受压力；牵引法即将钢丝绳钩扎于网架前方，用卷扬机或手扳葫芦拉动钢丝绳，牵引网架前进，作用点受拉力。

（2）架设拼装平台。

1）拼装平台位置选择。高空平台一般设在网架的端部、中部或侧部，应尽可能搭在已建结构物上，利用已建结构物的局部或全部作为高空平台。

高空拼装平台搭设要求。搭设宽度应由网架分割条（块）状尺寸确定，一般应大于两个网架节间的宽度。高空拼装平台标高应由滑轨顶面标高确定。

2）在确定滑移轨道数量和位置时，应对网架进行以下验算：

① 当跨度中间有支点时，杆件内力、支点反力和挠度值。

② 当跨度中间无支点时，杆件内力和跨中挠度值。

当网架滑移单元由于增设中间滑轨引起杆件内力变化时，应采取临时加固措施。

3）滑移平台由钢管脚手架或升降调平支撑组成，起始点尽可能利用已建结构物，如门厅、观众厅，高度应比网架下弦低 40cm，便于在网架下弦节点与平台之间设置千斤顶，用来调整标高，平台上面铺设安装模架，平台宽应略大于两个节间。

（3）网架滑移安装。先在地面将杆件拼装成两球一杆和四球五杆的小拼构件，然后用悬臂式桅杆、塔式或履带式起重机，按组合拼接顺序吊到拼接平台上进行扩大拼装。先就位定位焊，焊接网架下弦方格，再定位焊立起横向跨度方向角腹杆。每节间单元网架部件定位焊拼接顺序，由跨中向两端对称进行，焊完后临时加固。滑移准备工作完毕,进行全面检查无误,开始试滑 50cm,再检查无误,正式滑行。牵引可用铰链或慢速卷扬机进行,并设减速滑轮组。牵引点应分散设置,滑移速度不宜大于 1m/min,并要求做到两边同步滑移。当网架跨度大于 50m 时,应在跨中增设一条平稳滑道或辅助支顶平台。

(4)同步控制。当拼装精度要求不高时,控制同步可在网架两侧的梁面上标出尺寸,牵引时同时报滑移距离。当同步要求较高时可采用自整角机同步指示装置。以便集中于指挥台随时观察牵引点移动情况,读数精度为 1mm,网架规程规定当网架滑移时,两端不同步值不应大于 50mm。

(5)支座降落。当网架滑移完毕,经检查,各部尺寸、标高和支座位置等符合设计要求后,可用千斤顶或起落器抬起网架支承点,抽出滑轨,使网架平稳过渡到支座上。待网架下挠稳定,装配应力释放完后,才能进行支座固定。

(6)挠度控制。当网架单条滑移时,施工挠度情况与分条安装法相同。当逐条累计滑移时,滑移过程中仍然是两端自由搁置立体桁架。如果网架设计时未考虑分条滑移的特点,网架高度设计得较小,这时网架滑移时的挠度将会超过形成整体后的挠度,处理办法是增加施工起拱度、开口部分增加三层网架、在中间增设滑轨等。

组合网架由于无上弦而是钢筋混凝土板,不得在施工中产生一定挠度后又再抬高等反复变形,因此,设计时应验算组合网架分条后的挠度值,一般应适当加高,施工中不应进行抬高调整。

(7)滑轨与导向轮。

1)滑轨。

滑轨的形式较多,可根据各工程实际情况选用。滑轨与圈梁顶预埋件连接可用螺栓或电焊连接。

滑轨位置与标高根据工程具体情况而定。

滑轨的接头必须垫实、光滑。当采用滑动式滑移时,还应在滑轨上涂刷润滑油。滑轨前后都应做成圆弧导角,否则易产生"卡轨"。

2)导向轮。

导向轮是保险装置。在正常情况下,滑移时导向轮是脱开的,只有当同步差超过规定值或拼装偏差在某处较大时才顶上导轨。但在实际工程中,由于制作拼装上的偏差,卷扬机不同时间的启动或停车也会导致导向轮顶上导轨。

导向轮一般安装在导轨内侧,间隙为 10~20mm。

(8)牵引力与牵引速度。

1)牵引力。

网架水平滑移时的牵引力,可按下式计算。

① 当为滑动摩擦时:

$$F_t \geqslant \mu_1 \xi G_{0k} \tag{6-4}$$

式中　F_t——总启动牵引力；

G_{0k}——网架总自重标准值；

μ_1——滑动摩擦系数。在自然轧制表面经粗除锈充分润滑的钢与钢之间可取 $0.12 \sim 0.15$；

ξ——阻力系数，当有其他因素影响牵引力时，可取 $1.3 \sim 1.5$。

② 当为滚动摩擦时：

$$F_t \geqslant \left(\frac{k}{r_1} + \mu_2 \frac{r}{r_1} \right) G_{0k} \tag{6-5}$$

式中　F_t——总启动牵引力；

G_{0k}——网架总自重标准值；

k——钢制轮与钢之间滚动摩擦系数，取 $5mm$；

μ_2——摩擦系数。在滚轮与滚轮轴之间，或经机械加工后充分润滑的钢与钢之间可取 0.1；

r_1——滚轮的外圆半径（mm）；

r——轴的半径（mm）。

计算的结果系指总的牵引力。如果选用两点牵引滑移，将上式结果除 2 得每边卷扬机所需的牵引力。两台卷扬机牵引力在滑移过程中是不等的，当正常滑移时，两台卷扬机牵引力之比约为 $1:0.7$，个别情况为 $1:0.5$。因此建议选用卷扬机功率应适当放大。

2）牵引速度。

为了保证网架滑移时的平稳性，牵引速度不宜太快，根据经验牵引速度控制在 $1m/min$ 左右较好。因此，如果采用卷扬机牵引应通过滑轮组降速。为使网架滑移时受力均匀和滑移平稳，当滑移单元逐条积累较长时，宜增设钩扎点。

第四节　钢结构涂装工程

本节导读

本节主要介绍钢结构涂装工程施工，内容包括钢材表面锈蚀等级和除锈等级、防腐涂料的选用、除锈方法介绍、钢结构防腐涂装施工以及钢结构防火涂装施工等。其内容关系如图 6-13 所示。

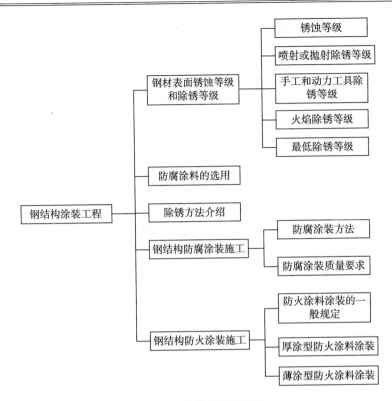

图 6-13　本节内容关系图

业务要点 1：钢材表面锈蚀等级和除锈等级

1. 锈蚀等级

钢材表面分 A、B、C 和 D 四个锈蚀等级，各等级文字说明如下：

1）A 级指全面地覆盖着氧化皮而几乎没有铁锈的钢材表面。

2）B 级指已发生锈蚀，并且部分氧化皮已经剥落的钢材表面。

3）C 级氧化皮指已因锈蚀而剥落或可以刮除，并有少量点蚀的钢材表面。

4）D 级氧化皮指已因锈蚀而全面剥离，并且已普遍发生点蚀的钢材表面。

2. 喷射或抛射除锈等级

喷射或抛射除锈分四个等级，其文字部分叙述如下：

Sa1——轻度的喷射或抛射除锈。

钢材表面应无可见的油脂或污垢，并且没有附着不牢的氧化皮、铁锈和油漆涂层等附着物。附着物是指焊渣、焊接飞溅物和可溶性盐等。附着不牢是指氧化皮、铁锈和油漆涂层等能以金属腻子刀从钢材表面剥离掉，即可视为附着不牢。

Sa2——彻底的喷射或抛射除锈。

钢材表面无可见的油脂和污垢,并且氧化皮、铁锈等附着物已基本清除,其残留物应是牢固附着的。

Sa2$\frac{1}{2}$——非常彻底的喷射或抛射除锈。

钢材表面无可见的油脂、污垢、氧化皮、铁锈和油漆涂层等附着物,任何残留的痕迹应仅是点状或条纹状的轻微色斑。

Sa3——使钢材表观洁净的喷射或抛射除锈。

钢材表面应无可见的油脂、污垢、氧化皮、铁锈和油漆涂层等附着物,该表面应显示均匀的金属光泽。

3. 手工和动力工具除锈等级

手工和动力工具除锈等级,其文字部分叙述如下:

St2——彻底的手工和动力工具除锈。

钢材表面应无可见的油脂和污垢,并且没有附着不牢的氧化皮、铁锈和油漆涂层等附着物。

St3——非常彻底的手工和动力工具除锈。

钢材表面应无可见的油脂和污垢,并且没有附着不牢的氧化皮、铁锈和油漆涂层等附着物。除锈应比 St2 更为彻底,底材显露部分的表面应具有金属光泽。

4. 火焰除锈等级

火焰除锈等级,其文字叙述如下:

F1——火焰除锈。

钢材表面应无氧化皮、铁锈和油漆涂层等附着物,任何残留的痕迹应仅为表面变色(不同颜色的暗影)。

5. 最低除锈等级

各种底漆或防锈漆要求的最低除锈等级见表 6-17。

表 6-17 各种底漆或防锈漆要求的最低除锈等级

涂料品种	除锈等级
油性酚醛、醇酸等漆或防锈漆	St2
高氯化聚乙烯、氯化橡胶、氯磺化聚乙烯、环氧树脂、聚氨酯等底漆或防锈漆	Sa2
无机富锌、有机硅、过氯乙烯等底漆	Sa2$\frac{1}{2}$

业务要点 2:防腐涂料的选用

钢结构防腐涂料的种类很多,其性能也各不相同,选用时除参考表 6-18 的规定外,还应充分考虑以下各方面的因素,因为对涂料品种的选择是直接决定涂装工程质量好坏的因素之一。

表 6-18　各种涂料性能比较

涂料种类	优　点	缺　点
油脂类	耐大气性较好;适用于室内外作打底罩面用;价廉;涂刷性能好,渗透性好	干燥较慢、膜软;力学性能差;水膨胀性大;不能打磨抛光;不耐碱
天然树脂漆	干燥比油脂漆快;短油度的漆膜坚硬好打磨;长油度的漆膜柔韧,耐大气性好	力学性能差;短油度的耐大气性差;长油度的漆不能打磨、抛光
酚醛树脂漆	漆膜坚硬,耐水性良好;纯酚醛的耐化学腐蚀性良好;有一定的绝缘强度;附着力好	漆膜较脆;颜色易变深;耐大气性比醇酸漆差,易粉化;不能制白色或浅色漆
沥青漆	耐潮、耐水好;价廉;耐化学腐蚀性较好;有一定的绝缘强度;黑度好	色黑;不能制白及浅色漆;对日光不稳定;有渗色性;自干漆;干燥不爽滑
醇酸漆	光泽较亮;耐候性优良;施工性能好,可刷、可喷、可烘;附着力较好	漆膜较软;耐水、耐碱性差;干燥较挥发性漆慢;不能打磨
氨基漆	漆膜坚硬,可打磨抛光;光泽亮,丰满度好;色浅,不易泛黄;附着力较好;有一定耐热性;耐候性好;耐水性好	需高温下烘烤才能固化;经烘烤过度,漆膜发脆
硝基漆	干燥迅速;耐油;漆漠坚韧;可打磨抛光	易燃;清漆不耐紫外光线;不能在60℃以上温度使用;固体分低
纤维素漆	耐大气性、保色性好;可打磨抛光;个别品种有耐热、耐碱性;绝缘性也好	附着力较差;耐潮性差;价格高
过氯乙烯漆	耐候性优良;耐化学腐蚀性优良;耐水、耐油;防延燃性好;三防性能较好	附着力较差;打磨抛光性能较差;不能在70℃以上高温使用;固体分低
乙烯漆	有一定柔韧性;色泽浅淡;耐化学腐蚀性较好;耐水性好	耐溶剂性差;固体分低;高温易碳化;清漆不耐紫外光线
丙烯酸漆	漆膜色线,保色性良好;耐候性优良;有一定耐化学腐蚀性;耐热性较好	耐溶剂性差;固体分低
聚酯漆	固体分高;耐一定的温度;耐磨能抛光;有较好的绝缘性	干性不易掌握;施工方法较复杂;对金属附着力差
环氧漆	附着力强;耐碱、耐熔剂;有较好的绝缘性能;漆膜坚韧	室外暴晒易粉化;保光性差;色泽较深;漆膜外观较差
聚氨酯漆	耐磨性强,附着力好;耐潮、耐水、耐溶剂性好;耐化学和石油腐蚀;具有良好的绝缘性	漆膜易转化、泛黄;对酸、碱、盐、醇、水等物很敏感,因此施工要求高;有一定毒性
有机硅漆	耐高温;耐候性极优;耐潮、耐水性好;其有良好的绝缘性	耐汽油性差;漆膜坚硬较脆;一般需要烘烤干燥;附着力较差
橡胶漆	耐化学腐蚀性强;耐水性好;耐磨	易变色;清漆不耐紫外光;耐溶性差;个别品种施工复杂

1) 使用场合和环境是否有化学腐蚀作用的气体,是否为潮湿环境。

2) 是打底用,还是罩面用。

3) 选择涂料时应考虑在施工过程中涂料的毒性、稳定性以及所需的温度条件。

4) 按工程质量要求、技术条件、经济效果、耐久性、非临时性工程等因素,来选择适当的涂料品种。不应将优质品种降格使用,也不应勉强使用达不到性能指标的品种。

业务要点 3:除锈方法介绍

1) 在涂装之前,必须对钢构件表面进行除锈。除锈方法应符合设计要求或根据所用涂层类型的需要确定,并达到设计规定的除锈等级。常用的除锈方法有喷射除锈、抛射除锈、手工和动力工具除锈等。

2) 喷射除锈和抛射除锈。

① 喷射除锈是利用经过油、水分离处理过的压缩空气将磨料带入并通过喷嘴以高速射向钢材表面,利用磨料的冲击和摩擦力除掉铁锈、氧化皮及污物等,同时使表面获得一定的粗糙度,以利于漆膜的附着。

抛射除锈是利用抛射机叶轮中心吸入磨料和叶尖抛射磨料的作用进行工作。抛射机内的磨料被叶轮加速后,射向物体表面,以高速的冲击和摩擦力除去钢材表面的铁锈和氧化皮等污物。

② 喷射除锈和抛射除锈使用的(包括重复使用)磨料及其喷射工艺指标,应符合表 6-19 的规定。

表 6-19 磨料种类及喷射工艺标准

磨料名称	磨料籽径/mm	压缩空气压力/MPa	喷嘴最小直径/mm	喷射角/(°)	喷距/mm
石英砂	3.2～0.63,0.8 筛余量大于 40%	0.50～0.60	6～8	35～70	
金刚石	2.0～0.63,0.8 筛余量大于 40%	0.35～0.45			100～200
钢线籽	线籽直径 1.0,长度等于直径,其偏差小于直径的 40%	0.50～0.60	4～5	35～75	
铁丸或钢丸	1.6～0.63,0.8 筛余量大于 40%				

③ 施工现场环境湿度高于 80%,或钢材表面温度低于空气露点温度 3℃时,禁止喷射除锈施工。

④ 喷射除锈后的钢材表面粗糙度,宜小于涂层总厚度的 1/3～1/2。

3) 手工和动力工具除锈。

手工除锈:主要是用刮刀、手锤、砂布和钢丝刷等工具除锈。

动力工具除锈:主要是用风动或电动砂轮、刷轮和除锈机等动力工具除锈。

钢材除锈后,应用刷子或无油、水的压缩空气清理钢材表面,除去锈尘等污物,并应在当天涂完底漆。

4)钢材表面除锈等级应符合设计要求。当设计无要求时,除锈等级应符合表 6-17 的规定。

业务要点 4:钢结构防腐涂装施工

1. 防腐涂装方法

钢结构防腐涂装,常用的施工方法有刷涂法和喷涂法两种。

(1)刷涂法。应用较广泛,适宜于油性基料刷涂。因为油性基料虽干燥得慢,但渗透性大,流平性好,不论面积大小,刷起来都会平滑流畅。一些形状复杂的构件,使用刷涂法也比较方便。

(2)喷涂法。施工工效高,适合于大面积施工,对于快干和挥发性强的涂料尤为适合。喷涂的漆膜较薄,为了达到设计要求的厚度,有时需要增加喷涂的次数。喷涂施工比刷涂施工涂料损耗大,一般要增加 20％左右。

2. 防腐涂装质量要求

1)涂料、涂装遍数、涂层厚度均应符合设计要求。当设计对涂层厚度无要求时,涂层干漆膜总厚度:室外应为 150μmm,室内应为 $125\mu m$,其允许偏差为 $-25\mu m$。每遍涂层干漆膜厚度的允许偏差为 -5μmm。

2)配制好的涂料不宜存放过久,涂料应在使用的当天配制。稀释剂的使用应按说明规定执行,不得随意添加。

3)涂装时的环境温度和相对湿度应符合涂料产品说明书的要求,当产品说明书无要求时,环境温度宜在 $5\sim38℃$ 之间,相对湿度不应大于 85％。涂装时构件表面不应有结露,涂装后 4h 内应保护免受雨淋。

4)施工图中注明不涂装的部位不得涂装。焊缝处、高强度螺栓摩擦面处,暂不涂装,现场安装完后,再对焊缝及高强度螺栓接头处补刷防腐涂料。

5)涂装应均匀,无明显起皱、流挂、针眼和气泡等,附着应良好。

6)涂装完毕后,应在构件上标注构件的编号。大型构件应标明其重量、构件重心位定位标记。

业务要点 5:钢结构防火涂装施工

1. 防火涂料涂装的一般规定

1)防火涂料的涂装,应在钢结构安装就位,并经验收合格后进行。

2)钢结构防火涂料涂装前钢材表面应除锈,并根据设计要求涂装防腐底漆。防腐底漆与防火涂料不应发生化学反应。

3)防火涂料涂装基层不应有油污、灰尘和泥砂等污垢。钢构件连接处 4～

12mm 宽的缝隙应采用防火涂料或其他防火材料填补堵平。

4）对大多数防火涂料而言，施工过程中和涂层干燥固化前，环境温度应宜保持在 5～38℃之间，相对湿度不应大于 85％，空气应流动。涂装时构件表面不应有结露，涂装后 4h 内应保护免受雨淋。

2. 厚涂型防火涂料涂装

（1）施工方法与机具。厚涂型防火涂料一般采用喷涂施工。机具可为压送式喷涂机或挤压泵，配能自动调压的 0.6～0.9m³/min 的空压机，喷枪口径为 6～12mm，空气压力为 0.4～0.6MPa。局部修补可采用抹灰刀等工具手工抹涂。

（2）涂料的搅拌与配置。

1）由工厂制造好的单组分湿涂料，现场应采用便携式搅拌器搅拌均匀。

2）由工厂提供的干粉料，现场加水或用其他稀释剂调配，应按涂料说明书规定配比混合搅拌，边配边用。

3）由工厂提供的双组分涂料，按配制涂料说明规定的配比混合搅拌，边配边用。特别是化学固化干燥的涂料，配制的涂料必须在规定的时间内用完。

4）搅拌和调配涂料，使稠度适宜，即能在输送管道中畅通流动，喷涂后不会流淌和下坠。

（3）施工操作。

1）喷涂应分 2～5 次完成，第一次喷涂以基本盖住钢材表面即可，以后每次喷涂厚度为 5～10mm，一般以 7mm 左右为宜。通常情况下，每天喷涂一遍即可。

2）喷涂时，应注意移动速度，不能在同一位置久留，以免造成涂料堆积流淌；配料及往挤压泵加料应连续进行，不得停顿。

3）施工工程中，应采用测厚针检测涂层厚度，直到符合设计规定的厚度方可停止喷涂。

4）喷涂后的涂层要适当维修，对明显的乳突，应采用抹灰刀等工具剔除，以确保涂层表面均匀。

3. 薄涂型防火涂料涂装

（1）施工方法与机具。

1）喷涂底层、主涂层涂料，宜采用重力（或喷斗）式喷枪，配能自动调压的 0.6～0.9m³/min 的空压机。喷嘴直径为 4～6mm，空气压力为 0.4～0.6MPa。

2）面层装饰涂料，一般采用喷涂施工，也可以采用刷涂或滚涂的方法。喷涂时，应将喷涂底层的喷嘴直径换为 1～2mm，空气压力调为 0.4MPa。

3）局部修补或小面积施工，可采用抹灰刀等工具手工抹涂。

（2）施工操作。

　　1）底层及主涂层一般应喷 2～3 遍，每遍间隔 4～24h，待前遍基本干燥后再喷后一遍。头遍喷涂以盖住基底面 70% 即可，二、三遍喷涂每遍厚度不超过 25mm 为宜。施工工程中应采用测厚针检测涂层厚度，确保各部位涂层达到设计规定的厚度。

　　2）面层涂料一般涂饰 1～2 遍。若头遍从左至右喷涂，二遍则应从右至左喷涂，以确保全部覆盖住下部主涂层。

第七章　防水与屋面工程

第一节　地下工程用防水材料

◎ **本节导读**

　　本节主要介绍地下工程用防水材料，内容包括防水卷材、防水涂料、止水密封材料以及其他防水材料等。其内容关系如图 7-1 所示。

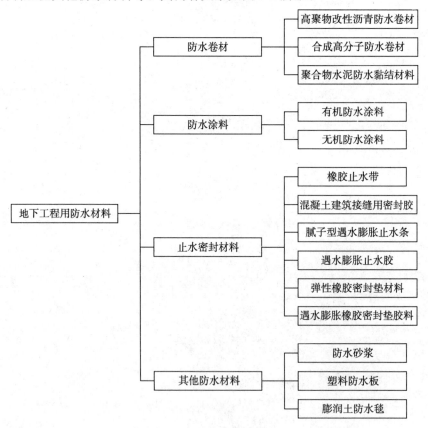

图 7-1　本节内容关系图

地下工程用防水材料
- 防水卷材
  - 高聚物改性沥青防水卷材
  - 合成高分子防水卷材
  - 聚合物水泥防水黏结材料
- 防水涂料
  - 有机防水涂料
  - 无机防水涂料
- 止水密封材料
  - 橡胶止水带
  - 混凝土建筑接缝用密封胶
  - 腻子型遇水膨胀止水条
  - 遇水膨胀止水胶
  - 弹性橡胶密封垫材料
  - 遇水膨胀橡胶密封垫胶料
- 其他防水材料
  - 防水砂浆
  - 塑料防水板
  - 膨润土防水毯

业务要点 1:防水卷材

1. 高聚物改性沥青防水卷材

高聚物改性沥青防水卷材的主要物理性能应符合表 7-1 的要求。

表 7-1　高聚物改性沥青防水卷材的主要物理性能

项　　目		指　　标				
		弹性体改性沥青防水卷材			自粘聚合物改性沥青防水卷材	
		聚酯毡胎体	玻纤毡胎体	聚乙烯膜胎体	聚酯毡胎体	无胎体
可溶物含量/(g/m²)		3mm 厚≥2100 4mm 厚≥2900			3mm 厚≥2100	—
拉伸性能	拉力 /(N/50mm)	≥800 (纵横向)	≥500 (纵横向)	≥140(纵向) ≥120(横向)	≥450 (纵横向)	≥180 (纵横向)
	延伸率/%	最大拉力时 ≥40(纵横向)	—	断裂≥250 (纵横向)	最大拉力时 ≥30(纵横向)	断裂时≥200 (纵横向)
低温柔度/℃		−25,无裂纹				
热老化后低温柔度/℃		−20,无裂纹			−22,无裂纹	
不透水性		压力 0.3MPa,保持时间 120min,不透水				

2. 合成高分子防水卷材

合成高分子防水卷材的主要物理性能应符合表 7-2 的要求。

表 7-2　合成高分子防水卷材的主要物理性能

项　　目	指　　标			
	三元乙丙橡胶防水卷材	聚氯乙烯防水卷材	聚乙烯丙纶复合防水卷材	高分子自粘胶膜防水卷材
断裂拉伸强度	≥7.5MPa	≥12MPa	≥60N/10mm	≥100N/10mm
断裂伸长率/%	≥450	≥250	≥300	≥400
低温弯折性/℃	−40,无裂纹	−20,无裂纹	−20,无裂纹	−20,无裂纹
不透水性	压力 0.3MPa,保持时间 120min,不透水			
撕裂强度	≥25kN/m	≥40kN/m	≥20N/10mm	≥120N/10mm
复合强度(表层与芯层)	—	—	≥1.2kN/m	—

3. 聚合物水泥防水黏结材料

聚合物水泥防水黏结材料的主要物理性能应符合表 7-3 的要求。

表 7-3　聚合物水泥防水黏结材料的主要物理性能

项　　目		指　　标
与水泥基面的黏结 拉伸强度/MPa	常温 7d	≥0.6
	耐水性	≥0.4
	耐冻性	≥0.4
可操作时间/h		≥2
抗渗性/(MPa,7d)		≥1.0
剪切状态下的黏合性 /(N/mm,常温)	卷材与卷材	≥2.0 或卷材断裂
	卷材与基面	≥1.8 或卷材断裂

业务要点 2:防水涂料

1. 有机防水涂料

有机防水涂料的主要物理性能应符合表 7-4 的要求。

表 7-4　有机防水涂料的主要物理性能

项　　目		指　　标		
		反应型防水涂料	水乳型防水涂料	聚合物水泥防水涂料
可操作时间/min		≥20	≥50	≥30
潮湿基面黏结强度/MPa		≥0.5	≥0.2	≥1.0
抗渗性/MPa	涂膜(120min)	≥0.3	≥0.3	≥0.3
	砂浆迎水面	≥0.8	≥0.8	≥0.8
	砂浆背水面	≥0.3	≥0.3	≥0.6
浸水 168h 后拉伸强度/MPa		≥1.7	≥0.5	≥1.5
浸水 168h 后断裂伸长率/%		≥400	≥350	≥80
耐水性/%		≥80	≥80	≥80
表干/h		≤12	≤4	≤4
实干/h		≤24	≤12	≤12

2. 无机防水涂料

无机防水涂料的主要物理性能应符合表 7-5 的要求。

表 7-5　无机防水涂料的主要物理性能

项　　目	指　　标	
	掺外加剂、掺和料水泥基防水涂料	水泥基渗透结晶型防水涂料
抗折强度/MPa	>4	≥4
黏结强度/MPa	>1.0	≥1.0
一次抗渗性/MPa	>0.8	>1.0
二次抗渗性/MPa	—	>0.8
冻融循环/次	>50	>50

业务要点3：止水密封材料

1. 橡胶止水带

橡胶止水带的主要物理性能应符合表7-6的要求。

表7-6　橡胶止水带的主要物理性能

项　目		指　标		
		变形缝用止水带	施工缝用止水带	有特殊耐老化要求的接缝用止水带
硬度(邵尔A,度)		60±5	60±5	60±5
拉伸强度/MPa		≥15	≥12	≥10
扯断伸长率/%		≥380	≥380	≥300
压缩永久变形/%	70℃×24h	≤35	≤35	≤25
	23℃×168h	≤20	≤20	≤20
撕裂强度/(kN/m)		≥30	≥25	≥25
脆性温度/℃		≤−45	≤−40	≤−40
热空气老化	70℃×168h 硬度变化(邵尔A,度)	+8	+8	—
	70℃×168h 拉伸强度/MPa	≥12	≥10	—
	70℃×168h 扯断伸长率/%	≥300	≥300	—
	100℃×168h 硬度变化(邵尔A,度)	—	—	+8
	100℃×168h 拉伸强度/MPa	—	—	≥9
	100℃×168h 扯断伸长率/%	—	—	≥250
橡胶与金属黏合		断面在弹性体内		

注：橡胶与金属黏合指标仅适用于具有钢边的止水带。

2. 混凝土建筑接缝用密封胶

混凝土建筑接缝用密封胶的主要物理性能应符合表7-7的要求。

表7-7　混凝土建筑接缝用密封胶的主要物理性能

项　目			指　标			
			25(低模量)	25(高模量)	20(低模量)	20(高模量)
流动性	下垂度(N形)	垂直/mm	≤3			
		水平/mm	≤3			
	流平性(S形)		光滑平整			
	挤出性/(ml/min)		≥80			

项　目		指标			
		25（低模量）	25（高模量）	20（低模量）	20（高模量）
弹性恢复率/％		≥80		≥60	
拉伸模量/MPa	23℃ −20℃	≤0.4 和 ≤0.6	>0.4 或 >0.6	≤0.4 和 ≤0.6	>0.4 或 >0.6
定伸黏结性		无破坏			
浸水后定伸黏结性		无破坏			
热压冷拉后黏结性		无破坏			
体积收缩率/％		≤25			

注：体积收缩率仅适用于乳胶型和溶剂型产品。

3. 腻子型遇水膨胀止水条

腻子型遇水膨胀止水条的主要物理性能应符合表 7-8 的要求。

表 7-8　腻子型遇水膨胀止水条的主要物理性能

项　目	指　标
硬度（C 型微孔材料硬度计，度）	≤40
7d 膨胀率	≤最终膨胀率的 60％
最终膨胀率（21d，％）	≥220
耐热性（80℃×2h）	无流淌
低温柔性（−20℃×2h，绕 $\phi10$ 圆棒）	无裂纹
耐水性（浸泡 15h）	整体膨胀无碎块

4. 遇水膨胀止水胶

遇水膨胀止水胶的主要物理性能应符合表 7-9 的要求。

表 7-9　遇水膨胀止水胶的主要物理性能

项　目	指　标	
	PJ220	PJ400
固含量/％	≥85	
密度/（g/cm³）	规定值±0.1	
下垂度/mm	≤2	
表干时间/h	≤24	
7d 拉伸黏结强度/MPa	≥0.4	≥0.2
低温柔性（−20℃）	无裂纹	

续表

项　目		指　标	
		PJ220	PJ400
拉伸性能	拉伸强度/MPa	≥0.5	
	断裂伸长率/%	≥400	
体积膨胀倍率/%		≥220	≥400
长期浸水体积膨胀倍率保持率/%		≥90	
抗水压/MPa		1.5,不渗水	2.5,不渗水

5. 弹性橡胶密封垫材料

弹性橡胶密封垫材料的主要物理性能应符合表 7-10 的要求。

表 7-10　弹性橡胶密封垫材料的主要物理性能

项　目		指　标	
		氯丁橡胶	三元乙丙橡胶
硬度(邵尔 A,度)		45±5~60±5	55±5~70±5
伸长率/%		≥350	≥330
拉伸强度/MPa		≥10.5	≥9.5
热空气老化 (70℃×96h)	硬度变化值(邵尔 A,度)	≤+8	≤+6
	拉伸强度变化率/%	≥−20	≥−15
	扯断伸长率变化率/%	≥−30	≥−30
压缩永久变形(70℃×24h,%)		≤35	≤28
防霉等级		达到与优于 2 级	达到与优于 2 级

注:以上指标均为成品切片测试的数据,若只能以胶料制成试样测试,则其伸长率、拉伸强度应达到本指标的 120%。

6. 遇水膨胀橡胶密封垫胶料

遇水膨胀橡胶密封垫胶料的主要物理性能应符合表 7-11 的要求。

表 7-11　遇水膨胀橡胶密封垫胶料的主要物理性能

项　目	指　标		
	PZ−150	PZ−250	PZ−400
硬度(邵尔 A,度)	42±7	42±7	45±7
拉伸强度/MPa	≥3.5	≥3.5	≥3.0
扯断伸长率/%	≥450	≥450	≥350
体积膨胀倍率/%	≥150	≥250	≥400

项 目		指　　标		
		PZ-150	PZ-250	PZ-400
反复浸水试验	拉伸强度/MPa	≥3	≥3	≥2
	扯断伸长率/%	≥350	≥350	≥250
	体积膨胀倍率/%	≥150	≥250	≥300
低温弯折(-20℃×2h)		无裂纹		
防霉等级		达到与优于2级		

注:1. PZ-×××是指产品工艺为制品型,按产品在静态蒸馏水中的体积膨胀倍率(即浸泡后的试样质量与浸泡前的试样质量的比率)划分的类型。

2. 成品切片测试应达到本指标的80%。

3. 接头部位的拉伸强度指标不得低于本指标的50%。

业务要点4:其他防水材料

1. 防水砂浆

防水砂浆的主要物理性能应符合表7-12的要求。

表7-12　防水砂浆的主要物理性能

项 目	指　　标	
	掺外加剂、掺和料的防水砂浆	聚合物水泥防水砂浆
黏结强度/MPa	>0.6	>1.2
抗渗性/MPa	≥0.8	≥1.5
抗折强度/MPa	同普通砂浆	≥8.0
干缩率/%	同普通砂浆	≤0.15
吸水率/%	≤3	≤4
冻融循环/次	>50	>50
耐碱性	10%NaOH 溶液浸泡14d无变化	—
耐水性/%	—	≥80

注:耐水性指标是指砂浆浸水168h后材料的黏结强度及抗渗性的保持率。

2. 塑料防水板

塑料防水板的主要物理性能应符合表7-13的要求。

表 7-13 塑料防水板的主要物理性能

项　　目	指　　标			
	乙烯—醋酸 乙烯共聚物	乙烯—沥青 共混聚合物	聚氯乙烯	高密度聚乙烯
拉伸强度/MPa	≥16	≥14	≥10	≥16
断裂延伸率/%	≥550	≥500	≥200	≥550
不透水性(120min,MPa)	≥0.3	≥0.3	≥0.3	≥0.3
低温弯折性/℃	−35,无裂纹	−35,无裂纹	−20,无裂纹	−35,无裂纹
热处理尺寸变化率/%	≤2.0	≤2.5	≤2.0	≤2.0

3. 膨润土防水毯

膨润土防水毯的主要物理性能应符合表 7-14 的要求。

表 7-14 膨润土防水毯的主要物理性能

项　　目		指　　标		
		针刺法钠基 膨润土防水毯	刺覆膜法钠基 膨润土防水毯	胶料法钠基 膨润土防水毯
单位面积质量(干重,g/m²)		≥4000		
膨润土膨胀指数/(ml/2g)		≥24		
拉伸强度/(N/100mm)		≥600	≥700	≥600
最大负荷下伸长率/%		≥10	≥10	≥8
剥离 强度	非织造布—编织布/(N/100mm)	≥40	≥40	—
	PE膜—非织造布/(N/100mm)	—	≥30	—
渗透系数/(m/s)		≤5.0×10⁻¹¹	≤5.0×10⁻¹²	≤1.0×10⁻¹²
滤失量/ml		≤18		
膨润土耐久性/(ml/2g)		≥20		

第二节　主体结构防水工程

本节导读

　　本节主要介绍主体结构防水工程施工,内容地下工程的防水做法、地下工程防水混凝土设防要求、防水混凝土施工、防水混凝土施工缝处理、地下水泥砂浆防水、地下卷材防水以及地下涂料防水等。其内容关系如图 7-2 所示。

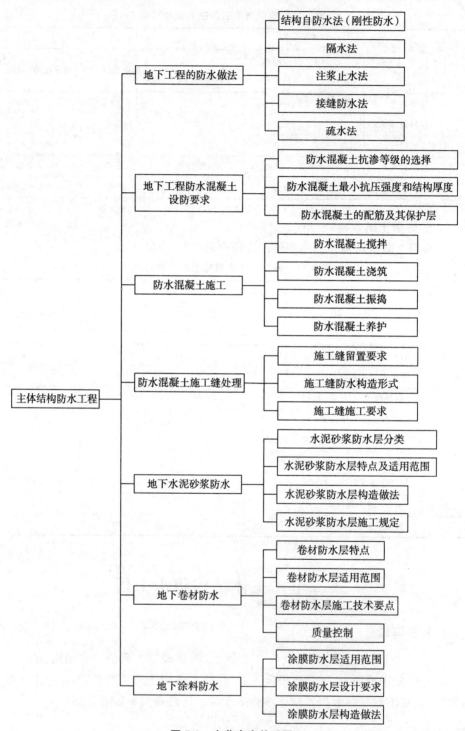

图 7-2 本节内容关系图

业务要点 1：地下工程的防水做法

1. 结构自防水法（刚性防水）

结构自防水法是利用结构本身的密实性、憎水性以及刚度，提高结构本身的抗渗性能，通常又称为刚性防水，其防水材料主要有防水砂浆、防水混凝土等。

2. 隔水法

隔水法是利用不透水材料或弱透水材料，将地下水（包括无压水、承压水、潜水、毛细管水）与结构隔开，起到防水防潮作用，隔水法的做法主要分内防水和外防水两种，其采用的主要材料有卷材、金属板、防水涂料等。

3. 注浆止水法

各种防水混凝土虽然在地下工程中已经广泛采用，但仍有不少工程存在着渗漏，人们发现，渗漏水的部分或大部分都发生在裂缝、施工缝、蜂窝麻面、穿墙孔、埋设件以及变形缝部位，这种渗漏水一般是由于基础沉降或施工不慎所造成的。

在新开挖地下工程中，同时也会遇到大量的地下水涌出，尤其是在岩石中构筑的地下工程，地下水通过岩石裂隙对地下工程造成严重的危害，此时如果不先止水，工程则无法开展。因此注浆止水法在地下工程中有其重要的意义，已成为一种地下工程防水施工中必不可少的手段。

注浆止水法通常有两个方面的用途：一是在新开挖地下工程时对围岩进行防水处理。它的基本原理就是将制成的浆液压入岩石裂隙，使它沿裂隙流动扩散，形成具有一定强度的低透水性的结合体，从而堵塞裂隙、截断水流。围岩处理一般采用水泥浆液和水泥化学浆液，只有在碰到流沙层、粉砂、细砂冲积层时，才采用可灌性好的化学浆液注浆；二是对防水混凝土地下工程的堵漏修补。修补堵漏技术，是根据工程特点，针对不同的渗水情况，分析原因，选择相应的工艺、材料、机具设备等处理地下工程渗漏的一项专门性技术。

4. 接缝防水法

接缝防水法是指在地下工程设计时，合理地设置变形缝以防止混凝土结构开裂导致渗漏的重要措施。

变形缝是伸缩缝和沉降缝的总称，伸缩缝是为了适应温度变化引起混凝土伸缩而设置的。沉降缝是为了适应地下工程相邻部位由于不同荷载、不同地基承载力可能引起不均匀沉降而设置的。施工缝是指在混凝土施工中不能一次完成第一次浇筑和第二次浇筑时产生的缝。

伸缩缝、沉降缝和施工缝三缝以及其他细部（如阴角、穿墙孔等）构造的处理在地下工程防水施工中占有重要的地位，必须引起高度的重视。

伸缩缝、沉降缝的防水处理一般可采用中埋式、内表可卸式和灌入不定型密封材料等构造形式。所采用材料有橡胶、氯丁胶板和塑料止水带、各种胶泥等。

施工缝一般采用卷材止水、钢板止水等方法防水。

5. 疏水法

疏水法是采用有引导地将地下水泄入工程内边的排水系统,使之不作用在衬砌结构上的一种防水方法。

业务要点 2:地下工程防水混凝土设防要求

防水混凝土又称抗渗混凝土,是以改进混凝土配合比、掺加外加剂或采用特种水泥等手段提高混凝土密实性、憎水性和抗渗性,使其满足抗渗等级不小于 P6(抗渗压力 0.6MPa)要求的不透水性混凝土。

1. 防水混凝土抗渗等级的选择

防水混凝土的设计抗渗等级应符合表 7-15 的规定。

表 7-15　防水混凝土的设计抗渗等级

工程埋置深度 H/m	设计抗渗等级
$H<10$	P6
$10 \leqslant H<20$	P8
$20 \leqslant H<30$	P10
$H \geqslant 30$	P12

注:1. 本表适用于Ⅰ、Ⅱ、Ⅲ类围岩(土层及软弱围岩)。

　　2. 山岭隧道防水混凝土的抗渗等级可按国家现行有关标准执行。

由于建筑地下防水工程配筋较多,不允许渗漏,其防水要求一般高于水工混凝土,故防水混凝土抗渗等级最低定为 P6,一般多使用 P8,水池的防水混凝土抗渗等级应不低于 P6,重要工程的防水混凝土的抗渗等级宜定为 P8～P20。

2. 防水混凝土最小抗压强度和结构厚度

1)地下工程防水混凝土结构的混凝土垫层,其抗压强度等级不应低于 C15,厚度不应小于 100mm。

2)在满足抗渗等级要求的同时,其抗压强度等级一般可控制在 C20～C30 范围内。

3)防水混凝土结构厚度须根据计算确定,但其最小厚度应根据部位、配筋情况及施工方便等因素按表 7-16 选定。

表 7-16 结构厚度

结构类型	最小厚度/mm
无筋混凝土结构	>150
钢筋混凝土底板	>150
钢筋混凝土立墙：单排配筋	>200
双排配筋	>250

3. 防水混凝土的配筋及其保护层

1）设计防水混凝土结构时，应优先采用变形钢筋，配置应细而密，直径宜用 $\phi8\sim\phi25$，中距≤200mm，分布应尽可能均匀。

2）钢筋保护层厚度，处在迎水面应不小于 35mm；当直接处于侵蚀性介质中时，保护层厚度不应小于 50mm。

3）在防水混凝土结构设计中，应按照裂缝开展进行验算。一般处于地下水及淡水中的混凝土裂缝的允许厚度，其上限可定为 0.2mm；在特殊重要工程、薄壁构件或处于侵蚀性水中，裂缝允许宽度应控制在 0.1～0.15mm；当混凝土在海水中并经受反复冻融循环时，控制应更严，可参照有关规定执行。

业务要点 3：防水混凝土施工

1. 防水混凝土搅拌

（1）准确计算、称量用料量。严格按选定的施工配合比，准确计算并称量每种用料。外加剂的掺加方法遵从所选外加剂的使用要求。

（2）控制搅拌时间。防水混凝土应采用机械搅拌，搅拌时间一般不少于 2min，掺入引气型外加剂，则搅拌时间为 2～3min，掺入其他外加剂应根据相应的技术要求确定搅拌时间。掺入 UEA 膨胀剂防水混凝土搅拌的最短时间，可按表 5-60 采用。

2. 防水混凝土浇筑

1）浇筑前，应将模板内部清理干净，木模用水湿润模板。浇筑时，如果入模自由高度超过 1.5m，则必须用串筒、溜管或溜槽等辅助工具将混凝土送入，以防离析和造成石子滚落堆积，影响质量。

2）在防水混凝土结构中有密集管群穿过处、预埋件或钢筋稠密处、浇筑混凝土有困难时，应采用相同抗渗等级的细石混凝土浇筑；预埋大管径的套管或面积较大的金属板时，应在其底部开设浇筑振捣孔，以利于排气、浇筑和振捣，如图 7-3 所示。

3）随着混凝土龄期的延长，水泥继续水化，内部可冻结水大量减少，同时水中溶解盐的浓度增加，因此冰点也会随龄期的增加而降低，逐渐提高抗渗性能。

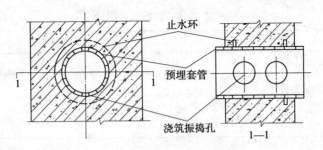

图 7-3 浇筑振捣孔示意图

为了保证早期免遭冻害,应选择气温在 15℃ 以上环境中施工,不宜在冬期施工。因为气温在 4℃ 时强度增长速度仅为 15℃ 时的 50%,而混凝土表面温度降到 −4℃ 时,水泥水化作用停止,强度也停止增长。如果此时混凝土强度低于设计强度的 50% 时,冻胀破坏内部结构,造成强度、抗渗性急骤下降。为防止混凝土早期受冻,北方地区对于施工季节选择安排十分重要。

3. 防水混凝土振捣

防水混凝土应采用混凝土振动器进行振捣。当用插入式混凝土振动器时,插点间距不宜大于振动棒作用半径的 1.5 倍,振动棒与模板的距离,不应大于其作用半径的 0.5 倍。振动棒插入下层混凝土内的深度应不小于 50mm,每一振点应快插慢拔,拔出振动棒后,混凝土自然地填满插孔。当采用表面式混凝土振动器时,其移动间距应保证振动器的平板能覆盖已振实部分的边缘。混凝土必须振捣密实,每一振点的振捣延续时间,应使混凝土表面呈现浮浆和不再沉落。

施工时的振捣是保证混凝土密实性的关键,浇筑时,必须分层进行,按顺序振捣。采用平板振捣器时,分层厚度不宜超过 20cm;用插入式振捣器时,分层厚度不宜超过 30cm。一般应在下层混凝土初凝前接着浇筑上一层混凝土。通常分层浇筑的时间间隔不超过 2h;气温在 30℃ 以上时,不超过 1h。防水混凝土浇筑高度一般不超过 1.5m,否则应用串筒和溜槽,或侧壁开孔的办法浇捣。振捣时,必须采用机械振捣,不允许用人工振捣,做到不漏振、欠振,又不重振、多振。防水混凝土密实度要求较高,振捣时间宜为 10~30s,以混凝土开始泛浆和不冒气泡为止。掺引气剂减水剂时应采用高频插入式振捣器振捣。振捣器的插入间距不得大于 500mm,并贯入下层不小于 50mm,更有利于保证防水混凝土的抗冻性和抗渗性。

4. 防水混凝土养护

防水混凝土养护比普通混凝土更为严格,必须充分重视,由于混凝土早期脱水或养护过程缺水,抗渗性将大幅度降低。尤其是 7d 前的养护更为重要,养护期不少于 14d,对火山灰硅酸盐水泥养护期不少于 21d。浇水养护次数应能保持混凝土充分湿润,每天浇水 3～4 次或更多次数,并用薄膜或湿草袋覆盖混凝土的表面,应避免暴晒。冬期施工应有保温、保暖措施。由于防水混凝土的水泥用量较大,相应混凝土的收缩性也大,养护不好,极易开裂,降低抗渗能力。因此,当混凝土进入终凝(约浇筑后 4～6h)即应覆盖并浇水养护。防水混凝土不宜采用电热法养护。

浇筑成型的混凝土表面覆盖养护不及时,尤其在北方地区夏季炎热干燥情况下,内部水分将迅速蒸发,使水化不能充分进行。而水分蒸发造成毛细管网相互连通,形成渗水通道;同时混凝土收缩量加快,出现龟裂降低抗渗性能,丧失抗渗透能力。养护及时使混凝土在潮湿环境中水化,能使内部游离水分蒸发缓慢,水泥水化充分,堵塞毛细孔隙,形成互不连通的细孔,大大提高防水抗渗性。

当环境温度达 10℃时可少浇水,由于在此温度下养护抗渗性能最差。当养护温度从 10℃提高到 25℃时,混凝土抗渗压力从 0.1MPa 提高到 1.5MPa 以上。但养护温度过高也会降低抗渗性能。当冬期采用蒸汽养护时最高温度不超过 50℃,养护时间必须达到 14d。

采用蒸汽养护时,不宜直接向混凝土喷射蒸汽,但应保持混凝土结构有一定的湿度,防止混凝土早期脱水,并应采取措施排出冷凝水和防止结冰。蒸汽养护应按下列规定控制升温与降温速度:

(1)升温速度。对表面系数[指结构的冷却表面积(m²)与结构全部体积(m³)的比值]小于 6 的结构,不宜超过 6℃/h;对表面系数为等于或大于 6 的结构,不宜超过 8℃/h;恒温温度不得高于 50℃。

(2)降温速度。不宜超过 5℃/h。

业务要点 4:防水混凝土施工缝处理

1. 施工缝留置要求

防水混凝土应连续浇筑,宜少留施工缝。当留设施工缝时,应符合下列规定:

1)墙体水平施工缝不应留在剪力最大处或底板与侧墙的交接处,应留在高出底板表面不小于 300mm 的墙体上。拱(板)墙结合的水平施工缝,宜留在拱(板)墙接缝线以下 150～300mm 处。墙体有预留孔洞时,施工缝距孔洞边缘不应小于 300mm。

2)垂直施工缝应避开地下水和裂隙水较多的地段,并宜与变形缝相结合。

2. 施工缝防水构造形式

施工缝防水的构造形式如图 7-4～图 7-7 所示。

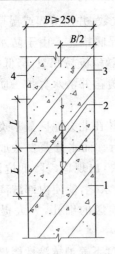

图 7-4　施工缝防水构造（一）

钢板止水带 $L \geqslant 150$；

橡胶止水带 $L \geqslant 200$；

钢边橡胶止水带 $L \geqslant 120$

1—先浇混凝土　2—中埋式止水带

3—后浇混凝土　4—结构迎水面

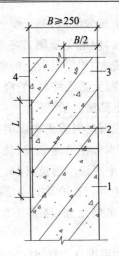

图 7-5　施工缝防水构造（二）

外贴式止水带 $L \geqslant 150$；

外涂防水涂料 $L = 200$；

外抹防水砂浆 $L = 200$

1—先浇混凝土　2—外贴式止水带

3—后浇混凝土　4—结构迎水面

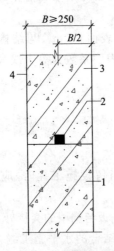

图 7-6　施工缝防水构造（三）

1—先浇混凝土　2—遇水膨胀止水条（胶）

3—后浇混凝土　4—结构迎水面

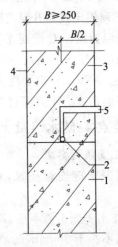

图 7-7　施工缝防水构造（四）

1—先浇混凝土　2—预埋式注浆管

3—后浇混凝土　4—结构迎水面

5—注浆导管

3. 施工缝施工要求

1）水平施工缝浇筑混凝土前，应将其表面浮浆和杂物清除，然后铺设净浆或涂刷混凝土界面处理剂、水泥基渗透结晶型防水涂料等材料，再铺 $30 \sim 50$mm

厚的 1:1 水泥砂浆,并应及时浇筑混凝土。

2)垂直施工缝浇筑混凝土前,应将其表面清理干净,再涂刷混凝土界面处理剂或水泥基渗透结晶型防水涂料,并应及时浇筑混凝土。

3)遇水膨胀止水条(胶)应与接触表面密贴。

4)选用的遇水膨胀止水条(胶)应具有缓胀性能,7d 的净膨胀率不宜大于最终膨胀率的 60%,最终膨胀率宜大于 220%。

5)采用中埋式止水带或预埋式注浆管时,应定位准确、固定牢靠。

业务要点 5：地下水泥砂浆防水

1. 水泥砂浆防水层分类

根据防水砂浆施工方法的不同可分为两种:一种是利用高压喷枪机械施工的防水砂浆,这种砂浆具有较高的密实性,能够增强防水效果。但是由于目前国内这种小型施工机械不够完善,操作技术较复杂以及质量难以控制等原因,故应用不够普遍,仅用于混凝土工程的补强或其他具有特殊要求的蓄水工程。另一种是大量应用人工抹压的防水砂浆防水,这种砂浆防水主要依靠特定的施工工艺要求或在砂浆中掺入某种防水剂来提高水泥砂浆的密实性或改善砂浆的抗裂性,从而达到防水抗渗的目的。

根据防水砂浆材料成分不同,通常可分为普通防水砂浆(也称刚性多层抹面防水)、外加剂防水砂浆和聚合物防水砂浆三种:

(1)普通防水砂浆(刚性多层抹面防水)。利用不同配合比的水泥浆和水泥砂浆分层分次施工,相互交替抹压密实,充分切断各层次毛细孔网,构成一个多层防线的整体防水层,具有一定的防水效果。

(2)外加剂防水砂浆。在水泥砂浆中掺入占水泥重 3%～5% 的防水剂,可以获得较低的抗渗能力,一般在 0.4MPa 以下,故只适用于水压较小的工程或作为其他防水层的辅助措施。

(3)聚合物防水砂浆。掺入各种树脂乳液的防水砂浆,其抗渗能力较高,可单独用于防水工程,获得较好的防水效果。

2. 水泥砂浆防水层特点及适用范围

水泥砂浆防水与卷材、金属、混凝土等几种其他防水材料相比,虽然具有一定防水功能和施工操作简便,造价适宜并容易修补等优点,但由于其韧性差,较脆、极限抗拉强度较低,易随基层开裂而开裂,故难以满足防水工程越来越高的要求。为了克服这一缺陷,近年来,如利用高分子聚合物材料制成聚合物改性砂浆以提高材料的抗拉强度和韧性,就是一个重要途径。

在国外,掺入水泥砂浆、混凝土中的聚合物品种很多,主要有三大类,即胶乳、液体树脂和水溶性聚合物,均已作为商品在市场上出售。并已被广泛地作为防水、防腐、黏结、抗磨等材料使用。

在国内,聚合物水泥砂浆和聚合物混凝土中使用的聚合物品种主要有氯丁胶乳、天然胶乳、丁苯胶乳、氯偏胶乳、丙烯酸酯乳液以及布胶硅水溶性聚合物等,它们应用在地下工程防渗、防潮、船甲板敷层及某些有特殊气密性要求的工程中,已取得成效。

常见水泥砂浆防水层的特点及适用范围见表 7-17。

表 7-17 常见水泥砂浆防水层的特点及适用范围

类　　别	特　　点	适用范围
普通水泥砂浆防水层	又称"刚性多层抹面防水",防水层具有较高的抗渗能力,抗渗压力达 2.5～3.0MPa,同时检修方便,发现渗漏容易堵修,唯其操作要求认真仔细	适于作地下防水层或用于屋面,地下工程补漏 由于砂浆抗变形能力差,故不适用于因振动、沉陷或温度、湿度变化易产生裂缝的结构防水,也不适用于有腐蚀及高温(>80℃)的工程防水
外加剂防水砂浆防水层	具有一定的抗渗能力,一般可承受抗渗压力达 0.4MPa,如在水泥砂浆中掺入占水泥重量 10%的抗裂防水剂(UWA),其抗渗压力最高可达 3MPa 以上。同时砂浆配制操作方便	适于作深度不大、干燥程度要求不高的地下工程防水层或墙体防潮层,也可用于简易屋面防水 由于砂浆抗变形能力差,故不宜用于因振动、沉陷或温度、湿度变化易产生裂缝的结构防水,也不适用于有腐蚀及高温(>80℃)的工程防水
聚合物防水砂浆	唯其价格较高,聚合物掺量比例要求较严	可单独用于防水工程或作防渗漏水工程的修补

3. 水泥砂浆防水层构造做法

水泥砂浆防水层构造做法见图 7-8。

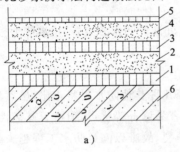
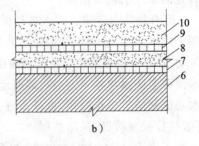

a)　　　　　　　　　　　　b)

图 7-8　水泥砂浆防水层构造做法

a)刚性多层防水层　b)氯化铁防水砂浆防水层构造

1、3—素灰层　2、4—水泥砂浆层　5、7、9—水泥浆

6—结构基层　8—防水砂浆垫层　10—防水砂浆面层

4. 水泥砂浆防水层施工规定

1）基层处理应仔细，混凝土基层表面凹凸不平深度不大于10mm，否则应补平、扫毛；砖墙基层的灰浆应清理干净，石灰砂浆和混合砂浆砖砌体应剔出10～12mm深的直角灰缝沟槽。

2）基层处理完成，应提前一天浇水湿润，第二天抹灰时，再洒水湿润。

3）刷配比为1：0.8：0.025（水泥：水：防水油）的第一层素水泥浆，厚1～2mm。

4）用1：2.5水泥砂浆，掺水泥重量3％～5％的防水粉，水灰比0.6～0.65，抹底层砂浆，一般厚5～10mm，砂浆应随拌随用，时间一般不超过60min。

5）底层砂浆完工1d后，刷第二层素水泥浆，并紧接抹面层砂浆，其各自的配比和厚度同第一层。此层应搓平，用铁抹压光。

6）面层砂浆抹完后1d，刷配比为1：1：0.03（水泥：水：防水油）素水泥浆一道，厚1～2mm。

7）防水层留施工缝时，应采用阶梯形槎，其接槎层次要分明，不允许水泥砂浆与水泥砂浆直接搭接，应在接槎处先刷防水素水泥浆一层，然后按层次顺序层层搭接，见图7-9。

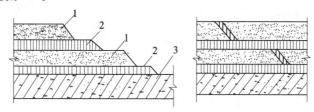

图7-9 防水层留槎与接槎

1—砂浆层　2—水泥浆层　3—围护结构

8）接槎部位需离开阴阳角200mm，阴阳角均应做成圆弧形或钝角，圆弧半径、阳角一般为10mm，阴角一般为50mm。

9）水泥砂浆五层总厚度应控制在20mm左右，多层做法宜连续施工。

10）抹完后，用草袋或其他材料覆盖浇水湿润，养护时间不少于14d，养护温度不宜低于50℃。

业务要点6：地下卷材防水

卷材防水层是用防水卷材和与其配套的胶结材料胶合而成的一种多层或单层防水层。

1. 卷材防水层特点

地下工程卷材防水是用沥青胶将几层油毡粘贴在结构基层表面上而成。这种防水层的主要优点是：防水性能较好，具有一定的韧性和延伸性，能适应结构的振动和微小变形，不至于产生破坏，导致渗水现象，并能抗酸、碱、盐溶液的侵蚀。但卷材防水层耐久性差，吸水率大，机械强度低，施工工序多，发生渗漏时难以修补。

用卷材作地下工程的防水层，因长年处在地下水的浸泡中，所以不得采用极易腐烂变质的纸胎类沥青防水油毡，宜采用合成高分子防水卷材和高聚物改性沥青防水卷材作防水层。

2. 卷材防水层适用范围

1）卷材防水层适合于承受的压力不超过 0.5MPa，当有其他荷载作用超过上述数值时，应采取结构措施。

2）卷材防水层经常保持在不小于 0.01MPa 的侧压力下，才能较好地发挥防水性能。一般采取保护墙分段断开，起到附加荷载作用。

3）沥青油毡耐酸、耐碱、耐盐的侵蚀，但不耐油脂及溶解沥青溶剂的侵蚀，所以油脂和溶剂不得接触油毡。

3. 卷材防水层施工技术要点

1）检查基面：基面应干燥、平整，不得有起砂、空鼓、开裂，基面与直尺间的最大间隙不超过 5mm，且每米长度内不多于一处。转角处应做成圆弧形，圆弧半径为 100～150mm。

2）做外防水内贴法施工时，应在需铺贴立墙防水层的外侧，按设计要求砌筑永久性保护墙，高度为基面上平标高以上 200～500mm，防水层一侧的立面抹 1∶3 水泥砂浆层，表面干燥后，方可做防水层施工。

3）做外防水外贴法施工时，清除防水层接槎部位，结构表面按设计要求做找平层，表面干燥后，方可做防水层施工。

4）铺卷材前，应在干燥的铺贴面上，喷涂冷底子油两道。冷底子油配制方法（质量分数）：沥青 30%，汽油 70%。将沥青加热至不起泡沫脱水后，冷却至 90℃，将汽油缓缓注入沥青中，随注入随搅拌至沥青全部溶解。

5）外铺外贴卷材，应先铺贴底面，后贴立面，交接处应交叉搭接，分层接槎，平立面交接处应加铺附加层，外防水外贴法见图 7-10。

6）外铺内贴卷材，先铺贴立面，后铺平面。铺立面时，先铺转角，后铺大面。卷材铺完，应按规范或设计要求做水泥砂浆或混凝土保护层。一般在立面上涂刷最后一层沥青胶结料时，粘上干净粗砂，然后抹一层 10～20mm 的 1∶3 水泥砂浆保护层，在平面上可铺一层 20～50mm 厚细石混凝土保护层，见图 7-11。

7）卷材搭接长边不应小于 100mm，短边不应小于 150mm，在平面与立面的转角处，卷材的接缝应留在平面上，距立面不小于 600mm，见图 7-12。

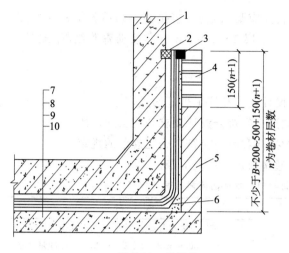

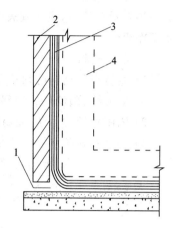

图 7-10 外贴法

1—围护结构 2—永久性木条 3—临时性木条

4—临时性保护墙 5—永久性保护墙 6—卷材附加层

7—保护层 8—卷材防水层 9—找平层 10—钢筋混凝土垫层

图 7-11 内贴法

1—平铺油毡层 2—砖保护层

3—卷材防水层

4—待施工的围护结构

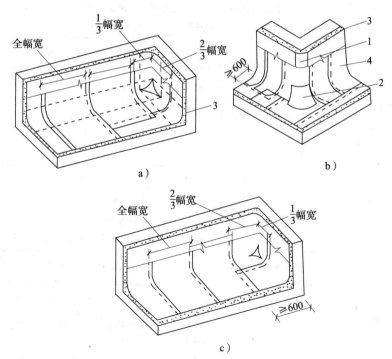

a)

b)

c)

图 7-12 转角卷材铺贴

1—平铺油毡层 2—砖保护层 3—卷材防水层 4—待施工的围护结构

285

8）卷材与基层以及各层卷材间应黏结紧密，搭接缝必须用胶结料封严，最后一层卷材贴好后，应在其表面刷一层 1～1.5mm 厚的热沥青胶结料，同时粘拍干净粗砂。

4. 质量控制

1）卷材与胶结料必须符合设计要求和施工规范的规定。

2）变形缝、预埋件的细部做法必须符合设计要求和施工规范的规定。

3）阴阳角处的做法，卷材的搭接和收头应符合施工规范的规定。

4）沥青卷材防水层的质量通病与预防见表 7-18。

表 7-18　沥青卷材防水层的质量通病与预防

质量通病	原　因	预　防
防水层空鼓	1）基层潮湿	1）无论外贴法或内贴法，均应将地下水位降至垫层以下不少于 300mm，垫层上抹 1∶2.5 水泥砂浆找平层，防止毛细水上升使基面潮湿
	2）找平层表面被污，且未认真去污	2）应保持找平层表面洁净、干燥，对被污表面，采取刷洗、晾干措施
	3）热作业造成铺贴不实不严	3）铺贴卷材前一两天，喷（刷）1～2 道冷底子油，卷材铺时，应满涂热沥青胶结料
卷材搭接不良	1）临时保护墙砌筑强度高，不易拆除	1）超出永久保护墙部分的卷材不刷油实铺，而用附加保护油毡包裹钉在木砖上，待拆除临时保护墙时，撕去附加保护油毡
	2）施工现场组织管理不善，工序搭接不紧凑	2）加强现场组织管理，工序应衔接紧密
卷材转角部位后期渗漏	1）选用卷材韧性差，转角处铺贴不严	1）转角部位应选强度大、伸长率大、韧性好的无胎油毡或沥青玻璃布油毡
	2）转角处未按规定增设卷材附加层	2）转角处应增设卷材附加层，附加层一般可用两层同样的卷材或一层无胎油毡，按转角处形状黏结紧
管道处渗漏	1）穿管处周边呈死角，卷材不易铺贴严	1）在砖石结构处，管道周围宜以细石混凝土包裹，厚度不小于 300mm，抹找平层时，将管根部抹成直径不小于 50mm 的圆角，卷材按角铺贴方法铺贴严
	2）卷材与管道粘贴不牢	2）卷材与管道的粘贴，可在穿管处设带法兰的套管将卷材粘贴在法兰上，粘贴宽度至少 100mm，用夹板将卷材压紧，法兰及夹板上应刷沥青，夹板下应加油毡衬垫

业务要点 7：地下涂料防水

1. 涂膜防水层适用范围

涂膜防水层是在自身具有一定防水能力的混凝土结构表面上多遍涂刷以达到一定厚度的防水涂料，经常温胶联固化后，形成一层具有一定坚韧性的防水涂膜层的防水方法。根据防水基层情况和适用部位，可在涂层中加铺胎体增强材料，以提高其防水效果和增强防水层强度和耐久性。

由于涂膜防水的防水效果好，施工简便，特别适于结构外形复杂的防水施工，因此被广泛应用于受侵蚀性介质或受振动作用的地下工程主体和施工缝、后浇缝、变形缝等的结构表面涂膜防水层。

2. 涂膜防水层设计要求

1）防水涂料品种的选择应符合下列规定：

① 潮湿基层宜选用与潮湿基面黏结力大的无机防水涂料或有机防水涂料，也可采用先涂无机防水涂料而后再涂有机防水涂料构成复合防水涂层。

② 冬期施工宜选用反应型涂料。

③ 埋置深度较深的重要工程、有振动或有较大变形的工程，宜选用高弹性防水涂料。

④ 有腐蚀性的地下环境宜选用耐腐蚀性较好的有机防水涂料，并应做刚性保护层。

⑤ 聚合物水泥防水涂料应选用Ⅱ型产品。

2）采用有机防水涂料时，基层阴阳角应做成圆弧形，阴角直径宜大于50mm，阳角直径宜大于10mm，在底板转角部位应增加胎体增强材料，并应增涂防水涂料。

3）掺外加剂、掺和料的水泥基防水涂料厚度不得小于3.0mm；水泥基渗透结晶型防水涂料的用量不应小于$1.5kg/m^2$，且厚度不应小于1.0mm；有机防水涂料的厚度不得小于1.2mm。

3. 涂膜防水层构造做法

地下工程涂膜防水可分为外防外涂和外防内涂两种施工方法，见图7-13、图7-14。外防外涂法是先进行防水结构施工，然后将防水涂料涂刷于防水结构的外表面，再砌永久性保护墙或抹水泥砂浆保护层或粘贴软质泡沫塑料保护层；外防内涂法是在地下垫层施工完毕后，先砌永久性保护墙，然后涂刷防水涂料防水层，再在涂膜防水层上点粘沥青卷材隔离层，该隔离层即可作为主体结构的外模板，最后进行结构主体施工。

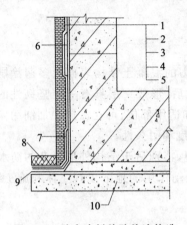

图 7-13　防水涂料外防外涂构造

1—保护墙　2—砂浆保护层　3—涂料防水层

4—砂浆找平层　5—结构墙体

6—涂料防水层加强层　7—涂料防水加强层

8—涂料防水层搭接部位保护层

9—涂料防水层搭接部位　10—混凝土垫层

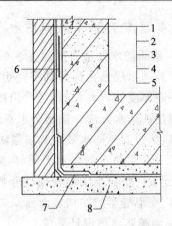

图 7-14　防水涂料外防内涂构造

1—保护墙　2—涂料保护层

3—涂料防水层　4—找平层　5—结构墙体

6—涂料防水层加强层　7—涂料防水加强层

8—混凝土垫层

第三节　细部构造防水工程

⊚ 本节导读

本节主要介绍细部构造防水工程施工,内容包括变形缝、后浇带、穿墙管(盒)、埋设件、预留通道接头、桩头、孔口以及坑、池等。其内容关系如图 7-15 所示。

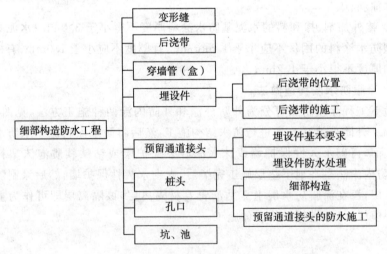

图 7-15　本节内容关系图

业务要点 1：变形缝

1）变形缝应满足密封防水、适应变形、施工方便、检修容易等要求。

2）用于伸缩的变形缝宜少设，可根据不同的工程结构类别及工程地质情况采用后浇带、加强带、诱导缝等替代措施。

3）变形缝处混凝土结构的厚度不应小于 300mm。

4）用于沉降的变形缝最大允许沉降差值不应大于 30mm。

5）变形缝的宽度宜为 20～30mm。

6）变形缝的防水措施可根据工程开挖方法、防水等级按表 7-19、表 7-20 选用。变形缝的几种复合防水构造形式如图 7-16～图 7-18 所示。

表 7-19　明挖法地下工程防水设防

工程部位 / 防水措施	主体结构							施工缝							后浇带			变形缝(诱导缝)						
防水等级	防水混凝土	防水卷材	防水涂料	塑料防水板	膨润土防水材料	防水砂浆	金属板	遇水膨胀止水条(胶)	外贴式止水带	中埋式止水带	外抹防水砂浆	外涂防水涂料	水泥基渗透结晶型防水涂料	预埋式注浆管	补偿收缩混凝土	外贴式止水带	预埋注浆管	中埋式止水带	外贴式止水带	可卸式止水带	防水密封材料	外贴防水卷材	外涂防水涂料	遇水膨胀止水条(胶)
一级	应选	应选一种至两种						应选两种							应选	应选两种		应选	应选两种					
二级	应选	宜选一种						应选	宜选一种至两种						应选	宜选一种至两种		应选	宜选一种至两种					
三级	宜选	应选一种						应选	宜选一种至两种						应选	宜选一种至两种		应选	宜选一种至两种					
四级	宜选	—						应选	宜选一种						应选	宜选一种		应选	宜选一种					

表 7-20　暗挖法地下工程防水设防

工程部位 / 防水措施	衬砌结构						内衬砌施工缝						内衬砌变形缝(诱导缝)				
防水等级	防水混凝土	塑料防水板	防水砂浆	防水涂料	防水卷材	金属防水层	外贴式止水带	预埋式注浆管	遇水膨胀止水条(胶)	防水密封材料	中埋式止水带	水泥基渗透结晶型防水涂料	中埋式止水带	外贴式止水带	可卸式止水带	防水密封材料	遇水膨胀止水条(胶)
一级	应选	应选一至两种					应选	应选一至两种					应选	应选一至两种			
二级	应选	应选一种					应选	应选一种					应选	应选一种			
三级	宜选	宜选一种					应选	宜选一种					应选	应选一种			
四级	宜选	宜选一种					应选	宜选一种					应选	应选一种			

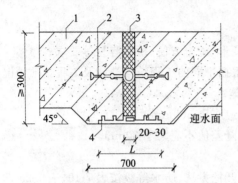

图 7-16　中埋式止水带与
外贴式防水层复合使用

1—混凝土结构　2—中埋式止水带
3—填缝材料　4—外贴式止水带
外贴式止水带 $L \geqslant 300mm$

图 7-17　中埋式止水带与
嵌缝材料复合使用

1—混凝土结构　2—中埋式止水带
3—防水层　4—隔离层　5—密封材料
6—填缝材料

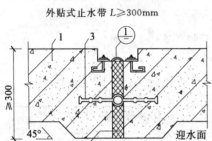

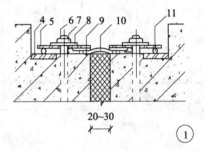

图 7-18　中埋式止水带与可卸式止水带复合使用

1—混凝土结构　2—填缝材料　3—中埋式止水带　4—预埋钢板　5—紧固件压板
6—预埋螺栓　7—螺母　8—垫圈　9—紧固件压块　10—Ω 形止水带　11—紧固件圆钢

7) 环境温度高于 50℃ 处的变形缝,中埋式止水带可采用金属制作,如图 7-19所示。

8) 中埋式止水带施工应符合下列规定:

① 止水带埋设位置应准确,其中间空心圆环应与变形缝的中心线重合。

② 止水带应固定,顶、底板内止水带应成盆状安设。

③ 中埋式止水带先施工一侧混凝土时,其端模应支撑牢固,并应严防漏浆。

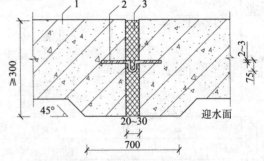

图 7-19　中埋式金属止水带

1—混凝土结构　2—金属止水带　3—填缝材料

④ 止水带的接缝宜为一处,应设在边墙较高位置上,不得设在结构转角处,接头宜采用热压焊接。

⑤ 中埋式止水带在转弯处应做成圆弧形,(钢边)橡胶止水带的转角半径不应小于200mm,转角半径应随止水带的宽度增大而相应加大。

9)安设于结构内侧的可卸式止水带施工时应符合下列规定:

① 所需配件应一次配齐。

② 转角处应做成45°折角,并应增加紧固件的数量。

10)变形缝与施工缝均用外贴式止水带(中埋式)时,其相交部位宜采用十字配件(图7-20)。变形缝用外贴式止水带的转角部位宜采用直角配件(图7-21)。

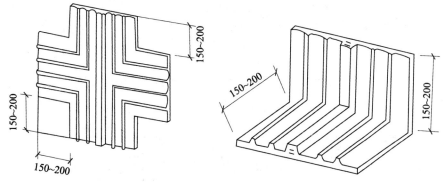

图 7-20　外贴式止水带在施工缝与　　　　图 7-21　外贴式止水带
变形缝相交处的十字配件　　　　　　在转角处的直角配件

11)密封材料嵌填施工时,应符合下列规定:

① 缝内两侧基面应平整干净、干燥,并应刷涂与密封材料相容的基层处理剂。

② 嵌缝底部应设置背衬材料。

③ 嵌填应密实连续、饱满,并应黏结牢固。

12)在缝表面粘贴卷材或涂刷涂料前,应在缝上设置隔离层。

业务要点 2:后浇带

1. 后浇带的位置

1)后浇带宜用于不允许留设变形缝的工程部位。

2)后浇带应在其两侧混凝土龄期达到42d后再施工;高层建筑的后浇带施工应按规定时间进行。

3)后浇带应采用补偿收缩混凝土浇筑,其抗渗和抗压强度等级不应低于两侧混凝土。

4)后浇带应设在受力和变形较小的部位,其间距和位置应按结构设计要求确定,宽度宜为 700～1000mm。

5）后浇带两侧可做成平直缝或阶梯缝,其防水构造形式宜采用图 7-22～图 7-24。

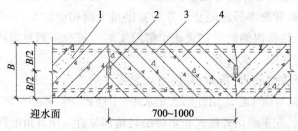

图 7-22　后浇带防水构造(一)
1—先浇混凝土　2—遇水膨胀止水条(胶)　3—结构主筋　4—后浇补偿收缩混凝土

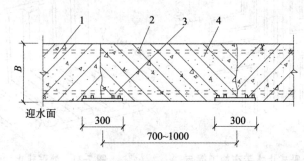

图 7-23　后浇带防水构造(二)
1—先浇混凝土　2—结构主筋　3—外贴式止水带　4—后浇补偿收缩混凝土

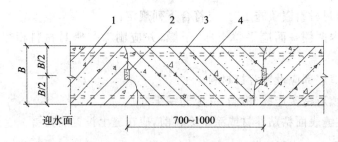

图 7-24　后浇带防水构造(三)
1—先浇混凝土　2—遇水膨胀止水条(胶)　3—结构主筋　4—后浇补偿收缩混凝土

6）采用掺膨胀剂的补偿收缩混凝土,水中养护 14d 后的限制膨胀率不应小于 0.015%,膨胀剂的掺量应根据不同部位的限制膨胀率设定值经试验确定。

2. 后浇带的施工

1）补偿收缩混凝土的配合比应符合下列要求:

① 膨胀剂掺量不宜大于 12%。

② 膨胀剂掺量应以胶凝材料总量的百分比表示。

2）后浇带混凝土施工前,后浇带部位和外贴式止水带应防止落入杂物和损伤外贴式止水带。

3）采用膨胀剂拌制补偿收缩混凝土时,应按配合比准确计量。

4）后浇带混凝土应一次浇筑,不得留设施工缝;混凝土浇筑后应及时养护,养护时间不得少于 28d。

5）后浇带需超前止水时,后浇带部位的混凝土应局部加厚,并应增设外贴式或中埋式止水带(图 7-25)。

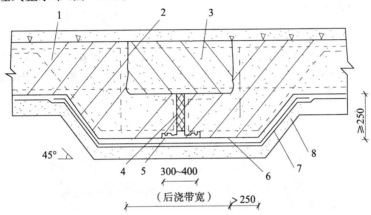

图 7-25　后浇带超前止水构造

1—混凝土结构　2—钢丝网片　3—后浇带　4—填缝材料　5—外贴式止水带

6—细石混凝土保护层　7—卷材防水层　8—垫层混凝土

业务要点 3：穿墙管(盒)

1）穿墙管(盒)应在浇筑混凝土前预埋。

2）穿墙管与内墙角、凹凸部位的距离应大于 250mm。

3）结构变形或管道伸缩量较小时,穿墙管可采用主管直接埋入混凝土内的固定式防水法,主管应加焊止水环或环绕遇水膨胀止水圈,并应在迎水面预留凹槽,槽内应采用密封材料嵌填密实。其防水构造形式如图 7-26、图 7-27 所示。

4）结构变形或管道伸缩量较大或有更换要求时,应采用套管式防水法,套管应加焊止水环,如图 7-28 所示。

5）穿墙管防水施工时应符合下列要求:

① 金属止水环应与主管或套管满焊密实,采用套管式穿墙防水构造时,翼环与套管应满焊密实,并应在施工前将套管内表面清理干净。

② 相邻穿墙管间的间距应大于 300mm。

③ 采用遇水膨胀止水圈的穿墙管,管径宜小于 50mm,止水圈应采用胶粘剂满粘固定于管上,并应涂缓胀剂或采用缓胀型遇水膨胀止水圈。

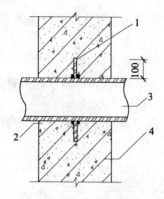

图7-26 固定式穿墙管防水构造(一)

1—止水环 2—密封材料
3—主管 4—混凝土结构

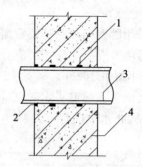

图7-27 固定式穿墙管防水构造(二)

1—遇水膨胀止水圈 2—密封材料
3—主管 4—混凝土结构

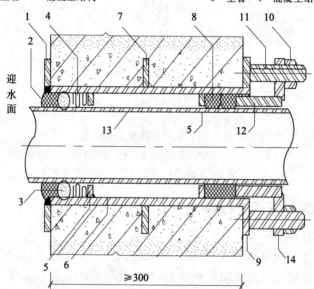

图7-28 套管式穿墙管防水构造

1—翼环 2—密封材料 3—背衬材料 4—充填材料 5—挡圈 6—套管 7—止水环
8—橡胶圈 9—翼盘 10—螺母 11—双头螺栓 12—短管 13—主管 14—法兰盘

6) 穿墙管线较多时,宜相对集中,并应采用穿墙盒方法。穿墙盒的封口钢板应与墙上的预埋角钢焊严,并应从钢板上的预留浇注孔注入柔性密封材料或细石混凝土,如图7-29所示。

7) 当工程有防护要求时,穿墙管除应采取防水措施外,尚应采用满足防护要求的措施。

8) 穿墙管伸出外墙的部位,应采取防止回填时将管体损坏的措施。

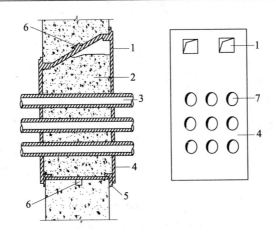

图 7-29　穿墙群管防水构造

1—浇注孔　2—柔性密封材料或细石混凝土　3—穿墙管
4—封口钢板　5—固定角钢　6—遇水膨胀止水条　7—预留孔

业务要点 4：埋设件

1. 埋设件基本要求

1）结构上的埋设件应采用预埋或预留孔（槽）等。

2）埋设件端部或预留孔（槽）底部的混凝土厚度不得小于 250mm，当厚度小于 250mm 时，应采取局部加厚或其他防水措施，如图 7-30 所示。

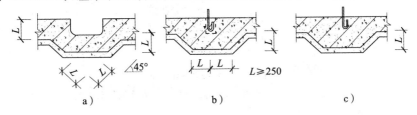

图 7-30　预埋件或预留孔（槽）处理示意

a）预留槽　b）预留孔　c）预埋件

3）预留孔（槽）内的防水层，宜与孔（槽）外的结构防水层保持连续。

2. 埋设件防水处理

1）预埋件处混凝土应力较集中，容易开裂，所以要求预埋件端部混凝土厚度≥200mm；当厚度＜200mm 时，必须局部加厚和采取抗渗止水的措施，如图 7-31所示。

2）防水混凝土外观平整，无露筋，无蜂窝、麻面、孔洞等缺陷，预埋件位置准确。

3）用加焊止水钢板的方法既简便又可获得一定防水效果（图 7-32），施工时，应注意将铁件及止水钢板周围的混凝土浇捣密实，以保证防水质量。

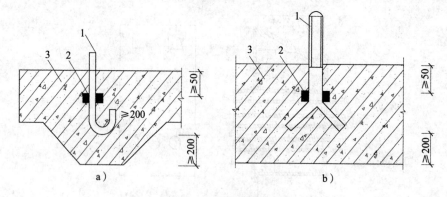

图 7-31　预埋件防水构造

a)预埋铁件　b)预埋地脚螺栓

1—预埋件　2—SPJ 型或 BW 型遇水膨胀止水条　3—围护结构

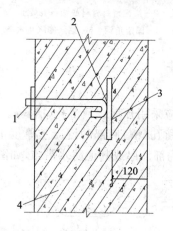

图 7-32　预埋件防水处理

1—预埋螺栓　2—焊缝　3—止水钢板　4—防水混凝土结构

业务要点 5:预留通道接头

1. 细部构造

1)预留通道接头处的最大沉降差值不得大于 30mm。

2)预留通道接头应采取变形缝防水构造形式,如图 7-33、图 7-34 所示。

2. 预留通道接头的防水施工

1)预留通道先施工部位的混凝土、中埋式止水带和防水相关的预埋件等应及时保护,并应确保端部表面混凝土和中埋式止水带清洁,埋设件不得锈蚀。

2)采用图 7-33 的防水构造时,在接头混凝土施工前应将先浇混凝土端部表面凿毛,露出钢筋或预埋的钢筋接驳器钢板,与待浇混凝土部位的钢筋焊接或连接好后再行浇筑。

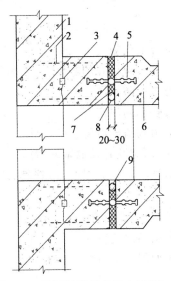

图 7-33　预留通道接头防水构造(一)

1—先浇混凝土结构　2—连接钢筋　3—遇水膨胀止水条(胶)
4—填缝材料　5—中埋式止水带　6—后浇混凝土结构
7—遇水膨胀橡胶条(胶)　8—密封材料　9—填充材料

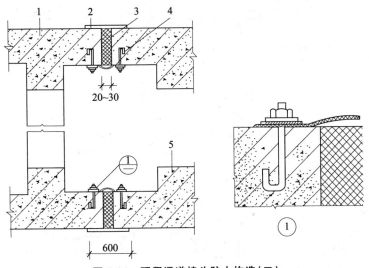

图 7-34　预留通道接头防水构造(二)

1—先浇混凝土结构　2—防水涂料　3—填缝材料
4—可卸式止水带　5—后浇混凝土结构

3) 当先浇混凝土中未预埋可卸式止水带的预埋螺栓时,可选用金属或尼龙的膨胀螺栓固定可卸式止水带。采用金属膨胀螺栓时,可选用不锈钢材料或用金属涂膜、环氧涂料等涂层进行防锈处理。

业务要点 6:桩头

1) 桩头防水设计应符合下列规定:

① 桩头所用防水材料应具有良好的黏结性、湿固化性。

② 桩头防水材料应与垫层防水层连为一体。

2) 桩头防水施工应符合下列规定:

① 应按设计要求将桩顶剔凿至混凝土密实处,并应清洗干净。

② 破桩后如发现渗漏水,应及时采取堵漏措施。

③ 涂刷水泥基渗透结晶型防水涂料时,应连续、均匀,不得少涂或漏涂,并应及时进行养护。

④ 采用其他防水材料时,基面应符合施工要求。

⑤ 应对遇水膨胀止水条(胶)进行保护。

3) 桩头防水构造形式如图 7-35、图 7-36 所示。

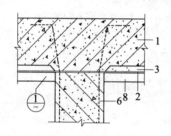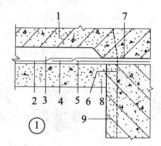

图 7-35　桩头防水构造(一)

1—结构底板　2—底板防水层　3—细石混凝土保护层　4—防水层

5—水泥基渗透结晶型防水涂料　6—桩基受力筋

7—遇水膨胀止水条(胶)　8—混凝土垫层　9—桩基混凝土

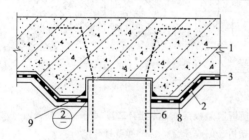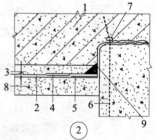

图 7-36　桩头防水构造(二)

1—结构底板　2—底板防水层　3—细石混凝土保护层

4—聚合物水泥防水砂浆　5—水泥基渗透结晶型防水涂料　6—桩基受力筋

7—遇水膨胀止水条(胶)　8—混凝土垫层　9—密封材料

业务要点 7：孔口

1）地下工程通向地面的各种孔口应采取防地面水倒灌的措施。人员出入口高出地面的高度宜为 500mm，汽车出入口设置明沟排水时，其高度宜为 150mm，并应采取防雨措施。

2）窗井的底部在最高地下水位以上时，窗井的底板和墙应做防水处理，并宜与主体结构断开，如图 7-37 所示。

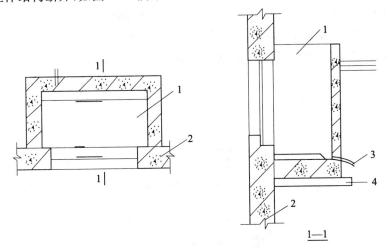

图 7-37　窗井防水构造
1—窗井　2—主体结构　3—排水管　4—垫层

3）窗井或窗井的一部分在最高地下水位以下时，窗井应与主体结构连成整体，其防水层也应连成整体，并应在窗井内设置集水井，如图 7-38 所示。

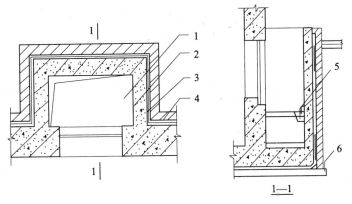

图 7-38　窗井与主体相连防水示意图
1—窗井　2—防水层　3—主体结构　4—防水层保护层　5—集水井　6—垫层

299

4)无论地下水位高低,窗台下部的墙体和底板应做防水层。

5)窗井内的底板,应低于窗下缘 300mm。窗井墙高出地面不得小于 500mm。窗井外地面应做散水,散水与墙面间应采用密封材料嵌填。

6)通风口应与窗井同样处理,竖井窗下缘离室外地面高度不得小于 500mm。

业务要点 8:坑、池

1)坑、池、储水库宜采用防水混凝土整体浇筑,内部应设防水层。受振动作用时应设柔性防水层。

2)底板以下的坑、池,其局部底板应相应降低,并应使防水层保持连续,如图 7-39 所示。

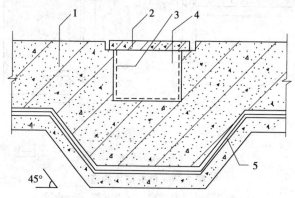

图 7-39 底板下坑、池的防水构造

1—底板 2—盖板 3—坑、池防水层 4—坑、池 5—主体结构防水层

第四节 屋面工程

本节导读

本节主要介绍屋面工程施工,内容包括基层与保护工程、保温与隔热工程、防水与密封工程、瓦面与板面工程以及细部构造工程等。其内容关系框图如图 7-40:

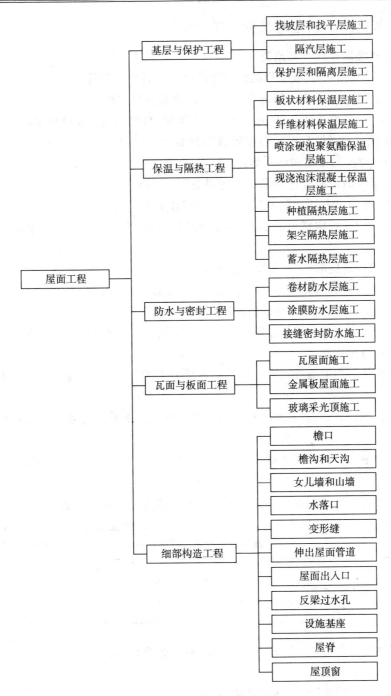

图 7-40　本节内容关系图

业务要点 1:基层与保护工程

1. 找坡层和找平层施工

1)装配式钢筋混凝土板的板缝嵌填施工应符合下列规定:

① 嵌填混凝土前板缝内应清理干净,并应保持湿润。

② 当板缝宽度大于 40mm 或上窄下宽时,板缝内应按设计要求配置钢筋。

③ 嵌填细石混凝土的强度等级不应低于 C20,填缝高度宜低于板面 10～20mm,且应振捣密实和浇水养护。

④ 板端缝应按设计要求增加防裂的构造措施。

2)找坡层和找平层的基层的施工应符合下列规定:

① 应清理结构层、保温层上面的松散杂物,凸出基层表面的硬物应剔平扫净。

② 抹找坡层前,宜对基层洒水湿润。

③ 突出屋面的管道、支架等根部,应用细石混凝土堵实和固定。

④ 对不易与找平层结合的基层应做界面处理。

3)找坡层和找平层所用材料的质量和配合比应符合设计要求,并应做到计量准确和机械搅拌。

4)找坡应按屋面排水方向和设计坡度要求进行,找坡层最薄处厚度不宜小于 20mm。

5)找坡材料应分层铺设和适当压实,表面宜平整和粗糙,并应适时浇水养护。

6)找平层应在水泥初凝前压实抹平,水泥终凝前完成收水后应二次压光,并应及时取出分格条。养护时间不得少于 7d。

7)卷材防水层的基层与突出屋面结构的交接处,以及基层的转角处,找平层均应做成圆弧形,且应整齐平顺。找平层圆弧半径应符合表 7-21 的规定。

表 7-21　找平层圆弧半径　　　　　　　(单位:mm)

卷材种类	圆弧半径
高聚物改性沥青防水卷材	50
合成高分子防水卷材	20

8)找坡层和找平层的施工环境温度不宜低于 5℃。

2. 隔汽层施工

1)隔汽层的基层应平整、干净、干燥。

2)隔汽屋应设置在结构层与保温层之间;隔汽层应选用气密性、水密性好的材料。

3）在屋面与墙的连接处，隔汽层应沿墙面向上连续铺设，高出保温层上表面不得小于150mm。

4）隔汽层采用卷材时宜空铺，卷材搭接缝应满粘，其搭接宽度不应小于80mm；隔汽层采用涂料时，应涂刷均匀。

5）穿过隔汽层的管线周围应封严，转角处应无折损；隔汽层凡有缺陷或破损的部位，均应进行返修。

3. 保护层和隔离层施工

1）施工完的防水层应进行雨后观察、淋水或蓄水试验，并应在合格后再进行保护层和隔离层的施工。

2）保护层和隔离层施工前，防水层或保温层的表面应平整、干净。

3）保护层和隔离层施工时，应避免损坏防水层或保温层。

4）块体材料、水泥砂浆、细石混凝土保护层表面的坡度应符合设计要求，不得有积水现象。

5）块体材料保护层铺设应符合下列规定：

① 在砂结合层上铺设块体时，砂结合层应平整，块体间应预留10mm的缝隙，缝内应填砂，并应用1∶2水泥砂浆勾缝。

② 在水泥砂浆结合层上铺设块体时，应先在防水层上做隔离层，块体间应预留10mm的缝隙，缝内应用1∶2水泥砂浆勾缝。

③ 块体表面应洁净、色泽一致，应无裂纹、掉角和缺楞等缺陷。

6）水泥砂浆及细石混凝土保护层铺设应符合下列规定：

① 水泥砂浆及细石混凝土保护层铺设前，应在防水层上做隔离层。

② 细石混凝土铺设不宜留施工缝；当施工间隙超过时间规定时，应对接槎进行处理。

③ 水泥砂浆及细石混凝土表面应抹平压光，不得有裂纹、脱皮、麻面、起砂等缺陷。

7）浅色涂料保护层施工应符合下列规定：

① 浅色涂料应与卷材、涂膜相容，材料用量应根据产品说明书的规定使用。

② 浅色涂料应多遍涂刷，当防水层为涂膜时，应在涂膜固化后进行。

③ 涂层应与防水层粘结牢固，厚薄应均匀，不得漏涂。

④ 涂层表面应平整，不得流淌和堆积。

8）保护层材料的贮运、保管应符合下列规定：

① 水泥贮运、保管时应采取防尘、防雨、防潮措施。

② 块体材料应按类别、规格分别堆放。

③ 浅色涂料贮运、保管环境温度，反应型及水乳型不宜低于5℃，溶剂型不宜低于0℃。

④ 溶剂型涂料保管环境应干燥、通风,并应远离火源和热源。

9)保护层的施工环境温度应符合下列规定:

① 块体材料干铺不宜低于−5℃,湿铺不宜低于 5℃。

② 水泥砂浆及细石混凝土宜为 5℃～35℃。

③ 浅色涂料不宜低于 5℃。

10)隔离层铺设不得有破损和漏铺现象。

11)干铺塑料膜、土工布、卷材时,其搭接宽度不应小于 50mm;铺设应平整,不得有皱折。

12)低强度等级砂浆铺设时,其表面应平整、压实,不得有起壳和起砂等现象。

13)隔离层材料的贮运、保管应符合下列规定:

① 塑料膜、土工布、卷材贮运时,应防止日晒、雨淋、重压。

② 塑料膜、土工布、卷材保管时,应保证室内干燥、通风。

③ 塑料膜、土工布、卷材保管环境应远离火源、热源。

14)隔离层的施工环境温度应符合下列规定:

① 干铺塑料膜、土工布、卷材可在负温下施工。

② 铺抹低强度等级砂浆宜为 5℃～35℃。

◎ 业务要点 2:保温与隔热工程

1. 板状材料保温层施工

1)基层应平整、干燥、干净。

2)相邻板块应错缝拼接,分层铺设的板块上下层接缝应相互错开,板间缝隙应采用同类材料嵌填密实。

3)采用干铺法施工时,板状保温材料应紧靠在基层表面上,并应铺平垫稳。

4)采用粘结法施工时,胶粘剂应与保温材料相容,板状保温材料应贴严、粘牢,在胶粘剂固化前不得上人踩踏。

5)采用机械固定法施工时,固定件应固定在结构层上,固定件的间距应符合设计要求。

2. 纤维材料保温层施工

1)基层应平整、干燥、干净。

2)纤维保温材料在施工时,应避免重压,并应采取防潮措施。

3)纤维保温材料铺设时,平面拼接缝应贴紧,上下层拼接缝应相互错开。

4)屋面坡度较大时,纤维保温材料宜采用机械固定法施工。

5)在铺设纤维保温材料时,应做好劳动保护工作。

3. 喷涂硬泡聚氨酯保温层施工

1)基层应平整、干燥、干净。

2)施工前应对喷涂设备进行调试,并应喷涂试块进行材料性能检测。

3)喷涂时喷嘴与施工基面的间距应由试验确定。

4)喷涂硬泡聚氨酯的配比应准确计量,发泡厚度应均匀一致。

5)一个作业面应分遍喷涂完成,每遍喷涂厚度不宜大于15mm,硬泡聚氨酯喷涂后20min内严禁上人。

6)喷涂作业时,应采取防止污染的遮挡措施。

4. 现浇泡沫混凝土保温层施工

1)基层应清理干净,不得有油污、浮尘和积水。

2)泡沫混凝土应按设计要求的干密度和抗压强度进行配合比设计,拌制时应计量准确,并应搅拌均匀。

3)泡沫混凝土应按设计的厚度设定浇筑面标高线,找坡时宜采取挡板辅助措施。

4)泡沫混凝土的浇筑出料口离基层的高度不宜超过1m,泵送时应采取低压泵送。

5)泡沫混凝土应分层浇筑,一次浇筑厚度不宜超过200mm,终凝后应进行保湿养护,养护时间不得少于7d。

5. 种植隔热层施工

1)种植隔热层挡墙或挡板施工时,留设的泄水孔位置应准确,并不得堵塞。

2)凹凸型排水板宜采用搭接法施工,搭接宽度应根据产品的规格具体确定;网状交织排水板宜采用对接法施工;采用陶粒作排水层时,铺设应平整,厚度应均匀。

3)过滤层土工布铺设应平整、无皱折,搭接宽度不应小于100mm,搭接宜采用粘合或缝合处理;土工布应沿种植土周边向上铺设至种植土高度。

4)种植土层的荷载应符合设计要求;种植土、植物等应在屋面上均匀堆放,且不得损坏防水层。

6. 架空隔热层施工

1)架空隔热层施工前,应将屋面清扫干净,并应根据架空隔热制品的尺寸弹出支座中线。

2)在架空隔热制品支座底面,应对卷材、涂膜防水层采取加强措施。

3)铺设架空隔热制品时,应随时清扫屋面防水层上的落灰、杂物等,操作时不得损伤已完工的防水层。

4)架空隔热制品的铺设应平整、稳固,缝隙应勾填密实。

7. 蓄水隔热层施工

1)蓄水池的所有孔洞应预留,不得后凿。所设置的溢水管、排水管和给水管等,应在混凝土施工前安装完毕。

2)每个蓄水区的防水混凝土应一次浇筑完毕,不得留置施工缝。

3)蓄水池的防水混凝土施工时,环境气温宜为 5℃～35℃,并应避免在冬期和高温期施工。

4)蓄水池的防水混凝土完工后,应及时进行养护,养护时间不得少于 14d;蓄水后不得断水。

5)蓄水池的溢水口标高、数量、尺寸应符合设计要求;过水孔应设在分仓墙底部,排水管应与水落管连通。

业务要点 3:防水与密封工程

1. 卷材防水层施工

1)卷材防水层基层应坚实、干净、平整,应无孔隙、起砂和裂缝。基层的干燥程度应根据所选防水卷材的特性确定。

2)卷材防水层铺贴顺序和方向应符合下列规定:

① 卷材防水层施工时,应先进行细部构造处理,然后由屋面最低标高向上铺贴。

② 檐沟、天沟卷材施工时,宜顺檐沟、天沟方向铺贴,搭接缝应顺流水方向。

③ 卷材宜平行屋脊铺贴,上下层卷材不得相互垂直铺贴。

3)立面或大坡面铺贴卷材时,应采用满粘法,并宜减少卷材短边搭接。

4)采用基层处理剂时,其配制与施工应符合下列规定:

① 基层处理剂应与卷材相容。

② 基层处理剂应配比准确,并应搅拌均匀。

③ 喷、涂基层处理剂前,应先对屋面细部进行涂刷。

④ 基层处理剂可选用喷涂或涂刷施工工艺,喷、涂应均匀一致,干燥后应及时进行卷材施工。

5)卷材搭接缝应符合下列规定:

① 平行屋脊的搭接缝应顺流水方向,搭接缝宽度应符合《屋面工程技术规范》GB 50345—2012 第 4.5.10 条的规定。

② 同一层相邻两幅卷材短边搭接缝错开不应小于 500mm。

③ 上下层卷材长边搭接缝应错开,且不应小于幅宽的 1/3。

④ 叠层铺贴的各层卷材,在天沟与屋面的交接处,应采用叉接法搭接,搭接缝应错开;搭接缝宜留在屋面与天沟侧面,不宜留在沟底。

6)冷粘法铺贴卷材应符合下列规定:

① 胶粘剂涂刷应均匀,不得露底、堆积;卷材空铺、点粘、条粘时,应按规定的位置及面积涂刷胶粘剂。

② 应根据胶粘剂的性能与施工环境、气温条件等,控制胶粘剂涂刷与卷材

铺贴的间隔时间。

③ 铺贴卷材时应排除卷材下面的空气,并应辊压粘贴牢固。

④ 铺贴的卷材应平整顺直,搭接尺寸应准确,不得扭曲、皱折;搭接部位的接缝应满涂胶粘剂,辊压应粘贴牢固。

⑤ 合成高分子卷材铺好压粘后,应将搭接部位的粘合面清理干净,并应采用与卷材配套的接缝专用胶粘剂,在搭接缝粘合面上应涂刷均匀,不得露底、堆积,应排除缝间的空气,并用辊压粘贴牢固。

⑥ 合成高分子卷材搭接部位采用胶粘带粘结时,粘合面应清理干净,必要时可涂刷与卷材及胶粘带材性相容的基层胶粘剂,撕去胶粘带隔离纸后应及时粘合接缝部位的卷材,并应辊压粘贴牢固;低温谢幕地,宜采用热风机加热。

⑦ 搭接缝口应用材性相容的密封材料封严。

7)热粘法铺贴卷材应符合下列规定:

① 熔化热熔型改性沥青胶结料时,宜采用专用导热油炉加热,加热温度不应高于200℃,使用温度不宜低于180℃。

② 粘贴卷材的热熔型改性沥青胶结料厚度宜为1.0~1.5mm。

③ 采用热熔型改性沥青胶结料铺贴卷材时,应随刮随滚铺,并应展平压实。

8)热熔法铺贴卷材应符合下列规定:

① 火焰加热器的喷嘴距卷材面的距离应适中,幅宽内加热应均匀,应以卷材表面熔融至光亮黑色为度,不得过分加热卷材;厚度小于3mm的高聚物改性沥青防水卷材,严禁采用热熔法施工。

② 卷材表面沥青热熔后应立即滚铺卷材,滚铺时应排除卷材下面的空气。

③ 搭接缝部位宜以溢出热熔的改性沥青胶结料为度,溢出的改性沥青胶结料宽度宜为8mm,并宜均匀顺直;当接缝处的卷材上有矿物粒或片料时,应用火焰烘烤及清除干净后再进行热熔和接缝处理。

④ 铺贴卷材时应平整顺直,搭接尺寸应准确,不得扭曲。

9)自粘法铺贴卷材应符合下列规定:

① 铺贴卷材前,基层表面应均匀涂刷基层处理剂,干燥后应及时铺贴卷材。

② 铺贴卷材时应将自粘胶底面的隔离纸完全撕净。

③ 铺贴卷材时应排除卷材下面的空气,并应辊压粘贴牢固。

④ 铺贴的卷材应平整顺直,搭接尺寸应准确,不得扭曲、皱折;低温施工时,立面、大坡面及搭接部位宜采用热风机加热,加热后应随即粘贴牢固。

⑤ 搭接缝口应采用材性相容的密封材料封严。

10)焊接法铺贴卷材应符合下列规定:

① 对热塑性卷材的搭接缝可采用单缝焊或双缝焊,焊接应严密。

② 焊接前,卷材应铺放平整、顺直,搭接尺寸应准确,焊接缝的结合面应清

理干净。

③ 应先焊长边搭接缝,后焊短边搭接缝。

④ 应控制加热温度和时间,焊接缝不得漏焊、跳焊或焊接不牢。

11)机械固定法铺贴卷材应符合下列规定:

① 固定件应与结构层连接牢固。

② 固定件间距应根据抗风揭试验和当地的使用环境与条件确定,并不宜大于 600mm。

③ 卷材防水层周边 800mm 范围内应满粘,卷材收头应采用金属压条钉压固定和密封处理。

12)防水卷材的贮运、保管应符合下列规定:

① 不同品种、规格的卷材应分别堆放。

② 卷材应贮存在阴凉通风处,应避免雨淋、日晒和受潮,严禁接近火源。

③ 卷材应避免与化学介质及有机溶剂等有害物质接触。

13)进场的防水卷材应检验下列项目:

① 高聚物改性沥青防水卷材的可溶物含量,拉力,最大拉力时延伸率,耐热度,低温柔性,不透水性。

② 合成高分子防水卷材的断裂拉伸强度、扯断伸长率、低温弯折性、不透水性。

14)胶粘剂和胶粘带的贮运、保管应符合下列规定:

① 不同品种、规格的胶粘剂和胶粘带,应分别用密封桶或纸箱包装。

② 胶粘剂和胶粘带应贮存在阴凉通风的室内,严禁接近火源和热源。

15)进场的基层处理剂、胶粘剂和胶粘带,应检验下列项目:

① 沥青基防水卷材用基层处理剂的固体含量、耐热性、低温柔性、剥离强度。

② 高分子胶粘剂的剥离强度、浸水 168h 后的剥离强度保持率。

③ 改性沥青胶粘剂的剥离强度。

④ 合成橡胶胶粘带的剥离强度、浸水 168h 后的剥离强度保持率。

16)卷材防水层的施工环境温度应符合下列规定:

① 热溶法和焊接法不宜低于-10℃。

② 冷粘法和热粘法不宜低于5℃。

③ 自粘法不宜低于10℃。

2. 涂膜防水层施工

1)涂膜防水层的基层应坚实、平整、干净,应无孔隙、起砂和裂缝。基层的干燥程度应根据所选用的防水涂料特性确定;当采用溶剂型、热熔型和反应固休型防水涂料时,基层应干燥。

2）基层处理剂的施工应符合 1. 中 4）的规定。

3）双组分或多组分防水涂料应按配合比准确计量，应采用电动机具搅拌均匀，已配制的涂料应及时使用。配料时，可加入适量的缓凝剂或促凝剂调节固化时间，但不得混合已固化的涂料。

4）涂膜防水层施工应符合下列规定：

① 防水涂料应多遍均匀涂布，涂膜总厚度应符合设计要求。

② 涂膜间夹铺胎体增强材料时，宜边涂布边铺胎体；胎体应铺贴平整，应排除气泡，并应与涂料粘结牢固。在胎体上涂布涂料时，应使涂料浸透胎体，并应覆盖完全，不得有胎体外露现象。最上面的涂膜厚度不应小于 1.0mm。

③ 涂膜施工应先做好细部处理，再进行大面积涂布。

④ 屋面转角及立面的涂膜应薄涂多遍，不得流淌和堆积。

5）涂膜防水层施工工艺应符合下列规定：

① 水乳型及溶剂型防水涂料宜选用滚涂或喷涂施工。

② 反应固化型涂料宜选用刮涂或喷涂施工。

③ 热熔型防水涂料宜选用刮涂施工。

④ 聚合物水泥防水涂料宜选用刮涂法施工。

⑤ 所有防水涂料用于细部构造时，宜选用刷涂或喷涂施工。

6）防水涂料和胎体增强材料的贮运、保管，应符合下列规定：

① 防水涂料包装容器应密封，容器表面应标明涂料名称、生产厂家、执行标准号、生产日期和产品有效期，并应分类存放。

② 反应型和水乳型涂料贮运和保管环境温度不宜低于 5℃。

③ 溶剂型涂料贮运和保管环境温度不宜低于 0℃，并不得日晒、碰撞和渗漏；保管环境应干燥、通风，并应远离火源、热源。

④ 胎体增强材料贮运、保管环境应干燥、通风，并应远离火源、热源。

7）进场的防水涂料和胎体增强材料应检验下列项目：

① 高聚物改性沥青防水涂料的固体含量、耐热性、低温柔性、不透水性、断裂伸长率或抗裂性。

② 合成高分子防水涂料和聚合物水泥防水涂料的固体含量、低温柔性、不透水性、拉伸强度、断裂伸长率。

③ 胎体增强材料的拉力、延伸率。

8）涂膜防水层的施工环境温度应符合下列规定：

① 水乳型及反应型涂料宜为 5℃～35℃。

② 溶剂型涂料宜为 −5℃～35℃。

③ 热熔型涂料不宜低于 −10℃。

④ 聚合物水泥涂料宜为 5℃～35℃。

3. 接缝密封防水施工

1) 密封防水部位的基层应符合下列规定：

① 基层应牢固,表面应平整、密实,不得有裂缝、蜂窝、麻面、起皮和起砂等现象。

② 基层应清洁、干燥,应无油污、无灰尘。

③ 嵌入的背衬材料与接缝壁间不得留有空隙。

④ 密封防水部位的基层宜涂刷基层处理剂,涂刷应均匀,不得漏涂。

2) 改性沥青密封材料防水施工应符合下列规定：

① 采用冷嵌法施工时,宜分次将密封材料嵌填在缝内,并应防止裹入空气。

② 采用热灌法施工时,应由下向上进行,并宜减少接头;密封材料熬制及浇灌温度,应按不同材料要求严格控制。

3) 合成高分子密封材料防水施工应符合下列规定：

① 单组分密封材料可直接使用;多组分密封材料应根据规定的比例准确计量,并应拌合均匀;每次拌合量、拌合时间和拌合温度,应按所用密封材料的要求严格控制。

② 采用挤出枪嵌填时,应根据接缝的宽度选用口径合适的挤出嘴,应均匀挤出密封材料嵌填,并应由底部逐渐充满整个接缝。

③ 密封材料嵌填后,应在密封材料表干前用腻子刀嵌填修整。

4) 密封材料嵌填应密实、连续、饱满,应与基层粘结牢固;表面应平滑,缝边应顺直,不得有气泡、孔洞、开裂、剥离等现象。

5) 对嵌填完毕的密封材料,应避免碰损及污染;固化前不得踩踏。

6) 密封材料的贮运、保管应符合下列规定：

① 运输时应防止日晒、雨淋、撞击、挤压。

② 贮运、保管环境应通风、干燥,防止日光直接照射,并应远离火源、热源;乳胶型密封材料在冬季时应采取防冻措施。

③ 密封材料应按类别、规格分别存放。

7) 进场的密封材料应检验下列项目：

① 改性石油沥青密封材料的耐热性、低温柔性、拉伸粘结性、施工度。

② 合成高分子密封材料的拉伸模量、断裂伸长率、定伸粘结性。

8) 接缝密封防水的施工环境温度应符合下列规定：

① 改性沥青密封材料和溶剂型合成高分子密封材料宜为 0℃～35℃。

② 乳胶型及反应型合成高分子密封材料宜为 5℃～35℃。

业务要点 4：瓦面与板面工程

1. 瓦屋面施工

1) 瓦屋面采用的木质基层、顺水条、挂瓦条的防腐、防火及防蛀处理,以及金属顺水条、挂瓦条的防锈蚀处理,均应符合设计要求。

2) 屋面木基层应铺钉牢固、表面平整;钢筋混凝土基层的表面应平整、干净、干燥。

3) 防水垫层的铺设应符合下列规定:

① 防水垫层可采用空铺、满粘或机械固定。

② 防水垫层在瓦屋面构造层次中的位置应符合设计要求。

③ 防水垫层宜自下而上平行屋脊铺设。

④ 防水垫层应顺流水方向搭接,搭接宽度应符合《屋面工程技术规范》GB 50345—2012 第 4.8.6 条的规定。

⑤ 防水垫层应铺设平整,下道工序施工时,不得损坏已铺设完成的防水垫层。

4) 持钉层的铺设应符合下列规定:

① 屋面无保温层时,木基层或钢筋混凝土基层可视为持钉层;钢筋混凝土基层不平整时,宜用 1:2.5 的水泥砂浆进行找平。

② 屋面有保温层时,保温层上应按设计要求做细石混凝土持钉层,内配钢筋网应骑跨屋脊,并应绷直与屋脊和檐口、檐沟部位的预埋锚筋连牢;预埋锚筋穿过防水层或防水垫层时,破损处应进行局部密封处理。

③ 水泥砂浆或细石混凝土持钉层可不设分格缝;持钉层与突出屋面结构的交接处应预留 30mm 宽的缝隙。

(1) 烧结瓦、混凝土瓦屋面

1) 顺水条应顺流水方向固定,间距不宜大于 500mm,顺水条应铺钉牢固、平整。钉挂瓦条时应拉通线,挂瓦条的间距应根据瓦片尺寸和屋面坡长经计算确定,挂瓦条应铺钉牢固、平整,上棱应成一直线。

2) 铺设瓦屋面时,瓦片应均匀分散堆放在两坡屋面基层上,严禁集中堆放。铺瓦时,应由两坡从下向上同时对称铺设。

3) 瓦片应铺成整齐的行列,并应彼此紧密搭接,应做到瓦榫落槽、瓦脚挂牢、瓦头排齐,且无翘角和张口现象,檐口应成一直线。

4) 脊瓦搭盖间距应均匀,脊瓦与坡面瓦之间的缝隙应用聚合物水泥砂浆填实抹平,屋脊或斜脊应顺直。沿山墙一行瓦宜用聚合物水泥砂浆做出披水线。

5) 檐口第一根挂瓦条应保证瓦头出檐口 50～70mm;屋脊两坡最上面的一根挂瓦条,应保证脊瓦在坡面瓦上的搭盖宽度不小于 40mm;钉檐口条或封檐板时,均应高出挂瓦条 20～30mm。

6) 烧结瓦、混凝土瓦屋面完工后,应避免屋面受物体冲击,严禁任意上人或堆放物件。

7) 烧结瓦、混凝土瓦的贮运、保管应符合下列规定:

① 烧结瓦、混凝土瓦运输时应轻拿轻放,不得抛扔、碰撞。

② 进入现场后应堆垛整齐。

8) 进场的烧结瓦、混凝土瓦应检验抗渗性、抗冻性和吸水率等项目。

（2）沥青瓦屋面

1) 铺设沥青瓦前,应在基层上弹出水平及垂直基准线,并应按线铺设。

2) 檐口部位宜先铺设金属滴水板或双层檐口瓦,并应将其固定在基层上,再铺设防水垫层和起始瓦片。

3) 沥青瓦应自檐口向上铺设,起始层瓦应由瓦片经切除垂片部分后制得,且起始层瓦沿檐口应平行铺设并伸出檐口 10mm,再用沥青基胶结材料和基层粘结;第一层瓦应与起始层瓦叠合,但瓦切口应向下指向檐口;第二层瓦应压在第一层瓦上且露出瓦切口,但不得超过切口长度。相邻两层沥青瓦的拼缝及切口应均匀错开。

4) 檐口、屋脊等屋面边沿部位的沥青瓦之间、起始层沥青瓦与基层之间,应采用沥青基胶结材料满粘牢固。

5) 在沥青瓦上钉固定钉时,应将钉垂直钉入持钉层内;固定钉穿入细石混凝土持钉层的深度不应小于 20mm,穿入木质持钉层的深度不应小于 15mm,固定钉的钉帽不得外露在沥青瓦表面。

6) 每片脊瓦应用两个固定钉固定;脊瓦应顺年最大频率风向搭接,并应搭盖住两坡面沥青瓦每边不小于 150mm;脊瓦与脊瓦的压盖面不应小于脊瓦面积的 1/2。

7) 沥青瓦屋面与立墙或伸出屋面的烟囱、管道的交接处应做泛水,在其周边与立面 250mm 的范围内应铺设附加层,然后在其表面用沥青基胶结材料满粘一层沥青瓦片。

8) 铺设沥青瓦屋面的天沟应顺直,瓦片应粘结牢固,搭接缝应密封严密,排水应通畅。

9) 沥青瓦的贮运、保管应符合下列规定:

① 不同类型、规格的产品应分别堆放。

② 贮存温度不应高于 45℃,并应平放贮存。

③ 应避免雨淋、日晒、受潮,并应注意通风和避免接近火源。

10) 进场的沥青瓦应检验可溶物含量、拉力、耐热度、柔度、不透水性、叠层剥离强度等项目。

2. 金属板屋面施工

1) 金属板屋面施工应在主体结构和支承结构验收合格后进行。

2) 金属板屋面施工前应根据施工图纸进行深化排板图设计。金属板铺设时,应根据金属板板型技术要求和深化设计排板图进行。

3）金属板屋面施工测量应与主体结构测量相配合，其误差应及时调整，不得积累；施工过程中应定期对金属板的安装定位基准点进行校核。

4）金属板屋面的构件及配件应有产品合格证和性能检测报告，其材料的品种、规格、性能等应符合设计要求和产品标准的规定。

5）金属板的长度应根据屋面排水坡度、板型连接构造、环境温差及吊装运输条件等综合确定。

6）金属板的横向搭接方向宜顺主导风向；当在多维曲面上雨水可能翻越金属板板肋横流时，金属板的纵向搭接应顺流水方向。

7）金属板铺设过程中应对金属板采取临时固定措施，当天就位的金属板材应及时连接固定。

8）金属板安装应平整、顺滑，板面不应有施工残留物；檐口线、屋脊线应顺直，不得有起伏不平现象。

9）金属板屋面施工完毕，应进行雨后观察、整体或局部淋水试验，檐沟、天沟应进行蓄水试验，并应填写淋水和蓄水试验记录。

10）金属板屋面完工后，应避免屋面受物体冲击，并不宜对金属面板进行焊接、开孔等作业，严禁任意上人或堆放物件。

11）金属板应边缘整齐、表面光滑、色泽均匀、外形规则，不得有扭翘、脱膜和锈蚀等缺陷。

12）金属板的吊运、保管应符合下列规定：

① 金属板应用专用吊具安装，吊装和运输过程中不得损伤金属板材。

② 金属板堆放地点宜选择在安装现场附近，堆放场地应平整坚实且便于排除地面水。

13）进场的彩色涂层钢板及钢带应检验屈服强度、抗拉强度、断后伸长率、镀层重量、涂层厚度等项目。

14）金属面绝热夹芯板的贮运、保管应符合下列规定：

① 夹芯板应采取防雨、防潮、防火措施。

② 夹芯板之间应用衬垫隔离，并应分类堆放，应避免受压或机械损伤。

15）进场的金属面绝热夹芯板应检验剥离性能、抗弯承载力、防火性能等项目。

3. 玻璃采光顶施工

1）玻璃采光顶施工应在主体结构验收合格后进行；采光顶的支承构件与主体结构连接的预埋件应按设计要求埋设。

2）玻璃采光顶的施工测量应与主体结构测量相配合，测量偏差应及时调整，不得积累；施工过程中应定期对采光顶的安装定位基准点进行校核。

3）玻璃采光顶的支承构件、玻璃组件及附件，其材料的品种、规格、色泽和性能应符合设计要求和技术标准的规定。

4）玻璃采光顶施工完毕,应进行雨后观察、整体或局部淋水试验,檐沟、天沟应进行蓄水试验,并应填写淋水和蓄水试验记录。

5）框支承玻璃采光顶的安装施工应符合下列规定:

① 应根据采光顶分格测量,确定采光顶各分格点的空间定位。

② 支承结构应按顺序安装,采光顶框架组件安装就位、调整后应及时紧固;不同金属材料的接触面应采用隔离材料。

③ 采光顶的周边封堵收口、屋脊处压边收口、支座处封口处理,均应铺设平整且可靠固定。

④ 采光顶天沟、排水槽、通气槽及雨水排出口等细部构造应符合设计要求。

⑤ 装饰压板应顺流水方向设置,表面应平整,接缝应符合设计要求。

6）点支承玻璃采光顶的安装施工应符合下列规定:

① 应根据采光顶分格测量,确定采光顶各分格点的空间定位。

② 钢桁架及网架结构安装就位、调整后应及时紧固;钢索杆结构的拉索、拉杆预应力施加应符合设计要求。

③ 采光顶应采用不锈钢驳接组件装配,爪件安装前应精确定出其安装位置。

④ 玻璃宜采用机械吸盘安装,并应采取必要的安全措施。

⑤ 玻璃接缝应采用硅酮耐候密封胶。

⑥ 中空玻璃钻孔周边应采取多道密封措施。

7）明框玻璃组件组装应符合下列规定:

① 玻璃与构件槽口的配合应符合设计要求和技术标准的规定。

② 玻璃四周密封胶条的材质、型号应符合设计要求,镶嵌应平整、密实,胶条的长度宜大于边框内槽口长度 1.5%～2.0%,胶条在转角处应斜面断开,并应用粘结剂粘结牢固。

③ 组件中的导气孔及排水孔设置应符合设计要求,组装时应保持孔道通畅。

④ 明框玻璃组件应拼装严密,框缝密封应采用硅酮耐候密封胶。

8）隐框及半隐框玻璃组件组装应符合下列规定:

① 玻璃及框料粘结表面的尘埃、油渍和其他污物,应分别使用带溶剂的擦布和干擦布清除干净,并应在清洁 1h 内嵌填密封胶。

② 所用的结构粘结材料应采用硅酮结构密封胶,其性能应符合现行国家标准《建筑用硅酮结构密封胶》GB 16776—2005 的有关规定;硅酮结构密封胶应在有效期内使用。

③ 硅酮结构密封胶应嵌填饱满,并应在温度 15℃～30℃、相对湿度 50% 以

上、洁净的室内进行,不得在现场嵌填。

④ 硅酮结构密封胶的粘结宽度和厚度应符合设计要求,胶缝表面应平整光滑,不得出现气泡。

⑤ 硅酮结构密封胶固化期间,组件不得长期处于单独受力状态。

9)玻璃接缝密封胶的施工应符合下列规定:

① 玻璃接缝密封应采用硅酮耐候密封胶,其性能应符合现行行业标准《幕墙玻璃接缝用密封胶》JC/T 882—2001 的有关规定,密封胶的级别和模量应符合设计要求。

② 密封胶的嵌填应密实、连续、饱满,胶缝应平整光滑、缝边顺直。

③ 玻璃间的接缝宽度和密封胶的嵌填深度应符合设计要求。

④ 不宜在夜晚、雨天嵌填密封胶,嵌填温度应符合产品说明书规定,嵌填密封胶的基面应清洁、干燥。

10)玻璃采光顶材料的贮运、保管应符合下列规定:

① 采光顶部件在搬运时应轻拿轻放,严禁发生互相碰撞。

② 采光玻璃在运输中应采用有足够承载力和刚度的专用货架;部件之间应用衬垫固定,并应相互隔开。

③ 采光顶部件应放在专用货架上,存放场地应平整、坚实、通风、干燥,并严禁与酸碱等类的物质接触。

业务要点 5:细部构造工程

1. 檐口

1)卷材防水屋面檐口 800mm 范围内的卷材应满粘,卷材收头应采用金属压条钉压,并应用密封材料封严。檐口下端应做鹰嘴和滴水槽(图 7-41)。

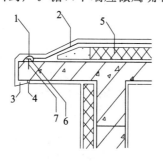

图 7-41 卷材防水屋面檐口

1—密封材料 2—卷材防水层 3—鹰嘴 4—滴水槽 5—保温层 6—金属压条 7—水泥钉

2)涂膜防水屋面檐口的涂膜收头,应用防水涂料多遍涂刷。檐口下端应做鹰嘴和滴水槽(图 7-42)。

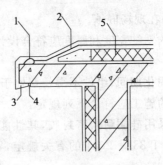

图 7-42　涂膜防水屋面檐口

1—涂料多遍涂刷　2—涂膜防水层　3—鹰嘴　4—滴水槽　5—保温层

3)烧结瓦、混凝土瓦屋面的瓦头挑出檐口的长度宜为 50～70mm(图 7-43、图 7-44)。

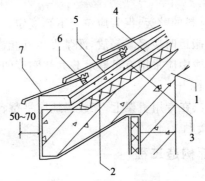

图 7-43　烧结瓦、混凝土瓦屋面檐口(一)

1—结构层　2—保温层　3—防水层或防水垫层
4—持钉层　5—顺水条　6—挂瓦条　7—烧结瓦或混凝土瓦

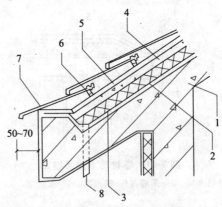

图 7-44　烧结瓦、混凝土瓦屋面檐口(二)

1—结构层　2—防水层或防水垫层　3—保温层　4—持钉层
5—顺水条　6—挂瓦条　7—烧结瓦或混凝土瓦　8—泄水管

4)沥青瓦屋面的瓦头挑出檐口的长度宜为 10~20mm;金属滴水板应固定在基层上,伸入沥青瓦下宽度不应小于 80mm,向下延伸长度不应小于 60mm(图 7-45)。

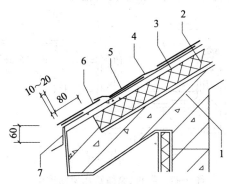

图 7-45 沥青瓦屋面檐口

1—结构层 2—保温层 3—持钉层 4—防水层或防水垫层

5—沥青瓦 6—起始层沥青瓦 7—金属滴水板

5)金属板屋面檐口挑出墙面的长度不应小于 200mm;屋面板与墙板交接处应设置金属封檐板和压条(图 7-46)。

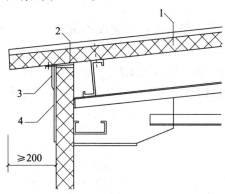

图 7-46 金属板屋面檐口

1—金属板 2—通长密封条 3—金属压条 4—金属封檐板

2. 檐沟和天沟

1)卷材或涂膜防水屋面檐沟(图 7-47)和天沟的防水构造,应符合下列规定:

① 檐沟和天沟的防水层下应增设附加层,附加层伸入屋面的宽度不应小于 250mm。

② 檐沟防水层和附加层应由沟底翻上至外侧顶部,卷材收头应用金属压条

钉压,并应用密封材料封严,涂膜收头应用防水涂料多遍涂刷。

③ 檐沟外侧下端应做鹰嘴或滴水槽。

④ 檐沟外侧高于屋面结构板时,应设置溢水口。

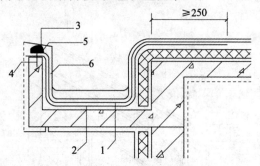

图 7-47　卷材、涂膜防水屋面檐沟

1—防水层　2—附加层　3—密封材料　4—水泥钉　5—金属压条　6—保护层

2) 烧结瓦、混凝土瓦屋面檐沟(图 7-48)和天沟的防水构造,应符合下列规定:

① 檐沟和天沟防水层下应增设附加层,附加层伸入屋面的宽度不应小于 500mm。

② 檐沟和天沟防水层伸入瓦内的宽度不应小于 150mm,并应与屋面防水层或防水垫层顺流水方向搭接。

③ 檐沟防水层和附加层应由沟底翻上至外侧顶部,卷材收头应用金属压条钉压,并应用密封材料封严;涂膜收头应用防水涂料多遍涂刷。

④ 烧结瓦、混凝土瓦伸入檐沟、天沟内的长度,宜为 50～70mm。

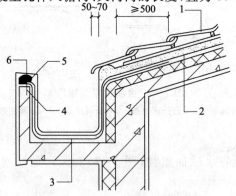

图 7-48　烧结瓦、混凝土瓦屋面檐沟

1—烧结瓦或混凝土瓦　2—防水层或防水垫层
3—附加层　4—水泥钉　5—金属压条　6—密封材料

3）沥青瓦屋面檐沟和天沟的防水构造，应符合下列规定：

① 檐沟防水层下应增设附加层，附加层伸入屋面的宽度不应小于500mm。

② 檐沟防水层伸入瓦内的宽度不应小于150mm，并应与屋面防水层或防水垫层顺流水方向搭接。

③ 檐沟防水层和附加层应由沟底翻上至外侧顶部，卷材收头应用金属压条钉压，并应用密封材料封严；涂膜收头应用防水涂料多遍涂刷。

④ 沥青瓦伸入檐沟内的长度宜为10～20mm。

⑤ 天沟采用搭接式或编织式铺设时，沥青瓦下应增设不小于1000mm宽的附加层（图7-49）。

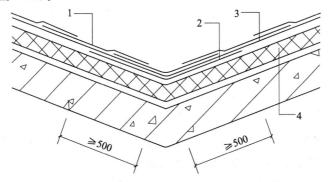

图7-49　沥青瓦屋面天沟
1—沥青瓦　2—附加层　3—防水层或防水垫层　4—保温层

⑥ 天沟采用敞开式铺设时，在防水层或防水垫层上应铺设厚度不小于0.45mm的防锈金属板材，沥青瓦与金属板材应顺流水方向搭接，搭接缝应用沥青基胶结材料粘结，搭接宽度不应小于100mm。

3. 女儿墙和山墙

1）女儿墙的防水构造应符合下列规定：

① 女儿墙压顶可采用混凝土或金属制品。压顶向内排水坡度不应小于5%，压顶内侧下端应作滴水处理。

② 女儿墙泛水处的防水层下应增设附加层，附加层在平面和立面的宽度均不应小于250mm。

③ 低女儿墙泛水处的防水层可直接铺贴或涂刷至压顶下，卷材收头应用金属压条钉压固定，并应用密封材料封严；涂膜收头应用防水涂料多遍涂刷（图7-50）。

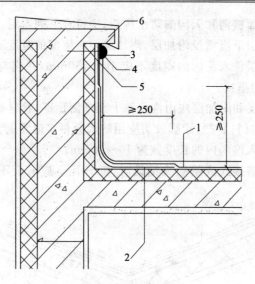

图 7-50 低女儿墙

1—防水层 2—附加层 3—密封材料 4—金属压条 5—水泥钉 6—压顶

④ 高女儿墙泛水处的防水层泛水高度不应小于 250mm,防水层收头应符合③的规定;泛水上部的墙体应作防水处理(图 7-51)。

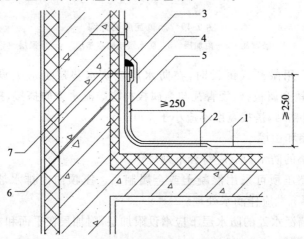

图 7-51 高女儿墙

1—防水层 2—附加层 3—密封材料 4—金属盖板 5—保护层 6—金属压条 7—水泥钉

⑤ 女儿墙泛水处的防水层表面,宜采用涂刷浅色涂料或浇筑细石混凝土保护。

2) 山墙的防水构造应符合下列规定:

① 山墙压顶可采用混凝土或金属制品。压顶应向内排水,坡度不应小于

320

5%,压顶内侧下端应作滴水处理。

②山墙泛水处的防水层下应增设附加层,附加层在平面和立面的宽度均不应小于250mm。

③烧结瓦、混凝土瓦屋面山墙泛水应采用聚合物水泥砂浆抹成,侧面瓦伸入泛水的宽度不应小于50mm(图7-52)。

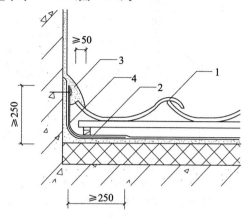

图 7-52　烧结瓦、混凝土瓦屋面山墙
1—烧结瓦或混凝土瓦　2—防水层或防水垫层　3—聚合物水泥砂浆　4—附加层

④沥青瓦屋面山墙泛水应采用沥青基胶粘材料满粘一层沥青瓦片,防水层和沥青瓦收头应用金属压条钉压固定,并应用密封材料封严(图7-53)。

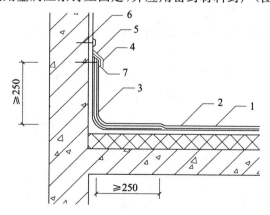

图 7-53　沥青瓦屋面山墙
1—沥青瓦　2—防水层或防水垫层　3—附加层
4—金属盖板　5—密封材料　6—水泥钉　7—金属压条

⑤金属板屋面山墙泛水应铺钉厚度不小于0.45mm的金属泛水板,并应顺流水方向搭接;金属泛水板与墙体的搭接高度不应小于250mm,与压型金属

板的搭盖宽度宜为 1 波～2 波,并应在波峰处采用拉铆钉连接(图 7-54)。

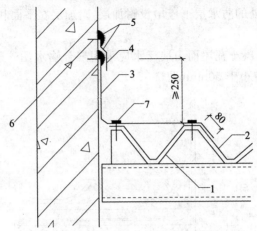

图 7-54 压型金属板屋面山墙
1—固定支架 2—压型金属板 3—金属泛水板
4—金属盖板 5—密封材料 6—水泥钉 7—拉铆钉

4. 水落口

1) 重力式排水的水落口(图 7-55、图 7-56)防水构造应符合下列规定:

① 水落口可采用塑料或金属制品,水落口的金属配件均应作防锈处理。

② 水落口杯应牢固地固定在承重结构上,其埋设标高应根据附加层的厚度及排水坡度加大的尺寸确定。

③ 水落口周围直径 500mm 范围内坡度不应小于 5%,防水层下应增设涂膜附加层。

④ 防水层和附加层伸入水落口杯内不应小于 50mm,并应粘结牢固。

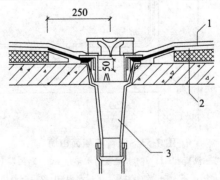

图 7-55 直式水落口
1—防水层 2—附加层 3—水落斗

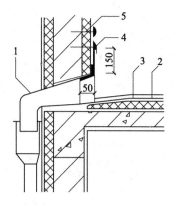

图 7-56　横式水落口

1—水落斗　2—防水层　3—附加层　4—密封材料　5—水泥钉

2)虹吸式排水的水落口防水构造应进行专项设计。

5. 变形缝

变形缝防水构造应符合下列规定：

1)变形缝泛水处的防水层下应增设附加层,附加层在平面和立面的宽度不应小于 250mm;防水层应铺贴或涂刷至泛水墙的顶部。

2)变形缝内应预填不燃保温材料,上部应采用防水卷材封盖,并放置衬垫材料,再在其上干铺一层卷材。

3)等高变形缝顶部宜加扣混凝土或金属盖板(图 7-57)。

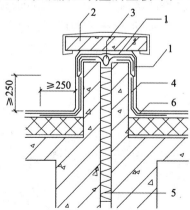

图 7-57　等高变形缝

1—卷材封盖　2—混凝土盖板　3—衬垫材料　4—附加层　5—不燃保温材料　6—防水层

4)高低跨变形缝在立墙泛水处,应采用有足够变形能力的材料和构造作密封处理(图 7-58)。

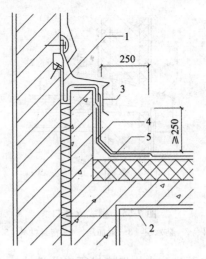

图 7-58　高低跨变形缝

1—卷材封盖　2—不燃保温材料　3—金属盖板　4—附加层　5—防水层

6. 伸出屋面管道

1）伸出屋面管道（图 7-59）的防水构造应符合下列规定：

① 管道周围的找平层应抹出高度不小于 30mm 的排水坡。

② 管道泛水处的防水层下应增设附加层，附加层在平面和立面的宽度均不应小于 250mm。

③ 管道泛水处的防水层泛水高度不应小于 250mm；

④ 卷材收头应用金属箍紧固和密封材料封严，涂膜收头应用防水涂料多遍涂刷。

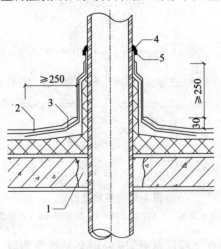

图 7-59　伸出屋面管道

1—细石混凝土　2——卷材防水层　3 附加层　4—密封材料　5—金属箍

2) 烧结瓦、混凝土瓦屋面烟囱(图7-60)的防水构造,应符合下列规定:

① 烟囱泛水处的防水层或防水垫层下应增设附加层,附加层在平面和立面的宽度不应小于250mm。

② 屋面烟囱泛水应采用聚合物水泥砂浆抹成。

③ 烟囱与屋面的交接处,应在迎水面中部抹出分水线,并应高出两侧各30mm。

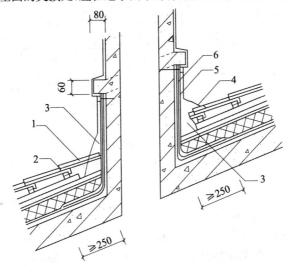

图7-60　烧结瓦、混凝土瓦屋面烟囱
1—烧结瓦或混凝土瓦　2—挂瓦条　3—聚合物水泥砂浆
4—分水线　5—防水层或防水垫层　6—附加层

7. 屋面出入口

1) 屋面垂直出入口泛水处应增设附加层,附加层在平面和立面的宽度均不应小于250mm;防水层收头应在混凝土压顶圈下(图7-61)。

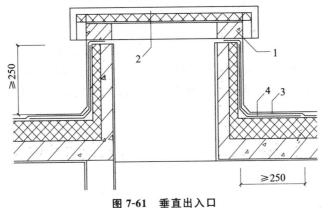

图7-61　垂直出入口
1—混凝土压顶圈　2—上人孔盖　3—防水层　4—附加层

2)屋面水平出入口泛水处应增设附加层和护墙,附加层在平面上的宽度不应小于250mm;防水层收头应压在混凝土踏步下(图7-62)。

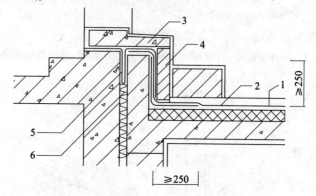

图7-62　水平出入口

1—防水层　2—附加层　3—踏步　4—护墙　5—防水卷材封盖　6—不燃保温材料

8. 反梁过水孔

反梁过水孔构造应符合下列规定:

1)应根据排水坡度留设反梁过水孔,图纸应注明孔底标高。

2)反梁过水孔宜采用预埋管道,其管径不得小于75mm。

3)过水孔可采用防水涂料、密封材料防水。预埋管道两端周围与混凝土接触处应留凹槽,并应用密封材料封严。

9. 设施基座

1)设施基座与结构层相连时,防水层应包裹设施基座的上部,并应在地脚螺栓周围作密封处理。

2)在防水层上放置设施时,防水层下应增设卷材附加层,必要时应在其上浇筑细石混凝土,其厚度不应小于50mm。

10. 屋脊

1)烧结瓦、混凝土瓦屋面的屋脊处应增设宽度不小于250mm的卷材附加层。脊瓦下端距坡面瓦的高度不宜大于80mm,脊瓦在两坡面瓦上的搭盖宽度,每边不应小于40mm;脊瓦与坡瓦面之间的缝隙应采用聚合物水泥砂浆填实抹平(图7-63)。

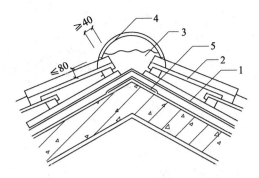

图 7-63 烧结瓦、混凝土瓦屋面屋脊

1—防水层或防水垫层 2—烧结瓦或混凝土瓦 3—聚合物水泥砂浆 4—脊瓦 5—附加层

2）沥青瓦屋面的屋脊处应增设宽度不小于 250mm 的卷材附加层。脊瓦在两坡面瓦上的搭盖宽度，每边不应小于 150mm（图 7-64）。

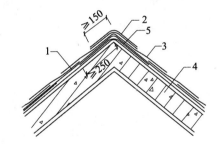

图 7-64 沥青瓦屋面屋脊

1—防水层或防水垫层 2—脊瓦 3—沥青瓦 4—结构层 5—附加层

3）金属板屋面的屋脊盖板在两坡面金属板上的搭盖宽度每边不应小于 250mm，屋面板端头应设置挡水板和堵头板（图 7-65）。

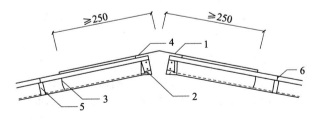

图 7-65 金属板材屋面屋脊

1—屋脊盖板 2—堵头板 3—挡水板 4—密封材料 5—固定支架 6—固定螺栓

11. 屋顶窗

1）烧结瓦、混凝土瓦与屋顶窗交接处，应采用金属排水板、窗框固定铁脚、窗口附加防水卷材、支瓦条等连接（图 7-66）。

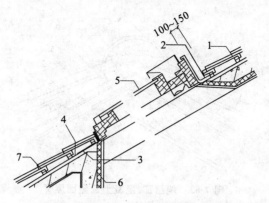

图 7-66 烧结瓦、混凝土瓦屋面屋顶窗

1—烧结瓦或混凝土瓦 2—金属排水板 3—窗口附加防水卷材

4—防水层或防水垫层 5—屋顶窗 6—保温层 7—支瓦条

2) 沥青瓦屋面与屋顶窗交接处应采用金属排水板、窗框固定铁脚、窗口附加防水卷材等与结构层连接(图 7-67)。

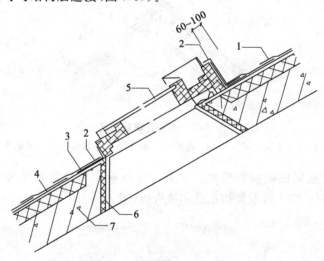

图 7-67 沥青瓦屋面屋顶窗

1—沥青瓦 2—金属排水板 3—窗口附加防水卷材

4—防水层或防水垫层 5—屋顶窗 6—保温层 7—结构层

第八章 装饰装修工程

第一节 抹灰工程

本节导读

本节主要介绍抹灰工程施工，内容包括抹灰层的结构组成、一般抹灰的材料要求、墙面一般抹灰操作工序、不同基层一般抹灰的施工要点、一般抹灰施工、装饰抹灰施工等。其内容关系如图 8-1 所示。

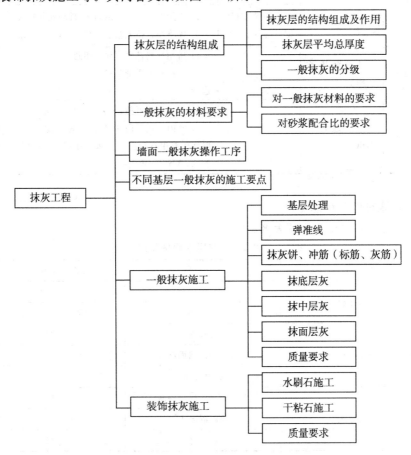

图 8-1 本节内容关系图

业务要点 1：抹灰层的结构组成

1. 抹灰层的结构组成及作用

抹灰层的结构组成及作用见表 8-1。

表 8-1　抹灰层的结构组成及作用

灰层	作用	基层材料	一般做法
底层灰	主要起与基层黏结作用，兼初步找平作用	砖墙基层	1) 内墙一般采用石灰砂浆、石灰滑秸土、石灰炉渣浆打底 2) 外墙、勒脚、屋檐以及室内有防水防潮要求，可采用水泥砂浆打底
		混凝土和加气混凝土基层	1) 宜先刷 20%108 胶水泥浆一道，采用水泥砂浆或混合砂浆打底 2) 高级装饰工程的预制混凝土板顶棚，宜用聚合物水泥砂浆打底
		木板条、苇箔钢丝网基层	1) 宜用混合砂浆或麻刀灰、玻璃丝灰打底 2) 须将灰浆挤入基层缝隙内，以加强拉结
中间灰	主要起找平作用		1) 所用材料基本与底层相同 2) 根据施工质量要求。可以一次抹成，也可分遍进行
面层灰	主要起装饰作用		1) 要求大面平整，无裂痕，颜色均匀 2) 室内一般采用麻刀灰、纸筋灰、玻璃丝灰、高级墙面也有用石膏灰浆和水砂面层等，室外常用水泥砂浆、水刷石、斩假石等

2. 抹灰层平均总厚度

抹灰层平均总厚度见表 8-2。

表 8-2　抹灰层平均总厚度

种　类	基　层	抹灰层总厚度不得大于/mm
内墙抹灰	普通抹灰	18～20
	高级抹灰	25
外墙抹灰	砖墙面	20
	勒脚及突出墙面部分	25
	石材墙面	35
顶棚抹灰	板条、空心砖、现浇混凝土	15
	预制混凝土	18
	金属网	20

3. 一般抹灰的分级

一般抹灰的分级见表8-3。

表8-3 一般抹灰的分级

级 别	适用范围	操作要求
高级抹灰	适用于大型公共建筑物、纪念性建筑物以及有特殊要求的高级建筑物	一底层、数中层和一面层。多遍成活
普通抹灰	适用于一般居住、共用和工业房屋以及高级建筑物的附属用房	一底层、一中层和一面层。三遍成活

业务要点2:一般抹灰的材料要求

1. 对一般抹灰材料的要求

1)水泥:水泥必须有出厂合格证,品种性能符合要求,凝结时间和安定性复验应合格。

2)石灰膏应用块状生石灰淋制,淋制时必须用孔径不大于3mm×3mm的筛过滤,并储存在沉淀池中。

熟化时间,常温下一般不少于15d;用于罩面时,不应少于30d。使用时,石灰膏内不得含有未熟化的颗粒和其他杂质。

在沉淀池中的石灰膏应加以保护,防止其干燥、冻结和污染。

3)抹灰用的石灰膏可用磨细生石灰粉代替,其细度应通过4900孔/cm^2筛。

用于罩面时,熟化时间应不小于3d。

4)抹灰用的砂子应过筛,不得含有杂物。

装筛抹灰用的集料(石粒、砾石等),应耐光、坚硬,使用前必须冲洗干净。干粘石用的石粒应干燥。

5)抹灰用的膨胀珍珠岩,宜采用中级粗细粒径混合级配,堆积密度宜为80~150kg/m^3。

6)抹灰用的黏土、炉渣应清洁,不得含有杂物。

黏土应选用粉质黏土,并加水浸透;炉渣应过筛,粒径应不大于3mm,并加水焖透。

7)抹灰用的纸筋应浸泡、捣烂、清洁;罩面纸筋应机碾磨细。稻草、麦秸、麻刀应坚韧、干燥,不含杂物,其长度不大于30mm。

稻草、麦秸应经石灰浸泡处理。

8)粉煤灰的品质应达到Ⅲ级灰的技术要求。

9)水宜采用生活用水。

10) 掺入装饰砂浆的颜料,应用耐碱、耐光的颜料。

2. 对砂浆配合比的要求

对砂浆配合比的要求见表 8-4。

表 8-4　一般抹灰的砂浆配合比

材　　料	配合比(体积比)	应用范围
石灰:砂	1:2～1:3	用于砖石墙(檐口、勒脚、女儿墙及潮湿房间的墙除外)面层
水泥:石灰:砂	1:0.3:3～1:1:6	墙面混合砂浆打底
水泥:石灰:砂	1:0.5:2～1:1:4	混凝土顶棚抹混合砂浆打底
水泥:石灰:砂	1:0.5:4～1:3:9	板条顶棚抹灰
水泥:石灰:砂	1:0.5:4.5～1:1:6	用于檐口、勒脚、女儿墙外角以及比较潮湿处墙面抹混合砂浆打底
水泥:砂	1:3～1:2.5	用于浴室、潮湿车间等墙裙、勒脚等或地面基层抹水泥砂浆打底
水泥:砂	1:2～2:1.5	用于地面、顶棚或墙面面层
水泥:砂	1:0.5～1:1	用于混凝土地面压光
水泥:石灰:砂:锯末	1:1:3.5	用于吸声粉刷
白灰:麻筋	100:2.5(重量比)	用于木板条顶棚底层
石灰膏:麻筋	100:1.3(重量比)	用于木板条顶棚底层(或 100kg 石膏加 3.8kg 纸筋)
纸筋:白灰膏	灰膏 0.1m³,纸筋 3.6kg	用于较高级墙面或顶棚

业务要点 3:墙面一般抹灰操作工序

墙面一般抹灰操作工序见表 8-5。

表 8-5　墙面一般抹灰操作工序

工序名称	一般抹灰质量等级		
	普通抹灰	中级抹灰	高级抹灰
基体清理	+	+	+
湿润墙面	+	+	+
阴角找方		+	+
阳角找方		+	+
涂刷 108 号胶水泥浆	+	+	+
抹踢脚板、墙裙及护角底层灰	+	+	+

工序名称	一般抹灰质量等级		
	普通抹灰	中级抹灰	高级抹灰
抹墙面底层灰	＋	＋	＋
设置标筋		＋	＋
抹踢脚板、墙裙及护角中层灰	＋	＋	＋
抹墙面中层灰(高级抹灰墙面中层灰应分遍找平)		＋	＋
检查修整		＋	＋
抹踢脚板、墙裙面层灰	＋	＋	＋
抹墙面面层灰并修整	＋	＋	＋
表面压光	＋	＋	＋

注:表中"＋"表示应进行的工序。

业务要点4:不同基层一般抹灰的施工要点

不同基层一般抹灰的施工要点归纳见表8-6。

表8-6 不同基层一般抹灰的施工要点

名 称	分层做法	厚度/mm	操作要点
普通砖墙抹石灰砂浆	1) 1:3 石灰砂浆打底找平 2) 纸筋灰、麻刀灰或玻璃丝灰罩面	10~15 2	1) 底子灰先由上往下抹一遍,接着抹第二遍,由下往上刮平,用木抹子搓平 2) 底子灰五六成干时抹罩面灰,用铁抹子先竖着刮一遍,再横抹找平,最后压一遍
普通砖墙抹水泥砂浆	1) 1:3 水泥砂浆打底找平 2) 1:2.5 水泥砂浆罩面	10~15 5	1) 同上1),表面须划痕 2) 隔一天罩面,分两遍抹,先用木抹子搓平,再用铁抹子揉实压光,24h 后洒水养护 3) 基层为混凝土时,先刷水泥浆一遍
墙面抹混合砂浆	1) 1:0.3:3(或1:1:6)水泥石灰砂浆打底找平 2) 1:0.3:3 水泥石灰砂浆罩面	13 5	基层为混凝土时,先洒水湿润,再刷水泥浆一遍,随即抹底子灰

续表

名　　称	分层做法	厚度/mm	操作要点
混凝土墙、石墙抹纸筋灰	1) 刷水泥浆一遍 2) 1:3:9 水泥石灰砂浆打底找平 3) 纸筋灰、麻刀灰或玻璃丝灰罩面	13 2	基层为混凝土时,先洒水湿润,再刷水泥浆一遍,随即抹底子灰
加气混凝土墙抹石灰砂浆	1) 1:3:9 水泥石灰砂浆打底 2) 1:3 石灰砂浆找平 3) 纸筋灰、麻刀灰或玻璃丝灰罩面	3 13 2	抹灰前先洒水湿透,再刷水泥浆一遍,随即抹底子灰
混凝土顶棚抹混合砂浆	1) 1:0.5:1(或1:1:4)水泥石灰砂浆打底 2) 1:3:9(或1:0.5:4)水泥石灰砂浆找平 3) 纸筋灰、麻刀灰或玻璃丝灰罩面	2 6 2	1) 底子灰垂直模板方向薄抹 2) 随即顺着模板方向抹第二遍,用刮尺顺平,木抹子搓平 3) 第二遍灰六七成干时,抹罩面灰。两遍成活时,待第二遍灰稍干,即顺抹纹压实抹光 4) 当为预制板时,第一遍用1:2水泥砂浆勾缝,再用1:1水泥砂浆加水泥质量2%的乳胶抹2~3mm厚,并随手带毛

业务要点5:一般抹灰施工

1. 基层处理

抹灰施工的基层主要有砖墙面、混凝土面、板条面、轻质隔墙材料面等。在抹灰前应对不同的基层进行适当的处理,以保证抹灰层与基层黏结牢固。

1) 应清除基层表面的灰尘、油渍、污垢、碱膜等。

2) 凡室内管道穿越的墙洞和楼板洞、凿剔墙后安装的管道周边应用1:3水泥砂浆填嵌密实。

3) 墙面上的脚手眼应填补好。

4) 浇水湿润。

5) 表面凹凸明显的部位,应事先剔平或用1:3水泥砂浆补平。对平整光滑混凝土表面,可以采用以下三种方法:

① 凿毛或划毛处理。

② 刷界面处理剂。

③ 喷 1∶1 水泥细砂浆进行毛化。

6）门窗周边的缝隙应用水泥砂浆分层嵌塞密实。

7）不同材料基体的交接处应采取加强措施，如铺钉金属网，金属网与各基体的搭接宽度不应小于 100mm。

2. 弹准线

将房间用角尺规方，在距墙阴角 100mm 处用线锤吊直，弹出竖线后，再按规方的线及抹灰层厚度向里反弹出墙角准线，挂上白线。

3. 抹灰饼、冲筋（标筋、灰筋）

做灰饼是在墙面的一定位置上抹上砂浆团，以控制抹灰层的平整度、垂直度和厚度。具体做法是：从阴角处开始，在距顶棚约 200mm 处先做两个灰饼（上灰饼），然后对应在踢脚线上方 200～250mm 处做两个下灰饼，再在中间按 1200～1500mm 间距做中间灰饼。灰饼大小一般以 40～50mm 为宜。灰饼的厚度为抹灰层厚度减去面层灰厚度。

标筋（也称冲筋）是在上下灰饼之间抹上砂浆带，同样起到控制抹灰层平整度和垂直度的作用。标筋宽度一般为 80～100mm，厚度同灰饼。标筋应抹成八字形（底宽面窄）。要检查标筋的平整度和垂直度。

4. 抹底层灰

标筋有一定的强度后，在两标筋之间用力抹上底灰，用抹子压实搓毛。

抹底层灰可用托灰板盛砂浆，用力将砂浆推抹到墙面上，一般应从上而下进行。在两标筋之间抹满后，即用刮尺从下而上进行刮灰，使底灰层刮平刮实并与标筋面相平。操作中用木抹子配合去高补低，最后用铁抹子压平。

5. 抹中层灰

中层灰应在底层灰干至六七成后进行，抹灰厚度以垫平标筋为准，并使其稍高于标筋。操作时一般按自上而下、从左向右的顺序进行。先在底层灰上洒水，待其收水后在标筋之间装满砂浆，用刮尺刮平，并用木抹子来回搓抹，去高补低。搓平后用 2m 靠尺检查，超过质量标准允许偏差时应修整至合格。

6. 抹面层灰

待中层灰六七成干时，即可用纸筋石灰或麻刀石灰抹灰层。先在中层灰上洒水，然后将面层砂浆分遍均匀抹涂上去。一般也应按从上而下、从左向右的顺序。抹满后用铁抹子分遍压实压光。铁抹子各遍的运行方向应相互垂直，最后一遍宜为垂直方向。

1）阴阳角抹灰时应注意：

① 用阴阳角方尺检查阴阳角的直角度，并检查垂直度，然后确定其抹灰

厚度。

② 用木制阴角器和阳角器分别进行阴阳角处抹灰,先抹底层灰,使其基本达到直角,再抹中层灰,使阴阳角方正。

③ 阴阳角找方应与墙面抹灰同时进行。

2) 顶棚抹灰时应注意:顶棚抹灰可不做灰饼和标筋,只需在四周墙上弹出抹灰层的标高线(一般从 500mm 线向上控制)。顶棚抹灰的顺序宜从房间向门口进行。

抹底层灰前,应清扫干净楼板底的浮灰、砂浆残渣,清洗掉油污以及模板隔离剂,并浇水湿润。为使抹灰层和基层黏结牢固,可刷水泥胶浆一道。

抹底层灰时,抹压方向应与楼板接缝及木模板木纹方向相垂直,应用力将砂浆挤入板条缝或网眼内。

抹中层灰时,抹压方向应与底层灰抹压方向垂直。抹灰应平整。

经调研发现,混凝土(包括预制混凝土)顶棚基体抹灰,由于各种因素的影响,抹灰层脱落的质量事故时有发生,严重危及人身安全。如要求施工单位不得在混凝土顶棚基体表面抹灰而只用腻子找平应能取得良好的效果。

7. 质量要求

本部分适用于石灰砂浆、水泥砂浆、水泥混合砂浆、聚合物水泥砂浆和麻刀石灰、纸筋石灰、石膏灰等一般抹灰工程的质量验收。一般抹灰工程分为普通抹灰和高级抹灰,当设计无要求时,按普通抹灰验收。

由于普通抹灰和中级抹灰的主要工序和表面质量基本相同,故将原中级抹灰的主要工序和表面质量作为普通抹灰的要求。抹灰等级应由设计单位按照国家有关规定,根据技术、经济条件和装饰美观的需要来确定,并在施工图中注明。

(1) 主控项目。一般抹灰工程主控项目质量标准及检验方法应符合表 8-7 的规定。

表 8-7　一般抹灰工程主控项目质量标准及检验方法

项　　目	质量标准	检验方法
基层表面	抹灰前基层表面的尘土、污垢、油渍等应清除干净,并应洒水润湿	检查施工记录
材料品种、性能、砂浆配合比	一般抹灰所用材料的品种和性能应符合设计要求。水泥的凝结时间和安定性复验应合格。砂浆的配合比应符合设计要求	检查产品合格证书、进场验收记录、复验报告和施工记录
抹灰层加强措施	抹灰工程应分层进行。当抹灰总厚度大于或等于35mm 时,应采取加强措施。不同材料基体交接处表面的抹灰,应采取防止开裂的加强措施,当采用加强网时,加强网与各基体的搭接宽度应不小于100mm	检查隐蔽工程验收记录和施工记录
抹灰层	抹灰层与基层之间及各抹灰层之间必须黏结牢固,抹灰层应无脱层、空鼓,面层应无爆灰和裂缝	观察;用小锤轻击检查;检查施工记录

（2）一般项目。一般抹灰工程一般项目质量标准及检验方法应符合表 8-8 的规定。

表 8-8　一般抹灰工程一般项目质量标准及检验方法

项　　目	质量标准	检验方法
表面质量	一般抹灰工程的表面质量应符合以下要求；普通抹灰表面应光滑、洁净、接槎平整，分格缝应清晰；高级抹灰表面应光滑、洁净、颜色均匀、无抹纹，分格缝和灰线应清晰美观	观察；手摸检查
护角、孔洞、槽、盒周围的抹灰表面	护角、孔洞、槽、盒周围的抹灰表面应整齐、光滑；管道后面的抹灰表面应平整	观察
抹灰层的总厚度	抹灰层的总厚度应符合设计要求；水泥砂浆不得抹在石灰砂浆上；罩面石膏灰不得抹在水泥砂浆层上	检查施工记录
分格缝的设置	抹灰分格缝的设置应符合设计要求，宽度和深度应均匀，表面应光滑，棱角应整齐	观察；尺量检查
滴水线（槽）	有排水要求的部位应做滴水线（槽），滴水线（槽）应整齐顺直，滴水应内高外低，滴水槽的宽度和深度均应不小于 10mm	观察；尺量检查
允许偏差	一般抹灰工程质量的允许偏差及检验方法应符合表 8-9 的规定	—

表 8-9　一般抹灰工程质量的允许偏差及检验方法

项次	项目	允许偏差/mm		检验方法
		普通抹灰	高级抹灰	
1	立面垂直度	4	3	用 2m 垂直检测尺检查
2	表面平整度	4	3	用 2m 靠尺和塞尺检查
3	阴阳角方正	4	3	用直角检测尺检查
4	分格条（缝）直线度	4	3	拉 5m 线，不足 5m 拉通线，用钢直尺检查
5	墙裙、勒脚上口直线度	4	3	拉 5m 线，不足 5m 拉通线，用钢直尺检查

注：1. 普通抹灰，本表第 3 项阴角方正可不检查。

　　2. 顶棚抹灰，本表第 2 项表面平整度可不检查，但应平顺。

业务要点 6：装饰抹灰施工

装饰抹灰的做法很多，下面介绍一些常用的装饰抹灰做法。

1. 水刷石施工

（1）弹线、贴分格条。中层砂浆六七成干时，按设计要求和施工分段位置弹出分格线,并贴好分格条。

(2)抹水泥石子浆。根据中层抹灰的干燥程度浇水湿润,接着刮水灰比为0.37~0.40的水泥浆一道,随即抹水泥石子浆。配合水泥石子浆时应注意使石粒颗粒均匀、洁净、色泽一致,水泥石子浆稠度以50~70mm为宜。抹水泥石子浆应一次成活,用铁抹子压紧揉平,但不应压得过死。抹水泥石子浆时,每个分格自下而上用铁抹子一次抹完揉平,注意石粒不要压得过于紧固。阳角处应保证线条垂直、挺拔。

(3)冲洗。冲洗是确保水刷石施工质量的重要环节。冲洗可分两遍进行,第一遍先用软毛刷刷掉面层水泥浆露出石粒,第二遍用喷雾器从上往下喷水,冲去水泥浆使石粒露出1/3~1/2粒径,达到显露清晰的效果。

开始冲洗的时间与气温和水泥品种有关,应根据具体情况去掌握。一般以能刷洗掉水泥浆而又不掉石粒为宜。冲洗应快慢适度。冲洗按照自上而下的顺序。冲洗中还应做好排水工作。

(4)起分格条、修整。冲洗后随即起出分格条,起条应小心仔细。对局部可用水泥素浆修补。要及时对面层进行养护。

对外墙窗台、窗楣、雨篷、阳台、压顶、檐口以及突出的腰线等部位,应做出泄水坡度并做滴水槽或滴水线。

2. 干粘石施工

(1)抹黏结层砂浆。按中层砂浆的干湿程度洒水湿润,再用水泥净浆满刮一道。随后抹聚合物水泥砂浆层,用靠尺测试,严格执行高刮低填。

(2)撒石粒、拍平。在黏结层砂浆干湿适宜时可以用手甩石粒,然后用铁抹子将石粒均匀拍入砂浆中。甩石粒顺序宜为先边角后中间,先上面后下面。在阳角处应同时进行。甩石粒应尽量使石粒分布均匀,当出现过密或过稀处时一般不宜补甩,应直接剔除或补粘。拍石粒时也应用力合适,一般以石粒进入砂浆不小于1/2粒径。

(3)修整。如局部有石粒不均匀、表面不平、石粒外露太多或石粒下坠等情况,应及时进行修整。起分格条时如局部出现破损也应用水泥浆修补。要使整个墙面平整、色泽均匀、线条顺直清晰。

3. 质量要求

本部分适用于水刷石、斩假石、干粘石、假面砖等装饰抹灰工程的质量验收。

(1)主控项目。装饰抹灰主控项目质量标准及检验方法应符合表8-10的规定。

表 8-10　装饰抹灰主控项目质量标准及检验方法

项　　目	质量标准	检验方法
基层表面	抹灰前基层表面的尘土、污垢、油渍等应清除干净,并应洒水润湿	检查施工记录
材料品种、性能、砂浆配合比	装饰抹灰工程所用材料的品种和性能应符合设计要求。水泥的凝结时间和安定性复验应合格。砂浆的配合比应符合设计要求	检查产品合格证书、进场验收记录、复验报告和施工记录
抹灰层加强措施	抹灰工程应分层进行。当抹灰总厚度大于或等于 35mm 时,应采取加强措施。不同材料基体交接处表面的抹灰,应采取防止开裂的加强措施,当采用加强网时,加强网与各基体的搭接宽度应不小于 100mm	检查隐蔽工程验收记录和施工记录
抹灰层	各抹灰层之间及抹灰层与基层之间必须黏结牢固,抹灰层应无脱层、空鼓和裂缝	观察;用小锤轻击检查;检查施工记录

（2）一般项目。装饰抹灰一般项目质量标准及检验方法应符合表 8-11 的规定。

表 8-11　装饰抹灰一般项目质量标准及检验方法

项　　目	质量标准	检验方法
表面质量	装饰抹灰工程的表面质量应符合下列规定: 1) 水刷石表面应石粒清晰、分布均匀、紧密平整、色泽一致,应无掉粒和接槎痕迹 2) 斩假石表面剁纹应均匀顺直、深浅一致,应无漏剁处;阳角处应横剁并留出宽窄一致的不剁边条,棱角应无损坏 3) 干粘石表面应色泽一致、不露浆、不漏粘,石粒应黏结牢固、分布均匀,阳角处应无明显黑边 4) 假面砖表面应平整、沟纹清晰、留缝整齐、色泽一致,应无掉角、脱皮、起砂等缺陷	观察;手摸检查
分格条(缝)	装饰抹灰的分格条(缝)的设置应符合设计要求,宽度和深度应均匀,表面应平整光滑,棱角应整齐	观察
滴水线(槽)	有排水要求的部位应做滴水线(槽),滴水线(槽)应整齐顺直,滴水线应内高外低,滴水槽的宽度和深度均应不小于 10mm	观察;尺量检查
允许偏差	装饰抹灰工程质量的允许偏差及检验方法应符合表 8-12 的规定	—

表 8-12　装饰抹灰工程质量的允许偏差及检验方法

项　　目	允许偏差/mm				检验方法
	水刷石	斩假石	干粘石	假面砖	
立面垂直度	5	4	5	5	用 2m 垂直检测尺检查
表面平整度	3	3	5	4	用 2m 靠尺和塞尺检查
阴阳角方正	3	3	4	4	用直角检测尺检查
分格条(缝)直线度	3	3	3	3	拉 5m 线,不足 5m 拉通线,用钢直尺检查
墙裙、勒脚上口直线度	3	3	—	—	拉 5m 线,不足 5m 拉通线,用钢直尺检查

第二节 门窗工程

本节导读

本节主要介绍门窗工程施工,内容包括木门窗制作与安装工程、金属门窗安装工程、塑料门窗安装工程、特种门安装工程以及门窗玻璃安装工程等。其内容关系框图如图 8-2:

图 8-2 本节内容关系图

业务要点 1:木门窗制作与安装工程

1. 木门窗制作

(1)木门窗基本构造。

1)木门的基本构造。门是由门扇和门框(门樘)两部分组成的。当门的高度超过 2.1m 时,还要增设门上窗(又称亮子或么窗)。门的各部分名称如图 8-3 所示。各种门的门框构造基本相同,但门扇却各不一样。

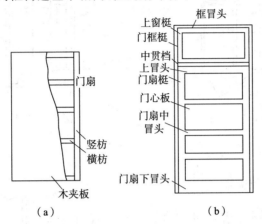

图 8-3　门的构造形式

(a)蒙板门　(b)镶板门

2)木窗的基本构造。木窗由窗扇、窗框组成,在窗扇上按设计要求安装玻璃,如图 8-4 所示。

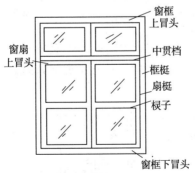

图 8-4　木窗的构造形式

(a)蒙板门　(b)镶板门

① 窗扇。窗扇由上冒头、下冒头、扇梃、扇棂等组成。

② 窗框。窗框由梃、上冒头、下冒头等组成,有上窗时,要设中贯横档。

（2）木门窗类型。

1）木门的类型。木门的一般形式有：夹板门（又称满鼓门）、镶板（木板、胶合板或纤维板等）门、半截玻璃门、双扇门、拼板门、推拉门、联窗门、平开木大门、钢木大门及弹簧门等；另有古典式各种花格门，可使用于仿古风格和体现民族风格的建筑装饰工程中。常见木门形式如图8-5～图8-8所示。

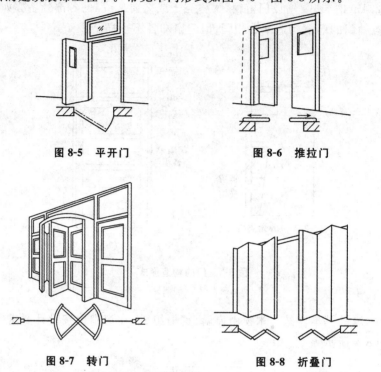

图8-5　平开门　　　　　　　　　图8-6　推拉门

图8-7　转门　　　　　　　　　图8-8　折叠门

2）窗的类型。窗的开启方式主要取决于窗扇的转动五金的部位和转动方式，可根据使用要求来选用。窗的几种常用类型如图8-9～图8-14所示。

图8-9　平开窗　　　　图8-10　推拉窗　　　　图8-11　立转窗

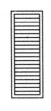
图 8-12　百叶窗

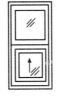
图 8-13　提拉窗

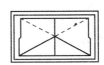
图 8-14　中悬窗

（3）施工工艺技术要点。

1）放样。放样是根据施工图纸上设计好的木构件,按照 1:1 的比例将木构件画出来,采用杉木制成样板（或样棒）,双面刨光,厚约为 25mm,宽等于门窗樘子梃的截面宽,长比门窗长度大 200mm 左右,经过仔细校核后才能使用。放样是配料、裁料和划线的依据,在使用的过程中,注意保持其划线的清晰,不得使其弯曲或折断。

2）配料、裁料。根据下料单进行长短搭配下料,不得大材小用、长材短用。

① 毛料断面尺寸均预留出刨光消耗量,一般一面刨光留 3mm,两面刨光留 5mm。

② 长度加工余量见表 8-13。

表 8-13　门窗构件长度加工余量

构件名称	加工余量
门框立梃	按图纸规格放长 7cm
门窗框冒头	按图纸放长 10cm,无走头时放长 4cm
门窗框中冒头、窗框中竖梃	按图纸规格放长 1cm
门窗扇梃	按图纸规格放长 4cm
门窗扇冒头、玻璃棍子	按图纸规格放长 1cm
门扇中冒头	在五根以上者,有一根可考虑做半榫
门芯板	按图纸冒头及扇梃内净距放长各 2cm

③ 配料时还需注意木材的缺陷,节疤应避开眼和榫头的部位,防止凿劈或榫头断掉,起线部位也禁止有节疤。

裁料时应按设计留出余头,以保证质量。

3）刨料。刨料时,宜将纹理清晰的材料面作为正面,樘子料可任选一个窄面为正面,门、窗框的梃及冒头可只刨三面,不刨靠墙的一面;门、窗扇的梃和上冒头也可先刨三面,靠樘子的一面施工时再进行修刨。刨完后,应按同规格、同类型、同材质的樘扇料分别堆放,上、下对齐。每个正面相合,堆垛下面要垫实平整,加强防潮处理。

4）划线。划线是按门窗的构造要求,在各根刨好的木料上划出样线,打眼线、榫线等。榫、眼尺寸应符合设计要求,规格必须一致,一般先做样品,经审查合格后再全部划线。

门窗梃一般采用平肩插。梃梃宽超过 80mm 时,要画双实榫;门扇梃厚度超过 60mm 时,要画双头榫。60mm 以下画单榫。冒头料宽度大于 180mm 者,一般画上下双榫。榫眼厚度一般是料厚的 1/4～1/3。半榫眼深度一般不大于料截面的 1/3,冒头拉肩应和榫吻合,尺寸会略大一点。

成批画线应在画线架上进行。把门窗料叠放在架子上,用螺钉拧紧固定,然后用丁字尺一次画下来,或用墨斗直接弹线下来,不仅准确而且迅速,并标识出门窗料的背面或正面,再标注出全眼还是半眼,透榫还是半榫。用木工三角尺将正面眼线画到背面,并画好倒棱、裁口线,这样就已画好所有的线。一般应遵循的原则是:先正面后背面、先榫眼后冒头、先全眼后半眼、先透榫后半榫。

5）打眼。打眼之前,应选择好凿刀,凿出的眼,顺木纹两侧要直,不得出错槎。全眼应先打背面,先将凿刀沿榫眼线向里,顺着木纹方向凿到一定深度,然后凿横纹方向,凿到一半时,翻转过来再打正面直至贯穿。眼的正面要留半条墨线,反面不留线,但比正面略宽。这样装榫头时,可减少冲击,以免挤裂眼口四周。成批生产时,采用的是机械制作,因此要经常核对位置和尺寸。

6）开榫、拉肩。开榫又称倒卯,就是按榫头线纵向锯开。拉肩就是锯掉榫头两旁的肩头,通过开榫和拉肩操作就制成了榫头。开榫、拉肩均要留出半个墨线。锯出的榫头要方正、平直,榫眼处完整无损,没有被拉肩时锯伤。半榫的长度应比半眼的深度少 2～3mm。锯成的榫要求方正,不能伤榫眼。楔头倒棱,以防装楔头时将眼背面胀裂。机械加工时操作要领与人工一致。

7）裁口、倒角。裁口即刨去框的一个方形角,以供安装玻璃时用。用裁口刨子或歪嘴刨,快刨到线时,用单线刨子刨,刨到为止。裁好的口要求方正平直,防止出现起毛、凹凸不平的现象。

8）拼装。拼装前要对构件进行检查,要求构件顺直、方正、线脚整齐分明、表面光滑、尺寸规格、式样符合设计要求,并用细刨将遗留墨线刨光。门窗框的组装,是在一根边梃的眼里,再装上另一边的梃;用锤轻轻敲打拼合,敲打时要垫木块,防止打坏榫头或留下敲打的痕迹。待整个拼好归方以后,再将所有样头敲实,锯断露出的排头。拼装时,先在楔头内抹上胶,再用锤轻轻敲打拼合。门窗扇的组装方法与门窗框基本相同。但木扇有门芯板,施工前须先把门芯板按尺寸裁好,一般门芯板下料尺寸比设计尺寸小 3～5mm,门芯板的四边应去棱,刨光净。然后,再把一根门梃平放,将冒头逐个装入,门芯板嵌入冒头与门梃的凹槽内,随后将另一根门梃的眼对准榫装入,并用锤敲紧。

门窗框、扇组装好后,为使其成为一个结实的整体,必须在眼中加木楔,将榫在眼中挤紧。木楔长度为榫头的 2/3,宽度比眼宽窄。楔子头用铲顺木纹铲尖,加楔时应先检查门窗框、扇的方正,掌握其歪扭程度,以便在加楔时调整、纠正。

为了防止木门窗在施工、运输过程中发生变形,应在门框锯口处钉拉杆,在窗框的四个角上钉八字撑杆。拉杆在楼地面施工完成后方可锯掉,八字撑杆在窗户安装完成后即可锯掉。

9)码放

① 加工好的门窗框、扇,应码放在库房内。库房地面应平整,下垫垫木(离地 200mm),搁支平稳,以防门窗框、扇变形。库房内应通风良好,保持室内干燥,保证产品不受潮和暴晒。

② 按门窗型号分类码放,不得紊乱。

③ 门窗框靠砌体的一面应刷好防腐剂、防潮剂。

2. 木门窗安装

(1)安装材料要求。

1)水泥。普通硅酸盐水泥,强度等级为 32.5,未过期且无受潮结块现象。

2)石灰膏。优等生灰块,经淋水熟化 15~20d,过滤。

3)聚氨酯发泡填缝剂。罐装(压射)、不自燃、不助燃。

4)小五金配件及铁钉。其型号、规格、数量应符合设计要求,并附有产品合格证和说明书。

(2)施工工艺技术要点。

1)木门窗框的安装。

① 将门窗框用木楔临时固定在门窗洞口内的相应位置。

② 用水平尺校正框冒头的水平度,用吊线坠校正框的正、侧面垂直度。

③ 高档硬木门框应用钻打孔木螺钉拧固并拧进木框 5mm,并用同等木补孔。

④ 用砸扁钉帽的钉子钉牢在木砖上。钉帽要冲入木框内 1~2mm,每块木砖要钉两处。

2)木门窗扇的安装。

① 量出樘口净尺寸,考虑留缝宽度。确定门窗扇的高、宽尺寸,先画出中间缝处的中线,再画出边线,为保证樘宽一致,应四边画线。

② 若门窗扇高、宽尺寸过小,可在下边或装合页一边用胶和钉子绑钉刨光的木条。钉帽砸扁,钉入木条内 1~2mm,然后锯掉余头再刨平。

③ 若门窗扇高、宽尺寸过大,则应刨去多余部分。修刨时应先锯余头,再行修刨。门窗扇为双扇时,应先作打叠高低缝,并以开启方向的右扇压左扇。

④ 平开扇的底边,上悬扇的下边,中悬扇的上下边,下悬扇的上边等与框接

触且容易发生摩擦的边,应刨成 1mm 斜面。

⑤ 试装门窗扇时,应先用木楔塞在门窗扇的下边,然后再检查缝隙,并注意玻璃芯子和窗楞是否平直对齐。合格后画出合页的位置线,剔槽装合页。

3)木门窗配件的安装。

① 所有小五金必须用木螺钉固定安装,严禁用钉子代替。使用木螺钉时,首先用手锤钉入全长的 1/3,接着用旋具(螺丝刀)拧入。当木门窗为硬木时,先钻孔径为木螺钉直径 0.9 倍的孔,孔深为木螺钉全长的 2/3,然后再拧入木螺钉。

② 铰链距门窗扇上下两端的距离为扇高的 1/10,且避开上下冒头。安好后必须灵活。

③ 门窗拉手应位于门窗扇中线以下,窗拉手距地面宜为 1.5～1.6m。

④ 门锁距地面高 0.9～1.05m,应错开边梃的榫头和中冒头。

⑤ 门插销位于门拉手下边。装窗插销时应先固定插销底板,再关窗打插销压痕、凿孔,打入插销。

⑥ 窗风钩应装在窗框下冒头与窗扇下冒头夹角处,使窗开启后成 90°角,并使上下各层窗扇开启后整齐划一。

⑦ 小五金应安装齐全,固定可靠,位置适宜。

⑧ 门扇开启后易碰墙的门,为固定门扇应安装门吸。

(3)施工注意事项。

1)安装门窗框时,应按墙面装饰面或抹灰层面的冲筋面拉通线与框面上下校平,防止产生高低差。

2)严禁使用变形或扭曲的门窗框。

3)门框锯口线应与地面建筑标高线应用仪器校准,不得出现标高差。

4)框子每边的木砖数量,应按设计规定预埋。一般 2m 高以内的门窗框,每边不少于 3 块木砖;2m 高以上的门窗框,每边木砖的间距不得大于 1m。木砖应采取防腐措施。

5)安装合页时,合页槽应里平外卧,木螺钉严禁一次打入,钉入深度不得超过钉长的 1/3。

3. 质量要求

本部分适用于木门窗制作与安装工程的质量验收。

(1)主控项目。木门窗制作与安装工程主控项目质量标准及检验方法应符合表 8-14 的规定。

表 8-14　木门窗制作与安装工程主控项目质量标准及检验方法

项目	质量标准	检验方法
材料质量	木门窗的木材品种、材质等级、规格、尺寸、框扇的线型及人造木板的甲醛含量应符合设计要求。设计未规定材质等级时,所用木材的质量应符合表 8－15 和表 8－16 的规定	观察;检查材料进场验收记录和复验报告
木材含水率	木门窗应采用烘干的木材,含水率应符合《建筑木门、木窗》JG/T 122—2000 的规定	检查材料进场验收记录
木材防护	木门窗的防火、防腐、防虫处理应符合设计要求	观察;检查材料进场验收记录
木节及虫眼	木门窗的结合处和安装配件处不得有木节或已填补的木节。木门窗如有允许限值以内的死节及直径较大的虫眼时,应用同一材质的木塞加胶填补。对于清漆制品,木塞的木纹和色泽应与制品一致	观察
榫槽连接	门窗框和厚度大于 50mm 的门窗扇应用双榫连接。榫槽应采用胶料严密嵌合,并应用胶楔加紧	观察;手扳检查
胶合板门、纤维板门、压模门	胶合板门、纤维板门和模压门不得脱胶。胶合板不得刨透表层单板,不得有戗槎。制作胶合板门、纤维板门时,边框和横楞应在同一平面上,面层、边框及横楞应加压胶结。横楞和上、下冒头应各钻两个以上的透气孔,透气孔应通畅	观察
木门窗品种、规格、安装方向位置	木门窗的品种、类型、规格、开启方向、安装位置及连接方式应符合设计要求	观察;尺量检查;检查成品门的产品合格证书
木门窗框安装	木门窗框的安装必须牢固。预埋木砖的防腐处理、木门窗框固定点的数量、位置及固定方法应符合设计要求	观察;手扳检查;检查隐蔽工程验收记录和施工记录
木门窗扇安装	木门窗扇必须安装牢固,并应开关灵活,关闭严密,无倒翘	观察;开启和关闭检查;手扳检查
木门窗配件安装	木门窗配件的型号、规格、数量应符合设计要求,安装应牢固,位置应正确,功能应满足使用要求	观察;开启和关闭检查;手扳检查

表 8-15　普通木门窗用木材的质量要求

木材缺陷		门窗扇的立梃、冒头、中冒头	窗棂、压条、门窗及气窗的线脚、通风窗立梃	门心板	门窗框
活节	不计个数,直径/mm	<15	<5	<15	<15
	计个数,直径	≤材宽的 1/3	≤材宽的 1/3	≤30mm	≤材宽的 1/3
	任一延长米,个数	≤3	≤2	≤3	≤5
死节		允许,计入活节总数	不允许	允许,计入活节总数	
髓心		不露出表面的,允许	不允许	不露出表面的,允许	
裂缝		深度及长度≤厚度及材长的 1/5	不允许	允许可见裂缝	深度及长度≤厚度及材长的 1/4
斜纹的斜率(%)		≤7	≤5	不限	≤12
油眼		非正面,允许			
其他		浪形纹理、圆形纹理、偏心及化学变色,允许			

表 8-16　高级木门窗用木材的质量要求

木材缺陷		门窗扇的立梃、冒头、中冒头	窗棂、压条、门窗及气窗的线脚、通风窗立梃	门心板	门窗框
活节	不计个数,直径/mm	<10	<5	<10	<10
	计个数,直径	≤材宽的 1/4	≤材宽的 1/4	≤20mm	≤材宽的 1/3
	任一延长米,个数	≤2	0	≤2	≤3
死节		允许,包括在活节总数中	不允许	允许,包括在活节总数中	不允许
髓心		不露出表面的,允许	不允许	不露出表面的,允许	
裂缝		深度及长度≤厚度及材长的 1/6	不允许	允许可见裂缝	深度及长度≤厚度及材长的 1/5
斜纹的斜率(%)		≤6	≤4	≤15	≤10
油眼		非正面,允许			
其他		浪形纹理、圆形纹理、偏心及化学变色,允许			

（2）一般项目。木门窗制作与安装工程一般项目质量标准及检验方法应符合表 8-17 的规定。

表 8-17　木门窗制作与安装工程一般项目质量标准及检验方法

项目	质量标准	检验方法
木门窗表面质量	木门窗表面应洁净,不得有刨痕、锤印	观察
木门窗割角、拼缝	木门窗的割角、拼缝应严密平整。门窗框、扇裁口应顺直,刨面应平整	观察
木门窗槽、孔	木门窗上的槽、孔应边缘整齐,无毛刺	观察
缝隙填嵌材料	木门窗与墙体间缝隙的填嵌材料应符合设计要求,填嵌应饱满。寒冷地区外门窗(或门窗框)与砌体间的空隙应填充保温材料	轻敲门窗框检查;检查隐蔽工程验收记录和施工记录
批水、盖口条等细部	木门窗批水、盖口条、压缝条、密封条的安装应顺直,与门窗结合应牢固、严密	观察;手扳检查
制作允许偏差	木门窗制作的允许偏差和检验方法应符合表 8-18 的规定	—
安装留缝隙值及允许偏差	木门窗安装的留缝限值、允许偏差和检验方法符合表 8-19 的规定	—

表 8-18　木门窗制作尺寸允许偏差

项次	项　目	构件名称	允许偏差/mm 普通	允许偏差/mm 高级	检验方法
1	翘曲	框	3	2	将框、扇平放在检查平台上,用塞尺检查
		扇	2	2	
2	对角线长度差	框、扇	3	2	用钢尺检查,框量裁口里角,扇量外角
3	表面平整度	扇	2	2	用 1m 靠尺和塞尺检查
4	高度、宽度	框	0;-2	0;-1	用钢尺检查,框量裁口里角,扇量外角
		扇	+2;0	+1;0	
5	裁口、线条结合处高低差	框、扇	1	0.5	用钢直尺和塞尺检查
6	相邻棂子两端间距	扇	2	1	用钢直尺检查

表 8-19　木门窗安装的留缝限值、允许偏差和检验方法

项次	项　目	留缝限值/mm 普通	留缝限值/mm 高级	允许偏差/mm 普通	允许偏差/mm 高级	检验方法
1	门窗槽口对角线长度差	—	—	3	2	用钢尺检查
2	门窗框的正、侧面垂直度	—	—	2	1	用 1m 垂直检测尺检查
3	框与扇、扇与扇接缝高低差	—	—	2	1	用钢直尺和塞尺检查

项次	项　目		留缝限值/mm		允许偏差/mm		检验方法
			普通	高级	普通	高级	
4	门窗扇对口缝		1～2.5	1.5～2	—	—	用塞尺检查
5	工业厂房双扇大门对口缝		2～5	—	—	—	
6	门窗扇与上框间留缝		1～2	1～1.5	—	—	
7	门窗扇与侧框间留缝		1～2.5	1～15	—	—	
8	窗扇与下框间留缝		2～3	2～2.5	—	—	
9	门扇与下框间留缝		3～5	3～4	—	—	
10	双层门窗内外框间距		—	—	4	3	用钢尺检查
11	无下框时门扇与地面间留缝	外门	4～7	5～6	—	—	用塞尺检查
		内门	5～8	6～7	—	—	
		卫生间门	8～12	8～10	—	—	
		厂房大门	10～20	—	—	—	

业务要点 2：金属门窗安装工程

1. 钢门窗安装

（1）钢门窗基本构造。

1）钢门的构造。钢门的形式有半玻璃钢板门（也可为全部玻璃，仅留下部少许钢板，通常称为落地长窗）和满镶钢板门（为安全和防火之用），如图 8-15所示。

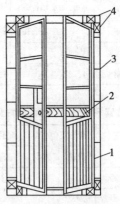

图 8-15　钢门的构造形式

1—门洞口　2—临时木撑　3—铁脚　4—木楔

2）钢窗的构造。钢窗从构造类型上分为"一玻"及"一玻一纱"两种。实腹钢窗料的选择一般与窗扇面积、玻璃大小有关,通常 25mm 钢料用于 550mm 宽度以内的窗扇;38mm 钢料用于 700mm 宽的窗扇,如图 8-16 所示。

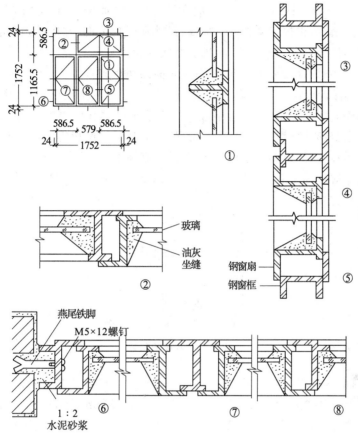

图 8-16　钢窗构造示例

1—门洞口　2—临时木撑　3—铁脚　4—木楔

（2）钢门窗类型。普通钢门窗主要分为空腹钢门窗和实腹钢门窗两大类:

1）空腹钢门窗。空腹钢门窗选用普通碳素钢,门框扇料选用高频焊接钢管,门板采用 1mm 厚冷轧冲压槽形钢板;钢窗料采用 1.2mm 厚带钢,高频焊接轧制成形。钢门窗焊接采用二氧化碳气体保护焊。涂料用红丹酚醛防锈漆;密封条为橡胶制品,伸长率≥25%,肖氏硬度为 38±3HS,拉断强度≥5.88MPa,老化系数((70±2)℃的温度下经 72h)不小于 0.85;玻璃一般为 3mm 厚净片,但高于 1100mm 的大玻璃采用 5mm 厚净片玻璃。窗纱采用 16 目铝纱或铁纱。

2）实腹钢门窗。实腹钢门窗料主要采用热轧门窗框钢和小量热轧或冷轧型钢。框料高度分 40mm、32mm、25mm 三类,门用钢板 1.5mm 厚。材料的钢号、化学成分和产品加工质量、五金配件质量及装配效果,均应符合国家现行标准和有关规定。

(3)施工工艺技术要点。

1)弹控制线。钢门窗安装前,应在距地面、楼面500mm高的墙面上弹出一条水平控制线;再按门窗的安装标高、尺寸和开启方向,在墙体预留洞口四周弹出门窗落位线。若为双层钢窗,钢窗之间的距离应符合设计规定或生产厂家的产品要求,如设计无具体规定,两窗扇之间的净距应不小于100mm。

2)立钢门窗、校正。将钢门窗塞入洞口内,用对拔木楔(或称木榫)做临时固定。木楔固定钢门窗的位置,须应设置于框梃端部和门窗四角(图8-17),否则容易产生变形。此后即用吊线锤、水平尺及对角线尺量等方法,校正门窗框的水平与垂直度,同时调整木楔,使门窗达到横平竖直、高低一致。待同一墙面相邻的门窗就位固定后,再拉水平通线找齐;上下层窗框吊线应找垂直,以做到上下层顺直、左右通平。

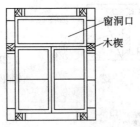

窗洞口

木楔

图 8-17 木楔的位置

3)门窗框固定。在实际工程中,钢门窗框的固定方法多有不同,最常用的一种做法是采用 3mm×(12~18)mm×(100~150)mm 的扁钢铁脚,其一端与预埋铁件焊牢,或是用水泥砂浆或豆石混凝土埋入墙内,另一端用螺钉与门窗框拧紧。另外,也有的用一端带有倒刺形状的圆铁埋入墙内,另一端用装有母螺钉圆头螺钉将门窗框旋牢。

另外一种做法是先把门窗以对拔木楔临时固定于洞口内,再用电钻(钻头 $\phi5.5mm$)通过门窗框上的 $\phi7mm$ 孔眼在墙体上钻 $\phi5.6~\phi5.8mm$ 的孔,孔深约为35mm,把预制的 $\phi6mm$ 钢钉强行打入孔内挤紧,固定钢门窗后拔除木楔并在周边抹灰,洞口尺寸与钢门窗边距应小于30mm,木楔应先拆两侧的而后再拔除上下者,但在镶砖和灰缝处不能采用此法,不允许先立梃后进行砌筑或浇筑。

4)安装小五金和附件。

① 安装门窗小五金,宜在装饰完内外墙面后进行。高级建筑应在安装玻璃前将机螺丝拧在框上,待油漆做完后再安装小五金。

②　安装零附件之前,应检查门窗在洞口内是否牢固,开启是否灵活,关闭是否严密。如有缺陷应立即进行调整,合格后方可安装零附件。

③　五金零件应按照生产厂家提供的装配图经试装鉴定合格后,方可全面进行安装。

④　密封条应在钢门窗的最后一遍涂料干燥后,按型号安装压实。如用直条密封条时,拐角处必须裁成45°角,再粘成直角安装。密封条应比门窗扇的密封槽口尺寸长 10～20mm,避免收缩引起局部不密封现象。

⑤　各类五金零件的转动和滑动配合处应灵活且无卡阻现象。

⑥　装配螺钉,拧紧后不得松动,埋头螺钉不得高于零件表面。

⑦　钢门上的灰尘应及时擦拭干净。

5)　安装纱门窗。

①　纱门窗扇如有变形,应校正后方可安装。

②　宽、高大于 1400mm 的纱扇,应在装纱前,在纱扇中用木条临时支撑,以防窗纱凹陷影响使用。

③　检查压纱条和扇是否配套后,再将纱切成比实际尺寸大 50mm。绷纱时先用机螺丝拧入上下压纱条再装两侧压纱条,切除多余纱头,然后将机螺丝的纱扣剔平,用钢板锉锉平。

④　金属纱装完后,统一刷油漆。交工前再将纱门窗扇安在钢门窗框上,最后在纱门上安装护纱条和拉手。

（4）施工注意事项。

1)　钢门窗安装以前,必须逐樘进行检查,如发现变形、翘曲或脱焊的钢门窗,应进行调直校正或补焊好后再行安装。

2)　安装钢窗时,先用木模在窗框四角受力部位临时塞住,然后用水平尺和线坠校验水平度和垂直度,使钢窗横平竖直,高低进出一致,试验开关灵活,无阻滞回弹现象,再将铁脚置于预留孔内,用水泥砂浆填实固定。

3)　搬运钢窗时,要轻搬轻放;运输或堆放时,应竖直放置。

4)　洞口尺寸要预留准确,钢窗四周灰缝应一致,抹灰时边框及合页应全部露出,不得抹去框边位置。

2. 铝合金门窗安装

（1）铝合金门窗基本构造。铝合金门窗是采用多种不同截面的铝合金型材组合而成的。其中,双扇推拉窗由固定件和活动件两部分构成,如图 8-18 所示。上框 1、下框 2,两侧外框 3 和 4 组合成固定部分镶入墙体中。上内框 5、下内框6、侧面框 7 和中框 8、16 组成两个活动窗扇,经滚轮 9 在下外框轨道上滑动,使窗扇开闭。14 为开闭锁。活动窗扇内用橡胶压条 12 安装平板玻璃 13(厚度3～6.8mm),窗扇四周都有尼龙密封条 10 和 15 与固定框保持密封,并使金属框料之间不直接接触。尼龙圆头钉11用于窗扇导向,塑料垫块17使窗在闭合时定位。

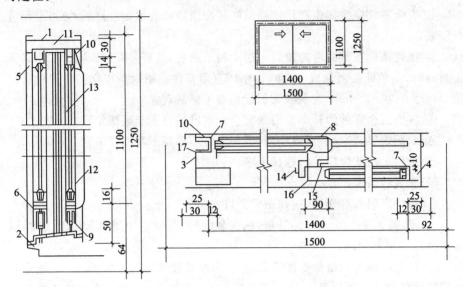

图8-18 双扇推拉窗的结构

1—上框　2—下框　3、4—外框　5—上内框　6—下内框　7—侧面框
8、16—中框　9—滚轮　10、15—尼龙密封条　11—尼龙圆头钉
12—橡胶压条　13—平板玻璃　14—开闭锁　17—塑料垫块

（2）铝合金门窗类型。铝合金门窗种类及型材见表8-20。

表8-20　铝合金门窗的单重、构件数及用铝量

种类	形式及代表规格/mm	每类占比例(%)	每樘门窗单重/kg	每樘门窗构件数/个	每樘门窗所用型材/kg	每平方米用铝/(kg/m²)
推拉窗	H=2100 W=2100	60	21.04	18	23.91	4.5~8.0
平开窗	H=2100 W=1500	35	18.41	30	20.93	8~12

续表

种类	形式及代表规格/mm	每类占比例(%)	每樘门窗单重/kg	每樘门窗构件数/个	每樘门窗所用型材/kg	每平方米用铝/(kg/m²)
摆动门	 2100 600 1800 H=2700 W=1800	5	30.81	32	35.1	

(3) 材料质量要求。

1) 门窗用材料。门窗用材料应符合有关国家标准的规定。

2) 受力构件。受力构件是指参与受力和传力的杆件。铝合金门窗受力构件应经试验或计算确定。未经表面处理的门型材最小实测壁厚应大于或等于2.0mm,窗型材最小实测壁厚应大于或等于1.4mm。

3) 表面处理。铝合金型材表面处理应符合表 8-21 的规定。

表 8-21　铝合金型材表面处理

品种	阳极氧化、着争	电泳涂漆	粉末喷涂	氟碳喷涂
厚度	AA15	B级	40~120μm	≥μm

注:有特殊要求按《铝合金建筑型材》GB 5237—2008 选择。

4) 玻璃。玻璃应根据功能要求选择适当的品种和颜色,宜采用安全玻璃。地弹簧门或有特殊要求的门应采用安全玻璃。

5) 密封材料。密封材料应根据功能要求、密封材料特性和型材特点选用。

6) 五金件、附件、紧固件。五金件、附件、紧固件应满足功能要求。门窗用五金件、附件安装位置应正确、齐全、牢固,具有足够的强度,启闭灵活、无噪声,承受反复运动的五金件、附件应便于更换。

(4) 铝合金门窗性能要求。铝合金门窗的性能应根据建筑物所在地区的气候、地理和周围环境以及建筑物的高度、体型、重要性等综合选定。门的性能在无要求的情况下应符合其性能最低值的要求。

1) 抗风压性能。抗风压性能的分级指标值 P_3 应符合表 8-22 的规定。

表 8-22　抗风压性能分级　　　　　　　　　　　　(单位:kPa)

分级	1	2	3	4	5
指标值	$1.0{\leqslant}P_3{<}1.5$	$1.5{\leqslant}P_3{<}2.0$	${\leqslant}2.0{\leqslant}P_3{<}2.5$	$2.5{\leqslant}P_3{<}3.0$	$3.0{\leqslant}P_3{<}3.5$
分级	6	7	8	×·×	
指标值	$3.5{\leqslant}P_3{<}4.0$	$4.0{\leqslant}P_3{<}4.5$	$4.5{\leqslant}P_3{<}5.0$	$P_3{\geqslant}5.0$	

注　×·×表示用≥5.0kPa的具体值,取代分级代号。

在各分级指标值中,门窗主要受力构件的相对挠度,单层、夹层玻璃挠度应小于或等于 $L/120$,中空玻璃挠度应小于或等于 $L/180$。其绝对值不应超过 15mm,取其较小值。

2)水密性能。水密性能的分级指标值△P应符合表 8-23 的规定。

表 8-23　水密性能分级　　　　　　　　　　　　(单位:Pa)

分级	1	2	3	4	5	××××
指标值	$100{\leqslant}\triangle P{<}150$	$150{\leqslant}\triangle P{<}250$	$250{\leqslant}\triangle P{<}350$	$350{\leqslant}\triangle P{<}500$	$500{\leqslant}\triangle P{<}700$	$\triangle P{\geqslant}700$

注　××××表示用≥700Pa的具体值取代分级代号,适用于热带风暴和台风袭击地区的建筑。

3)气密性能。铝合金门气密性能的分级指标值 q_1,q_2 应符合表 8-24 的规定。

表 8-24　铝合金门气密性能分级

分级	2	3	4	5
单位缝长指标值 $q_1[m^3/(m\cdot h)]$	$4.0{\geqslant}q_1{>}2.5$	$2.5{\geqslant}q_1{>}1.5$	$1.5{\geqslant}q_1{>}0.5$	$q_1{\leqslant}0.5$
单位面积指标值 $q_2[m^3/(m^2\cdot h)]$	$12{\geqslant}q_2{>}7.5$	$7.5{\geqslant}q_2{>}4.5$	$4.5{\geqslant}q_2{>}1.5$	$q_2{\leqslant}1.5$

铝合金窗气密性能的分级只有 3、4、5 级,其分级指标值 q_1,q_2 与铝合金门相同。

4)保温性能。铝合金门窗保温性能的分级指标值 K 应符合表 8-25 的规定。

表 8-25　保温性能分级　　　　　　　　[单位:W/(m²·K)]

分级	5	6	7	8	9	10
指标值	$4.0{>}K{\geqslant}3.5$	$3.5{>}K{\geqslant}3.0$	$3.0{>}K{\geqslant}2.5$	$2.5{>}K{\geqslant}2.0$	$2.0{>}K{\geqslant}1.5$	$K{<}1.5$

5)空气声雨声性能。铝合金门窗隔声性能的分级指标值 R_w 应符合表8-26 的规定。

表 8-26 隔声性能分级 （单位：dB）

分级	2	3	4	5	6
指标值	$25 \leqslant R_dw < 30$	$30 \leqslant R_w < 35$	$35 \leqslant R_w < 40$	$40 \leqslant R_w < 45$	$R_w \geqslant 45$

6）铝合金窗的采光性能。铝合金窗采光性能的分级指标值 T_r 应符合表8-27的规定。

表 8-27 采光性能分级

分级	1	2	3	4	5
指标值	$0.20 \leqslant T_r < 0.30$	$0.30 \leqslant T_r < 0.40$	$0.40 \leqslant T_r < 0.50$	$0.50 \leqslant T_r < 0.60$	$T_r \geqslant 0.60$

7）铝合金门的撞击性能。铝合金门撞击后应符合下列要求：

① 玻璃无破损。

② 门框、扇无变形，连接处无松动现象。

③ 门锁、插销等附件应完整无损，启闭正常。

④ 门扇下垂量应不大于 2mm。

（5）施工工艺技术要点。

1）预埋件安装。主体结构施工时，门窗洞口和洞口预埋件，应按施工图规定预留、预埋。

2）弹安装线。按照设计图纸和墙面＋50cm 水平基准线，在门窗洞口墙体和地面上弹出门窗安装位置线。超高层或高层建筑的外墙窗口，必须用经纬仪从顶层到底层逐层施测边线，再量尺定中心线。各洞口中心线从顶层到底层偏差应不超过±5mm。同一楼层水平标高偏差不应大于 5mm。周边安装缝应满足装饰要求，一般不应小于 25mm。

3）门窗就位。

① 在安装前后，铝框上的保护膜不要撕除或损坏。

② 框子安装在洞口的安装线上，调整正、侧面水平度、垂直度和对角线合格后，用对拔木楔临时固定。木楔应垫在边、框框能受力的部位，避免框子被挤压变形。

③ 组合门窗应先按设计要求进行预拼装，然后先装通长拼樘料，后装分段拼樘料，最后安装基本门窗框的顺序进行。门窗框横向及竖向组合应采用套插，搭接应形成曲面组合，搭接量一般不少于 10mm，以避免因门窗冷热伸缩和建筑物变形而引起的门窗之间裂缝。缝隙需用密封胶条密封。组合方法如图8-19所示。

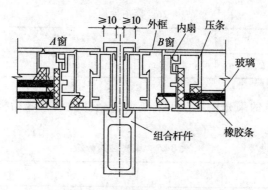

图 8-19　铝合金门窗组合方法示意

④ 组合门窗拼樘料如需加强时,其加强型材应采取防腐措施。连接部位采用镀锌螺钉(图 8-20)。

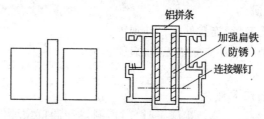

图 8-20　铝合金组合门窗拼樘料加强示意

(a)组合简图　(b)组合门窗拼樘料加强

4) 门窗框固定。

① 根据在洞口上弹出的门、窗位置线,应符合设计要求,将门、窗框立于墙的中心线部位或内侧,使门、窗框表面与饰面层相适应。

② 将铝合金门、窗框临时用木楔固定,待检查立面垂直、左右间隙大小、上下位置一致,均符合要求后,再将镀锌锚板固定在门、窗洞口内。

③ 铝合金门、窗框上的锚固板与墙体的固定方法有膨胀螺钉固定法、射钉固定法以及燕尾铁脚固定法等,如图 8-21 所示。

④ 锚固板是铝合金门、窗框与墙体固定的连接件,锚固板的一端固定在门、窗框的外侧,另一端固定在密实的洞口墙体内。

⑤ 锚固板应固定牢固,不得出现松动现象,锚固板的间距不应大于500mm。如有条件时,锚固板方向宜在内、外交错布置。

⑥ 大型窗、带型窗的拼接处,如需增设槽钢或角钢加固,则其上、下部要与预埋钢板焊接,预埋件可按每 1000mm 的间距在洞口内均匀设置。

⑦ 铝合金门、窗框与洞口的间隙,应采用玻璃棉毡条或矿棉条分层填塞,缝隙表面留 5~8mm 深的槽口,填嵌密封材料。在施工中,注意不得损坏门窗上

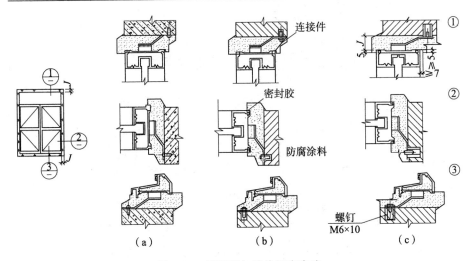

图 8-21　锚固板与墙体固定方法

(a)射钉固定法　(b)膨胀螺钉固定法　(c)燕尾铁脚固定法

面的保护膜;如表面沾上了水泥砂浆,则应随时擦净,以免腐蚀铝合金,影响外表美观。

⑧ 严禁在铝合金门、窗框上连接地线以进行焊接工作,当固定铁码与洞口预埋件焊接时,门、窗框上要盖上橡胶石棉布,避免焊接时烧伤门窗。

⑨ 严禁采用安装完毕的门、窗框搭设和捆绑脚手架,避免损坏门、窗框。

⑩ 竣工后,剥去门、窗框上的保护膜,如有油污、脏物,可用醋酸乙酯擦洗(醋酸乙酯系易燃品,操作时应特别注意防火)。

5) 门窗扇安装。

① 铝合金门、窗扇的安装　应在室内外装修基本完工后进行。

② 推拉门、窗扇的安装　配好的门、窗扇分内扇和外扇,先将外扇插入上滑道的外槽内,便自然下落于对应的下滑道的外滑道内,然后再用同样的方法安装内扇。

③ 平开门、窗扇的安装　应先把合页按规定的位置固定在铝合金门、窗框上,然后将门、窗扇嵌入框内作临时固定,调整适宜后,再将门、窗扇固定在合页上,必须保证上、下两个转动部分在同一个轴线上。

④ 可调导向轮的安装　应在门、窗扇安装之后调整导向轮,调节门、窗扇在滑道上的高度,并使门、窗扇与边框间平行。

⑤ 地弹簧门扇的安装　应先将地弹簧主机埋设在地面上,并浇筑混凝土使其固定。中横档上的顶轴应与主机轴在同一垂线上,主机表面与地面齐平。待混凝土达到设计强度后,调节上门顶轴,再将门扇装上,最后调整门扇间隙及门扇的开启速度,如图 8-22 所示。

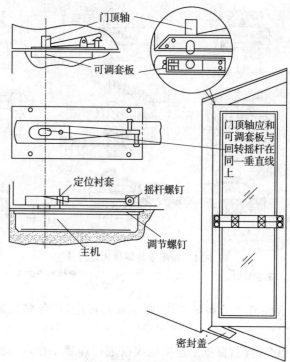

图 8-22 地弹簧门扇安装

3. 涂色镀锌钢板门窗安装

(1)涂色镀锌钢板门窗分类(表 8-28)。

表 8-28 涂色镀锌钢板门窗分类

分类方式	门窗名称
使用形式	平开窗
	推拉窗
	固定窗
	平开门
	推拉门
型材系列	30 系列平开彩板门窗
	35 系列平开彩板窗
	45 系列平开彩板门窗
	46 系列固定、平开彩板门窗
	68 系列推拉保温彩板门窗
	70 系列推拉彩板门窗
	80 系列推拉彩板门窗
	85 系列推拉彩板门窗
	46 系列彩板地弹簧门

（2）涂色镀锌钢板门窗型号。产品型号由产品的名称代号、特性代号、主参数代号和改型序号组成。

1）名称代号。

① 平开窗：CCP。

② 平开门：MCP。

③ 推拉窗：CCT。

④ 推拉门：MCT。

⑤ 固定窗：CCG。

2）特性代号。

① 玻璃层数：A、B、C（分别为一层、二层、三层）。

② 带纱扇：S。

3）主参数代号。

① 型材系列：指采用型材系列的代号，如 30 系列，则取 30 为代号。

② 门窗洞口规格：指洞口宽度和高度的代号，如洞口宽度 1500mm，用代号 15 表示，高度 1300mm，用代号 13 表示。

③ 特殊性能：指门窗抗风压、保温性能。

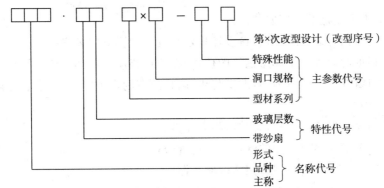

（3）带副框的涂色镀锌钢板门窗安装。

1）用自攻螺丝将连接件固定在副框上，然后将副框放进洞口内。用木楔将副框四角临时定位，同时调整副框至横平竖直，与相邻框标高一致，然后每隔 500mm 一个木楔，将副框支撑牢固。

2）将副框上的连接件与洞口内的预埋件焊接。

3）在副框与门窗外框接触的侧面和顶面贴上密封胶条，将门窗镶入副框内，用自攻螺钉把副框和门窗框连接牢固，扣上孔盖。推拉门窗框扇要调整滑块及滑道，使门窗推拉灵活。

4）外墙与门窗副框缝隙应分层填塞保温材料，外表面应预留 5～8mm，用密封膏密封。

5)副框与门窗框拼接处间的缝隙用密封膏密封后,方可剥去保护膜。如门窗上有污垢应及时擦掉。

带副框涂色镀锌钢板门窗安装节点如图 8-23 所示。

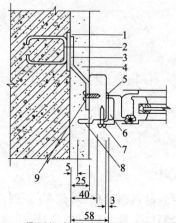

图 8-23 带副框涂色镀锌钢板门窗安装节点

1—预埋铁件 2—预埋件 φ10 圆铁 3—连接件 4—水泥砂浆 5—密封膏
6—垫片 7—自攻螺钉 8—副框 9—自攻螺钉

(4)不带副框的门窗安装。

1)在室内外装饰完成后,按设计规定在洞口内弹好门窗安装线。

2)根据门窗外框上膨胀螺栓的位置,在洞口相应位置的墙体上钻孔。

3)门窗框放入洞口内,对准安装线,调整门窗的水平度、垂直度和对角线合格后,用木楔固定。

4)用膨胀螺栓将门窗框固定,扣上孔盖。

5)门窗框与洞口之间的缝隙用密封膏密封。

6)完工后,剥去保护膜,擦净玻璃及框扇。

上述安装方式对洞口尺寸要求较严,其安装节点如图 8-24 所示。

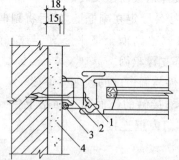

图 8-24 不带副框涂色镀锌钢板门窗安装节点

1—塑料盖 2—膨胀螺钉 3—密封膏 4—水泥砂浆

4. 质量要求

本部分适用于钢门窗、铝合金门窗、涂色镀锌钢板门窗等金属门窗安装工程的质量验收。

（1）主控项目。金属门窗安装工程主控项目质量标准及检验方法应符合表8-29的规定。

表 8－29　金属门窗安装工程主控项目质量标准及检验方法

项目	质量标准	检验方法
门窗质量	金属门窗的品种、类型、规格、尺寸、性能、开启方向、安装位置、连接方式及铝合金门窗的型材壁厚应符合设计要求。金属门窗的防腐处理及填嵌、密封处理应符合设计要求	观察；尺量检查；检查产品合格证书、性能检测报告、进场验收记录和复验报告；检查隐蔽工程验收记录
框和副框安装及预埋件	金属门窗框和副框的安装必须牢固。预埋件的数量、位置、埋设方式、与框的连接方式必须符合设计要求	手扳检查；检查隐蔽工程验收记录
门窗扇安装	金属门窗扇必须安装牢固，并应开关灵活、关闭严密，无倒翘。推拉门窗扇必须有防脱落措施	观察；开启和关闭检查；手扳检查
配件质量及安装	金属门窗配件的型号、规格、数量应符合设计要求，安装应牢固，位置应正确，功能应满足使用要求	观察；开启和关闭检查；手扳检查

（2）一般项目。金属门窗安装工程一般项目质量标准及检验方法应符合表8-30的规定。

表 8-30　金属门窗安装工程一般项目质量标准及检验方法

项目	质量标准	检验方法
表面质量	金属门窗表面应洁净、平整、光滑、色泽一致，无锈蚀。大面应无划痕、碰伤。漆膜或保护层应连续	观察
开关力	铝合金门窗推拉窗扇开关力应不大于100N	用弹簧秤检查
框与墙体间缝隙	金属门窗框与墙体之间的缝隙应填嵌饱满，并采用密封胶密封。密封胶表面应光滑、顺直，无裂纹	观察；轻敲门窗框检查；检查隐蔽工程验收记录
扇密封胶条或毛毡密封条	金属门窗扇的橡胶密封条或毛毡密封条应安装完好，不得脱槽	观察；开启和关闭检查
排水孔	有排水孔的金属门窗，排水孔应畅通，位置和数量应符合设计要求	观察

项目	质量标准	检验方法
允许偏差和检验方法	钢门窗安装的留缝限值、允许偏差和检验方法应符合表 8-31 的规定	—
	铝合金门窗安装的允许偏差和检验方法应符合表 8-32 的规定	
	涂色镀锌钢板门窗安装的允许偏差和检验方法应符合表 8-33 的规定	

表 8-31　钢门窗安装的留缝限值、允许偏差和检验方法

项次	项目		留缝限值/mm	允许偏差/mm	检验方法
1	门窗槽口宽度高度	≤1500	—	2.5	用钢直尺检查
		>1500	—	3.5	
2	门窗槽口对角线长度差	≤2000	—	5	用钢直尺检查
		>2000	—	6	
3	门窗框的正、侧面垂直度		—	3	用1m垂直检查尺检查
4	门窗横框的水平度		—	3	用1m水平尺和塞尺检查
5	门窗横框标高		—	5	用钢直尺检查
6	门窗竖向偏离中心		—	4	用钢直尺检查
7	双层门窗内外框间距		—	5	用钢直尺检查
8	门窗框、扇配合间隙		≤2	—	用塞尺检查
9	无下框时门扇与地面间留隙		4~8	—	用塞尺检查

表 8-32　铝合金门窗安装的允许偏差和检验方法

项次	项目		允许偏差/mm	检验方法
1	门窗槽口宽度高度	≤1500	1.5	用钢直尺检查
		>1500	2	
2	门窗槽口对角线长度差	≤2000	3	用钢直尺检查
		>2000	4	
3	门窗框的正、侧面垂直度		2.5	用垂直检查尺检查
4	门窗横框的水平度		2	用1m水平尺和塞尺检查
5	门窗横框标高		5	用钢直尺检查
6	门窗竖向偏离中心		5	用钢直尺检查

续表

项次	项目		允许偏差/mm	检验方法
7	双层门窗内外框间距		4	用钢直尺检查
8	推拉门窗扇与框间距		1.5	用钢直尺检查

表 8-33　涂色镀锌门窗安装的允许偏差和检验方法

项次	项目		允许偏差/mm	检验方法
1	门窗槽口宽度高度	≤1500	2	用钢直尺检查
		>1500	3	
2	门窗槽口对角线长度差	≤2000	4	用钢直尺检查
		>2000	5	
3	门窗框的正、侧面垂直度		3	用垂直检查尺检查
4	门窗横框的水平度		3	用 1m 水平尺和塞尺检查
5	门窗横框标高		5	用钢直尺检查
6	门窗竖向偏离中心		5	用钢直尺检查
7	双层门窗内外框间距		4	用钢直尺检查
8	推拉门窗扇与框搭接量		2	用钢直尺检查

业务要点 3：塑料门窗安装工程

1. 塑料门窗分类

（1）按开启形式分类。

1）塑料门分为固定门、平开门和推拉门。

2）塑料窗分为固定窗、平开窗和推拉窗。平开窗又分为外开窗、内开窗和滑轴平开窗；推拉窗分为上下推拉窗和左右推拉窗。

（2）按塑料门窗框厚度不同分类。根据塑料门窗框厚度不同，按其厚度基本尺寸系列分类，见表 8-34。

表 8-34　塑料门窗框厚度基本尺寸系列

门窗类别	门窗框厚度基本尺寸系列									
平开门	50	55	60	—	—	—	—	—	—	—
推拉门	—	—	—	60	75	80	85	90	95	100
平开窗	45	50	55	60	—	—	—	—	—	—
推拉窗	—	—	—	60	75	80	85	90	95	100

365

2. 塑料门窗型号

产品型号由产品的名称代号、特性代号、主参数代号组成。

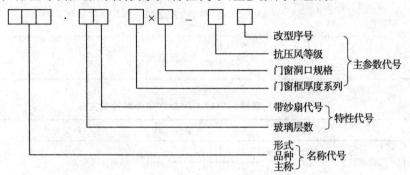

(1) 名称代号。

1) 固定塑料门：MSG,固定塑料窗：CSG。

2) 平开塑料门：MSP,平开塑料窗：CSP。

3) 推拉塑料门：MST,推拉塑料窗：CST。

(2) 特性代号。

1) 玻璃层数：A、B、C(分别为一层、二层、三层)。

2) 中空玻璃：K。

3) 带纱扇：S。

(3) 主参数代号。

1) 门窗框厚度系列：见表 8-21。

2) 门窗洞口规格：根据系列门窗的要求或设计要求。

3) 抗风压性能等级：1、2、3、4、5、6(分别为等级)。

3. 材料质量要求

(1) 塑料异型材及密封条。塑料门窗采用的异型材、密封条等原材料,应符合《门、窗用未增塑聚氯乙烯(PVC－U)型材》GB/T 8814—2004 和《塑料门窗用密封条》GB 12002—1989 等现行国家标准的有关规定。

(2) 配套件。塑料门窗采用的紧固件、五金件、增强型钢、金属衬板及固定片等,应符合下述要求。

1) 紧固件、五金件、增强型钢及金属衬板等,应进行表面防腐处理。

2) 紧固件的镀层金属及其厚度,宜符合国家标准《紧固件 电镀层》GB/T 5267.1—2002 的有关规定;紧固件的尺寸、公差、螺纹、十字槽及机械性能等技术条件,应符合国家标准《十字槽盘头自攻螺钉》GB 845—1985、《十字槽沉头自攻螺钉》GB 846—1985 的有关规定。

3) 五金件的型号、规格和性能,均应符合现行国家标准的有关规定;滑撑铰链不应使用铝合金材料。

4）全防腐型门窗,应采用相应的防腐型紧固件及五金件。

5）固定片的厚度应不小于 1.5mm,最小宽度应不小于 15mm,其材质应采用 Q235－A 冷轧钢板,其表面应进行镀锌处理。

6）组合窗及连窗门的拼樘料,应采用与其内腔紧密吻合的增强型钢作为内衬,型钢两端应比拼樘料长出 10～15mm;外窗的拼樘料截面尺寸及型钢形状、壁厚,应能使组合窗承受瞬时风压值。

（3）玻璃及玻璃垫块。塑料门窗所用玻璃和玻璃垫块的质量,应符合以下规定。

1）玻璃的品种、规格及质量,应符合国家现行产品标准的规定,并应有产品出厂合格证,中空玻璃应出具检测报告。

2）玻璃的安装尺寸,应比相应的框、扇(梃)内口尺寸小 4～6mm。

3）玻璃垫块应选用邵氏硬度为 70～90(A)的塑料或硬橡胶,不应使用硫化再生橡胶、木片或其他吸水性材料;玻璃垫块的长度宜为 80～150mm,厚度应按框、扇(梃)与玻璃的间隙确定,宜为 2～6mm。

（4）门窗洞口框墙间隙密缝材料。塑料门窗与洞口密封所用的嵌缝膏(建筑密封胶),应具有粘结性和弹性。

（5）材料的相容性。与聚氯乙烯型材直接接触的五金件、紧固件、密封条、玻璃垫块、嵌缝膏等材料,其性能应与 PVC 塑料具有相容性。

4. 塑料门窗安装工序

塑料门窗安装时的环境温度,不宜低于 5℃。根据行业标准《塑料门窗工程技术规程》JGJ 103—2008 的规定,塑料门窗的安装工序宜符合表 8-35 的要求。

表 8-35　门窗的安装工序

序号	门窗类型 工序名称	单樘窗	组合门窗	普通门
1	洞口找中线	＋	＋	＋
2	补贴保护膜	＋	＋	＋
3	安装后置埋件	－	＊	－
4	框上找中线	＋	＋	＋
5	安装附框	＊		
6	抹灰找平	＊	＊	＊
7	卸玻璃(或门、窗扇)	＊	＊	＊
8	框进洞口	＋	＋	＋
9	调整定位	＋	＋	＋
10	门窗框固定	＋	＋	＋

序号	门窗类型 工序名称	单樘窗	组合门窗	普通门
11	盖工艺孔帽及密封处理	+	+	+
12	装拼樘料	—	+	—
13	打聚氨酯发泡胶	+	+	+
14	装窗台板	*	*	—
15	洞口抹灰	+	+	+
16	清理砂浆	+	+	+
17	打密封胶	+	+	+
18	安装配件	+	+	+
19	装玻璃(或门、窗扇)	+	+	+
20	装纱窗(门)	*	*	*
21	表面清理	+	+	+
22	去掉保护膜	+	+	+

注:1. 序号 1~4 为安装前准备工序。

2. 表中"+"号表示应进行的工序。

3. 表中"*"号表示可选择工序。

5. 施工工艺技术要点

(1)弹门窗位置线。门窗洞口周边的底糙达到强度后,按施工设计图要求,弹出门窗安装位置线,同时检查洞口内预埋件的数量和位置。如预埋件的数量和位置不符合设计要求或未预埋铁件或防腐木砖,则应在门窗安装线上弹出膨胀螺栓的钻孔位置。钻孔位置应与框子连接铁件位置相对应。

(2)框子安装连接铁件。框子连接铁件的安装位置是从门窗框宽度和高度两端向内各标出 150mm,作为第一个连接件的安装点,中间安装点间距小于或等于 600mm。安装方法为先把连接铁件与框子成 45°角放入框子背面燕尾槽口内,顺时针方向将连接件扳成直角,然后成孔旋进 $\varphi 4 \times 15mm$ 自攻螺钉。严禁锤子敲打框子,以防损坏。

(3)立樘子、校正。

1)把门窗放入洞口安装线上就位,用对拔木楔临时固定。校正正、侧面垂直度、水平度和对角线合格后,将木楔固定牢靠。为防止门窗框受木楔挤压变形,木楔应塞在门窗角、中横框、中竖框等能受力的部位。框子固定后,应开启门窗扇,检查反复开关灵活度。若有问题应及时进行调整。

2)塑料门窗边框连接件与洞口墙体的固定,如图 8-25 所示。

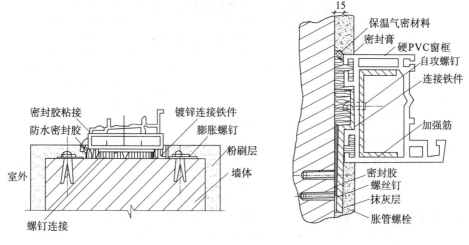

图 8-25 塑料门窗边框连接件与洞口墙体固定

3）塑料门窗底、顶框连接件与洞口基体固定与边框固定方法相同。

4）用膨胀螺栓固定连接件，一只连接件不宜少于 2 个螺栓。如洞口是预埋木砖，则用两只螺钉将连接件紧固于木砖上。

（4）塞缝。塑料门窗与墙体洞口间的缝隙，用软质保温材料（如泡沫聚氨酯条、泡沫塑料条、油毡条等）填塞饱满。填塞不得过紧，过紧会使门窗框受压发生变形；也不能填塞过松，过松会使缝隙密封不严，影响门窗防风、防寒功能。最后用密封膏将门窗框四周的内外缝隙密封。

（5）安装小五金。塑料门窗安装小五金时，必须先在框架上钻孔，然后用自攻螺丝拧入，严禁直接锤击打入。

（6）安装玻璃。扇、框连在一起的半玻平开门，可在安装后直接装玻璃。对可拆卸的窗扇，如推拉窗扇，可先将玻璃装在扇上，再将扇装在框上。玻璃应由专业玻璃工安装。

（7）清洁。门窗洞口墙面面层粉刷时，应先在门窗框、扇上贴好防污纸，以防水泥浆污染。局部受水泥浆污染的框扇，应及时用擦布抹拭干净。玻璃安装后，必须及时擦除玻璃上的胶液等污物，直至光洁明亮。

6. 质量要求

本部分适用于塑料门窗安装工程的质量验收。

（1）主控项目。塑料门窗安装工程主控项目质量标准及检验方法应符合表8-36 的规定。

表 8-36　塑料门窗安装工程主控项目质量标准及检验方法

项　目	质量标准	检验方法
门窗质量	塑料门窗的品种、类形、规格、尺寸、开启方向、安装位置、连接方式及填嵌密封处理应符合设计要求，内衬增强型钢的壁厚及设置符合国家现行产品标准的质量要求	观察；尺量检查；检查产品合格证书、性能检测报告、进场验收记录和复验报告；检查隐蔽工程验收记录
框、扇安装	塑料门窗框、副框和扇的安装必须牢固。固定片或膨胀螺栓的数量余位置应正确，连接方式应符合设计要求。固定点应距窗角、中横框、中竖框 150～200mm，固定点间距应不大于 600mm	手扳检查；检查隐蔽工程验收记录
拼樘料与框连接	塑料门窗拼樘料内衬增强型钢的规格、壁厚必须符合设计要求，型钢应与型材内腔紧密吻合，其两端必须与洞口固定牢固。窗框必须与拼樘料连接紧密，固定点间距应不大于 600mm	观察；手扳检查；尺量检查；检查进场验收记录
门窗扇安装	塑料门窗扇应开关灵活、关闭严密，无倒翘。推拉门窗扇必须有防脱落措施	观察；开启和关闭检查；手扳检查
配件质量及安装	塑料门窗配件的型号、规格、数量应符合设计要求，安装应牢固，位置应正确，功能应满足使用要求	观察；手扳检查；尺量检查
框与墙体缝隙填嵌	塑料门窗框与墙体间隙应采用闭孔弹性材料填嵌饱满，表面应采用密封胶密封。密封胶应粘结牢固，表面应光滑、顺直、无裂纹	观察；检查隐蔽工程验收记录

（2）一般项目。塑料门窗安装工程一般项目质量标准及检验方法应符合表 8-37 的规定。

表 8-37　塑料门窗安装工程一般项目质量标准及检验方法

项目	质量标准	检验方法
表面质量	塑料门窗表面应洁净、平整、光滑，大面应无划痕、碰伤	观察
密封条及旋转门窗间隙	塑料门窗扇的密封条不得脱槽。旋转窗间隙应基本均匀	
门窗扇开关力	塑料门窗的开关力应符合下列规定： 1)平开门窗扇平铰链的开关力应不大于 80N；滑撑铰链的开关力应不大于 80N，并不小于 30N 2)推拉门窗扇的开关力应不大于 100N	观察；用弹簧秤检查
玻璃密封条、玻璃槽口	玻璃密封条与玻璃及玻璃槽口的接缝应平整，不得卷边、托槽	观察
排水孔	排水孔应畅通，位置和数量应符合设计要求	
安装允许偏差	塑料门窗安装的允许偏差和检验方法应符合表 8-38 的规定	—

表 8-38　塑料门窗安装的允许偏差和检验方法

项目		允许偏差/mm	检验方法
门窗槽口宽度高度	≤1500	2	用钢直尺检查
	>1500	3	
门窗槽口对角线长度差	≤2000	3	
	>2000	5	
门窗框的正、侧面垂直度		3	用1m垂直检测尺检查
门窗横框的水平度		3	用1m水平尺和塞尺检查
门窗横框标高		5	用钢直尺检查
门窗竖向偏离中心		5	
双层门窗内外框间距		4	
同樘平开门窗相邻扇高度差		2	
平开门窗铰链部位配合间隙		+2；−1	用塞尺检查
推拉门窗扇与框搭接量		+1.5；−2.5	用钢直尺检查
推拉门窗扇与竖框平行度		2	用1m水平尺和塞尺检查

业务要点 4：特种门安装工程

1. 自动门安装

自动门是应用先进的感应技术,通过微型计算机的逻辑记忆、控制及机电执行机构使门体自动启闭的一种门系统。当人或其他活动目标进入传感器工作范围时,门扇则自动开启;当人或其他活动目标离开感应区,门扇则自动关闭,完全不用人操作。门扇运行的快慢,可以进行调节,它的启动、运行、停止等动作均可达到最佳协调状态,以保证其关闭严密。

在自动门的顶部有机箱层,用以安置自动门的机电装置。若人或物被卡在门中间时,自控电路会自动停机,使用方便,安全可靠。若遇停电,还可进行手控。

自动门适用于宾馆、大厦、饭店、机场、商场、医院、计算机房及净化车间等场所。

（1）自动门类型

1）按门体材料分。自动门可分为铝合金门、不锈钢门、无框全玻璃门和异型薄壁钢管门;

2）按扇型分。自动门可分为两扇、四扇、六扇型等;

3）按探测传感器分。自动门可分为超声波传感器、红外线探头、遥控探测器、毡式传感器、开关式传感器和拉线开关或手动按钮式传感器;

4）按开启方式分。自动门可分为推拉式、中分式、折叠式、滑动式和平开式自动门等。

（2）材料一般要求

1）门体材料及附件应符合现行国家标准、行业标准的相关规定。

2）门和选用的零、附件材料，除不锈钢或耐蚀材料外，均应采取防腐蚀、防锈处理。

（3）施工工艺技术要点

1）安装地面导向轨道。全玻璃自动门和铝合金自动门地面上装有导向性下轨道，异型钢管自动门无下轨道。有下轨道的自动门在土建做地坪时，须在地面上预埋1根50～75mm的方木条。自动门安装时，撬出方木条便可埋设下轨道，下轨道长度是开启门宽的2倍，如图8-26所示。

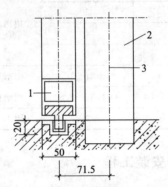

图 8-26　自动门下轨道埋设示意图

1—自动门扇下帽　2—门柱　3—门柱中心线

2）安装横梁。将[18槽钢放置在已预埋铁件的门柱处，校平、吊直，应注意与下面轨道的位置关系，确定位置后焊牢。

自动门上部机箱层主梁是安装中的重要环节。由于机箱内装有电控及机械装置，因此对支撑横梁的土建支撑结构有一定的稳定性及强度要求。通常采用两种支承节点（见图8-27），一般砌体结构宜采用图8-27（a），混凝土结构采用图8-27（b）。

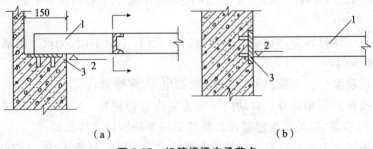

（a）　　　　　　　　　　　　　　　（b）

图 8-27　机箱横梁支承节点

1—机箱横梁　2—门扇高度　3—预埋铁件

3）调试。自动门安装后,接通电源,调整控制箱和微波传感器,使其达到最佳技术性能和工作状态。一旦调试正常,就不能随意变动各种旋钮位置,以免失去最佳工作状态。

2. 防火门安装

防火门与烟感、温感、光感、报警器和喷淋等防火报警配套设置后,具有自动报警、自动关闭、防止火势蔓延等功能。防火门主要用于高层建筑的防火分区、电梯间和楼梯间;也可安装于油库、机房、剧院、电影放映厅及单元民用高层住宅区。

（1）防火门类型与耐火极限　防火门有钢质防火门、木质防火门和复合玻璃防火门等。防火门的耐火极限分为甲、乙、丙三级。

甲级防火门耐火极限:1.2h

乙级防火门耐火极限:0.9h

丙级防火门耐火极限:0.6h

各种防火门的构造组合及耐火极限如图 8-28 所示。

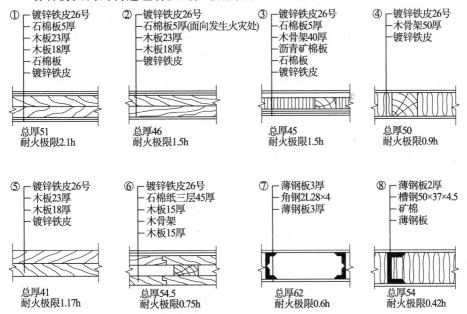

图 8-28　各种防火门的构造组合及耐火极限

（2）施工工艺技术要点

1）划线。按设计要求标高、尺寸和方向,画出门框框口位置线。

2）立门框。先拆掉门框下部的固定板,将门框用木楔临时固定在洞口内,经校正合格后再固定木楔。当门框内高度尺寸比门扇的高度大于 30mm 时,洞口两侧地面应留设凹槽。门框一般埋入地(楼)面标高以下 20mm,要保证框口尺寸一致,允许误差小于 1.5mm,对角线允许误差小于 2mm。

将门框铁脚与预埋铁件焊牢,然后在门框两上角墙上开洞,向钢质门框空腔内灌注 M10 水泥素浆,待其凝固后方可装配门扇(水泥素浆浇注后的养护期为 21d);冬季施工要注意防寒。另外一种做法是将防火门的钢质门框空腔内填充水泥珍珠岩砂浆(养护48h),砂浆的体积配合比为水泥:砂:珍珠岩=1:2:5,先干拌均匀后再加入适量清水拌和,其稠度以外观松散、手握成团不散且挤不出浆为宜。

3) 安装门扇附件。采用 1:2 的水泥砂浆或强度不低于 10MPa 的细石混凝土嵌填门框周边缝隙,做到密实牢固,保证与墙体结合严整。经养护凝固后,再粉刷洞口墙面。然后即可安装门扇、五金配件及有关防火防盗装置。门扇关闭后,门缝应均匀平整,开启自由轻便,不得出现过松、过紧和反弹现象。

3. 防盗门安装

防盗门又称防撬门,它是采用多台阶防撬门框和防撬扣边门扇制成。当关上门时,门扇的防撬扣边刚好与台阶型门框紧紧相扣;其次设置有嵌入式固定撬栓,即关门后,门扇三面钢栓(锁舌)自动嵌入门框,使门扇与门框成为一体。另外,框、扇铰链(合页)为转动轴承,每边三副,隐形安装。加上特制的门锁,使防盗门具有明显的防撬功能从而防盗(图 8-29)。防盗门常用规格宽度 860mm、950mm,高度 1970mm、2050mm,门厚度 50mm、67mm 等几种。

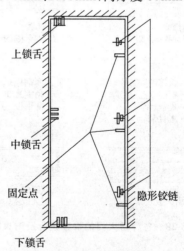

图 8-29 防盗门装置示意

其施工工艺技术要点如下:

(1) 定位放线 按设计尺寸,在墙面上弹出门框四周边线。

（2）检查预埋铁件　防盗门门框每边宜设置三个固定点。按门框固定点的位置，在预埋铁板上划出连接点。如没有预埋铁板，则应在门框连接件的相应位置准确量出尺寸，在墙体上定点钻膨胀螺栓孔。$\phi 10$ 或 $\phi 12$ 膨胀螺栓的长度为 100～150mm，螺栓孔的深度为 75～120mm。

（3）安装门框　将门框装入门洞，经反复检查校正垂直度、平整度合格后，初步固定，用门框的预埋铁件与连接铁件点焊。另一种作法是将门框上的连接铁件与膨胀螺栓连接点焊，再次调整垂直度、平整度合格后，将焊点焊牢，膨胀螺栓螺帽紧固。采用焊接时，不得在门框上接地打火，还应用石棉布遮住门框，以防门框损坏。框与墙周边缝隙，用罐装聚氨酯泡沫剂压注。

（4）安装门扇　防盗门的接缝缝隙比较精细，又不允许用锤敲打门框、扇，因此，应严格控制门框的垂直、平整度。安装门扇时还应仔细校核。门扇就位后，按设计规定的开启方向安装隐形轴承铰链（合页）。若门框不平行门扇，可在铁门框背面靠近螺栓位置加木楔试垫，直至门框与门扇垫平为止。最后，反复开启，无碰撞且活动自如为合格。

4. 全玻门安装

全玻门是指用 12mm 以上厚度的玻璃直接做门扇的门。全玻门由固定玻璃和活动门扇两部分组成。玻璃一般采用钢化玻璃、厚平板白玻璃、雕花玻璃、彩印图案玻璃等。玻璃门扇的上下边采用金属门夹。金属门夹通常是用镜面黄铜、镜面不锈钢或铝合金材料制作。由于全玻门具有宽敞、明亮、豪华等特点，多用于高级宾馆、影剧院、展览馆、大型商场、银行等场所。

（1）材料一般要求

1）厚玻璃、金属门夹和地弹簧按设计规定的品种、类型、规格、型号、颜色、耐火极限选购。产品应有产品质量合格证。

2）0.8mm 厚的镜面不锈钢板、方木、万能胶、圆钉、钢钉、木螺钉、玻璃胶、自攻螺钉、门拉手、胶合板、木条等材质应选用优等品。

（2）施工工艺技术要点

1）安装玻璃板。首先用玻璃吸盘将玻璃板吸紧，然后进行玻璃就位。应先将玻璃板上边插入门框顶部的限位槽内，然后将其下边安放于木底托的不锈钢包面对口缝内，如图 8-30 所示。

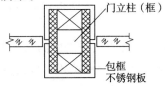

图 8-30　玻璃门框柱与玻璃板安装的构造关系

在底托上固定玻璃板的方法为：在底托木方上钉木板条，距玻璃板面 4mm 左右；然后在木板条上涂刷胶粘剂，将饰面不锈钢板片粘贴在木方上。玻璃板竖直方向各部位的安装构造，如图 8-31 所示。

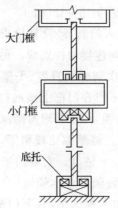

大门框

小门框

底托

图 8-31　玻璃门竖向安装构造示意图

2）注胶封口。玻璃门固定部分的玻璃板就位以后，即在底部的底托固定处和顶部的限位槽处，以及玻璃板与框柱的对缝等各缝隙处，均应注胶密封。首先将玻璃胶开封后装入打胶枪内，即用胶枪的后压杆端头板顶住玻璃胶罐的底部；然后用一只手托住胶枪身，另一只手握着注胶压柄并不断松压循环地操作压柄，将玻璃胶注于需要封口的缝隙端，如图 8－32 所示。从需要注胶的缝隙端头开始，顺缝隙匀速移动，使玻璃胶在缝隙处形成一条均匀的直线。最后用塑料片刮去多余的玻璃胶，用棉布擦净胶迹。

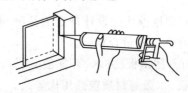

图 8-32　注胶封口操作示意图

3）玻璃板之间的对接。门上固定部分的玻璃板需要对接时，其对接缝应有 2～3mm 的宽度，玻璃板边部要进行倒角处理。当玻璃块留缝定位并安装稳固后，即将玻璃胶注入其对接的缝隙，在玻璃板对缝的两面用塑料片把胶刮平，用布擦净胶迹。

4）玻璃活动门扇安装。全玻璃活动门扇的结构无门扇框，门扇的启闭由地弹簧实现，地弹簧与门扇的上、下金属横档进行铰接（图 8-33）。

图 8-33　玻璃门扇构造

固定门框
门扇上横档
门扇下横档
地弹簧

5. 卷帘门安装

卷帘门又称为卷闸门,具有造型美观、结构紧凑、操作简便、启闭灵活、坚固耐用、防风、防盗、防火、防尘等特点,广泛用于商场、银行、医院、仓库、车站、工厂、码头等建筑。

(1) 轻型金属卷帘门类型　轻型金属卷门窗是指页片质量在 $15kg/m^2$ 以下,且内宽和内高尺寸均不大于 3m,上下卷动的手动或电动式金属卷门窗。当洞口宽度大于 3m 时,应采用中间加中柱的连樘形式。

1) 按启闭方式分类(见表 8-39)

表 8-39　启闭方式及代号

启闭方式	代　号	操作方法
手动式	S	在卷轴上装有弹簧用以平衡页片质量,启闭时用手进行
电动式	D	在卷门窗上装有电动卷门机,启闭时用手操纵电气开关进行。并配有停电时的手力启闭装置

2) 按耐风压强度分类(见表 8-40)

表 8-40　耐风压强度分级及代号

代号	耐风压 $Pa(kgf/m^2)$
50	490(50)
65	637(65)
80	785(80)

3)按页片材料分类(见表 8-41)

表 8-41　页片材料及代号

代号	页片材料
Zn	镀锌钢板和钢带
T	彩色涂层钢板及钢带
V	喷塑钢带
B	不锈钢钢带
L	铝合金型材或带材

4)按安装形式分类(见表 8-42)

表 8-42　安装形式及代号

代号	安装形式
W	外装:卷门窗安装在洞口外侧
N	内装:卷门窗安装在洞口内侧
Z	中装:卷门窗安装在洞口中间

(2)材料质量要求

1)材质要求。卷门窗主要构件的材质应符合现行国家标准、规范的相关规定。

2)外购件要求。卷门机、电器元件及五金配件等应符合相应标准规定,并附有产品质量合格证。

3)零件加工要求

① 相对运动或装配后与人体接触的零件,在弯曲、切割、冲钻等加工处,必须清理毛刺。

② 主要构件的加工尺寸极限偏差和形位公差应符合表 8-43 的规定。

表 8-43　加工尺寸极限偏差和形位公差

构件名称	图　示	L、A 尺寸极限偏差(mm)	形位公差(mm)
页片		±2	页片平面、导轨和中柱滑动面的直线度:每米长≤1.5,全长≤3
导轨中柱			

(3)施工工艺技术要点

1)定位放线。测量洞口标高,弹出两导轨垂线和卷轴中心线。

2）墙体内的预埋件

① 当墙体洞口为混凝土时,应在洞口内埋设预埋件,然后与轴承架、导轨焊接连接。

② 当墙体洞口为砖砌体时,可采用钻孔埋设胀锚螺栓与轴承架、导轨连接。

3）安装卷筒。安装卷筒时,应先找好尺寸,并使卷筒轴保持水平,注意与导轨之间的距离两端应保持一致。卷筒临时固定后进行检查,并进行必要的调整、校正,合格后再与支架预埋件用电焊焊牢。卷筒安装后应转动灵活。

4）安装卷轴防护罩。卷筒上的防护罩可做成方形或半圆形。防护罩的尺寸大小,应与门窗的宽度和门窗页片卷起后的尺寸相适应,保证卷筒将门窗的页片卷满后与防护罩依然保持一定的距离,防止相互碰撞。经检查无误后,再与防护罩预埋件焊牢。

5）安装卷门机。按说明书检查卷门机的规格、型号,无误后按说明书的要求进行安装。

6）安装门体。先将页片装配好,再安装在卷轴上,注意不要装反。

7）安装导轨。应先按图纸规定进行找直、吊正轨道,槽口尺寸应准确,上下保证一致,对应槽口应在同一垂直平面内,然后用连接件与洞口内的预埋件焊牢。导轨与轴承架安装应牢固,导轨预埋件间距不应大于 600mm。

8）安装锁具。锁具的安装位置有两种,轻型卷门窗的锁具应安装在座板上,卷门的锁具亦可安装在距地面约 1m 处。

9）安装水幕喷淋系统。水幕喷淋系统应装在防护罩下面,喷嘴倾斜 15°。安装后,应试用。

10）调试。安装完毕,先手动调试行程,观察门体上下运行情况,正常后再用电动机启闭数次,调整至无阻滞、卡住及异常噪声等现象为合格。

6. 质量要求

本部分适用于防火门、防盗门、自动门、全玻门、旋转门、金属卷帘门等特种门窗安装工程的质量验收。

（1）主控项目 特种门窗安装工程主控项目质量标准及检验方法应符合表 8-44 的规定。

表 8-44 特种门窗安装工程主控项目质量标准及检验方法

项目	质量标准	检验方法
门质量和性能	特种门的质量和各项性能应符合设计要求	检查生产许可证、产品合格证书和性能检测报告
门品种规格、方向位置	特种门的品种、类型、规格、尺寸、开启方向、安装位置及防腐处理应符合设计要求	观察;尺量检查;检查进场验收记录和隐蔽工程验收记录

项目	质量标准	检验方法
机械、自动和智能化装置	带有机械装置、自动装置或智能化装置的特种门,其机械装置、自动装置或智能化装置的功能应符合设计要求和有关标准的规定	启动机械装置、自动装置或智能化装置,观察
安装及预埋件	特种门的安装必须牢固。预埋件的数量、位置、埋设方式、与框的连接方式必须符合设计要求	观察;手扳检查;检查隐蔽工程验收记录
配件、安装及功能	特种门的配件应齐全,位置应正确,安装应牢固,功能应满足使用要求和特种门的各项性能要求	观察;手扳检查;检查产品合格证书、性能检测报告和进场验收记录

（2）一般项目　特种门窗安装工程一般项目质量标准及检验方法应符合表8-45 的规定。

表 8-45　特种门窗安装工程一般项目质量标准及检验方法

项目	质量标准	检验方法
表面装饰	特种门的表面装饰应符合设计要求	观察
表面质量	特种门的表面应洁净,无划痕、碰伤	
允许偏差和检验方法	推拉自动门安装的留缝限值、允许偏差和检验方法应符合表8-46 的规定	—
	推拉自动门感应时间限值和检验方法应符合表8-47 的规定	
	旋转门安装允许偏差和检验方法应符合表8-48 的规定	

表 8-46　推拉自动安装的留缝限值、允许偏差

项目		留缝限值/mm	允许偏差/mm	检验方法
门槽口宽度、高度	≤1500	—	1.5	用钢直尺检查
	>1500	—	2	
门槽口对角线长度差	≤2000	—	2	
	>2000	—	2.5	
门框的正、侧面垂直度		—	1	用1m垂直检测尺检查
门构件装配间隙		—	0.3	用塞尺检查
门梁导轨水平度		—	1	用1m水平尺和塞尺检查

续表

项目	留缝限值/mm	允许偏差/mm	检验方法
下导轨与门梁导轨平行度	—	1.5	用塞尺检查
门扇与侧框间留缝	1.2～1.8	—	
门扇对口缝	1.2～1.8	—	

表 8-47　推拉自动门感应时间限值和检验方法

项目	感应时间限值/s	检验方法
开门响应时间	≤0.5	用秒表检查
堵门保护延时	16～20	用秒表检查
门扇全开启后保持时间	13～17	用秒表检查

表 8-48　旋转门安装允许偏差和检验方法

项次	项目	允许偏差/mm		检验方法
		金属框架玻璃旋转门	木质旋转门	
1	门扇正、侧面垂直度	1.5	1.5	用1m垂直检测尺检查
2	门扇对角线长度差	1.5	1.5	用钢直尺检查
3	相邻扇高低差	1	1	
4	扇与圆弧边留缝	1.5	2	用塞尺检查
5	扇与上顶间留缝	2	2.5	
6	扇与地面留缝	2	2.5	

业务要点 5：门窗玻璃安装工程

1. 常用玻璃特点与适用范围

（1）普通平板玻璃　主要用作普通民用住宅、工业建筑和各种公共建筑的门窗玻璃。

（2）浮法玻璃　主要用作高级建筑物的门窗玻璃。

（3）吸热玻璃　可减少太阳热辐射的影响，主要用于展览馆、体育馆、航空控制塔、电子计算机室、特殊仓库、医院等高级建筑物的门窗。

（4）磨砂玻璃　主要用于建筑物会议室、走廊、餐厅、卫生间的门窗玻璃，以及教学用黑板等。

（5）压花玻璃　其表面有深浅不同的花纹，当光线通过时产生漫射，但光线可以透过。主要用于会客间、洗脸间、浴室、走廊、隔断等需要装饰并遮挡视线的场所。

（6）热反射玻璃　适用于各种建筑物的门窗以及各种艺术装饰。

（7）夹丝玻璃　夹丝玻璃是在两片或多片玻璃之间嵌夹透明塑料薄片,经热压粘合而成的复合玻璃。当玻璃破碎时,碎片不飞散,抗冲击强度是普通玻璃的几倍。用于需防盗、防火和防止玻璃碎片飞散的场所,如屋顶、天窗等。

（8）夹层玻璃　在两片或多片平板玻璃、钢化玻璃或浮法玻璃之间嵌夹透明塑料薄片,经加热、加压制成。其抗冲击强度高,玻璃破碎时,碎片不飞散。

（9）钢化玻璃　由平板玻璃、浮法玻璃等经钢化处理后的一种玻璃,其强度比未经处理的玻璃高 3～5 倍,主要用于建筑物的门窗、隔断和幕墙等。

（10）彩色玻璃　在原料中渗入少量金属氧化物制成的有色透明玻璃。一般用于对采光有特殊要求的场所,其光线较柔和,不耀眼。

（11）中空玻璃　由两层或两层以上平板玻璃构成,四周用高强度、高气密性复合胶粘剂将两片或多片玻璃与密封条、玻璃条粘结、密封,中间充入干燥气体,框内充以干燥剂,以保证玻璃片间空气的干燥度。中空玻璃主要用于需要采暖、空调、防止噪声或结露以及需要无直射阳光和特殊要求的建筑物上。广泛用于住宅、宾馆、饭店、办公楼、医院、学校、商店等需要室内空调的场合。

2. 材料质量要求

（1）玻璃外观质量要求

1）浮法玻璃的外观质量应符合表 8-49 的要求。

表 8-49　浮法玻璃的外观质量要求

缺陷种类	质量要求			
	长度及个数允许范围			
气泡	长度 L $0.5mm \leqslant L \leqslant 1.5mm$	长度 L $1.5mm < L \leqslant 3.0mm$	长度 L $3.0mm < L \leqslant 5.0mm$	长度 L $L > 5.0mm$
	$5.5 \times S/$个	$1.0 \times S/$个	$0.44 \times S/$个	$0/$个
	长度及个数允许范围			
夹杂物	长度 L $0.5mm \leqslant L \leqslant 1.0mm$	长度 L $1.0mm < L \leqslant 2.0mm$	长度 L $2.0mm < L \leqslant 3.0mm$	长度 L $L > 3.0mm$
	$2.2 \times S/$个	$0.44 \times S/$个	$0.22 \times S/$个	$0/$个
线道	按标准规定的方法检验,肉眼不应看见			
划伤	长度和宽度允许范围及条数 宽 0.5mm,长 60mm,$3 \times S/$条			
光学变形	入射角:2mm　40°;3mm　45°;4mm 以上　50°			
表面裂纹	按标准规定的方法检验,肉眼不应看见			
断面缺陷	爆边、凹凸、缺角等不应超过玻璃板的厚度			

　　注:S 为以平方米为单位的玻璃板面积,保留小数点后两位。气泡、夹杂物的个数及划伤条数允许范围为各系数与 S 相乘所得的数值,应按 GB/T 8170—2008 修约至整数。

2)钢化玻璃的外观质量应符合表8-50的要求。

表 8-50 钢化玻璃的外观质量要求

缺陷名称	说明	允许缺陷数
爆边	每片玻璃每米边长上允许有长度不超过 10mm,自玻璃边部向玻璃板表面延伸深度不超过 2mm,自板面向玻璃厚度延伸深度不超过厚度 1/3 的爆边个数	1 处
划伤	宽度在 0.1mm 以下的轻微划伤,每平方米面积内允许存在条数	长度≤100mm 时 4 条
	宽度大于 0.1mm 的划伤,每平方米面积内存在条数	宽度 0.1mm～1mm 长度≤100mm 时 4 条
夹钳印	夹钳印与玻璃边缘的距离≤20mm,边部变形量≤2mm(见图 8-34)	
裂纹、缺角	不允许存在	

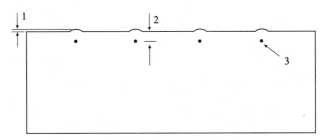

图 8-34 夹钳印示意图

1—边部变形 2—夹钳印与玻璃边缘的距离 3—夹钳印

3)夹丝玻璃的外观质量应符合表8-51的要求。

表 8-51 夹丝玻璃的外观质量要求

项目	说明	优等品	一等品	合格品
气泡	直径 3～6mm 的圆泡,每平方米面积内允许个数	5	数量不限,但不允许密集	
	长泡,每平方米面积内允许个数	长 6～8mm 2	长 6～10mm 10	长 6～10mm 10 长 10～20mm 4
花纹变形	花纹变形程度	不许有明显的花纹变形		不规定
异物	破坏性的	不允许		
	直径 0.5～2mm 非破坏性的,每平方米面积内允许个数	3	5	10
裂纹		目测不能识别		不影响使用
磨伤		轻微	不影响使用	

项目	说明	优等品	一等品	合格品
金属丝	金属丝夹入玻璃内状态	应完全夹入玻璃内,不得露出表面		
	脱焊	不允许	距边部30mm内不限	距边部100mm内不限
	断线	不允许		
	接头	不允许	目测看不见	

4)夹层玻璃的外观质量应符合表8-52的要求。

表8-52 夹层玻璃的外观质量要求

缺陷尺寸 λ/mm			$0.5<\lambda\leqslant1.0$	$1.0<\lambda\leqslant3.0$			
玻璃面积 S/m^2			S 不限	$S\leqslant1$	$1<S\leqslant2$	$2<S\leqslant8$	$S>8$
允许缺陷数/个	玻璃层数	2	不得密集存在	1	2	1.0m^2	1.2m^2
		3		2	3	1.5m^2	1.8m^2
		4		3	4	2.0m^2	2.4m^2
		$\geqslant5$		4	5	2.5m^2	3.0m^2

注:1. 不大于0.5mm的缺陷不考虑,不允许出现大于3mm的缺陷。

　2. 当出现下列情况之一时,视为密集存在:

　　1)两层玻璃时,出现4个或4个以上,且彼此相距<200mm缺陷。

　　2)三层玻璃时,出现4个或4个以上的缺陷,且彼此相距<180mm。

　　3)四层玻璃时,出现4个或4个以上的缺陷,且彼此相距<150mm。

　　4)五层以上玻璃时,出现4个或4个以上的缺陷,且彼此相距<100mm。

　3. 单层中间层单层厚度大于2mm时,上表允许缺陷数总数增加1。

5)压花玻璃的外观质量应符合表8-53的要求。

表8-53 压花玻璃的外观质量要求

缺陷类型	说明	一等品			合格品		
图案不清	目测可见	不允许					
气泡	长度范围/mm	$2\leqslant L<5$	$5\leqslant L<10$	$L\geqslant10$	$2\leqslant L<5$	$5\leqslant L<15$	$L\geqslant15$
	允许个数	$6.0\times S$	$3.0\times S$	0	$9.0\times S$	$4.0\times S$	0
杂物	长度范围/mm	$2\leqslant L<3$		$L\geqslant3$	$2\leqslant L<3$		$L\geqslant3$
	允许个数	$1.0\times S$		0	$2.0\times S$		0
线条	长度范围/mm	不允许			长度 $100\leqslant L<200$,宽度 $W<0.5$		
	允许个数				$3.0\times S$		
皱纹	目测可见	不允许			边部50mm以内轻微的允许存在		

续表

缺陷类型	说明	一等品	合格品	
压痕	长度范围/mm	不允许	$2 \leqslant L < 5$	$L \geqslant 5$
	允许个数		$2.0 \times S$	0
划伤	长度范围/mm	不允许	长度 $L \leqslant 60$，宽度 $W < 0.5$	
	允许个数		$3.0 \times S$	
裂纹	目测可见	不允许		
断面缺陷	爆边、凹凸、缺角等	不应超过玻璃板的厚度		

（2）支承块和定位块　支承块宜采用挤压成形的未增塑 PVC、增塑 PVC 或邵氏 A 硬度为 80～90 的氯丁橡胶等材料制品，其每块最小长度不能小于 50mm，其宽度应等于玻璃的厚度加上前部余隙和后部余隙，厚度应等于边缘余隙；定位块宜采用有弹性的非吸附性材料制品，其长度尺寸不应小于 25mm，其宽度也应等于玻璃的厚度加上前部余隙和后部余隙，厚度应等于边缘余隙。

（3）弹性止动片　弹性止动片长度不应小于 25mm，高度应比凹槽或槽口深度小 3mm，厚度应等于前部余隙或后部余隙。除玻璃用油灰安装外，弹性止动片应安装在玻璃相对的两侧，弹性止动片之间的间距不应大于 300mm。用螺钉或螺栓安装的压条，弹性止动片的安装位置应与压条的固定点位置一致。压条连续镶入槽内时，第一个弹性止动片应距槽角 50mm，弹性止动片之间的间距不应大于 300mm。

（4）油灰　油灰宜用于木、钢门窗玻璃的安装。用油灰安装前，先采用玻璃卡子将玻璃定位。油灰施工后表面应平整光滑，油灰固化后不应出现龟裂，并应在其表面及时涂保护油漆，油漆应涂至可见线以上 2mm。

（5）塑性填料　用塑性填料安装玻璃时，应使用定位块、支承块、弹性止动片或定位卡子。应将塑性填料连续填满槽口，表面平整，使其形成没有空隙的固体衬垫。

（6）密封剂　用密封剂安装玻璃时，应使用支承块、定位块、弹性止动片或定位卡子。密封剂上表面不应低于槽口，并应做成斜面；下表面应低于槽口 3mm。当密封剂用于塑料门窗安装时，应确定其适用性和相容性；对于多孔表面的基材应对表面涂底漆。

（7）嵌缝条　玻璃两侧与槽口内壁之间采用嵌缝条材料时，应使用支承块和定位块。当嵌缝条材料用于塑料门窗安装时，应确定其适用性和相容性；对于多孔表面的基材应对表面涂底漆。

（8）玻璃压条　木制压条应用嵌钉或螺钉固定。大板面的玻璃或重量大的玻璃采用木制压条固定时，必须用螺钉。采用金属和塑料压条时，应用螺钉或螺栓固定。

3. 施工工艺技术要点

(1)安装尺寸要求　不同厚度的单片玻璃、夹层玻璃,其最小安装尺寸应符合表8-54的规定;中空玻璃的最小安装尺寸应符合表8-55的规定。玻璃安装尺寸部位参见图8-35。

表8-54　单片玻璃、夹层玻璃的最小安装尺寸　　　　　　(单位:mm)

玻璃公称厚度	前部余隙或后部余隙 a			嵌入深度 b	边缘余隙 c
	①	②	③		
3	2.0	2.5	2.5	8	3
4	2.0	2.5	2.5	8	3
5	2.0	2.5	2.5	8	4
6	2.0	2.5	2.5	8	4
8	—	3.0	3.0	10	5
10	—	3.0	3.0	10	5
12	—	3.0	3.0	10	5
15	—	5.0	4.0	12	8
19	—	5.0	4.0	15	10
25	—	5.0	4.0	18	10

注:1. 表中①适用于建筑钢、木门窗油灰的安装,但不适用于安装夹层玻璃。

2. 表中②适用于塑性填料、密封剂或嵌缝条材料的安装。

3. 表中③适用于预成型的弹性材料(如聚氯乙烯或氯丁橡胶制成的密封垫)的安装。

油灰适用于公称厚度不大于6mm、面积不大于2m²的玻璃。

4. 夹层玻璃最小安装尺寸,应按原片玻璃公称厚度的总和,在表中选取。

表8-55　中空玻璃的最小安装尺寸　　　　　　(单位:mm)

中空玻璃	固定部分				
	前部余隙或后部余隙 a	嵌入深度 b	边缘余隙 c		
			下边	上边	两侧
3+A+3	5	12	7	6	5
4+A+4		13			
5+A+5		14			
6+A+6		15			

注:A=6、9、12mm,为空气层厚度。

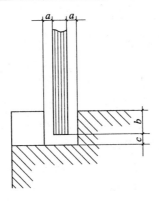

图 8-35 玻璃安装尺寸

（2）木门窗玻璃安装

1）分散玻璃。根据安装部位所需的规格、数量分散已裁好的玻璃,分散数量以当天安装数量为准。将玻璃放在安装地点,但不得靠近门窗开合摆动的范围之内,避免损坏。

2）清理裁口。玻璃安装前,必须将门窗的裁口（玻璃槽）清扫干净。清除灰渣、木屑、胶渍与尘土等,使油灰与槽口粘结牢固。

3）涂抹底油灰。在玻璃底面与裁口之间,沿裁口的全长涂抹 1～3mm 厚的底灰,要达到均匀饱满而不间断,随后用双手把玻璃推铺平正,轻按压实并使部分油灰挤出槽口,待油灰初凝有一定强度时,顺槽口方向把多余的底油灰刮平,遗留的灰渣应清除干净。

4）嵌钉固定。在玻璃四边分别钉上钉子,钉圆钉时钉帽要靠紧玻璃,但钉身不得靠玻璃,否则钉身容易把玻璃挤碎。所用圆钉的数量每边不少于 1 颗,若边长超过 40cm,则每边需钉两颗,钉距不宜大于 20cm。嵌钉完毕,用手轻敲玻璃,听声音鉴别是否平直,如底灰不饱满应立即重新安装。

5）涂抹表面油灰。涂抹表面应选用无杂质、软硬适宜的油灰。

（3）钢门窗玻璃安装

1）操作准备。首先检查门窗扇是否平整,如发现扭曲变形应立即校正;检查铁片卡子的孔眼是否准确齐全,如有不符合要求的应补钻。钢门窗安装玻璃使用的油灰应加适量的红丹,以使油灰具有防锈性能,再加适量的铅油,以增加油灰的硬度和粘性。

2）清理槽口。清除槽口的焊渣、铁屑、污垢和灰尘,以使安装时油灰粘结牢固。

3）涂底油灰。在槽口内涂抹底灰,油灰厚度宜为 3mm,最厚不宜超过 4mm,做到均匀一致,不堆积、不间断。

4）装玻璃。用双手将玻璃揉平放正,不留偏差并将油灰挤出。将油灰与槽口、玻璃接触的边缘刮平、刮齐。

5）安卡子。应用铁片卡子固定,卡子间距不应大于300mm,且每边不少于2个。卡脚应长短适宜,不能过长,用油灰填实抹光后,卡脚不得露于油灰表面。

如采用橡胶垫安装钢门窗玻璃,应将橡胶垫嵌入裁口内,并用螺钉和压条固定。将橡胶垫与玻璃、裁口、压条贴紧,大小尺寸适宜,不应露在压条之处。

（4）彩色镀锌钢板门窗框扇玻璃安装　彩色镀锌钢板门窗框扇玻璃安装时,应在抹灰等湿作业完成后进行,注意不宜在寒冷条件下操作。

1）操作准备。玻璃裁割后边缘平直,不得有斜曲,尺寸大小准确,使其边缘与槽口的间隙符合设计要求。安装玻璃前,清除框扇槽口内的杂物、灰尘等,疏通排水孔。

2）安装玻璃。玻璃的朝向应按设计要求安装,玻璃应放在定位垫块上。开扇和玻璃面积较大时,应在垂直边位置上设置隔片,上端的隔片应固定在框或扇上（楔或粘住）。固定框、扇的玻璃应放在两块相同的定位垫块上,搁置点设在距玻璃垂直边的距离为玻璃宽度的1/4处,定位垫块的宽度应大于所支撑的玻璃厚度,长度不宜小于25mm,并应符合设计要求。定位垫块下面可设铝合金垫片,垫片和垫块均固定在框扇上,不得采用木质的垫片、垫块和隔片。玻璃嵌入槽口内,填塞填充材料、镶嵌条,使玻璃平整、受力均匀并不得翘曲。迎风面的玻璃,应采用通长镶嵌压条或垫片固定;当镶嵌压条位于室外一侧时,应作防风处理。镶嵌条应与玻璃、槽口紧贴。后安的镶嵌条,在其转角处宜用少量密封胶封缝,应注意填充密实,表面平整光滑;密封胶污染框扇或玻璃时,应及时擦净。

4. 质量要求

本部分适用于平板、吸热、反射、中空、夹层、夹丝、磨砂、钢化、压花玻璃等玻璃安装工程的质量验收。

（1）主控项目　门窗玻璃安装工程主控项目质量标准及检验方法应符合表8-56的规定。

表8-56　门窗玻璃安装工程主控项目质量标准及检验方法

项目	质量标准	检验方法
玻璃的品种	玻璃的品种、规格、尺寸、色彩、图案和涂膜朝向应符合设计要求。单块玻璃大于1.54m² 时应使用安全玻璃	观察;检查产品合格证书、性能检测报告和进场验收记录
玻璃裁割尺寸正确	门窗玻璃裁割尺寸应正确。安装后的玻璃应牢固,不得有裂纹、损伤和松动	观察;轻敲检查

项目	质量标准	检验方法
玻璃安装方法	玻璃的安装方法应符合设计要求。固定玻璃的钉子或钢丝卡的数量、规格应保证玻璃安装牢固	观察;检查施工记录
木压条	镶钉木压条接触玻璃处,应与裁口边缘平齐。木压条应互相紧密连接,并与裁口边缘紧贴,割角应整齐	观察
密封条与玻璃	密封条与玻璃、玻璃槽口的接触应紧密、平整。密封胶与玻璃、玻璃槽口的边缘应粘贴牢固、接缝平齐	观察
带密封条的玻璃压条	带密封条的玻璃压条,其密封条必须与玻璃全部贴紧,压条与型材之间应无明显缝隙,压条接缝不大于 0.5mm	观察;尺量检查

（2）一般项目 门窗玻璃安装工程一般项目质量标准及检验方法应符合表8-57 的规定。

表 8-57 门窗玻璃安装工程一般项目质量标准及检验方法

项目	质量标准	检验方法
玻璃表面洁净	玻璃表面应洁净,不得有腻子、密封胶、涂料等污渍。中空玻璃内个表面均应洁净,玻璃中空层内不得有灰尘和水蒸气	观察
门窗玻璃不应直接接触型材	门窗玻璃不应直接接触型材。单面镀膜玻璃的镀膜层及磨砂玻璃的磨砂面应朝向室内。中空玻璃的单面镀膜玻璃应在最外层,镀膜层应朝向室内	观察
腻子填抹	腻子应填抹饱满、粘结牢固;腻子边缘裁口应平齐;固定玻璃的卡子不应在腻子表面显露	观察

第三节 吊顶工程

本节导读

本节主要介绍吊顶工程施工,内容包括吊顶的类型、吊顶的构造组成、轻钢龙骨吊顶、铝合金龙骨吊顶、木吊顶施工、轻金属龙骨吊顶施工以及质量要求等。其内容关系如图 8-36 所示。

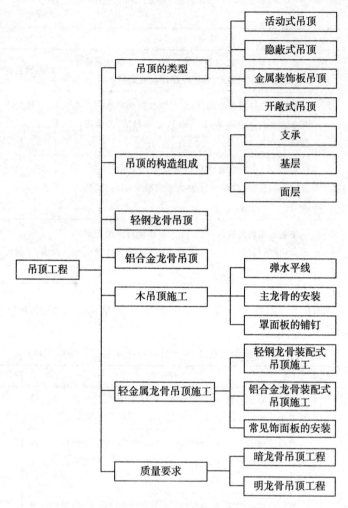

图 8-36　本节内容关系图

业务要点 1:吊顶的类型

1. 活动式吊顶

活动式吊顶一般和轻钢龙骨或铝合金龙骨配套使用,是将新型的轻质装饰板明摆浮搁在龙骨上,便于更换(又称明龙骨吊顶)。龙骨可以是半露的,也可以是外露的。

2. 隐蔽式吊顶

隐蔽式吊顶是指龙骨不外露罩面板表面呈整体的形式(又称为暗龙骨吊顶)。罩面板与龙骨的固定有三种方式:用胶粘剂粘在龙骨上;用螺钉拧在龙骨上;将罩面板加工成企口形式,用龙骨将罩面板连接成一整体。通常使用较多的是第二种。

这种吊顶的龙骨,一般采用轻钢或镀锌铁片挤压成型,吊杆可选用型钢或钢筋,规格和连接构件均应经计算确定。吊杆一般应吊在主龙骨上,如果龙骨无主、次之分,则吊杆应吊在通长的龙骨上。

3. 金属装饰板吊顶

金属装饰板吊顶包括各种金属方板、金属条板和金属格栅安装的吊顶。它是以加工好的金属条板卡在铝合金龙骨上,或是将金属方板、金属条板、金属格栅用螺钉或自攻螺钉固定在龙骨上。这种金属板安装完毕,不需要在其表面再做其他装饰。

4. 开敞式吊顶

开敞式吊顶的饰面是敞开的。吊顶的单体构件,一般同室内灯光照明的布置结合起来,有的甚至全部用灯具组成吊顶,并突出艺术造型,使其变成装饰品。

业务要点 2:吊顶的构造组成

吊顶主要由支承、基层和面层三个部分组成。

1. 支承

吊顶支承由吊杆(吊筋)和主龙骨组成。

(1)木龙骨吊顶的支承。木龙骨吊顶的主龙骨又称为大龙骨或主梁,传统木质吊顶的主龙骨,多采用 50mm×70mm~60mm×100mn 方木或薄壁槽钢、∟60mm×6mm~∟70mm×7mm 角钢制作。龙骨间距按设计,如果设计无具体要求,一般按 1m 设置。主龙骨一般用 $\phi8$~$\phi10$mm 的吊顶螺栓或 8 号镀锌钢丝与屋顶或楼板连接。

(2)金属龙骨吊顶的支承部分。轻钢龙骨与铝合金龙骨吊顶的主龙骨截面尺寸取决于荷载大小,其间距尺寸应考虑次龙骨的跨度及施工条件,一般采用 1~1.5m。其截面形状较多,主要有 C 形、U 形、T 形、L 形等。主龙骨与屋顶结构楼板结构多通过吊杆连接,吊杆与主龙骨用特制的吊杆件或套件连接。

2. 基层

基层由木材、型钢或其他轻金属材料制成的次龙骨组成。吊顶面层所用材料不同,其基层部分的布置方式和次龙骨的间距大小也不一样,但一般不应超过 600mm。

吊顶的基层要结合灯具位置、风扇或空调透风口位置等进行布置,留好预留洞口及吊挂设施等,同时应配合管道、线路等安装工程施工。

3. 面层

传统的木龙骨吊顶:其面层多用人造板,(如胶合板、纤维板、木丝板、刨花板)面层或板条(金属网)抹灰面层。轻钢龙骨、铝合金龙骨吊顶,其面板多用装饰吸声板(如纸面石膏板、钙塑泡沫板、纤维板、矿棉板、玻璃丝棉板等)制作。

业务要点 3：轻钢龙骨吊顶

轻钢龙骨吊顶分为轻型、中型、重型三类。轻型吊顶不能承受上人荷载;中型吊顶能承受偶然上人荷载;重型吊顶能承受上人检修重约 80kg 的集中活荷载。

轻钢龙骨吊顶有单层和双层之分。大、中龙骨底面在同一水平面上，或不设大龙骨直接挂中龙骨称为单层构造;中、小龙骨紧贴大龙骨底面吊顶(不在同一水平面上)称为双层构造。

U 形轻钢吊顶龙骨如图 8-37 所示。

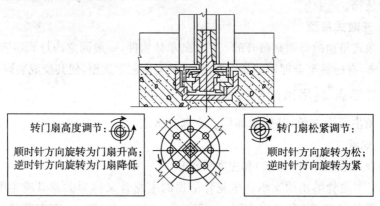

图 8-37　U 形轻钢吊顶龙骨

T 形轻钢吊顶龙骨如图 8-38 所示。

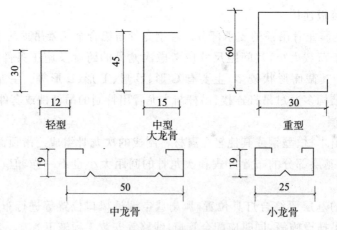

图 8-38　T 形轻钢吊顶龙骨

龙骨配件:有各种形式,主要有吊挂件、平面连接件、纵向连接件等。

钢筋吊杆、吊钩。

罩面板:品种众多,常用的有纸面石膏板、吸声石棉板、石膏吸声板、钙塑泡沫吸声板、聚氯乙烯塑料板等。

业务要点4:铝合金龙骨吊顶

铝合金龙骨材料及配件如图8-39所示。

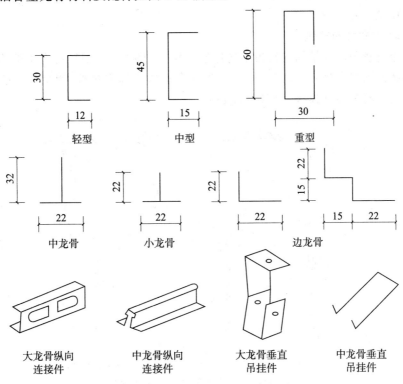

图8-39　铝合金龙骨材料及配件

铝合金吊顶板材料如图8-40所示。

图8-40　铝合金吊顶板材料

业务要点 5：木吊顶施工

1. 弹水平线

根据楼层＋500mm 标高水平线，顺墙高量至顶棚设计标高，沿墙和柱的四周弹顶枞标高水平线。根据吊顶标高线，检查吊顶以上部位的设备、管道、灯具对吊顶是否有影响。

2. 主龙骨的安装

主龙骨与屋顶结构或楼板结构连接主要有三种方式：用射钉将角钢等固定于楼底面固定吊杆；用屋面结构或楼板内预埋铁件固定吊杆；用金属膨胀螺栓固定铁件再与吊杆连接，如图 8-41 所示。

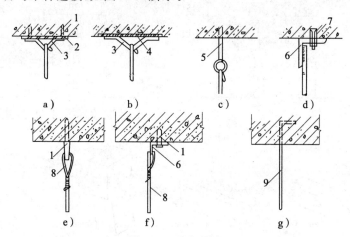

图 8-41　吊杆固定

a）射钉固定　b）预埋件固定　c）预埋 φ6 钢筋吊环　d）金属膨胀螺丝固定
e）射钉直接连接钢丝　f）射钉角钢连接法　g）预埋 8 号镀锌钢丝
1—射钉　2—焊板　3—φ10 钢筋吊环　4—预埋钢板　5—φ6 钢筋
6—角钢　7—金属膨胀螺丝　8—铝合金丝　9—8 号镀锌钢丝

主龙骨安装后，沿吊顶标高线固定沿墙木龙骨，木龙骨的底边与吊顶标高线齐平。一般是用冲击电钻在标高线以上 10mm 处墙面打孔，孔内塞入木楔，将沿墙龙骨钉固在墙内木楔上。然后将拼接组合好的木龙骨架托到吊顶标高位置，整片调正校平后，将其与沿墙龙骨和吊杆连接，如图 8-42 所示。

3. 罩面板的铺钉

罩面板多采用人造板，应按设计要求切成方形、长方形等。板材安装前，按分块尺寸弹线，安装时由中间向四周呈对称排列，顶棚的接缝与墙面交圈应保持一致。面板应安装牢固且不得出现翘曲、折裂、脱层和缺棱掉角等缺陷。

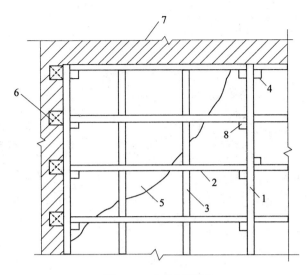

图 8-42　木龙骨吊顶

1—吊筋　2—罩面板　3—横撑龙骨　4—吊筋
5—罩面板　6—木砖　7—砖墙　8—吊木

业务要点 6：轻金属龙骨吊顶施工

轻金属龙骨按材料分为轻钢龙骨和铝合金龙骨。

1. 轻钢龙骨装配式吊顶施工

利用薄壁镀锌钢板带经机械冲压而成的轻钢龙骨即为吊顶的骨架型材。轻钢龙骨吊顶有 U 形和 T 形两种。

U 形上人轻钢龙骨安装方法如图 8-43 所示。

施工前，先按龙骨的标高沿房间四周的墙上弹出水平线，再按龙骨的间距弹出龙骨的中心线，找出吊点中心，将吊杆焊接固定在预埋件上（不设埋件的则按吊点中心用射钉枪射钉固定吊杆或铁丝）。计算好吊杆的尺寸，注意与吊挂件连接的一端套丝长度应留有余地以备紧固，并配好螺帽。

主龙骨的吊顶挂件连在吊杆上校平调正后，拧紧固定螺母，然后根据设计和饰面板尺寸要求确定的间距，将次龙骨用吊挂件固定在主龙骨上，校平调正后安装饰面板。

饰面板的安装方法有：

（1）搁置法。将饰面板直接放在 T 形龙骨组成的格栅框内，即完成吊顶安装。有些轻质饰面板考虑刮风时会被掀起（包括空调风口附近）应有防散落措施，宜用卡子、木条等固定。

（2）嵌入法。将饰面板事先加工成企口暗缝，安装时将 T 形龙骨两肋插入

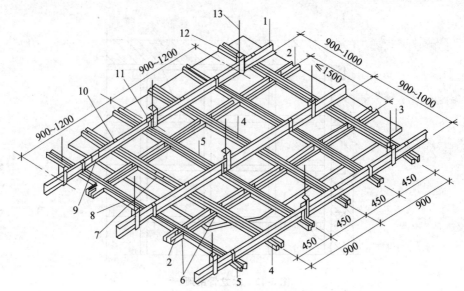

图 8-43 U 形龙骨吊顶示意图

1—BD 大龙骨 2—UZ 横撑龙骨 3—吊顶板 4—UZ 龙骨 5—UX 龙骨

6—UZ₃ 支托连接 7—UZ₂ 连接件 8—UX₂ 连接件 9—BD₂ 连接件

10—UX₁ 吊挂 11—UX₂ 吊件 12—BD₁ 吊件 13—UX₃ 吊杆 $\phi6\sim\phi10$

企口缝内。

（3）粘贴法。将饰面板用胶粘剂直接粘贴在龙骨上。

（4）卡固法。饰面板与龙骨采用配套卡具卡接固定，多用于金属饰面板安装。

（5）钉固法。将饰面板用钉、螺钉、自攻螺钉等固定在龙骨上。

2. 铝合金龙骨装配式吊顶施工

铝合金龙骨吊顶按罩面板的要求不同分龙骨底面外露和龙骨底面不外露两种形式；按龙骨结构形式不同分 T 形和 TL 形。TL 形龙骨属于安装饰面板后龙骨底面外露的一种（图 8-44、图 8-45）。

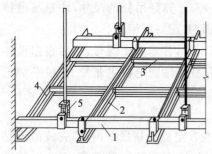

图 8-44 TL 形铝合金吊顶

1—大龙骨 2—大 T 3—小 T
4—角条 5—大吊挂件

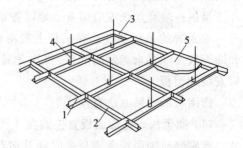

图 8-45 TL 形铝合金不上人吊顶

1—大 T 2—小 T 3—吊件
4—角条 5—饰面板

铝合金龙骨吊顶的安装方法与轻钢龙骨吊顶基本相同。

3. 常见饰面板的安装

铝合金龙骨吊顶与轻钢龙骨吊顶饰面板安装方法基本相同。石膏饰面板的安装可采用粘贴法、钉固法和暗式企口胶接法。U形轻钢龙骨采用钉固法安装石膏板时,使用镀锌自攻螺钉与龙骨固定。钉头要求嵌入石膏板内 0.5～1mm,钉眼用腻子刮平,并用石膏板与同色的色浆腻子涂刷一遍。螺钉规格为 M5×25 或 M5×35。螺钉与板边距离应不大于 15mm,螺钉间距以 150～170mm 为宜,均匀布置,并垂直于板面。石膏板之间应留出 8～10mm 的安装缝。

待石膏板全部固定好后,用铝压缝条或塑料压缝条压缝,钙塑泡沫板的主要安装方法有钉固法和粘贴法两种。钉固法即用木螺丝或圆钉,将面板钉在顶棚的龙骨上,要求钉距不大于 150mm,钉帽应与板面齐平,排列整齐,并用与板面颜色相同的涂料装饰。钙塑泡沫板的交角处,用木螺丝将塑料小花固定,并在小花之间沿板边按等距离加钉固定。用压条固定时,压条应平直,接口严密,不得翘曲。钙塑泡沫板用粘贴法安装时,胶粘剂可用 401 胶或氯丁胶浆聚异氰酸脂胶(10∶1),涂胶后应待稍干,方可把板材粘贴压紧。胶合板、纤维板安装应用钉固法:要求胶合板钉长 25～35mm,钉距 80～150mm,钉帽应打扁,并进入板面 0.5～1mm,钉眼用油性腻子抹平;纤维板钉长 20～30mm,钉距 80～120mm,钉帽进入板面 0.5mm,钉眼用油性腻子抹平;硬质纤维板应用水浸透,自然阴干后安装。矿棉板安装的方法主要有搁置法、粘贴法和钉固法。顶棚为轻金属 T 形龙骨吊顶时,在顶棚龙骨安装放平后,将矿棉板直接平放在龙骨上,矿棉板每边应留有板材安装缝,缝宽不宜大于 1mm。顶棚为木龙骨吊顶时,可在矿棉板每四块的交角处和板的中心用专门的塑料花托脚,用木螺丝固定在木龙骨上;混凝土顶面可按装饰尺寸做出平顶木条,然后再选用适宜的胶粘剂将矿棉板粘贴在平顶木条上。金属饰面板主要有金属方板、金属条板和金属格栅。板材安装方法有钉固法和卡固法。钉固法采用螺钉固定时,后安装的板块压住前安装的板块,将螺钉遮盖,拼缝严密;卡固法要求龙骨形式与条板配套。方形板可用搁置法和钉固法,也可用铜丝绑扎固定。格栅安装方法有两种,一种是用带卡口的吊管将单体物体卡住,然后将吊管用吊杆悬吊;另一种是将单体构件先用卡具连成整体,然后通过钢管与吊杆相连接。金属板吊顶与四周墙面空隙,应用同材质的金属压缝条找齐。

◉ 业务要点 7:质量要求

1. 暗龙骨吊顶工程

本部分适用于以轻钢龙骨、铝合金龙骨、木龙骨等为骨架,以石膏板、金属板、矿棉板、木板、塑料板或格栅等为饰面材料的暗龙骨吊顶工程的质量验收。

（1）主控项目。暗龙骨吊顶工程主控项目质量标准及检验方法应符合表 8-58 的规定。

表 8-58　暗龙骨吊顶工程主控项目质量标准及检验方法

项　目	质量标准	检验方法
标高、尺寸、起拱、造型	吊顶标高、尺寸、起拱和造型应符合设计的要求	观察；尺量检查
材料质量	饰面材料的材质、品种、规格、图案和颜色应符合设计要求	观察；检查产品合格证书、性能检测报告、进场验收记录和复验报告
吊杆、龙骨、饰面材料安装	暗龙骨吊顶工程的吊杆、龙骨和饰面材料的安装必须牢固	观察；手扳检查；检查隐蔽工程验收记录和施工记录
吊杆、龙骨材质	吊杆、龙骨的材质、规格、安装间距及连接方式应符合设计要求。金属吊杆、龙骨应经过表面防腐处理；木吊杆、龙骨应进行防腐、防火处理	观察；尺量检查；检查产品合格证书、性能检测报告、进场验收记录和隐蔽工程验收记录
石膏板接缝	石膏板的接缝应按其施工工艺标准进行板缝防裂处理。安装双层石膏板时，面层板与基层板的接缝应错开，并不得在同一根龙骨上接缝	观察

（2）一般项目。暗龙骨吊顶工程一般项目质量标准及检验方法应符合表 8-59 的规定。

表 8-59　暗龙骨吊顶工程一般项目质量标准及检验方法

项　目	质量标准	检验方法
表面质量	饰面材料表面应洁净、色泽一致，不得有翘曲、裂缝及缺损。压条应平直、宽窄一致	观察；尺量检查
灯具等设备	饰面板上的灯具、烟感器、喷淋头、风口箅子等设备的位置应合理、美观，与饰面板的交接应吻合、严密	观察
龙骨、吊杆接缝	金属吊杆、龙骨的接缝应均匀一致，角缝应吻合，表面应平整，无翘曲、锤印。木质吊杆、龙骨应顺直，无劈裂、变形	检查隐蔽工程验收记录和施工记录
填充材料	吊顶内填充吸声材料的品种和铺设厚度应符合设计要求，并应有防散落措施	检查隐蔽工程验收记录和施工记录
允许偏差	暗龙骨吊顶工程安装的允许偏差及检验方法应符合表 8-60 的规定。	—

表 8-60 暗龙骨吊顶工程安装的允许偏差及检验方法

项目	允许偏差/mm				检验方法
	纸面石膏板	金属板	矿棉板	木板、塑料板、格栅	
表面平整度	3	2	2	2	用 2m 靠尺和塞尺检查
接缝直线度	3	1.5	3	3	拉 5m 线,不足 5m 拉通线,用钢直尺检查
接缝高低差	1	1	1.5	1	用钢直尺和塞尺检查

2. 明龙骨吊顶工程

本部分适用于以轻钢龙骨、铝合金龙骨、木龙骨等为骨架,以石膏板、金属板、矿棉板、塑料板、玻璃板或格栅等饰面材料的明龙骨吊顶工程的质量验收。

(1)主控项目。明龙骨吊顶工程主控项目质量标准及检验方法应符合表 8-61 的规定。

表 8-61 明龙骨吊顶工程主控项目质量标准及检验方法

项 目	质量标准	检验方法
吊顶标高、尺寸、起拱、造型	吊顶标高、尺寸、起拱和造型应符合设计要求	观察;尺量检查
材料质量	饰面材料的材质、品种规格、图案和颜色应符合设计要求。当饰面材料为玻璃板时,应使用安全玻璃或采取可靠的安全措施	观察;检查产品合格证书、性能检测报告和进场验收记录
饰面材料安装	饰面材料的安装应稳固严密;饰面材料与龙骨的搭接宽度应大于龙骨受力面宽度的 2/3	观察;手扳检查;尺量检查
吊杆、龙骨材质	吊杆、龙骨的材质、规格、安装间距及连接方式应符合设计要求。金属吊杆、龙骨应进行表面防腐处理;木龙骨应进行防腐、防火处理	观察;尺量检查;检查产品合格证书、进场验收记录和隐蔽工程验收记录
吊杆、龙骨安装	明龙骨吊顶工程的吊杆和龙骨安装必须牢固	手扳检查;检查隐蔽工程验收记录和施工记录

(2)一般项目。明龙骨吊顶工程一般项目质量标准及检验方法应符合表 8-62 的规定。

表 8-62 明龙骨吊顶工程一般项目质量标准及检验方法

项 目	质量标准	检验方法
表面材料	饰面材料表面应洁净、色泽一致,不得有翘曲、裂缝及缺损。饰面板与明龙骨的搭接应平整、吻合,压条应平直、宽窄一致	观察;尺量检查

项　目	质量标准	检验方法
灯具等设备	饰面板上的灯具、烟感器、喷淋头、风口箅子等设备的位置应合理、美观,与饰面板的交接应吻合、严密	观察
龙骨接缝	金属龙骨的接缝应平整、吻合、颜色一致,不得有划伤、擦伤等表面缺陷。木质龙骨应平整、顺直,无劈裂	观察
填充材料	吊顶内填充吸声材料的品种和铺设厚度应符合设计要求,并应有防散落措施	检查隐蔽工程验收记录和施工记录
允许偏差	明龙骨吊顶工程安装的允许偏差及检验方法应符合表 8-63 的规定	—

表 8-63　明龙骨吊顶工程安装的允许偏差及检验方法

项目	允许偏差/mm				检验方法
	石膏板	金属板	矿棉板	塑料板、玻璃板	
表面平整度	3	2	3	2	用 2m 靠尺和塞尺检查
接缝直线度	3	2	3	3	拉 5m 线,不足 5m 拉通线,用钢直尺检查
接缝高低差	1	1	2	1	用钢直尺和塞尺检查

第四节　饰面工程

本节导读

　　本节主要介绍饰面工程施工,内容包括饰面工程的材料要求、石材饰面板的安装、金属饰面板的安装、饰面砖的镶贴以及质量要求等。其内容关系如图 8-46 所示。

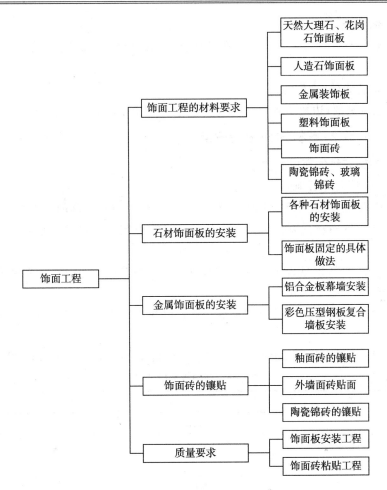

图 8-46　本节内容关系图

业务要点 1：饰面工程的材料要求

饰面板(砖)工程的一般材料及质量要求有以下内容：

1. 天然大理石、花岗石饰面板

表面应平整,边缘整齐,棱角未损坏,无隐伤、风化等缺陷。

2. 人造石饰面板

表面应平整,几何尺寸准确,面层石粒均匀、洁净,颜色一致,边角整齐。

3. 金属装饰板

表面应平整、光滑、无皱折,颜色一致,边角整齐,涂膜厚度均匀。

4. 塑料饰面板

表面应平整,颜色一致,边角整齐,表面无皱折。

5. 饰面砖

表面应光洁,质地坚固,尺寸准确,颜色一致,无暗痕和裂纹。吸水率不大于 10%。

6. 陶瓷锦砖、玻璃锦砖

质地应坚硬,边棱整齐,尺寸正确,无翘曲、变形,无锦砖脱落,颜色一致。

业务要点 2:石材饰面板的安装

1. 各种石材饰面板的安装

(1) 天然大理石饰面板。

1) 基层处理:此过程是防止饰面板安装后产生空鼓、脱落的关键之一。

① 镶贴饰面板的基体或基层,应有足够的稳定性和刚度,且表面应平整粗糙。

② 光滑的基层或基体表面,镶贴前应进行打毛处理,凿毛深度为 5～15mm,间距不大于 30mm。

③ 基层或基体表面残留的砂浆、尘土和油渍等用钢丝刷刷净,并用清水冲洗。

④ 找平层凝固后分块弹出水平和垂直控制线,板缝应符合表 8-64 的规定。

表 8-64　饰面板接缝宽度

项　　目		接缝宽度/mm
天然石	光面、镜面	1
	粗磨面、麻面、条纹面	5
	天然石	10
人造石	水磨石	2
	水刷石	10
	大理石、花岗石	1

2) 抄平放线:柱子镶贴饰面板,应按设计轴线距离,弹出柱子中心线和水平标高线。

3) 饰面板检验和编号:

① 大理石板拆开包装后,挑选出品种、规格、颜色一致,无缺棱掉角的板料。剩下的破碎、变色、局部污染和缺边掉角的一律另行堆放。

② 按设计尺寸进行试拼,套方磨边,进行边角垂直测量、平整度检验、裂缝检验和棱角缺陷检验,使尺寸大小符合要求,以便控制镶贴后的实际尺寸,保证宽高尺寸一致。

③ 要求颜色变化自然,一片墙或一个立面色调要和谐,花纹要对好,做到浑

然一体,以提高装饰效果。

④ 预拼编号时,对各镶贴部位挑选石材应严格,而且要把颜色、纹理最美的大理石板用于主要的部位,以提高建筑装饰美。

4)饰面板补修:缝隙用调有颜色的环氧树脂胶粘剂修补好。粘补处应和大理石板的颜色一致,表面平整而无接槎。

5)施工程序(传统湿法安装施工):

① 绑扎钢筋网:按施工大样图要求的横竖距离,焊接或绑扎安装用的钢筋骨架。

② 预拼编号:为了能使大理石板安装时上下左右颜色花纹一致,纹理通顺接缝严密吻合,因此安装前必须按大样图预拼编号。

③ 钻孔、剔凿、固定不锈钢丝:大理石饰面板预拼排号后,按顺序将板材侧面钻孔打眼,然后穿插和固定不锈钢丝。

④ 安装:安装顺序,一般由下向上每层由中间或一端开始。

⑤ 临时固定:板材安装后,用纸或熟石膏将两侧缝隙堵严,上下口临时固定。

⑥ 灌浆:用稠度为 80～120mm 的 1:3 水泥砂浆分层灌注。灌注时不要碰动板材,也不要只从一处灌注,同时要检查板材是否因灌浆而外移。

⑦ 嵌缝:全部大理石饰面板安装完毕后,应将表面清理干净,并按板材颜色调制水泥色浆嵌缝,边嵌边擦干净,颜色一致。安装固定后的板材,如面层光泽受到影响,要重新打蜡上光,并采取临时措施保护棱角。

(2)天然花岗石饰面板。

1)普通板安装方法:对于边长大于 400mm 的大规格花岗石板材或高度超过 1m 时,通常采用镶贴安装方法。安装时,其接缝宽度:光面、镜面为 1mm;粗磨面、条纹面为 5mm;天然面为 10mm。

2)细琢面板安装办法:细琢面花岗石饰面板材有剁斧板、机刨板和粗磨板等种类,其板厚一般为 50mm、76mm、100mm,墙面、柱面多采用板厚 50mm,勒脚饰面多用 76mm、100mm。

细琢面花岗石饰面板安装,一般通过镀锌钢锚固件与基体连接锚固,锚固件有扁条锚件、圆形锚件和线形锚件等,因此根据其采用锚固件的不同,所采用的板材开口形式也各不相同。而用镀锌钢锚固件将饰面板与基体锚固后,缝中要分层灌筑 1:2.5 的水泥砂浆。

(3)人造石饰面板。

1)镶贴前应进行画线,横竖预排,使接缝均匀。

2)胶结面用 1:3 水泥砂浆打底,找平划毛。

3)用清水充分浇湿要施工的基层面。

4) 用 1∶2 水泥砂浆粘贴。

5) 背面抹一层水泥净浆或水泥砂浆,由上往下逐一胶结在基层上。

6) 待水泥砂浆凝固后,板缝或阴角部分用建筑密封膏或用 10∶0.5∶2.6 (水泥∶108 胶∶水)的水泥浆掺入与板材颜色相同的颜料进行处理。

2. 饰面板固定的具体做法

饰面板的固定方法比较多,应根据工程性质进行选择,下面介绍几种常见的固定方法。

(1) 绑扎固定灌浆法。此法是先在基体上焊接或绑扎钢筋网片,然后将石材与网片固定,最后在缝隙内灌水泥砂浆固定。

钢筋网与预埋铁件应连接牢固,预埋铁件可以预先埋好,也可以用冲击电钻在基体上打孔埋入短钢筋,用以绑扎或焊接固定水平钢筋。

其次要对大理石进行修边、钻孔、剔槽,以便穿绑铜丝(或铁丝)与墙面钢筋网片绑牢,固定饰面板。每块板的上下边钻孔数量不少于两个,板宽超过 500mm 时,应不少于 3 个。

大理石板材的安装应自下而上进行,首先确定第一层板的位置。方法是根据施工大样图的平面布置,考虑板材的厚度、灌缝宽度、钢筋网所占尺寸等确定距基层的尺寸,再将第一层板的下沿线或踢脚板的标高线确定,同时应弹出若干水平线和垂直线。

开始安装时,按事先找好的水平线和垂直线,在最下一行两头找平,用直尺托板和木楔按基线找平垫牢,拉上横线从中间或两头开始,按编号将板就位,然后将上下口的铜丝与钢筋网绑牢,并用木楔临时垫稳。随后用靠尺调整水平和垂直度,注意上口平直,缝隙均匀一致,调整合格后,应再次系紧铜丝,如图 8-47 所示。

在灌浆前应用石膏进行临时固定,以防松动和错位,板两侧的缝隙可以用纸或石膏糊堵严密。

临时固定的石膏硬固后,用水泥砂浆在板材与基层之间灌浆作最后固定。

灌浆应分层灌入,第一次灌入高度不超过板高的 1/3;均衡灌入后用铁棒轻轻捣实,切忌猛捣猛灌,以免石板错位。第二层灌浆在第一层灌浆 1~2h 后进行,灌至板的 1/2 高度处,第三层灌浆低于板材上口 5~10cm,作为上下层石板灌浆的接缝,以加强上下层板材之间的连接。

一层石板安装灌浆完毕后,砂浆初凝时即可清理上口余浆杂物,并用棉纱擦干净。隔天再清理木楔、石膏及杂物,将板材清扫干净后,即可重复上述操作安装另一层石材,反复循环直至安装完毕为止。

全部石板安装完毕后,应按板材的颜色调制水泥色浆嵌缝。边嵌边擦干净,使缝隙密实干净,颜色一致。

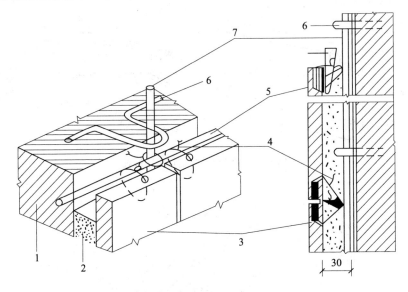

图 8-47　饰面板钢筋网片固定

1—墙体　2—水泥砂浆　3—大理石板　4—铜丝或铁丝
5—横筋　6—铁环　7—立筋

嵌缝完成后，应将板面清理干净，重新打蜡上光，并对棱角采取保护措施。

（2）钉固定灌浆法。这种方法不用焊钢筋网，基体处理完之后，在板材上打直孔，在基体上钻斜孔，利用 U 形钉将板材紧固在基体上，然后分层灌浆。

板材钻孔要求在板两端 1/4 板宽处，在板厚中心钻直孔，孔径为 6mm，深为 35～40mm，板宽≤500mm 时打两个孔，板宽＞500mm 时打 3 个孔，板宽＞800mm 时打 4 个孔，并在顶端剔出深 7mm 的槽，或按错口缝做法进行边加工，以便安装 U 形钉，如图 8-48 所示。

基体上要求钻 45°的斜孔，孔径为 6mm，孔深为 40～50mm。

石板的就位、固定如图 8-49 所示。首先将板材按大样图就位，然后依板材至基体间的距离，用 45mm 的不锈钢丝制成 U 形钉，U 形钉的尺寸如图 8-48 所示。将 U 形钉的一端勾进大理石板直孔内，并用硬木楔子楔紧；另一端勾进基体的斜孔内，校正板的位置后，也用小楔子背紧。接着在板材与基体之间用大木楔紧固 U 形钉。

上述工作完成后，即可进行分层灌浆固定，其余工序与上述绑扎固定灌浆法相同。

（3）钢针式干挂法。上述两种方法存在黏结性能低、抗震性能差的缺点，而

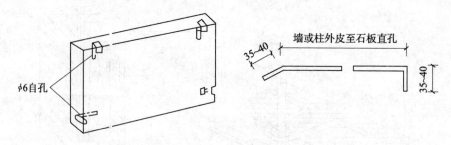

图 8-48　大理石钻直孔和 U 形孔

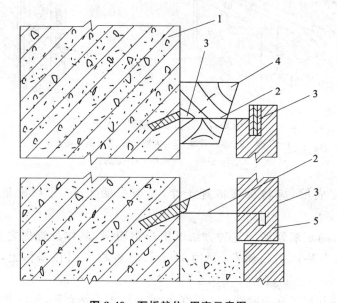

图 8-49　石板就位、固定示意图

1—基体　2—U 形钉　3—硬木小楔　4—大头木楔　5—石板

且水泥砂浆的潮气易从缝隙中析出,产生水线污染板面,破坏外观装饰效果。钢针式干挂工艺是利用高强度螺栓和耐腐蚀、强度高的柔性连接件,将薄型石材饰面干挂在建筑物的外表面,由于连接件具有三维的调节空间,增加了石材安装的灵活性,易于使饰面平整,如图 8-50 所示。

钢针式干挂法安装大理石板的工艺流程如下:

1) 弹线及挂竖向线。在石材安装前,必须先用经纬仪在结构上找出角上两个面的垂直线,然后挂线,再根据设计要求弹出石材的位置线。

2) 石材钻孔。石材须按设计要求预先钻孔,钻孔位置必须准确,孔中的粉末要及时倒出,孔的深度应一致,钻孔后分类编号存放。

3) 石材背后涂附加层。石材背面刷胶粘剂,贴玻璃纤维网格布,此附加层对石材有保护和增强作用,涂层干燥后方可施工。

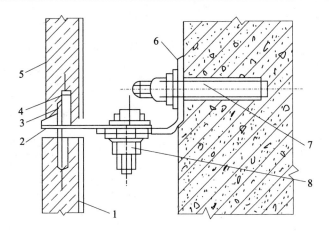

图 8-50　干挂安装示意图

1—玻纤布增强层　2—嵌缝　3—钢针　4—长孔(充填环氧树脂胶粘剂)
5—石材薄板　6—L 形不锈钢固定件　7—膨胀螺栓　8—紧固螺栓

4) 支底层石材托架,放置底层石板,调节并临时固定。用冲击钻在结构上钻孔,插入膨胀螺栓,镶 L 形不锈钢固定件。

5) 用胶粘剂灌入下层板材上部孔眼,插入连接钢针(ϕ4 不锈钢,长 40mm),使板材与 L 形不锈钢固定件相连接,并进行校正和固定。

6) 将胶粘剂灌入上层板材下端孔内,再将上层板材对准钢针插入,重复以上操作,直至完成全部板材的安装,最后镶顶层板材。

7) 清理板材饰面,贴防污胶条,嵌缝,刷罩面涂料。

业务要点 3:金属饰面板的安装

1. 铝合金板幕墙安装

(1) 放线。固定骨架,首先要将骨架的位置弹到基层上。只有放线,才能保证骨架施工的准确性。骨架是固定在结构上,放线前要检查结构的质量,如果结构垂直度与平整度误差较大,势必影响骨架的垂直与平衡。放线最好一次放完,如有差错,可随时进行调整。

(2) 固定骨架连接件。骨架的横竖杆件是通过连接件与结构固定,而连接件与结构之间可以与结构的预埋件焊牢,也可以在墙上打膨胀螺栓,见图 8-51。

(3) 固定骨架。骨架应预先进行防腐处理。安装骨架位置要准确,结合要牢固。安装后,检查中心线、表面标高等。对多层或高层建筑外墙,为了保证板的安装精度,宜用经纬仪对横竖杆件进行贯通。变形缝、沉降缝、变截处等应妥善处理,使之满足使用要求。

(4) 安装铝合金板。铝合金板的安装固定既要牢固,同时也要简便易行。

(5) 收口构造处理。虽然铝合金装饰墙板在加工时,其形状已考虑了防水

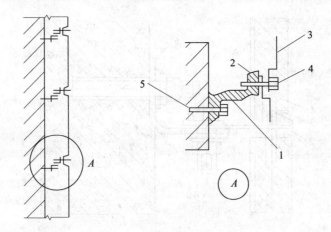

图 8-51 铝合金板连接示意图
1—连接件　2—角钢　3—铝合金板　4—螺栓　5—膨胀螺栓

性能,但若遇到材料弯曲,接缝处高低不平,其形状的防水功能可能失去作用,这种情况在边角部位更加明显,诸如水平部位的压顶、端部的收口,伸缩缝、沉降缝的处理,两种不同材料的交接处理等。这些部位往往是饰面施工的重点,因为它不仅关系到美观问题,同时对功能影响也较大。因此,一般用特制的铝合金成型板进行妥善处理。

2. 彩色压型钢板复合墙板安装

1)复合板安装是用吊挂件把板材挂在墙身骨架檩条上,再把吊挂件与骨架焊牢;小型板材,也可用钩形螺钉固定。

2)板与板之间的连接,水平缝为搭接缝,竖缝为企口缝,所有接缝处,除用超细玻璃棉塞严外,还用自攻螺钉钉牢,钉距为 200mm。

3)门窗孔洞、管道穿墙及强面端头处,墙板均为异形板,女儿墙顶部、门窗周围均设防雨泛水板,泛水板与墙板的接缝处,用防水油膏嵌缝;压型板墙转角处,均用槽形转角板进行外包角和内包角,转角板用螺栓固定。

4)安装墙板可用脚手架,或利用檐口挑梁加设临时单轨,操作人员在吊篮上安装和焊接。板的起吊可在墙的顶部设滑轮,然后用小型卷扬机或人力吊装。

5)墙板的安装顺序是从厂房边部竖向第一排下部第一块板开始,自下而上安装。安装完第一排再安装第二排。每安装铺设 10 排墙板后,吊线锤检查一次,以便及时消除误差。

6)为了保证墙面外观质量,需在螺栓位置画线,按线开孔,采用单面施工的钩形螺栓固定,使螺栓的位置横平竖直。

7)墙板的外、内包角及钢窗周围的泛水板,须在现场加工的异形件,应参考图纸,对安装好的墙面进行实测,确定其形状尺寸,使其加工准确,便于安装。

业务要点 4:饰面砖的镶贴

1. 釉面砖的镶贴

釉面砖的镶贴方法有水泥砂浆粘贴和胶粘剂粘贴两大类,前者易产生空鼓脱落现象,后者造价较高,对基底要求也高。

(1)水泥砂浆粘贴法的施工要点。

1)基层处理。饰面砖应粘贴在湿润、干净的基层上,以保证粘贴牢固。不同的基层应分别做以下处理:纸面石膏板基层先用腻子嵌填板缝,然后在基层上粘贴玻璃丝网布形成整体;砖墙应用水湿润后,用 1∶3 水泥砂浆打底并搓毛;混凝土墙面应先凿毛,并用水湿润,刷一道 108 胶素水泥浆,用 1∶3 水泥砂浆打底搓毛;加气混凝土基层先用水湿润表面后,修补缺棱掉角处,隔天刷 108 胶素水泥浆,并用 1∶1∶6 混合砂浆打底搓毛。

2)釉面砖浸水、预排。釉面砖使用前应套方选砖,大面所用的砖应颜色、大小应一致,使用前放入水中浸泡 2h 以上,取出阴干备用。预排的目的是保证缝隙均匀,同一墙面的横竖排列不得有一行以上的非整砖。非整砖应排在次要部位或阴角处,接缝宽度可在 1~1.5mm 范围内调整,砖的排列可采用直线排列和错缝排列两种方式。

3)分格弹线、立皮数杆。根据预排计算出镶贴面积,并求出纵横的皮数,由此画出皮数杆,并根据皮数杆的皮数在墙上的水平和竖直方向用粉线弹出若干控制线,以控制砖在镶贴过程中的水平度和垂直度,防止砖在镶贴过程中因自重而下滑,保证缝隙横平竖直。

4)做灰饼。用废釉面砖按黏结层厚度用混合砂浆于四角贴标志块,用托线板上下挂直,横向拉通,补做间距为 1.5m 的中间标准点,用以控制饰面的平整度和垂直度。

5)釉面砖的镶贴。釉面砖的镶贴时宜从墙的阳角自下往上进行。在底层第一整块砖的下方用木托板(见图 8-52)支牢,防止下滑。镶贴一般用 1∶2(体积比)水泥砂浆(可掺入不大于水泥用量 15% 的石灰膏)刮满砖的背面(厚为 6~8mm),贴于墙面用力按压,并用铲刀木柄轻轻敲击,使砖密贴墙面,再用靠尺按灰饼校正平直。高出标志块可再轻击调平,低于标志块的应取出重贴,不要在砖口处往里塞灰,以免造成空鼓。

镶贴完第一行砖以后,按上述步骤往上镶贴,在镶贴过程中要随时调整砖面的平整度和垂直度。砖缝要横平竖直,如因砖尺寸误差较大,应尽量在每块砖的范围内随时调整,避免砖缝的累积误差过大,造成砖缝宽窄不一致。当贴到最上面一行时,要求上口成一直线,上口如无镶边,就应用一面圆的釉面砖,阳角的大面一侧应用圆的釉面砖。

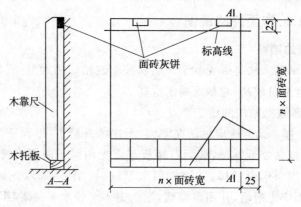

图 8-52　釉面砖的镶贴

6) 勾缝及清洁面层。釉面砖镶贴完毕后,应用清水将砖的表面擦洗干净,砖缝用白水泥浆坐缝,然后用棉纱及时擦净,切不可等砖面上的水泥干后再擦洗。擦洗不及时极易造成砖面污染。全部完工以后,根据砖面的污染情况分别用棉丝、砂纸或稀盐酸处理,并紧接着用清水冲洗干净。

(2) 用胶粘剂粘贴的施工要点。下面以 SG－8407 胶粘剂镶贴釉面砖为例说明其施工要点。

用胶粘剂镶贴釉面砖的基层准备同水泥砂浆粘贴法,但对基层的平整度要求较高,用 2m 长的靠尺检查,饰面的平整度应在 3mm 以内。

1) 调制黏结浆料。将 32.5 级以上普通硅酸盐水泥加入 SG－8407 胶液,拌和至适宜的施工稠度待用。当黏结厚度大于 3mm 时,应加砂子,水泥∶砂子＝1∶1～1∶2。砂子应用 $\phi 2.5\mathrm{mm}$ 筛子过筛的干净中砂。

2) 刮浆粘贴。用钢抹子将黏结浆料横刮在已做好基层准备的墙面上,然后用带齿的铁板在已抹的黏结浆料上,刮出一条条的直棱,以增加砖与墙面的黏结力。在已安置好的木托板上镶贴第一皮釉面砖,并用橡皮槌逐块轻轻敲实。重复上述操作,随后将尼龙绳(直径以不超过釉面砖的厚度为宜)放在已铺贴第一皮釉面砖上方的灰缝位置,紧靠尼龙绳上铺贴第二皮釉面砖。在镶贴过程中,每铺一皮砖用直尺靠在砖的顶面检查上口水平,再用直尺放在砖的平面上检查平面的平整度,发现不正应及时纠正。每铺贴 2～3 皮砖,用直尺或线锤检查一下垂直度,不合要求随时纠正。

反复循环上面的操作,釉面砖自下而上逐层铺贴完,隔 1～2h,即可将灰缝的尼龙绳拉出。大面砖铺到上口,必须平直成一条线,上口应用一面圆的釉面砖粘贴。墙面贴完后,必须整体检查一遍平整度和垂直度,缝宽不均匀者应调整,并将调缝的砖重新敲实,以防空鼓。

3) 灌浆擦缝。釉面砖铺贴完后 3～4h,即可进行灌浆擦缝,用白水泥加水调成糊状,用长毛刷蘸白水泥浆在墙面砖缝上刷,待水泥浆逐渐变稠时,用布将水泥擦去,使灰缝填嵌密实饱满,防止漏擦或不均匀现象。

2. 外墙面砖贴面

1) 按设计要求挑选规格、颜色一致的面砖,面砖使用前在清水中浸泡2～3h后阴干备用。

2) 根据设计要求,统一弹线分格、排砖,一般要求横缝与贴脸或窗台一平,阳角窗口都是整砖,并在底子灰上弹上垂直线。横向不是整块的面砖时,要用合金钢钻和砂轮切割整齐。如按整块分格,可采取调整砖缝大小解决。

3) 外墙面砖粘贴排缝种类很多,原则上要按设计要求进行。

4) 用面砖做灰饼,找出墙面、柱面、门窗套等横竖标准,阳角处要双面排直,灰饼间距为1.6mm。

5) 粘贴时,在面砖背后满铺黏结砂浆。粘贴后,用小铲把轻轻敲击,使之与基层黏结牢固。并用靠尺随时找平找正。贴完一皮后,需将砖上口灰刮平,每日下班前应清理干净。

6) 在与抹灰交接的门窗套、窗正墙、柱子等处先抹好底子灰,然后粘贴面砖。罩面灰可在面砖粘贴后进行。面砖与抹灰交接处做法可按设计要求处理。

7) 分格条在粘贴前应用水充分浸泡,以防胀缩变形。在粘贴面砖的次日取出,起分格条时要轻巧,避免碰动面砖,不能上下撬动。在面砖粘贴完成一定流水段后,立即用1:1水泥砂浆勾第一道缝,再用与面砖同色的彩色水泥砂浆勾凹槽,凹进深度为3mm。

8) 整个工程完工后,应加强养护。同时可用稀盐酸刷洗表面,并随时用水冲洗干净。

3. 陶瓷锦砖的镶贴

陶瓷锦砖俗称"马赛克",是以优质的瓷土烧制成的小块瓷砖,有挂釉和不挂釉两种,可用于门厅、走廊、餐厅、卫生间、浴室等处的地面和墙面装饰。

目前陶瓷锦砖流行的镶贴方法有水泥素浆粘贴和胶粘剂粘贴两类。

(1) 水泥素浆粘贴。

1) 施工准备。施工准备包括基层处理和准备,排砖、分格,绘制墙面施工大样,放水平和竖直施工控制线,做小样板等,基本与釉面砖的要求相同。

2) 镶贴。按已弹好的水平线在墙面底层放直靠尺,并用水平尺校正垫平支牢,由下往上铺贴锦砖,如图8-53所示。

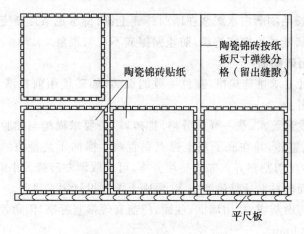

图 8-53　陶瓷锦砖的镶贴示意图

铺贴时,先湿润墙面,刮一道素水泥浆后抹上 2mm 厚的水泥黏结层,将陶瓷锦砖放在如图 8-54 所示的木垫板上,纸面朝下,锦砖的背面朝上,砖面水刷一遍再刮一道白水泥浆,要求刮至锦砖的缝隙中,然后将刮满浆的锦砖铺贴在墙上,按顺序由下往上铺贴,注意缝对齐,缝格一致。锦砖铺贴到墙面后应用木锤轻击垫板,并将所有砖面轻敲一遍,使其与墙面粘贴密实。

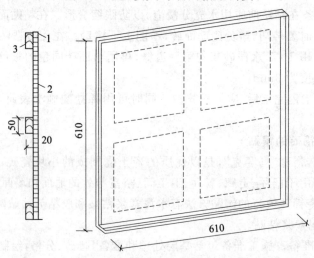

图 8-54　木垫板

1—四边包 0.5mm 厚铁皮　2—三合板面层　3—木垫板底盘架

3) 揭纸。一般每铺贴完 2~3m² 陶瓷锦砖,在结合层砂浆凝固前用软毛刷刷水湿润锦砖的护面纸,刷匀刷透,待护面纸吸水泡开,胶质水解松涨后(15~20min)即开始揭纸。揭纸时先试揭,在感到轻松无黏结时再一起揭去,用力方向应与墙面平行,以免拉掉小瓷粒。揭纸工作应在水泥初凝前完成,以便拨缝工作顺利完成。

揭纸过程中拉掉的个别小瓷粒应及时补上,掉粒过多说明护面纸未泡透,此时应用抹子将其重新压紧,继续刷水湿润,直至揭纸无掉粒为止。

4)调缝。揭纸后检查砖缝,不合要求的缝要在黏结层砂浆凝固前拨正。拨后要用小锤轻轻敲击一遍,以增强与墙面的黏结和密实。

5)擦缝。擦缝的目的是使陶粒之间黏结牢固,并加强陶粒与墙面的黏结,外观平整美观。

方法是用棉纱蘸水泥浆擦缝,注意密实和均匀,并用棉纱清理多余的水泥浆,然后用水冲洗,最后用干净的棉纱擦干砖面,切忌砖面残留水泥浆弄花面层。

(2) AH—05 建筑胶粘剂镶贴陶瓷锦砖

1)施工准备。将基层清理干净,用胶:水泥＝1:2～3 的灰浆(1mm 厚)抹在墙面作黏结层,并按放样图弹出水平分格线和垂直线。

2)镶贴。在墙面最下层已弹好的水平线上支上靠尺,并校正垫平垫牢,将锦砖放在木垫板上,纸面朝下,将搅拌均匀的胶粘剂(胶:水泥＝1:2～3)刮于缝内,并在砖面上留出薄薄的一层胶,将锦砖铺贴在墙面上,一手压住垫板一手用小锤轻轻敲一遍垫板,敲平敲实。

3)揭纸和拨缝。在铺贴完锦砖 0.5～1h 后,在锦砖的护面纸上均匀刷水湿润泡开,20～30min 后开始揭纸并拨缝方法同前。

4)擦缝。方法同前。

业务要点 5:质量要求

1.饰面板安装工程

本部分适用于内墙饰面板安装工程和高度不大于 24m、抗震设防烈度不大于 7 度的外墙饰面板安装工程的质量验收。

(1)主控项目。饰面板安装主控项目质量标准及检验方法应符合表 8-65 的规定。

表 8-65　饰面板安装主控项目质量标准及检验方法

项目	质量标准	检验方法
材料质量	饰面板的品种、规格、颜色和性能应符合设计要求,木龙骨、木饰面板和塑料饰面板的燃烧性能等级应符合设计要求	观察;检查产品合格证书、进场验收记录和性能检测报告
饰面板孔、槽	饰面板孔、槽的数量、位置和尺寸应符合设计要求	检查进场验收记录和施工记录

续表

项目	质量标准	检验方法
饰面板安装	饰面板安装工程的预埋件(或后置埋件)、连接件的数量、规格、位置、连接方法和防腐处理必须符合设计要求。后置埋件的现场拉拔强度必须符合设计要求。饰面板安装必须牢固	手扳检查;检查进场验收记录、现场拉拔检测报告、隐蔽工程验收记录和施工记录

（2）一般项目。饰面板安装一般项目质量标准及检验方法应符合表 8-66 的规定。

表 8-66　饰面板安装一般项目质量标准及检验方法

项　　目	质量标准	检验方法
表面质量	饰面板表面应平整、洁净、色泽一致，无裂痕和缺损。石材表面应无泛碱等污染	观察
饰面板嵌缝	饰面板嵌缝应密实、平直，宽度和深度应符合设计要求，嵌填材料色泽应一致	观察;尺量检查
湿作业法施工	采用湿作业法施工的饰面板工程，石材应进行防碱背涂处理。饰面板与基体之间的灌注材料应饱满、密实	用小锤轻击检查;检查施工记录
饰面板孔洞套割	饰面板上的孔洞应套割吻合，边缘应整齐	观察
安装允许偏差	饰面板安装的允许偏差及检验方法应符合表 8-67 的规定	—

表 8-67　饰面板安装的允许偏差及检验方法

项目	允许偏差/mm							检验方法
	石材			瓷板	木材	塑料	金属	
	光面	剁斧石	蘑菇石					
立面垂直度	2	3	3	2	1.5	2	2	用 2m 垂直检测尺检查
表面平整度	2	3	—	1.5	1	3	3	用 2m 靠尺和塞尺检查
阴阳角方正	2	4	4	2	1.5	3	3	用直角检测尺检查

续表

项目	允许偏差/mm							检验方法
	石材			瓷板	木材	塑料	金属	
	光面	剁斧石	蘑菇石					
接缝直线度	2	4	4	2	1	1	1	拉5m线,不足5m拉通线,用钢直尺检查
墙裙、勒脚上口直线度	2	3	3	2	2	2	2	拉5m线,不足5m拉通线,用钢直尺检查
接缝高低差	0.5	3	—	0.5	0.5	1	1	用钢直尺和塞尺检查
接缝宽度	1	2	2	1	1	1	1	用钢直尺检查

2. 饰面砖粘贴工程

本部分适用于风墙饰面砖粘贴工程和高度不大于 100m、抗震设防烈度不大于 8 度、采用满粘法施工的外墙饰面砖粘贴工程的质量验收。

（1）主控项目。饰面砖粘贴主控项目质量标准及检验方法应符合表 8-68 的规定。

表 8-68 饰面砖粘贴主控项目质量标准及检验方法

项 目	质量标准	检验方法
饰面砖质量	饰面砖的品种、规格、图案、颜色和性能应符合设计要求	观察;检查产品合格证书、进场验收记录、性能检测报告和复验报告
饰面砖粘贴材料	饰面砖粘贴工程的找平、防水、黏结和勾缝材料及施工方法应符合设计要求及国家现行产品标准和工程技术标准的规定	检查产品合格证书、复验报告和隐蔽工程验收记录
饰面砖粘贴	饰面砖粘贴必须牢固	检查样板件黏结强度检测报告和施工记录
满粘法施工	满粘法施工的饰面砖工程应无空鼓、裂缝	观察;用小锤轻击检查

（2）一般项目。饰面砖粘贴一般项目质量标准及检验方法应符合表 8-69 的规定。

表 8-69　饰面砖粘贴一般项目质量标准及检验方法

项　目	质量标准	检验方法
饰面砖表面质量	饰面砖表面应平整、洁净、色泽一致，无裂缝和缺损	观察
阴阳角及非整砖	阴阳角处搭接方式、非整砖使用部位应符合设计要求	观察
墙面突出物	墙面突出物周围的饰面砖应整砖套割吻合，边缘应整齐。墙裙、贴脸突出墙面的厚度应一致	观察；尺量检查
饰面砖接缝、填嵌、宽深	饰面砖接缝应平直、光滑，填嵌应连续、密实；宽度和深度应符合设计要求	观察；尺量检查
滴水线（槽）	有排水要求的部位应做滴水线（槽）。滴水线（槽）应顺直，流水坡向应正确，坡度应符合设计要求	观察；用水平尺检查
允许偏差	饰面砖粘贴的允许偏差及检验方法应符合表 8-70 的规定	—

表 8-70　饰面砖粘贴的允许偏差及检验方法

项目	允许偏差/mm		检验方法
	外墙面砖	内墙面砖	
立面垂直度	3	2	用 2m 垂直检测尺检查
表面平整度	4	3	用 2m 靠尺和塞尺检查
阴阳角方正	3	3	用直角检测尺检查
接缝直线度	3	2	拉 5m 线，不足 5m 拉通线，用钢直尺检查
接缝高低差	1	0.5	用钢直尺和塞尺检查
接缝宽度	1	1	用钢直尺检查

第五节　涂饰工程

本节导读

　　本节主要介绍涂饰工程施工，内容包括涂料的功能及分类、材料要求、涂料工程主要工序、涂饰工程的施工以及质量要求等。其内容关系如图 8-55 所示。

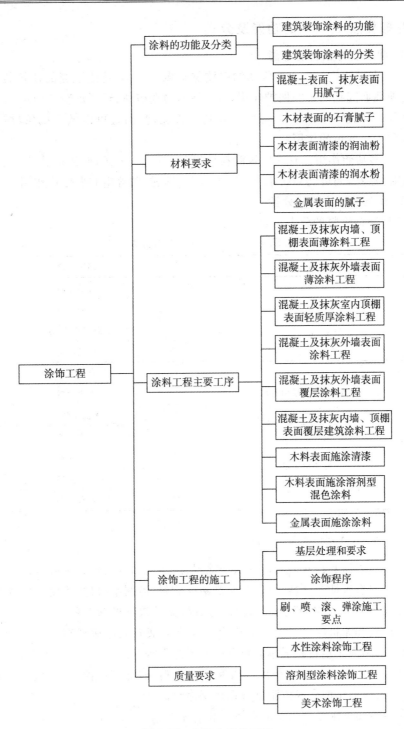

图 8-55　本节内容关系图

业务要点 1:涂料的功能及分类

1. 建筑装饰涂料的功能

(1)保护墙体。由于建筑物的墙体材料多种多样,选用适当的建筑装饰涂料,可使墙面起到一定的保护作用,一旦涂膜遭受破坏,还可重新涂饰。

(2)美化建筑物。不仅可使建筑物外表美观,而且可以做出线条,增加质感,起到美化城市的作用。

(3)多功能作用。有些建筑涂料可以起到保色、隔声、吸声等作用,经过特殊配制的涂料,还可起到防水、防火、防腐蚀、防霉、防静电和保健等作用。

2. 建筑装饰涂料的分类

建筑装饰涂料的分类见表 8-71。

表 8-71　建筑装饰涂料的分类

分类原则	名　称
按用途	外墙涂料
	内墙涂料
	地面(或地板)涂料
	顶棚涂料
按材质(成膜物质)	有机涂料
	无机涂料
	有机无机复合型涂料
按涂层质感	薄质涂料
	厚质涂料
	复层涂料
	多彩涂料

业务要点 2:材料要求

混凝土表面和抹灰表面可施涂薄涂料、厚涂料和覆层建筑涂料等。

薄涂料有水性薄涂料、合成树脂乳液薄涂料、溶剂型(包括油性)薄涂料等。

厚涂料有合成树脂乳液厚涂料、合成树脂乳液砂壁状涂料、合成树脂乳液轻质厚涂料和无机厚涂料等。其中合成树脂乳液轻质厚涂料有珍珠岩粉厚涂料、聚苯乙烯泡沫塑料粒子厚涂料和蛭石厚涂料等。

覆层建筑涂料有合成树脂乳液系覆层涂料、硅溶胶系覆层涂料、水泥系覆层涂料、反应固化型合成树脂乳液系覆层涂料。

木料表面可施涂溶剂型混色涂料和清漆。

金属表面可施涂防锈涂料和溶剂型混色涂料。

涂料工程所用的涂料和半成品(包括施涂现场配制的涂料)均应有品名、种类、颜色、制作时间、储存有效期、使用说明书及产品合格证。

外墙涂料应使用具有耐碱和耐光性能的颜料。

涂料工程所用腻子的塑性和易涂性应满足施工要求,干燥后应坚固,并按基层、底涂料和面涂料的性能配套使用。腻子的配方如下:

1. 混凝土表面、抹灰表面用腻子

1) 适用于室内的腻子配方:聚醋酸乙烯乳液(即白乳胶)、滑石粉或大白粉、2%羧甲基纤维素溶液。

2) 适用于外墙、厨房、厕所、浴室的腻子配方:聚醋酸乙烯乳液、水泥、水。

2. 木材表面的石膏腻子

木材表面的石膏腻子配方:石膏粉、熟桐油、水。

3. 木材表面清漆的润油粉

木材表面清漆的润油粉配方:大白粉、松香水、熟桐油。

4. 木材表面清漆的润水粉

木材表面清漆的润水粉配方:大白粉、骨胶、土黄或其他颜料、水。

5. 金属表面的腻子

金属表面的腻子配方:石膏粉、熟桐油、油性腻子或醇酸腻子、底漆、水。

◉ 业务要点 3:涂料工程主要工序

1. 混凝土及抹灰内墙、顶棚表面薄涂料工程

(1) 施涂水性薄涂料。混凝土及抹灰内墙、顶棚表面施涂水性薄涂料按质量要求分为普通级和中级两个级别。

中级施涂水性薄涂料的主要工序:

清扫→填补缝隙、局部刮腻子→磨平→第一遍满刮腻子→磨平→第二遍满刮腻子→磨平→第一遍涂料→复补腻子→磨平(光)→第二遍涂料。

普通级施涂水性薄涂料的主要工序按中级施涂水性薄涂料的主要工序中免去第二遍满刮腻子、磨平、复补腻子、磨平(光)5道工序。

(2) 施涂溶剂型薄涂料。混凝土及抹灰内墙、顶棚表面施涂溶剂型薄涂料按质量要求分为普通级、中级和高级三级。

高级施涂溶剂型薄涂料的主要工序:

清扫→填补缝隙、局部刮腻子→磨平→第一遍满刮腻子→磨平→第二遍满刮腻子→磨平→第三遍满刮腻子→磨平→干性油打底→第一遍涂料→复补腻子→磨平(光)→第二遍涂料→磨平(光)→第三遍涂料→磨平(光)→第四遍涂料。

中级施涂溶剂型薄涂料的主要工序按高级施涂溶剂型薄涂料的主要工序

中免去复补腻子、磨平(光)、第四遍涂料3道工序。

普通级施涂溶剂型薄涂料的主要工序按高级施涂溶剂型薄涂料的主要工序中免去第二遍满刮腻子、磨平(光)、复补腻子、磨平(光)、磨平(光)、第三遍涂料、磨平(光)、第四遍涂料8道工序。

(3) 施涂乳液薄涂料。混凝土及抹灰内墙、顶棚表面施涂乳液薄涂料按质量要求分为普通级、中级和高级三级。

高级施涂乳液薄涂料的主要工序:

清扫→填补缝隙、局部刮腻子→磨平→第一遍满刮腻子→磨平→第二遍满刮腻子→磨平→第一遍涂料→复补腻子→磨平(光)→第二遍涂料→磨平(光)→第三遍涂料。

中级施涂乳液薄涂料的主要工序按高级施涂乳液薄涂料的主要工序中免去磨平(光)、第三遍涂料两道工序。

普通级施涂乳液薄涂料的主要工序按高级施涂乳液薄涂料的主要工序中免去第二遍满刮腻子、磨平、复补腻子、磨平(光)、第三遍涂料5道工序。

(4) 施涂无机薄涂料。混凝土及抹灰内墙、顶棚表面施涂无机薄涂料按质量要求分为中级和普通级两级。

中级施涂无机薄涂料的主要工序:

清扫→填补缝隙、局部刮腻子→磨平→第一遍满刮腻子→磨平→第二遍满刮腻子→磨平→第一遍涂料→复补腻子→磨平(光)→第二遍涂料。

普通级施涂无机薄涂料的主要工序按中级施涂无机薄涂料的主要工序中免去第二遍满刮腻子、磨平、复补腻子、磨平(光)4道工序。

2. 混凝土及抹灰外墙表面薄涂料工程

混凝土及抹灰外墙表面施涂乳液薄涂料、溶剂型薄涂料、无机薄涂料的主要工序:

修补→清扫→填补缝隙、局部刮腻子→磨平→第一遍涂料→第二遍涂料。

如施涂第二遍涂料后感到装修效果不理想可增加1～2遍涂料。

3. 混凝土及抹灰室内顶棚表面轻质厚涂料工程

(1) 施涂珍珠岩粉厚涂料。混凝土及抹灰室内顶棚表面施涂珍珠岩粉厚涂料按质量要求分为普通级和中级两级。

中级施涂珍珠岩粉厚涂料的主要工序:

清扫→填补缝隙、局部刮腻子→磨平→第一遍满刮腻子→磨平→第二遍满刮腻子→磨平→第一遍喷涂厚涂料→局部喷涂厚涂料。

普通级施涂珍珠岩粉厚涂料的主要工序按中级施涂珍珠岩粉厚涂料的主要工序中免去第二遍满刮腻子、磨平、局部喷涂厚涂料3道工序。

(2) 施涂聚苯乙烯泡沫塑料粒子厚涂料。混凝土及抹灰室内顶棚表面施涂聚苯乙烯泡沫塑料粒子厚涂料,按质量要求分为中级和高级两级。

高级施涂聚苯乙烯泡沫塑料粒子厚涂料的主要工序:

清扫→填补缝隙、局部刮腻子→磨平→第一遍满刮腻子→磨平→第二遍满刮腻子→磨平→第一遍喷涂厚涂料→第二遍喷涂厚涂料→局部喷涂厚涂料。

中级施涂聚苯乙烯泡沫塑料粒子厚涂料的主要工序按高级施涂聚苯乙烯泡沫塑料粒子厚涂料的主要工序中免去第二遍喷涂厚涂料1道工序。

(3)施涂蛭石厚涂料。混凝土及抹灰室内顶棚表面施涂蛭石厚涂料,按质量要求分为中级和高级两级。

高级和中级施涂蛭石厚涂料的主要工序与高级和中级施涂聚苯乙烯泡沫塑料粒子厚涂料的主要工序相同。

4. 混凝土及抹灰外墙表面涂料工程

混凝土及抹灰外墙表面施涂合成树脂乳液厚涂料、合成树脂乳液砂壁状涂料、无机厚涂料的主要工序:

修补→清扫→填补缝隙、局部刮腻子→磨平→第一遍厚涂料→第二遍厚涂料。

机械喷涂可不受涂料遍数的限制,以达到质量要求为准。

5. 混凝土及抹灰外墙表面覆层涂料工程

混凝土及抹灰外墙表面施涂合成树脂乳液系覆层涂料、硅溶胶系覆层涂料的主要工序:

修补→清扫→填补缝隙、局部刮腻子→磨平→施涂封底涂料→施涂主层涂料→滚压→第一遍罩面涂料→第二遍罩面涂料。

混凝土及抹灰外墙表面施涂水泥系覆层涂料、反应固化型合成树脂乳液系覆层涂料的主要工序:

修补→清扫→填补缝隙、局部的腻子→磨平→施涂主层涂料→滚压→第一遍罩面涂料→第二遍罩面涂料。

如需要半球面点状造形可不进行滚压工序。

6. 混凝土及抹灰内墙、顶棚表面覆层建筑涂料工程

混凝土及抹灰内墙、顶棚表面施涂合成树脂乳液系覆层涂料、硅溶胶系覆层涂料的主要工序:

清扫→填补缝隙、局部刮腻子→磨平→第一遍满刮腻子→磨平→第二遍满刮腻子→磨平→施涂封底涂料→施涂主层涂料→滚压→第一遍罩面涂料→第二遍罩面涂料。

如需要半球面点状造型时,可不进行滚压工序。

石膏板的室内内墙、顶棚表面复层涂料工程的主要工序,除板缝处理外,其他工序同上。

7. 木料表面施涂清漆

木料表面施涂清漆,按质量要求分中级和高级两级。

高级施涂清漆的主要工序:

清扫、起钉、除油污→磨砂纸→润粉→磨砂纸→第一遍满刮腻子→磨光→第二遍满刮腻子→磨光→刷油色→第一遍清漆→拼色→复补腻子→磨光→第二遍清漆→磨光→第三遍清漆→磨水砂纸→第四遍清漆→磨光→第五遍清漆→磨退→打砂蜡→打油蜡→擦亮。

中级施涂清漆的主要工序:

清扫、起钉、除油污→磨砂纸→润粉→磨砂纸→满刮腻子→磨光→刷油色→第一遍清漆→拼色→复补腻子→磨光→第二遍清漆→磨光→第三遍清漆。

8. 木料表面施涂溶剂型混色涂料

木料表面施涂溶剂型混色涂料,按质量要求分为普通级、中级和高级三级。

高级施涂溶剂型混色涂料的主要工序:

清扫、起钉、除油污→铲去脂囊、修补平整→磨砂纸→节疤处点漆片→干性油打底→局部刮腻子、磨光→第一遍满刮腻子→磨光→第二遍满刮腻子→磨光→刷涂底涂料→第一遍涂料→复补腻子→磨光→湿布擦净→第二遍涂料→磨光(高级涂料用水砂纸)→湿布擦净→第三遍涂料。

中级施涂溶剂型混色涂料的主要工序按高级施涂溶剂型混色涂料的主要工序中免去第二遍满刮腻子、磨光两道工序。

普通级施涂溶剂型混色涂料的主要工序:

清扫、起钉、除油污→铲去脂囊、修补平整→磨砂纸→节疤处点漆片→干性油打底→局部刮腻子、磨光→腻子处涂干性油→第一遍涂料→复补腻子→磨光→第二遍涂料。

高级涂料做磨退时,增加1~2遍涂料和磨砂纸、打砂蜡、打油蜡、擦亮等工序。

9. 金属表面施涂涂料

金属表面施涂涂料,按质量要求分为普通级、中级和高级三级。

高级施涂涂料的主要工序:

除锈、清扫、磨砂纸→刷涂防锈涂料→局部刮腻子→磨光→第一遍满刮腻子→磨光→第二遍满刮腻子→磨光→第一遍涂料→复补腻子→磨光→第二遍涂料→磨光→湿布擦净→第三遍涂料→磨光(用水砂纸)→湿布擦净→第四遍涂料。

中级施涂涂料的主要工序按高级施涂涂料的主要工序中免去第二遍满刮腻子、磨光(用水砂纸)、湿布擦净、第四遍涂料4道工序。

普通级施涂涂料的主要工序:

除锈、清扫、磨砂纸→刷涂防锈涂粉→局部刮腻子→磨光→第一遍涂料→第二遍涂料。

高级涂料做磨退时,可增加 1~3 遍涂料和磨退、打砂蜡、打油蜡、擦亮的工序。

业务要点 4:涂饰工程的施工

建筑装饰涂料一般适用于混凝土基层、水泥砂浆或混合砂浆抹面、水泥石棉板、加气混凝土、石膏板砖墙等各种基层面。一般采用刷、喷、滚、弹涂施工。

1. 基层处理和要求

1)新抹砂浆常温要求 7d 以上,现浇混凝土常温要求 28d 以上,方可涂饰建筑涂料,否则会出现粉化或色泽不均匀等现象。

2)基层要求平整,但又不应太光滑。孔洞和不必要的沟槽应提前进行修补,修补材料可采用 108 胶加水泥和适量水调成的腻子。太光滑的表面对涂料黏结性能有影响;太粗糙的表面,涂料消耗量大。

3)在喷、刷涂料前,一般要先喷、刷一道与涂料体系相适应的冲稀了的乳液,稀释了的乳液透渗能力强,可使基层坚实、干净,黏结性好并节省涂料。如果在旧涂层上刷新涂料,应除去粉化、破碎、生锈、变脆、起鼓等部分,否则刷上的新涂料就不会牢固。

2. 涂饰程序

外墙面涂饰时,不论采取什么工艺,一般均应由上而下,分段分部进行涂饰,分段分片的部位应选择在门、窗、拐角、水落管等处,因为这些部位易于掩盖。内墙面涂饰时,应在顶棚涂饰完毕后进行,由上而下分段涂饰;涂饰分段的宽度要根据刷具的宽度以及涂料稠度决定;快干涂料慢涂宽度为 15~25cm,慢干涂料快涂宽度为 45cm 左右。

3. 刷、喷、滚、弹涂施工要点

(1)刷涂施工。涂刷时,其涂刷方向和行程长短均应一致。涂刷层次,一般不少于两度,在前一度涂层表干后才能进行后一度涂刷。前后两次涂刷的相隔时间与施工现场的温度、湿度有密切关系,通常不少于 2~4h。

(2)喷涂施工。

1)在喷涂施工中,涂料稠度、空气压力、喷射距离、喷枪运行中的角度和速度等方面均有一定要求。

2)施工时,应连续作业,一气呵成,争取到分格缝处再停歇。室内喷涂一般先喷顶后喷墙,两遍成活,间隔时间为 2h;外墙喷涂一般为两遍,较好的饰面为三遍。罩面喷涂时,喷离脚手架 10~20cm 处,往下另行再喷。作业段分割线应设在水落管、接缝、雨罩等处。

3）灰浆管道产生堵塞而又不能马上排除故障时，要迅速改用喷斗上料继续喷涂，不留接槎，直到喷完为止，以免影响质量。

4）要注意基层干湿度，尽量使其干湿度一致。

5）颜料一次不要拌的太多，避免变稠再加水。

（3）滚涂施工。

1）施工时在辊子上蘸少量涂料后再在被滚墙面上轻缓平稳地来回滚动，直上直下，避免歪扭蛇行，以保证涂层厚度一致、色泽一致、质感一致。

2）滚涂分为干滚法和湿滚法两种。干滚法辊子上下一个来回，再向下走一遍，表面均匀拉毛即可；湿滚法要求辊子蘸水上墙，或向墙面洒少量的水，滚到花纹均匀为止。

3）横滚的花纹容易积尘污染，不宜采用。

4）如产生翻砂现象，应再薄抹一层砂浆重新滚涂，不得事后修补。

5）因罩面层较薄，因此要求底层顺直平整，避免面层做后产生露底现象。

6）滚涂应按分格缝或分段进行，不得任意甩槎。

（4）弹涂施工（宜用云母片状和细料状涂料）。

1）彩弹饰面施工的全过程都必须根据事先所设计的样板上的色泽和涂层表面形状的要求进行。

2）在基层表面先刷1～2度涂料，作为底色涂层。待底色涂层干燥后，才能进行弹涂。门窗等不必进行弹涂的部位应予遮挡。

3）弹涂时，手提彩弹机，先调整和控制好浆门、浆量和弹棒，然后开动电动机，使机口垂直对准墙面，保持适当距离（一般为30～50cm），按一定手势和速度，自上而下，自右（左）至左（右），循序渐进，要注意弹点密度均匀适当，上下左右接头不明显。

4）大面积弹涂后，如出现局部弹点不均匀或压花不合要求影响装饰效果时，应进行修补，修补方法有补弹和笔绘两种。修补所用的涂料，应该与刷底或弹涂同一颜色的涂料。

业务要点5：质量要求

1. 水性涂料涂饰工程

本部分适用于乳液型涂料、无机涂料、水溶性涂料等水性涂料涂饰工程的质量验收。

（1）主控项目。水性涂料涂饰工程主控项目质量标准及检验方法应符合表8-72的规定。

表 8-72　水性涂料涂饰工程主控项目质量标准及检验方法

项　目	质量标准	检验方法
涂料控制	水性涂料涂饰工程所用涂料的品种、型号和性能应符合设计要求	检查产品合格证书、性能检测报告和进场验收记录
颜色图案要求	水性涂料涂饰工程的颜色、图案应符合设计要求	观察
涂饰质量要求	水性涂料涂饰工程应涂饰均匀、黏结牢固，不得漏涂透底、起皮和掉粉	观察；手摸检查
基层要求	水性涂料涂饰工程的基层处理应符合《建筑装饰装修工程质量验收规范》GB 50210—2001 第 10.1.5 条的要求	观察；手摸检查；检查施工记录

（2）一般项目。水性涂料涂饰工程一般项目质量标准及检验方法应符合表 8-73 的规定。

表 8-73　水性涂料涂饰工程一般项目质量标准及检验方法

项　目	质量标准	检验方法
薄涂料	薄涂料的涂饰质量及检验方法应符合表 8-74 的规定	—
厚涂料	厚涂料的涂饰质量及检验方法应符合表 8-75 的规定	—
复合涂料	复合涂料的涂饰质量及检验方法应符合表 8-76 的规定	—
衔接处要求	涂层与其他装修材料和设备衔接处应吻合，界面应清晰	观察

表 8-74　薄涂料的涂饰质量及检验方法

项　目	普通涂饰	高级涂饰	检验方法
颜色	均匀一致	均匀一致	观察
泛碱、咬色	允许少量轻微	不允许	
流坠、疙瘩	允许少量轻微	不允许	
砂眼、刷纹	允许少量轻微砂眼，刷纹通顺	无砂眼，无刷纹	
装饰线、分色线直线度允许偏差/mm	2	1	拉 5m 拉线，不足 5m 拉通线，用钢直尺检查

表 8-75　厚涂料的涂饰质量及检验方法

项　目	普通涂饰	高级涂饰	检验方法
颜色	均匀一致	均匀一致	观察
泛碱、咬色	允许少量轻微	不允许	
点状分布	—	疏密均匀	

表 8-76　复合涂料的涂饰质量及检验方法

项　目	质量要求	检验方法
颜色	均匀一致	观察
泛碱、咬色	允许少量轻微	
喷点疏密程度	均匀，不允许连片	

2. 溶剂型涂料涂饰工程

本部分适用于丙烯酸酯涂料、聚氨酯丙烯酸涂料、有机硅丙烯酸涂料等溶剂型涂料涂饰工程的质量验收。

（1）主控项目。溶剂型涂料涂饰工程主控项目质量标准及检验方法应符合表 8-77 的规定。

表 8-77　溶剂型涂料涂饰工程主控项目质量标准及检验方法

项　目	质量标准	检验方法
涂料控制	溶剂型涂料涂饰工程所选用涂料的品种、型号和性能应符合设计要求	检查产品合格证书、性能检测报告和进场验收记录
颜色图案要求	溶剂型涂料涂饰工程的颜色、光泽、图案应符合设计要求	观察
涂饰质量要求	溶剂型涂料涂饰工程应涂饰均匀、黏结牢固，不得漏涂、透底、起皮和反锈	观察；手摸检查
基层要求	溶剂型涂料涂饰工程的基层处理应符合《建筑装饰装修工程质量验收规范》GB 50210—2001 第 10.1.5 条的要求	观察；手摸检查；检查施工记录

（2）一般项目。溶剂型涂料涂饰工程一般项目质量标准及检验方法应符合表 8-78 的规定。

表 8-78　溶剂型涂料涂饰工程一般项目质量标准及检验方法

项　目	质量标准	检验方法
色漆	色漆的涂饰质量及检验方法应符合表 8-79 的规定	—
清漆	清漆的涂饰质量及检验方法应符合表 8-80 的规定	—
衔接处要求	涂层与其他装修材料和设备衔接处应吻合，界面应清晰	观察

表 8-79　色漆的涂饰质量及检验方法

项　目	普通涂饰	高级涂饰	检验方法
颜色	均匀一致	均匀一致	观察
光泽、光滑	光泽基本均匀 光滑无挡手感	光泽均匀一致 光滑	观察；手摸检查
刷纹	刷纹通顺	无刷纹	观察
裹棱、流坠、皱皮	明显处不允许	不允许	观察
装饰线、分色线直线度允许偏差/mm	2	1	拉 5m 拉线，不足 5m 拉通线，用钢直尺检查

表 8-80　清漆的涂饰质量及检验方法

项　目	普通涂饰	高级涂饰	检验方法
颜色	基本一致	均匀一致	观察
木纹	棕眼刮平、木纹清楚	棕眼刮平、木纹清楚	观察
光泽、光滑	光泽基本均匀 光滑无挡手感	光泽均匀一致 光滑	观察；手摸检查
刷纹	无刷纹	无刷纹	观察
裹棱、流坠、皱皮	明显处不允许	不允许	观察

3. 美术涂饰工程

本部分适用于套色涂饰、滚花涂饰、仿花纹涂饰等室内外美术涂饰工程的质量验收。

（1）主控项目。美术涂饰工程主控项目质量标准及检验方法应符合表 8-81 的规定。

表 8-81　美术涂饰工程主控项目质量标准及检验方法

项　目	质量标准	检验方法
涂料控制	美术涂饰工程所用材料的品种、型号和性能应符合设计要求	观察；检查产品合格证书、性能检测报告和进场验收记录
涂饰质量要求	美术涂饰工程应涂饰均匀、黏结牢固，不得漏涂、透底、起皮、掉粉和反锈	观察；手摸检查
基层要求	美术涂饰工程的基层处理应符合《建筑装饰装修工程质量验收规范》GB 50210—2001 第 10.1.5 条的要求	观察；手摸检查；检查施工记录
花色要求	美术涂饰的套色、花纹和图案应符合设计要求	观察

（2）一般项目。美术涂饰工程一般项目质量标准及检验方法应符合表 8-82 的规定。

表 8-82　美术涂饰工程一般项目质量标准及检验方法

项　目	质量标准	检验方法
表面要求	美术涂饰表面应洁净，不得有流坠现象	观察
纹理要求	仿花纹涂饰的饰面应具有被模仿材料的纹理	观察
套色要求	套色涂饰的图案不得移位，纹理和轮廓应清晰	观察

第九章 季节性施工

第一节 冬期施工

本节导读

本节主要介绍冬期施工，内容包括建筑地基基础工程、砌体工程、钢筋工程、混凝土工程、保温及屋面防水工程、建筑装饰装修工程、钢结构工程、混凝土构件安装工程以及越冬工程维护等。其内容关系框图如下：

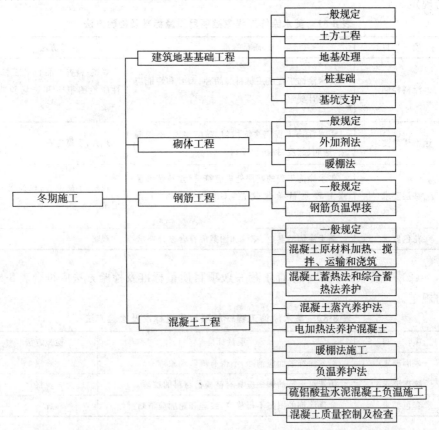

428

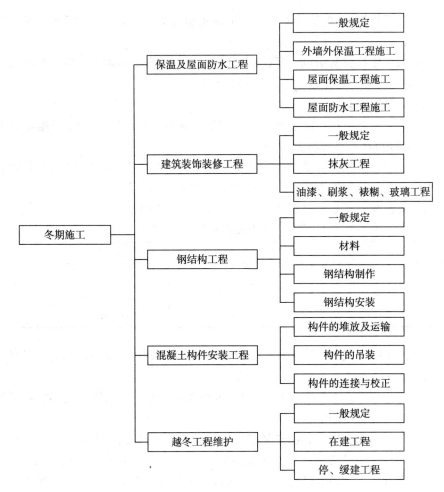

图 9-1 本节内容关系图

业务要点 1:建筑地基基础工程

1. 一般规定

1)冬期施工的地基基础工程,除应有建筑场地的工程地质勘察资料外,尚应根据需要提出地基土的主要冻土性能指标。

2)建筑场地宜在冻结前清除地上和地下障碍物、地表积水,并应平整场地与道路。冬期应及时清除积雪,春融期应作好排水。

3)对建筑物、构筑物的施工控制坐标点、水准点及轴线定位点的埋设,应采取防止土壤冻胀、融沉变位和施工振动影响的措施,并应定期复测校正。

4)在冻土上进行桩基础和强夯施工时所产生的振动,对周围建筑物及各种设施有影响时,应采取隔振措施。

5) 靠近建筑物、构筑物基础的地下基坑施工时,应采取防止相邻地基土遭冻的措施。

6) 同一建筑物基槽(坑)开挖对应同时进行,基底不得留冻土层。基础施工中,应防止地基土被融化的雪水或冰水浸泡。

2. 土方工程

1) 冻土挖掘应根据冻土层的厚度和施工条件,采用机械、人工或爆破等方法进行,并应符合下列规定:

① 人工挖掘冻土可采用锤击铁楔子劈冻土的方法分层进行;铁楔子长度应根据冻土层厚度确定,且宜在 300～600mm 之间取值。

② 机械挖掘冻土可根据冻土层厚度按表 9-1 选用设备。

表 9-1 机械挖掘冻土设备选择表

冻土厚度/mm	挖掘设备
<500	铲运机、挖掘机
500～1000	松土机、挖掘机
1000～1500	重锤或重球

③ 爆破法挖掘冻土应选择具有专业爆破资质的队伍,爆破施工应按国家有关规定进行。

2) 在挖方上边弃置冻土时,其弃土堆坡脚至挖方边缘的距离应为常温下规定的距离加上弃土堆的高度。

3) 挖掘完毕的基槽(坑)应采取防止基底部受冻的措施,因故未能及时进行下道工序施工时,应在基槽(坑)底标高以上预留土层,并应覆盖保温材料。

4) 土方回填时,每层铺土厚度应比常温施工时减少 20％～25％,预留沉陷量应比常温施工时增加。

对于大面积回填土和有路面的路基及其人行道范围内的平整场地填方,可采用含有冻土块的土回填,但冻土块的粒径不得大于 150mm,其含量不得超过 30％。铺填时冻土块应分散开,并应逐层夯实。

5) 冬期施工应在填方前清除基底上的冰和保温材料,填方上层部位应采用未冻或透水性好的土方回填,其厚度应符合设计要求。填方边坡的表层 1m 以内,不得采用含有冻土块的土填筑。

6) 室外的基槽(坑)或管沟可采用含有冻土抉的土回填,冻土块粒径不得大于 150mm,含量不得超过 15％,且应均匀分布。管沟底以上 500mm 范围内不得用含有冻土块的土回填。

7) 室内的基槽(坑)或管沟不得采用含有冻土块的土回填,施工应连续进行并应夯实。当采用人工夯实时,每层铺土厚度不得超过 200mm,夯实厚度宜为

$100\sim150$mm。

8）冻结期间暂不使用的管道及其场地回填时，冻土块的含量和粒径可不受限制，但融化后应作适当处理。

9）室内地面垫层下回填的土方，填料中不得含有冻土块，并应及时夯实。填方完成后至地面施工前，应采取防冻措施。

10）永久性的挖、填方和排水沟的边坡加固修整，宜在解冻后进行。

3. 地基处理

1）强夯施工技术参数应根据加固要求与地质条件在场地内经试夯确定，试夯应按现行行业标准《建筑地基处理技术规范》JGJ 79—2012 的规定进行。

2）强夯施工时，不应将冻结基土或回填的冻土块夯入地基的持力层，回填土的质量应符合 2. 的有关规定。

3）黏性土或粉土地基的强夯，宜在被夯土层表面铺设粗颗粒材料，并应及时清除粘结于锤底的土料。

4）强夯加固后的地基越冬维护，应按"业务要点 9：越冬工程维护"的有关规定进行。

4. 桩基础

1）冻土地基可采用干作业钻孔桩、挖孔灌注桩等或沉管灌注桩、预制桩等施工。

2）桩基施工时，当冻土层厚度超过 500mm，冻土层宜采用钻孔机引孔，引孔直径不宜大于桩径 20mm。

3）钻孔机的钻头宜选用锥形钻头并镶焊合金刀片。钻进冻土时应加大钻杆对土层的压力，并应防止摆动和偏位。钻成的桩孔应及时覆盖保护。

4）振动沉管成孔时，应制定保证相邻桩身混凝土质量的施工顺序。拔管时，应及时清除管壁上的水泥浆和泥土。当成孔施工有间歇时，宜将桩管埋入桩孔中进行保温。

5）灌注桩的混凝土施工应符合下列规定：

① 混凝土材料的加热、搅拌、运输、浇筑应按"业务要点 4：混凝土工程"的有关规定进行；混凝土浇筑温度应根据热工计算确定，且不得低于 5℃。

② 地基土冻深范围内的和露出地面的桩身混凝土养护，应按"业务要点 4：混凝土工程"有关规定进行。

③ 在冻胀性地基土上施工时，应采取防止或减小桩身与冻土之间产生切向冻胀力的防护措施。

6）预制桩施工应符合下列规定：

① 施工前，桩表面应保持干燥与清洁。

② 起吊前，钢丝绳索与桩机的夹具应采取防滑措施。

③ 沉桩施工应连续进行,施工完成后应采用保温材料覆盖于桩头上进行保温。

④ 接桩可采用焊接或机械连接,焊接和防腐要求应符合"业务要点 7:钢结构工程"的有关规定。

⑤ 起吊、运输与堆放应符合"业务要点 8:混凝土构件安装工程"的有关规定。

7) 桩基静荷载试验前,应将试桩周围的冻土融化或挖除。试验期间,应对试桩周围地表土和锚桩横梁支座进行保温。

5. 基坑支护

1) 基坑支护冬期施工宜选用排桩和土钉墙的方法。

2) 采用液压高频锤法施工的型钢或钢管排桩基坑支护工程,除应考虑对周边建筑物、构筑物和地下管疲乏的振动影响外,尚应符合下列规定:

① 当在冻土上施工时,应采用钻机在冻土层内引孔,引孔的直径应大于型钢或钢管的最大边缘尺寸。

② 型钢或钢管的焊接应按"业务要点 7:钢结构工程"的有关规定进行。

3) 钢筋混凝土灌注柱的排桩施工应符合 4.2)和 5)的规定,并应符合下列规定:

① 基坑土方开挖应待桩身混凝土达到设计强度时方可进行。

② 基坑土方开挖时,排桩上部自由端外侧的基土应进行保温。

③ 排桩上部的冠梁钢筋混凝土施工应按"业务要点 4:混凝土工程"的有关规定进行。

④ 桩身混凝土施工可选用掺防冻剂混凝土进行。

4) 锚杆施工应符合下列规定:

① 锚杆注浆的水泥浆配制宜掺入适量的防冻剂。

② 锚杆体钢筋端头与锚板的焊接应符合"业务要点 7:钢结构工程"的相关规定。

③ 预应力锚杆张拉应待锚杆水泥浆体达到设计强度后方可进行。

5) 土钉施工应符合 4)的规定。严寒地区土钉墙混凝土面板施工应符合下列规定:

① 面板下宜铺设 60~100mm 厚聚苯乙烯泡沫板。

② 浇筑后的混凝土应按"业务要点 4:混凝土工程"的相关规定立即进行保温养护。

◎ **业务要点 2:砌体工程**

1. 一般规定

1) 冬期施工所用材料应符合下列规定:

① 砖、砌块在砌筑前,应清除表面污物、冰雪等,不得使用遭水浸和受冻后表面结冰、污染的砖或砌块。

② 砌筑砂浆宜采用普通硅酸盐水泥配制,不得使用无水泥拌制的砂浆。

③ 现场拌制砂浆所用砂中不得含有直径大于 10mm 的冻结块或冰块。

④ 石灰膏、电石渣膏等材料应有保温措施,遭冻结时应经融化后方可使用。

⑤ 砂浆拌合水温不宜超过 80℃,砂加热温度不宜超过 40℃,且水泥不得与 80℃以上热水直接接触;砂浆稠度宜较常温适当增大,且不得二次加水调整砂浆和易性。

2)砌筑间歇期间,宜及时在砌体表面进行保护性覆盖,砌体面层不得留有砂浆。继续砌筑前,应将砌体表面清理干净。

3)砌体工程宜选用外加剂法进行施工,对绝缘、装饰等有特殊要求的工程,应采用其他方法。

4)施工日记中应记录大气温度、暖棚内温度、砌筑时砂浆温度、外加剂掺量等有关资料。

5)砂浆试块的留置,除应按常温规定要求外,尚应增设一组与砌体同条件养护的试块,用于检验转入常温 28d 的强度。如有特殊需要,可另外增加相应龄期的同条件试块。

2. 外加剂法

1)采用外加剂法配制砂浆时,可采用氯盐或亚硝酸盐等外加剂。氯盐应以氯化钠为主,当气温低于 −15℃时,可与氯化钙复合使用。氯盐掺量可按表 9-2 选用。

表 9-2　氯盐外加剂掺量

氯盐及砌体材料种类		日最低气温/℃			
		≥−10	−11～−15	−16～−20	−21～−25
单掺氯化钠(%)	砖、砌块	3	5	7	—
	石材	4	7	10	—
复掺(%)	氯化钠	砖、砌块	—	—	5	7
	氯化钙		—	—	2	3

注:氯盐以无水盐计,掺量为占拌合水质量百分比。

2)砌筑施工时,砂浆温度不应低于 5℃。

3)当设计无要求,且最低气温等于或低于 −15℃时,砌体砂浆强度等级应较常温施工提高一级。

4)氯盐砂浆中复掺引气型外加剂时,应在氯盐砂浆搅拌的后期掺入。

5)采用氯盐砂浆时,应对砌体中配置的钢筋及钢预埋件进行防腐处理。

6)砌体采用氯盐砂浆施工,每日砌筑高度不宜超过 1.2m,墙体留置的洞口,距交接墙处不应小于 500mm。

7) 下列情况不得采用掺氯盐的砂浆砌筑砌体:

① 对装饰工程有特殊要求的建筑物。

② 使用环境湿度大于 80% 的建筑物。

③ 配筋、钢埋件无可靠防腐处理措施的砌体。

④ 接近高压电线的建筑物(如变电所、发电站等)。

⑤ 经常处于地下水位变化范围内,以及在地下未设防水层的结构。

3. 暖棚法

1) 暖棚法适用于地下工程、基础工程以及工期紧迫的砌体结构。

2) 暖棚法施工时,暖棚内的最低温度不应低于 5℃。

3) 砌体在暖棚内的养护时间应根据暖棚内的温度确定,并应符合表 9-3 的规定。

表 9-3　暖棚法施工时的砌体养护时间

暖棚内温度/℃	5	10	15	20
养护时间/d	≥6	≥5	≥4	≥3

业务要点 3:钢筋工程

1. 一般规定

1) 钢筋调直冷拉温度不宜低于 -20℃。预应力钢筋张拉温度不宜低于 -15℃。

2) 钢筋负温焊接,可采用闪光对焊、电弧焊、电渣压力焊等方法。当采用细晶粒热轧钢筋时,其焊接工艺应经试验确定。当环境温度低于 -20℃ 时,不宜进行施焊。

3) 负温条件下使用的钢筋,施工过程中应加强管理和检验,钢筋在运输和加工过程中应防止撞击和刻痕。

4) 钢筋张拉与冷拉设备、仪表和液压工作系统油液应根据环境温度选用,并应在使用温度条件下进行配套校验。

5) 当环境温度低于 -20℃ 时,不得对 HRB335、HRB400 钢筋进行冷弯加工。

2. 钢筋负温焊接

1) 雪天或施焊现场风速超过三级风焊接时,应采取遮蔽措施,焊接后未冷却的接头应避免碰到冰雪。

2) 热轧钢筋负温闪光对焊,宜采用预热——闪光焊或闪光——预热——闪光焊工艺。钢筋端面比较平整时,宜采用预热——闪光焊;端面不平整时,宜采用闪光——预热——闪光焊。

3）钢筋负温闪光对焊工艺应控制热影响区长度。焊接参数应根据当地气温按常温参数调整。

采用较低变压器级数，宜增加调整长度、预热留量、预热次数、预热间歇时间和预热接触压力，并宜减慢烧化过程的中期速度。

4）钢筋负温电弧焊宜采取分层控温施捍。热轧钢筋焊接的层间温度宜控制在150℃～350℃之间。

5）钢筋负温电弧焊可根据钢筋牌号、直径、接头形式和焊接位置选择焊条和焊接电流。焊接时应采取防止产生过热、烧伤、咬肉和裂缝等措施。

6）钢筋负温帮条焊或搭接焊的焊接工艺应符合下列规定：

① 帮条与主筋之间应采用四点定位焊固定，搭接焊时应采用两点固定；定位焊缝与帮条或搭接端部的距离不应小于20mm。

② 帮条焊的引弧应在帮条钢筋的一端开始，收弧应在帮条钢筋端头上，弧坑应填满。

③ 焊接时，第一层焊缝应具有足够的熔深，主焊缝或定位焊缝应熔合良好；平焊时，第一层焊缝应先从中间引弧，再向两端运弧；立焊时，应先从中间向上方运弧，再从下端向中间运弧；在以后各层焊缝焊接时，应采用分层控温施焊。

④ 帮条接头或搭接接头的焊缝厚度不应小于钢筋直径的30%，焊缝宽度不应小于钢筋直径的70%。

7）钢筋负温坡口焊的工艺应符合下列规定：

① 焊缝根部、坡口端面以及钢筋与钢垫板之间均应熔合，焊接过程中应经常除渣。

② 焊接时，宜采用几个接头轮流施焊。

③ 加强焊缝的宽度应超出V形坡口边缘3mm，高度应超出V形坡口上下边缘3mm，并应平缓过渡至钢筋表面。

④ 加强焊缝的焊接，应分两层控温施焊。

8）HRB335和HRB400钢筋多层施焊时，焊后可采用回火焊道施焊，其回火焊道的长度应比前一层焊道的两端缩短4～6mm。

9）钢筋负温电渣压力焊应符合下列规定：

① 电渣压力焊宜用于HRB335、HRB400热轧带肋钢筋。

② 电渣压力焊机容量应根据所焊钢筋直径选定。

③ 焊剂应存放于干燥库房内，在使用前经250℃～300℃烘培2h以上。

④ 焊接前，应进行现场负温条件下的焊接工艺试验，经检验满足要求后方可正式作业。

⑤ 电渣压力焊焊接参数可按表9-4进行选用。

表 9-4　钢筋负温电渣压力焊焊接参数

钢筋直径/mm	焊接温度/℃	焊接电流/A	焊接电压/V		焊接通电时间/s	
			电弧过程	电渣过程	电弧过程	电渣过程
14～18	−10	300～350			20～25	6～8
	−20	350～400				
20	−10	350～400			25～30	8～10
	−20	400～450	35～45	18～22		
22	−10	400～450				
	−20	500～550				
25	−10	450～550				
	−20	550～650				

注:本表系采用常用 HJ431 焊剂和半自动焊机参数。

⑥ 焊接完毕,应停歇 20s 以上方可卸下夹具回收焊剂,回收的焊剂内不得混入冰雪,接头渣壳应待冷却后清理。

业务要点 4:混凝土工程

1. 一般规定

1)冬期浇筑的混凝土,其受冻临界强度应符合下列规定:

① 采用蓄热法、暖棚法、加热法等施工的普通混凝土,采用硅酸盐水泥、普通硅酸盐水泥配制时,其受冻临界强度不应小于设计混凝土强度等级值的 30%;采用矿渣硅酸盐水泥、粉煤灰硅酸盐水泥、火山灰质硅酸盐水泥、复合硅酸盐水泥时,不应小于设计混凝土强度等级值的 40%。

② 当室外最低气温不低于−15℃时,采用综合蓄热法、负温养护法施工的混凝土受冻临界强度不应小于 4.0MPa;当室外最低气温不低于−30℃时,采用负温养护法施工的混凝土受冻临界强度不虚小于 5.0MPa。

③ 对强度等级等于或高于 C50 的混凝土,不宜小于设计混凝土强度等级值的 30%。

④ 对有抗渗要求的混凝土,不宜小于设计混凝土强度等级值的 50%。

⑤ 对有抗冻耐久性要求的混凝土,不宜小于设计混凝土强度等级值的 70%。

⑥ 当采用暖棚法施工的混凝土中掺入早强剂时,可按综合蓄热法受冻临界强度取值。

⑦ 当施工需要提高混凝土强度等级时,应按提高后的强度等级确定受冻临界强度。

2）混凝土工程冬期施工应按《建筑工程冬期施工规程》JGJ/T 104—2011附录 A 进行混凝土热工计算。

3）混凝土的配制宜选用硅酸盐水泥或普通硅酸盐水泥，并应符合下列规定：

① 当采用蒸汽养护时，宜选用矿渣硅酸盐水泥。

② 混凝土最小水泥用量不宜低于 280kg/m³，水胶比不应大于 0.55。

③ 大体积混凝土的最小水泥用量，可根据实际情况决定。

④ 强度等级不大于 C15 的混凝土，其水胶比和最小水泥用量可不受以上限制。

4）拌制混凝土所用骨料应清洁，不得含有冰、雪、冻块及其他易冻裂物质。掺加含有钾、钠离子的防冻剂混凝土，不得采用活性骨料或在骨料中混有此类物质的材料。

5）冬期施工混凝土选用外加剂应符合现行国家标准《混凝土外加剂应用技术规范》GB 50119—2003 的相关规定。非加热养护法混凝土施工，所选用的外加剂应含有引气组分或掺入引气剂，含气量宜控制在 3.0%～5.0%。

6）钢筋混凝土掺用氯盐类防冻剂时，氯盐掺量不得大于水泥质量的 1.0%。掺用氯盐的混凝土应振捣密实，且不宜采用蒸汽养护。

7）在下列情况下，不得在钢筋混凝土结构中掺用氯盐：

① 排出大量蒸汽的车间、浴池、游泳馆、洗衣房和经常处于空气相对湿度大于 80% 的房间以及有顶盖的钢筋混凝土蓄水池等在高湿度空气环境中使用的结构。

② 处于水位升降部位的结构。

③ 露天结构或经常受雨、水淋的结构。

④ 有镀锌钢材或铝铁相接触部位的结构，和有外露钢筋、预埋件而无防护措施的结构。

⑤ 与含有酸、碱或硫酸盐等侵蚀介质相接触的结构。

⑥ 使用过程中经常处于环境温度为 60℃ 以上的结构。

⑦ 使用冷拉钢筋或冷拔低碳钢丝的结构。

⑧ 薄壁结构，中级和重级工作制吊车梁、屋架、落锤或锻锤基础结构。

⑨ 电解车间和直接靠近直流电源的结构。

⑩ 直接靠近高压电源（发电站、变电所）的结构。

⑪预应力混凝土结构。

8）模板外和混凝土表面覆盖的保温层，不应采用潮湿状态的材料，也不应将保温材料直接铺盖在潮湿的混凝土表面，新浇混凝土表面应铺一层塑料薄膜。

9) 采用加热养护的整体结构,浇筑程序和施工缝位置的设置,应采取能防止产生较大温度应力的措施。当加热温度超过 45℃时,应进行温度应力核算。

10) 型钢混凝土组合结构,浇筑混凝土前应对型钢进行预热,预热温度宜大于混凝土入模温度,预热方法可按 5. 相关规定进行。

2. 混凝土原材料加热、搅拌、运输和浇筑

1) 混凝土原材料加热宜采用加热水的方法。当加热水仍不能满足要求时,可对骨料进行加热。水、骨料加热的最高温度应符合表 9-5 的规定。

表 9-5　拌合水及骨料加热最高温度

水泥强度等级	拌合水/℃	骨料/℃
小于 42.5	80	60
42.5、42.5R 及以上	60	40

当水和骨料的温度仍不能满足热工计算要求时,可提高水温到 100℃,但水泥不得与 80℃以上的水直接接触。

2) 水加热宜采用蒸汽加热、电加热、汽水热交换罐或其他加热方法。水箱或水池容积及水温应能满足连续施工的要求。

3) 砂加热应在开盘前进行,加热应均匀。当采用保温加热料斗时,宜配备两个,交替加热使用。每个料斗容积可根据机械可装高度和侧壁厚度等要求进行设计,每一个斗的容量不宜小于 $3.5m^3$。

预拌混凝土用砂,应提前备足料,运至有加热设施的保温封闭储料棚(室)或仓内备用。

4) 水泥不得直接加热,袋装水泥使用前宜运入暖棚内存放。

5) 混凝土搅拌的最短时间应符合表 9-6 的规定。

表 9-6　混凝土搅拌的最短时间

混凝土坍落度/mm	搅拌机容积/L	混凝土搅拌最短时间/s
≤80	<250	90
	250~500	135
	>500	180
>80	<250	90
	250~500	90
	>500	135

注:采用自落式搅拌机时,应较上表搅拌时间延长 30~60s;采用预拌混凝土时,应较常温下预拌混凝土搅拌时间延 15~30s。

6) 混凝土在运输、浇筑过程中的温度和覆盖的保温材料,应按《建筑工程冬期施工规程》JGJ/T 104—2011 附录 A 进行热工计算后确定,且入模温度不应低于5℃。当不符合要求时,应采取措施进行调整。

7)混凝土运输与输送机具应进行保温或具有加热装置。泵送混凝土在浇筑前应对泵管进行保温,并应采用与施工混凝土同配比砂浆进行预热。

8)混凝土浇筑前,应清除模板和钢筋上的冰雪和污垢。

9)冬期不得在强冻胀性地基土上浇筑混凝土;在弱冻胀性地基土上浇筑混凝土时,基土不得受冻。在非冻胀性地基土上浇筑混凝土时,混凝土受冻临界强度应符合1.1)的规定。

10)大体积混凝土分层浇筑时,已浇筑层的混凝土在未被上一层混凝土覆盖前,温度不应低于2℃。采用加热法养护混凝土时,养护前的混凝土温度也不得低于2℃。

3. 混凝土蓄热法和综合蓄热法养护

1)当室外最低温度不低于−15℃时,地面以下的工程,或表面系数不大于5m⁻¹的结构,宜采用蓄热法养护。对结构易受冻的部位,应加强保温措施。

2)当室外最低气温不低于−15℃时,对于表面系数为5～15m⁻¹的结构,宜采用综合蓄热法养护,围护层散热系数宜控制在50～200kJ/(m³·h·K)之间。

3)综合蓄热法施工的混凝土中应掺入早强剂或早强型复合外加剂,并应具有减水、引气作用。

4)混凝土浇筑后应采用塑料布等防水材料对裸露表面覆盖并保温。对边、棱角部位的保温层厚度应增大到面部位的2～3倍。混凝土在养护期间应防风、防失水。

4. 混凝土蒸汽养护法

1)混凝土蒸汽养护法可采用棚罩法、蒸汽套法、热模法、内部通汽法等方式进行,其适用范围应符合下列规定:

① 棚罩法适用于预制梁、板、地下基础、沟道等。

② 蒸汽套法适用于现浇梁、板、框架结构,墙、柱等。

③ 热模法适用于墙、柱及框架结构。

④ 内部通汽法适用于预制梁、柱、桁架,现浇梁、柱、框架单梁。

2)蒸汽养护法应采用低压饱和蒸汽,当工地有高压蒸汽时,应通过减压阀或过水装置后方可使用。

3)蒸汽养护的混凝土,采用普通硅酸盐水泥时最高养护温度不得超过80℃,采用矿渣硅酸盐水泥时可提高到85℃。但采用内部通汽法时,最高加热温度不应超过60℃。

4)整体浇筑的结构,采用蒸汽加热养护时,升温和降温速度不得超过表9-7的规定。

表 9-7　蒸汽加热养护混凝土升温和降温速度

结构表面系数/m^{-1}	升温速度/(℃/h)	降温速度/(℃/h)
≥6	15	10
<6	10	5

5) 蒸汽养护应包括升温——恒温——降温三个阶段,各阶段加热延续时间可根据养护结束时要求的强度确定。

6) 采用蒸汽养护的混凝土,可掺入早强剂或非引气型减水剂。

7) 蒸汽加热养护混凝土时,应排除冷凝水,并应防止渗入地基土中。当有蒸汽喷出口时,喷嘴与混凝土外露面的距离不得小于 300mm。

5. 电加热法养护混凝土

1) 电加热法养护混凝土的温度应符合表 9-8 的规定。

表 9-8　电加热法养护混凝土的温度　　　　　　　　　　(单位:℃)

水泥强度等级	结构表面系数/m^{-1}		
	<10	10~15	>15
32.5	70	50	45
42.5	40	40	35

注:采用红外线辐射加热时,其辐射表面温度可采用70℃~90℃。

2) 电极加热法养护混凝土的适用范围宜符合表 9-9 的规定。

表 9-9　电极加热法养护混凝土的适用范围

分类		常用电极规格	设置方法	适用范围
内部电极	棒形电极	$\phi 6 \sim \phi 12$ 的钢筋短棒	混凝土浇筑后,将电极穿过模板或在混凝土表面插入混凝土体内	梁、柱、厚度大于150mm 的板、墙及设备基础
	弦形电极	$\phi 6 \sim \phi 12$ 的钢筋,长为 2.0~2.5m	在浇筑混凝土前将电极装入,与结构纵向平行。电极两端弯成直角,由模板孔引出	含筋较少的墙、柱、梁、大型柱基础以及厚度大于200mm 单侧配筋的板
表面电极		$\phi 6$ 钢筋或厚1~2mm,宽 30~60mm 的扁钢	电极固定在模板内侧,或装在混凝土的外表面	条形基础、墙及保护层大于 50mm 的大体积结构和地面等

3) 混凝土采用电极加热法养护应符合下列规定:

① 电路接好应经检查合格后方可合闸送电。当结构工程量较大,需边浇筑边通电时,应将钢筋接地线。电加热现场应设安全围栏。

② 棒形和弦形电极应固定牢固,并不得与钢筋直接接触。电极与钢筋之间的距离应符合表 9—10 的规定;当因钢筋密度大而不能保证钢筋与电极之间的距离满足表 9-10 的规定时,应采取绝缘措施。

表 9-10 电极与钢筋之间的距离

工作电压/V	最小距离/mm
65.0	50~70
87.0	80~100
106.0	120~150

③ 电极加热法应采用交流电。电极的形式、尺寸、数量及配置应能保证混凝土各部位加热均匀,且应加热到设计的混凝土强度标准值的50%。在电极附近的辐射半径方向每隔 10mm 距离的温度差不得超过 1℃。

④ 电极加热应在混凝土浇筑后立即送电,送电前混凝土表面应保温覆盖。混凝土在加热养护过程中,洒水应在断电后进行。

4)混凝土采用电热毯法养护应符合下列规定:

① 电热毯宜由四层玻璃纤维布中间夹以电阻丝制成。其几何尺寸应根据混凝土表面或模板外侧与龙骨组成的区格大小确定。电热毯的电压宜为 60~80V,功率宜为 75~100W。

② 布置电热毯时,在模板周边的各区格应连续布毯,中间区格可间隔布毯,并应与对面模板错开。电热毯外侧应设置岩棉板等性质的耐热保温材料。

③ 电热毯养护的通电持续时间应根据气温及养护温度确定,可采取分段、间断或连续通电养护工序。

5)混凝土采用工频涡流法养护应符合下列规定:

① 工频涡流法养护的涡流管应采用钢管,其直径宜为 12.5mm,壁厚宜为 3mm。钢管内穿铝芯绝缘导线,其截面宜为 25~35mm²,技术参数宜符合表 9-11 的规定。

表 9-11 工频涡流管技术参数

项目	取值
饱和电压降值/(V/m)	1.05
饱和电流值/A	200
钢管极限功率/(W/m)	195
涡流管间距/mm	150~250

② 各种构件涡流模板的配置应通过热工计算确定,也可按下列规定配置:

a. 柱:四面配置。

b. 梁:当高宽比大于 2.5 时,侧模宜采用涡流模板,底模宜采用普通模板;当高宽比小于等于 2.5 时,侧模和底模皆宜采用涡流模板。

c. 墙板:距墙板底部 600mm 范围内,应在两侧对称拼装涡流板;600mm 以上部位,应在两侧采用涡流和普通钢模交错拼装,并应使涡流模板对应面为普通模板。

d. 梁、柱节点:可将涡流钢管插入节点内,钢管总长度应根据混凝土量按 $6.0kW/m^3$ 功率计算;节点外围应保温养护。

③ 当采用工频涡流法养护时,各阶段送电功率应使预养与恒温阶段功率相同,升温阶段功率应大于预养阶段功率的 2.2 倍。预养、恒温阶段的变压器一次接线为 Y 形,升温阶段接线应为△形。

6) 线圈感应加热法养护宜用于梁、柱结构,以及各种装配式钢筋混凝土结构的接头混凝土的加热养护;亦可用于型钢混凝土组合结构的钢体、密筋结构的钢筋和模板预热,以及受冻混凝土结构构件的解冻。

7) 混凝土采用线圈感应加热养护应符合下列规定:

① 变压器宜选择 50kVA 或 100kVA 低压加热变压器,电压宜在 36～110V 间调整。当混凝土量较少时,也可采用交流电焊机。变压器的容量宜比计算结果增加 20%～30%。

② 感应线圈宜选用截面面积为 $35mm^2$ 铝质或铜质电缆,加热主电缆的截面面积宜为 $150mm^2$。电流不宜超过 400A。

③ 当缠绕感应线圈时,宜靠近钢模板。构件两端线圈导线的间距应比中间加密一倍,加密范围宜由端部开始向内至一个线圈直径的长度为止。端头应密缠 5 圈。

④ 最高电压值宜为 80V,新电缆电压值可采用 100V,但应确保接头绝缘。养护期间电流不得中断,并应防止混凝土受冻。

⑤ 通电后应采用钳形电流表和万能表随时检查测定电流,并应根据具体情况随时调整参数。

8) 采用电热红外线加热器对混凝土进行辐射加热养护,宜用于薄壁钢筋混凝土结构和装配式钢筋混凝土结构接头处混凝土加热,加热温度应符合 1)的规定。

6. 暖棚法施工

1) 暖棚法施工适用于地下结构工程和混凝土构件比较集中的工程。

2) 暖棚法施工应符合下列规定:

① 应设专人监测混凝土及暖棚内温度,暖棚内各测点温度不得低于 5℃。

测温点应选择具有代表性位置进行布置,在离地面 500mm 高度处应设点,每昼夜测温不应少于 4 次。

② 养护期间应监测暖棚内的相对湿度,混凝土不得有失水现象,否则应及时采取增湿措施或在混凝土表面洒水养护。

③ 暖棚的出入口应设专人管理,并应采取防止棚内下降或引起风口处混凝土受冻的措施。

④ 在混凝土养护期间应将烟或燃烧气体排至棚外,并应采取防止烟气中毒和防火的措施。

7. 负温养护法

1) 混凝土负温养护法适用于不易加热保温,且对强度增长要求不高的一般混凝土结构工程。

2) 负温养护法施工的混凝土,应以浇筑后 5d 内的预计日最低气温来选用防冻剂,起始养护温度不应低于 5℃。

3) 混凝土浇筑后,裸露表面应采取保湿措施;同时,应根据需要采取必要的保温覆盖措施。

4) 负温养护法施工应按 9.3) 规定加强测温;混凝土内部温度降到防冻剂规定温度之前,混凝土的抗压强度应符合 1.1) 的规定。

8. 硫铝酸盐水泥混凝土负温施工

1) 硫铝酸盐水泥混凝土可在不低于 -25℃ 环境下施工,适用于下列工程:

① 工业与民用建筑工程的钢筋混凝土梁、柱、板、墙的现浇结构。

② 多层装配式结构的接头以及小截面和薄壁结构混凝土工程。

③ 抢修、抢建工程及有硫酸盐腐蚀环境的混凝土工程。

2) 使用条件经常处于温度高于 80℃ 的结构部位或有耐火要求的结构工程,不宜采用硫铝酸盐水泥混凝土施工。

3) 硫铝酸盐水泥混凝土冬期施工可选用 $NaNO_2$ 防冻剂或 $NaNO_2$ 与 Li_2CO_3 复合防冻剂,其掺量可按表 9-12 选用。

表 9-12 硫铝酸盐水泥用防冻剂掺量表

环境最低气温/℃		≥-5	-5~-15	-15~-25
单掺 $NaNO_2$(%)		0.50~1.00	1.00~3.00	3.00~4.00
复掺 $NaNO_2$ 与 Li_2CO_3(%)	$NaNO_2$	0.00~1.00	1.00~2.00	2.00~4.00
	Li_2CO_3	0.00~0.02	0.02~0.05	0.05~0.10

注:防冻剂掺量按水泥质量百分比计。

4) 拼装接头或小截面构件、薄壁结构施工时,应适当提高拌合物温度,并应加强保温措施。

5) 硫铝酸盐水泥可与硅酸盐类水泥混合使用,硅酸盐类水泥的掺用比例应小于10%。

6) 硫铝酸盐水泥混凝土可采用热水拌合,水温不宜超过50℃,拌合物温度宜为5℃~15℃,坍落度应比普通混凝土增加10~20mm。水泥不得直接加热或直接与30℃以上热水接触。

7) 采用机械搅拌和运输车运输,卸料时应将搅拌筒及运输车内混凝土排空,并应根据混凝土凝结时间情况,及时清洗搅拌机和运输车。

8) 混凝土应随拌随用,并应在拌制结束30min内浇筑完毕,不得二次加水拌合使用。混凝土入模温度不得低于2℃。

9) 混凝土浇筑后,应立即在混凝土表面覆盖一层塑料薄膜防止失水,并应根据气温情况及时覆盖保温材料。

10) 混凝土养护不宜采用电热法或蒸汽法。当混凝土结构体积较小时,可采用暖棚法养护,但养护温度不宜高于30℃;当混凝土结构体积较大时,可采用蓄热法养护。

11) 模板和保温层的拆除应符合9.6)的规定。

9. 混凝土质量控制及检查

1) 混凝土冬期施工质量检查除应符合现行国家标准《混凝土结构工程施工质量验收规范》(2010年版)GB 50204—2002以及国家现行有关标准规定外,尚应符合下列规定:

① 应检查外加剂质量及掺量;外加剂进入施工现场后应进行抽样检验,合格后方准使用。

② 应根据施工方案确定的参数检查水、骨料、外加剂溶液和混凝土出机、浇筑、起始养护时的温度。

③ 应检查混凝土从入模到拆除保温层或保温模板期间的温度。

④ 采用预拌混凝土时,原材料、搅拌、运输过程中的温度检查及混凝土质量检查应由预拌混凝土生产企业进行,并应将记录资料提供给施工单位。

2) 施工期间的测温项目与频次应符合表9-13规定。

表 9-13　施工期间的测温项目与频次

测温项目	频次
室外气温	测量最高、最低气温
环境温度	每昼夜不少于4次
搅拌机棚温度	每一工作班不少于4次
水、水泥、矿物掺合料、砂、石及外加剂溶液温度	每一工作班不少于4次
混凝土出机、浇筑、入模温度	每一工作班不少于4次

3）混凝土养护期间的温度测量应符合下列规定：

① 采用蓄热法或综合蓄热法时，在达到受冻临界强度之前应每隔4～6h测量一次。

② 采用负温养护法时，在达到受冻临界强度之前应每隔2h测量一次。

③ 采用加热法时，升温和降温阶段应每隔1h测量一次，恒温阶段每隔2h测量一次。

④ 混凝土在达到受冻临界强度后，可停止测温。

⑤ 大体积混凝土养护期间的温度测量尚应符合现行国家标准《大体积混凝土施工规范》GB 50496—2009 的相关规定。

4）养护温度的测量方法应符合下列规定：

① 测温孔应编号，并应绘制测温孔布置图，现场应设置明显标识。

② 测温时，测温元件应采取措施与外界气温隔离；测温元件测量位置应处于结构表面下 20mm 处，留置在测温孔内的时间不应少于 3min。

③ 采用非加热法养护时，测温孔应设置在易于散热的部位；采用加热法养护时，应分别设置在离热源不同的位置。

5）混凝土质量检查应符合下列规定：

① 应检查混凝土表面是否受冻、粘连、收缩裂缝，边角是否脱落，施工缝处有无受冻痕迹。

② 应检查同条件养护试块的养护条件是否与结构实体相一致。

③ 按《建筑工程冬期施工规程》JGJ/T 104—2011 附录 B 成熟度法推定混凝土强度时，应检查测温记录与计算公式要求是否相符。

④ 采用电加热养护时，应检查供电变压器二次电压和二次电流强度，每一工作班不应少于两次。

6）模板和保温层在混凝土达到要求强度并冷却到 5℃后方可拆除。拆模时混凝土表面与环境温差大于 20℃时，混凝土表面应及时覆盖，缓慢冷却。

业务要点 5：保温及屋面防水工程

1. 一般规定

1）保温工程、屋面防水工程冬期施工应选择晴朗天气进行，不得在雨、雪天和五级风及其以上或基层潮湿、结冰、霜冻条件下进行。

2）保温及屋面工程应依据材料性能确定施工气温界限，最低施工环境气温宜符合表 9-14 的规定。

表 9-14　保温及屋面工程施工环境气温要求

防水与保温材料	施工环境气温
粘结保温板	有机胶粘剂不低于-10℃;无机胶粘剂不低于5℃
现喷硬泡聚氨酯	15℃~30℃
高聚物改性沥青防止卷材	热熔法不低于-10℃
合成高分子防水卷材	冷粘法不低于5℃;焊接法不低于-10℃
高聚物改性沥青防水涂料	溶剂型不低于5℃;热熔型不低于-10℃
合成高分子防水涂料	溶剂型不低于-5℃
防水混凝土、防水砂浆	符合《建筑工程冬期施工规程》JGJ/T 104—2011混凝土、砂浆相关规定
改性石油沥青密封材料	不低于0℃
合成高分子密封材料	溶剂型不低于0℃

3) 保温与防水材料进场后,应存放于通风、干燥的暖棚内,并严禁接近火源和热源。棚内温度不宜低于0℃,且不得低于表9-14规定的温度。

4) 屋面防水施工时,应先做好排水比较集中的部位,凡节点部位均应加铺一层附加层。

5) 施工时,应合理安排隔气层、保温层、找平层、防水层的各项工序,连续操作,已完成部位应及时覆盖,防止受潮与受冻。穿过屋面防水层的管道、设备或预埋件,应在防水施工前安装完毕并做好防水处理。

2. 外墙外保温工程施工

1) 外墙外保温工程冬期施工宜采用EPS板薄抹灰外墙外保温系统、EPS板现浇混凝土外墙外保温系统或EPS钢丝网架板现浇混凝土外墙外保温系统。

2) 建筑外墙外保温工程冬期施工最低温度不应低于-5℃。

3) 外墙外保温工程施工期间以及完工后24h内,基层及环境空气温度不应低于5℃。

4) 进场的EPS板胶粘剂、聚合物抹面胶浆应存放于暖棚内。液态材料不得受冻,粉状材料不得受潮,其他材料应符合本节有关规定。

5) EPS板薄抹灰外墙外保温系统应符合下列规定:

① 应采用低温型EPS板胶粘剂和低温型聚合物抹面胶浆,并应按产品说明书要求进行使用。

② 低温型EPS板胶粘剂和低温型EPS板聚合物抹面胶浆的性能应符合表9-15和表9-16的规定。

表 9-15　低温型 EPS 板胶粘剂技术指标

试验项目		性能指标
拉伸粘结强度/MPa（与水泥砂浆）	原强度	≥0.60
	耐水	≥0.40
拉伸粘结强度/MPa（与 EPS 板）	原强度	≥0.10,破坏界面在 EPS 板上
	耐水	≥0.10,破坏界面在 EPS 板上

表 9-16　低温型 EPS 板聚合物抹面胶浆技术指标

试验项目		性能指标
拉伸粘结强度/MPa（与 EPS 板）	原强度	≥0.10,破坏界面在 EPS 板上
	耐水	≥0.10,破坏界面在 EPS 板上
	耐冻融	≥0.10,破坏界面在 EPS 板上
柔韧性	抗压强度/抗折强度	≤3.00

注:低温型胶粘剂与聚合物抹面胶浆检验方法与常温一致,试件养护温度取施工环境温度。

③ 胶粘剂和聚合物抹面胶浆拌合温度皆应高于 5℃,聚合物抹面胶浆拌合水温度不宜大于 80℃,且不宜低于 40℃。

④ 拌合完毕的 EPS 板胶粘剂和聚合物抹面胶浆每隔 15min 搅拌一次,1h 内使用完毕。

⑤ 施工前应按常温规定检查基层施工质量,并确保干燥、无结冰、霜冻。

⑥ EPS 板粘贴应保证有效粘贴面积大于 50%。

⑦ EPS 板粘贴完毕后,应养护至表 9－15、表 9－16 规定强度后方可进行面层薄抹灰施工。

6) EPS 板现浇混凝土外墙外保温系统和 EPS 钢丝网架板现浇混凝土外墙外保温系统冬期施工应符合下列规定:

① 施工前应经过试验确定负温混凝土配合比,选择合适的混凝土防冻剂。

② EPS 板内外表面应预先在暖棚内喷刷界面砂浆。

③ EPS 板现浇混凝土外墙外保温系统和 EPS 钢丝网架板现浇混凝土外墙外保温系统的外抹面层施工应符合"业务要点 6:建筑装饰装修工程"的有关规定,抹面抗裂砂浆中可掺入非氯盐类砂浆防冻剂。

④ 抹面层厚度应均匀,钢丝网应完全包覆于抹面层中;分层抹灰时,底层灰不得受冻,抹灰砂浆在硬化初期应采取保温措施。

7) 其他施工技术要求应符合现行行业标准《外墙外保温工程技术规程》JGJ 144—2004 的相关规定。

3. 屋面保温工程施工

1) 屋面保温材料应符合设计要求,且不得含有冰雪、冻块和杂质。

2) 干铺的保温层可在负温下施工;采用沥青胶结的保温层应在气温不低于 -10℃时施工;采用水泥、石灰或其他胶结料胶结的保温层应在气温不低于 5℃时施工。当气温低于上述要求时,应采取保温、防冻措施。

3) 采用水泥砂浆粘贴板状保温材料以及处理板间缝隙,可采用掺有防冻剂的保温砂浆。防冻剂掺量应通过试验确定。

4) 干铺的板状保温材料在负温施工时,板材应在基层表面铺平垫稳,分层铺设。板块上下层缝应相互错开,缝间隙应采用同类材料的碎屑填嵌密实。

5) 倒置式屋面所选用材料应符合设计及《建筑工程冬期施工规程》JGJ/T 104—2011 相关规定,施工前应检查防水层平整度及有无结冰、霜冻或积水现象,满足要求后方可施工。

4. 屋面防水工程施工

1) 屋面找平层施工应符合下列规定:

① 找平层应牢固坚实、表面无凹凸、起砂、起鼓现象。如有积雪、残留冰霜、杂物等应清扫干净,并应保持干燥。

② 找平层与女儿墙、立墙、天窗壁、变形缝、烟囱等突出屋面结构的连接处,以及找平层的转角处、水落口、檐口、天沟、檐沟、屋脊等均应做成圆弧。采用沥青防水卷材的圆弧,半径宜为 100～150mm;采用高聚物改性沥青防水卷材,圆弧半径宜为 50mm;采用合成高分子防水卷材,圆弧半径宜为 20mm。

2) 采用水泥砂浆或细石混凝土找平层时,应符合下列规定:

① 应依据气温和养护温度要求掺入防冻剂,且掺量应通过试验确定。

② 采用氯化钠作为防冻剂时,宜选用普通硅酸盐水泥或矿渣硅酸盐水泥,不得使用高铝水泥。施工温度不应低于 -7℃。氯化钠掺量可按表 9-17 采用。

表 9-17　氯化钠掺量

施工时室外气温/℃		0～-2	-3～-5	-6～-7
氯化钠掺量(占水泥质量百分比,%)	用于平面部位	2	4	6
	用于檐口、天沟等部位	3	5	7

3) 找平层宜留设分格缝,缝宽宜为 20mm,并应填充密封材料。当分格缝兼作排汽屋面的排汽道时,可适当加宽,并应与保温层连通。找平层表面宜平整,平整度不应超过 5mm,且不得有酥松、起砂、起皮现象。

4) 高聚物改性沥青防水卷材、合成高分子防水卷材、高聚物改性沥青防水涂料、合成高分子防水涂料等防水材料的物理性能应符合现行国家标准《屋面工程质量验收规范》GB 50207—2012 的相关规定。

5) 热熔法施工宜使用高聚物改性沥青防水卷材,并应符合下列规定:

① 基层处理剂宜使用挥发快的溶剂,涂刷后应干燥 10h 以上,并应及时

铺贴。

② 水落口、管根、烟囱等容易发生渗漏部位的周围 200mm 范围内,应涂刷一遍聚氨酯等溶剂型涂料。

③ 热熔铺贴防水层应采用满粘法。当坡度小于 3% 时,卷材与屋脊应平行铺贴;坡度大于 15% 时卷材与屋脊应垂直铺贴;坡度为 3%～15% 时,可平行或垂直屋脊铺贴。铺贴时应喷灯或热喷枪均匀加热基层和卷材,喷灯或热喷枪距卷材的距离宜为 0.5m,不得过热或烧穿,应待卷材表面熔化后,缓缓地滚铺铺贴。

④ 卷材搭接应符合设计规定。当设计无规定时,横向搭接宽度宜为 120mm,纵向搭接宽度宜为 100mm。搭接时应采用喷灯或热喷枪加热搭接部位,趁卷材熔化尚未冷却时,用铁抹子把接缝边抹好,再用喷灯或热喷枪均匀细致地密封。平面与立面相连接的卷材,应由上向下压缝铺贴,并应使卷材紧贴阴角,不得有空鼓现象。

⑤ 卷材搭接缝的边缘以及末端收头部位应以密封材料嵌缝处理,必要时也可在经过密封处理的末端接头处再用掺防冻剂的水泥砂浆压缝处理。

6) 热熔法铺贴卷材施工安全应符合下列规定:

① 易燃性材料及辅助材料库和现场严禁烟火,并应配备适当灭火器材。

② 溶剂型基层处理剂未充分挥发前不得使用喷灯或热喷枪操作;操作时应保持火焰与卷材的喷距,严防火灾发生。

③ 在大坡度屋面或挑檐等危险部位施工时,施工人员应系好安全带,四周应设防护措施。

7) 冷粘法施工宜采用合成高分子防水卷材。胶粘剂应采用密封桶包装,储存在通风良好的室内,不得接近火源和热源。

8) 冷粘法施工应符合下列规定:

① 基层处理时应将聚氨酯涂膜防水材料的甲料∶乙料∶二甲苯按 1∶1.5∶3 的比例配合,搅拌均匀,然后均匀涂布在基层表面上,干燥时间不应少于 10h。

② 采用聚氨酯涂料做附加层处理时,应将聚氨酯甲料和乙料按 1∶1.5 的比例配合搅拌均匀,再均匀涂刷在阴角、水落口和通气口根部的周围,涂刷边缘与中心的距离不应小于 200mm,厚度不应小于 1.5mm,并应在固化 36h 以后,方能进行下一工序施工。

③ 铺贴立面或大坡面合成高分子防水卷材宜用满粘法。胶粘剂应均匀涂刷在基层或卷材底面,并应根据其性能,控制涂刷与卷材铺贴的间隔时间。

④ 铺贴的卷材应平整顺直粘结牢固,不得有皱折。搭接尺寸应准确,并应辊压排除卷材下面的空气。

⑤ 卷材铺好压粘后,应及时处理搭接部位。并应采用与卷材配套的接缝专

用胶粘剂,在搭接缝粘合面上涂刷均匀。根据专用胶粘剂的性能,应控制涂刷与粘合间隔时间,排除空气、辊压粘结牢固。

⑥ 接缝口应采用密封材料封严,其宽度不应小于 10mm。

9) 涂膜屋面防水施工应选用溶剂型合成高分子防水涂料。涂料进场后,应储存于干燥、通风的室内,环境温度不宜低于 0℃,并应远离火源。

10) 涂膜屋面防水施工应符合下列规定:

① 基层处理剂可选用有机溶剂稀释而成。使用时应充分搅拌,涂刷均匀,覆盖完全,干燥后方可进行涂膜施工。

② 涂膜防水应由两层以上涂层组成,总厚度应达到设计要求,其成膜厚度不应小于 2mm。

③ 可采用涂刮或喷涂施工。当采用涂刮施工时,每遍涂刮的推进方向宜与前一遍互相垂直,并应在前一遍涂料干燥后,方可进行后一遍涂料的施工。

④ 使用双组分涂料时应按配合比正确计量,搅拌均匀,已配成的涂料及时使用。配料时可加入适量的稀释剂,但不得混入固化涂料。

⑤ 在涂层中夹铺胎体增强材料时,位于胎体下面的涂层厚度不应小于 1mm,最上层的涂料层不应少于两遍。胎体长边搭接宽度不得小于 50mm,短边搭接宽度不得小于 70mm。采用双层胎体增强材料时,上下层不得互相垂直铺设,搭接缝应错开,间距不应小于一个幅面宽度的 1/3。

⑥ 天沟、檐沟、檐口、泛水等部位,均应加铺有胎体增强材料的附加层。水落口周围与屋面交接处,应作密封处理,并应加铺两层有胎体增强材料的附加层,涂膜伸入水落口的深度不得小于 50mm,涂膜防水层的收头应用密封材料封严。

⑦ 涂膜屋面防水工程在涂膜层固化后应做保护层。保护层可采用分格水泥砂浆或细石混凝土或块材等。

11) 隔气层可采用气密性好的单层卷材或防水涂料。冬期施工采用卷材时,可采用花铺法施工,卷材搭接宽度不应小于 80mm;采用防水涂料时,宜选用溶剂型涂料。隔气层施工的温度不应低于 -5℃。

业务要点 6:建筑装饰装修工程

1. 一般规定

1) 室外建筑装饰装修工程施工不得在五级及以上大风或雨、雪天气下进行。施工前,应采取挡风措施。

2) 外墙饰面板、饰面砖以及马赛克饰面工程采用湿贴法作业时,不宜进行冬期施工。

3) 外墙抹灰后需进行涂料施工时,抹灰砂浆内所掺的防冻剂品种应与所选用的涂料材质相匹配，具有良好的相溶性，防冻剂掺量和使用效果应通过试验确定。

4）装饰装修施工前，应将墙体基层表面的冰、雪、霜等清理干净。

5）室内抹灰前，应提前做好屋面防水层、保温层及室内封闭保温层。

6）室内装饰施工可采用建筑物正式热源、临时性管道或火炉、电气取暖。若采用火炉取暖时，应采取预防煤气中毒的措施。

7）室内抹灰、块料装饰工程施工与养护期间的温度不应低于5℃。

8）冬期抹灰及粘贴面砖所用砂浆应采取保温、防冻措施。室外用砂浆内可掺入防冻剂，其掺量应根据施工及养护期间环境温度经试验确定。

9）室内粘贴壁纸时，其环境温度不宜低于5℃。

2. 抹灰工程

1）室内抹灰的环境温度不应低于5℃。抹灰前，应将门口和窗口、外墙脚手眼或孔洞等封堵好，施工洞口、运料口及楼梯间等处应封闭保温。

2）砂浆应在搅拌棚内集中搅拌，并应随用随拌，运输过程中应进行保温。

3）室内抹灰工程结束后，在7d以内应保持室内温度不低于5℃。当采用热空气加温时，应注意通风，排除湿气。当抹灰砂浆中掺入防冻剂时，温度可相应降低。

4）室外抹灰采用冷作法施工时，可使用掺防冻剂水泥砂浆或水泥混合砂浆。

5）含氯盐的防冻剂不宜用于有高压电源部位和有油漆墙面的水泥砂浆基层内。

6）砂浆防冻剂的掺量应按使用温度与产品说明书的规定经试验确定。当采用氯化钠作为砂浆防冻剂时，其掺量可按表9-18选用。当采用亚硝酸钠作为砂浆防冻剂时，其掺量可按表9-19选用。

表9-18　砂浆内氯化钠掺量

室外气温/℃		0～-5	-5～-10
氯化钠掺量（占拌合水质量百分比，%）	挑檐、阳台、雨罩、墙面等抹水泥砂浆	4	4～8
	墙面为水刷石、干粘石水泥砂浆	5	5～10

表9-19　砂冰镇内亚硝酸钠掺量

室外温度/℃	0～-3	-4～-9	-10～-15	-16～-20
亚硝酸钠掺量（占水泥质量百分比，%）	1	3	5	8

7）当抹灰基层表面有冰、霜、雪时，可采用与抹灰砂浆同浓度的防冻剂溶剂冲刷，并应清除表面的尘土。

8）当施工要求分层抹灰时，底层灰不得受冻。抹灰砂浆在硬化初期应采取防止受冻的保温措施。

3. 油漆、刷浆、裱糊、玻璃工程

1）油漆、刷浆、裱糊、玻璃工程应在采暖条件下进行施工。当需要在室外施工时，其最低环境温度不应低于 5℃。

2）刷调合漆时，应在其内加入调合漆质量 2.5％的催干剂和 5.0％的松香水，施工时应排除烟气和潮气，防止失光和发黏不干。

3）室外喷、涂、刷油漆、高级涂料时应保持施工均衡。粉浆类料浆宜采用热水配制，随用随配并应将料冻保温，料浆使用温度宜保持 15℃左右。

4）裱糊工程施工时，混凝土或抹灰基层含水率不应大于 8％。施工中当室内温度高于 20℃，且相对湿度大于 80％时，应开窗换气，防止壁纸皱折起泡。

5）玻璃工程施工时，应将玻璃、镶嵌用合成橡胶等材料运到有采暖设备的室内，施工环境温度不宜低于 5℃。

6）外墙铝合金、塑料框、大扇玻璃不宜在冬期安装。

业务要点 7：钢结构工程

1. 一般规定

1）在负温下进行钢结构的制作和安装时，应按照负温施工的要求，编制钢结构制作工艺规程和安装施工组织设计文件。

2）钢结构制作和安装采用的钢尺和量具，应和土建单位使用的钢尺和量具相同，并应采用同一精度级别进行鉴定。土建结构和钢结构应采取不同的温度膨胀系数差值调整措施。

3）钢构件在正温下制作，负温下安装时，施工中应采取相应调整偏差的技术措施。

4）参加负温钢结构施工的电焊工应经过负温焊接工艺培训，并应取得合格证，方能参加钢结构的负温焊接工作。定位点焊工作应由取得定位点焊合格证的电焊工来担任。

2. 材料

1）冬期施工宜采用 Q345 钢、Q390 钢、Q420 钢，其质量应分别符合国家现行标准的规定。

2）负温下施工用钢材，应进行负温冲击韧性试验，合格后方可使用。

3）负温下钢结构的焊接梁、柱接头板厚大于 40mm，且在板厚方向承受拉力作用时，钢材板厚方向的伸长率应符合现行国家标准《厚度方向性能钢筋》GB/T 5313—2010 的规定。

4）负温下施工的钢铸件应按现行国家标准《一般工程用铸造碳钢件》GB/

T 11352—2009 中规定的 ZG200—400、ZG230—450、ZG270—500、ZG310—570号选用。

5）钢材及有关连接材料应附有质量证明书，性能应符合设计和产品标准的要求。根据负温下结构的重要性、荷载特征和连接方法，应按国家标准的规定进行复验。

6）负温下钢结构焊接用的焊条、焊丝应在满足设计强度要求的前提下，选择屈服强度较低、冲击韧性较好的低氢型焊条，重要结构可采用高韧性超低氢型焊条。

7）负温下钢结构用低氢型焊条烘焙温度宜为 350℃～380℃，保温时间宜为 1.5～2h，烘焙后应缓冷存放在 110℃～120℃烘箱内，使用时应取出放在保温筒内，随用随取。当负温下使用的焊条外露超过 4h 时，应重新烘焙。焊条的烘焙次数不宜超过 2 次，受潮的焊条不应使用。

8）焊剂在使用前应按照质量证明书的规定进行烘焙，其含水量不得大于0.1％。在负温下露天进行焊接工作时，焊剂重复使用的时间间隔不得超过 2h，当超过时应重新进行烘焙。

9）气体保护焊采用的二氧化碳，气体纯度按体积比计不宜低于 99.5％，含水量按质量比计不得超过 0.005％。

使用瓶装气体时，瓶内气体压力低于 1MPa 时应停止使用。在负温下使用时，要检查瓶嘴有无冰冻堵塞现象。

10）在负温下钢结构使用的高强螺栓、普通螺栓应有产品合格证，高强螺栓应在负温下进行扭矩系数、轴力的复验工作，符合要求后方能使用。

11）钢结构使用的涂料应符合负温下涂刷的性能要求，不得使用水基涂料。

12）负温下钢结构基础锚栓施工时，应保护好锚栓螺纹端，不宜进行现场对焊。

3. 钢结构制作

1）钢结构在负温下放样时，切割、铣刨的尺寸，应考虑负温对钢材收缩的影响。

2）端头为焊接接头的构件下料时，应根据工艺要求预留焊缝收缩量，多层框架和高层钢结构的多节柱应预留荷载使柱子产生的压缩变形量。焊接收缩量和压缩变形量应与钢材在负温下产生的收缩变形时相协调。

3）形状复杂和要求在负温下弯曲加工的构件，应按制作工艺规定的方向取料。弯曲构件的外侧不应有大于 1mm 的缺口和伤痕。

4）普通碳素结构钢工作地点温度低于 −20℃、低合金钢工作地点温度低于−15℃时不得剪切、冲孔，普通碳素结构钢工作地点温度低于 −16℃、低合金结构钢工作地点温度低于 −12℃时不得进行冷矫正和冷弯曲。当工作地点温度低于-30℃时,不宜进行现场火焰切割作业。

5)负温下对边缘加工的零件应采用精密切割机加工,焊缝坡口宜采用自动切割。采用坡口机、刨条机进行坡口加工时,不得出现鳞状表面。重要结构的焊缝坡口,应采用机械加工或自动切割加工,不宜采用手工气焊切割加工。

6)构件的组装应按工艺规定的顺序进行,由里往外扩展组拼。在负温下组装焊接结构时,预留焊缝收缩值宜由试验确定,点焊缝的数量和长度应经计算确定。

7)零件组装应把接缝两侧各50mm内铁锈、毛刺、泥土、油污、冰雪等清理干净,并应保持接缝干燥,不得残留水分。

8)焊接预热温度应符合下列规定:

① 焊接作业区环境温度低于0℃时,应将构件焊接区各方向大于或等于2倍钢板厚度且不小于100mm范围内的母材,加热到20℃以上时方可施焊,且在焊接过程中均不得低于20℃。

② 负温下焊接中厚钢板、厚钢板、厚钢管的预热温度可由试验确定,当无试验资料时可按表9-20选用。

表9-20　负温下焊接中厚钢板、厚钢板、厚钢管的预热温度

钢材种类	钢材厚度/mm	工作地点温度/℃	预热温度/℃
普通碳素钢构件	<30	<-30	36
	30~50	-30~-10	36
	50~70	-10~0	36
	>70	<0	100
普通碳素钢管构件	<16	<-30	36
	16~30	-30~-20	36
	30~40	-20~-10	36
	40~50	-10~0	36
	>50	<0	100
低合金钢构件	<10	<-26	36
	10~16	-26~-10	36
	16~24	-10~-5	36
	24~40	-5~0	36
	>40	<0	100~150

9)在负温下构件组装定型后进行焊接应符合焊接工艺规定。单条焊缝的两端应设置引弧板和熄弧板,引弧板和熄弧板的材料应和母材相一致。严禁在焊接的母材上引弧。

10）负温下厚度大于 9mm 的钢板应分多层焊接，焊缝应由下往上逐层堆焊。每条焊缝应一次焊完，不得中断。当发生焊接中断，在再次施焊时，应先清除焊接缺陷，合格后方可按焊接工艺规定再继续施焊，且再次预热温度应高于初期预热温度。

11）在负温下露天焊接钢结构时，应考虑雨、雪和风的影响。当焊接场地环境温度低于 −10℃ 时，应在焊接区域采取相应保温措施；当焊接场地环境温度低于 −30℃ 时，宜搭设临时防护棚。严禁雨水、雪花飘落在尚未冷却的焊缝上。

12）当焊接场地环境温度低于 −15℃ 时，应适当提高焊机的电流强度，每降低 3℃，焊接电流应提高 2%。

13）采用低氢型焊条进行焊接时，焊接后焊缝宜进行焊后消氢处理，消氢处理的加热温度应为 200℃～250℃，保温时间应根据工件的板厚确定，且每 25mm 板厚不小于 0.5h，总保温时间不得小于 1h，达到保温时间后应缓慢冷却至常温。

14）在负温下厚钢板焊接完成后，在焊缝两侧板厚的 2～3 倍范围内，应立即进行焊后热处理，加热温度宜为 150℃～300℃，并宜保持 1～2h。焊缝焊完或焊后热处理完毕后，应采取保温措施，使焊缝缓慢冷却，冷却速度不应大于 10℃/min。

15）当构件在负温下进行热矫正时，钢材加热矫正温度应控制在 750℃～900℃ 之间，加热矫正后应保温覆盖使其缓慢冷却。

16）负温下钢构件需成孔时，成孔工艺应选用钻成孔或先冲后扩钻孔。

17）在负温下制作的钢构件在进行外形尺寸检查验收时，应考虑检查当时的温度影响。焊缝外观检查应全部合格，等强接头和要求焊透的焊缝应 100% 超声波检查，其余焊缝可按 30%～50% 超声波抽样检查。如设计有要求时，应按设计要求的数量进行检查。负温下超声波探伤仪用的探头与钢材接触面间应采用不冻结的油基耦合剂。

18）不合格的焊缝应铲除重焊，并仍应按在负温下钢结构焊接工艺的规定进行施焊，焊后应采用同样的检验标准进行检验。

19）低于 0℃ 的钢构件上涂刷防腐或防火涂层前，应进行涂刷工艺试验。涂刷时应将构件表面的铁锈、油污、边沿孔洞的飞边毛刺等清除干净，并应保持构件表面干燥。可用热风或红外线照射干燥，干燥温度和时间应由试验确定。雨雪天气或构件上薄冰时不得进行涂刷工作。

20）钢结构焊接加固时，应由对应类别合格的焊工施焊；施焊镇静钢板的厚度不大于 30mm 时，环境空气温度不应低于 −15℃，当厚度超过 30mm 时，温度不应低于 0℃；当施焊沸腾钢板时，环境空气温度应高于 5℃。

21）栓钉施焊环境温度低于 0℃ 时，打弯试验的数量应增加 1%；当栓钉采用手工电弧焊或其他保护性电弧焊焊接时,其预热温度应符合相应工艺的要求。

4. 钢结构安装

1) 冬期运输、堆存钢结构时,应采取防滑措施。构件堆放场地应平整坚实并无水坑,地面无结冰。同一型号构件叠放时,构件应保持水平,垫块应在同一垂直线上,并应防止构件溜滑。

2) 钢结构安装前除应按常温规定要求内容进行检查外,尚应根据负温条件下的要求对构件质量进行详细复验。凡是在制作中漏检和运输、堆放中造成的构件变形等,偏差大于规定影响安装质量时,应在地面进行修理、矫正,符合设计和规范要求后方能起吊安装。

3) 在负温下绑扎、起吊钢构件用的钢壳与构件直接接触时,应加防滑隔垫。凡是与构件同时起吊的节点板、安装人员用的挂梯、校正用的卡具,应采用绳壳绑扎牢固。直接使用吊环、吊耳起吊构件时应检查吊环、吊耳连接焊缝有无损伤。

4) 在负温下安装构件时,应根据气温条件编制钢构件安装顺序图表,施工中应按照规定的顺序进行安装。平面上应从建筑物的中心逐步向四周扩展安装,立面上宜从下部逐件往上安装。

5) 钢结构安装的焊接工作应编制焊接工艺。在各节柱的一层构件安装、校正、栓接并预留焊缝收缩量后,平面上应从结构中心开始向四周对称扩展焊接,不得从结构外圈向中心焊接,一个构件的两端不得同时进行焊接。

6) 构件上有积雪、结冰、结露时,安装前应清除干净,但不得损伤涂层。

7) 在负温下安装钢结构用的专用机具应按负温要求进行检验。

8) 在负温下安装柱子、主梁、支撑等大构件时应立即进行校正,位置校正正确后应立即进行永久固定。当天安装的构件,应形成空间稳定体系。

9) 高强螺栓接头安装时,构件的摩擦面应干净,不得有积雪、结冰,且不得雨淋、接触泥土、油污等脏物。

10) 多层钢结构安装时,应限制楼面上堆放的荷载。施工活荷载、积雪、结冰的质量不得超过钢梁和楼板(压型钢板)的承载能力。

11) 栓钉焊接前,应根据负温值的大小,对焊接电流、焊接时间等参数进行测定。

12) 在负温下钢结构安装的质量除应符合现行国家标准《钢结构工程施工质量验收规范》GB 50205—2001 规定外,尚应按设计的要求进行检查验收。

13) 钢结构在低温安装过程中,需要进行临时固定或连接时,宜采用螺栓连接形式;当需要现场临时焊接时,应在安装完毕后及时清理临时焊缝。

◎ 业务要点 8:混凝土构件安装工程

1. 构件的堆放及运输

1) 混凝土构件运输及堆放前,应将车辆、构件、垫木及堆放场地的积雪、结冰清除干净,场地应平整、坚实。

2)混凝土构件在冻胀性土壤的自然地面上或冻结前回填土地面上堆放时,应符合下列规定:

① 每个构件在满足刚度、承载力条件下,应尽量减少支承点数量。

② 对于大型板、槽板及空心板等板类构件,两端的支点应选用长度大于板宽的垫木。

③ 构件堆放时,如支点为两个及以上时,应采取可靠措施防止土壤的冻胀和融化下沉。

④ 构件用垫木垫起时,地面与构件间隙应大于 150mm。

3)在回填冻土并经一般压实的场地上堆放构件时,当构件重叠堆放时间长,应根据构件质量,尽量减少重叠层数,底层构件支垫与地面接触面积应适当加大。在冻土融化之前,应采取防止因冻土融化下沉造成构件变形和破坏的措施。

4)构件运输时,混凝土强度不得小于设计混凝土强度等级值 75%。在运输车上的支点设置应按设计要求确定。对于重叠运输的构件,应与运输车固定并防止滑移。

2. 构件的吊装

1)吊车行走的场地应平整,并应采取防滑措施。起吊的支撑点地基应坚实。

2)地锚应具有稳定性,回填冻土的质量应符合设计要求。活动地锚应设防滑措施。

3)构件在正式起吊前,应先松动、后起吊。

4)凡使用滑行法起吊的构件,应采取控制定向滑行,防止偏离滑行方向的措施。

5)多层框架结构的吊装,接头混凝土强度未达到设计要求前,应加设缆风绳等防止整体倾斜的措施。

3. 构件的连接与校正

1)装配整浇式构件接头的冬期施工应根据混凝土体积小、表面系数大、配筋密等特点,采取相应的保证质量措施。

2)构件接头采用现浇混凝土连接时,应符合下列规定:

① 接头部位的积雪、冰霜等应清除干净。

② 承受内力接头的混凝土,当设计无要求时,其受冻临界强度不应低于设计强度等级值的 70%。

③ 接头处混凝土的养护应符合"业务要点 4:混凝土工程"有关规定。

④ 接头处钢筋的焊接应符合"业务要点 3:钢筋工程"有关规定。

3)混凝土构件预埋连接板的焊接除应符合"业务要点7:钢结构工程"相关规定外,尚应分段连接,并应防止累积变形过大影响安装质量。

4)混凝土柱、屋架及框架冬期安装,在阳光照射下校正时,应计入温差的影响。各固定支撑校正后,应立即固定。

业务要点9:越冬工程维护

1. 一般规定

1)对于有采暖要求,但却不能保证正常采暖的新建工程、跨年施工的在建工程以及停建、缓建工程等,在入冬前均应编制越冬维护方案。

2)越冬工程保温维护,应就地取材,保温层的厚度应由热工计算确定。

3)在制定越冬维护措施之前,应认真检查核对有关工程地质、水文、当地气温以及地基土的冻胀特征和最大冻结深度等资料。

4)施工场地和建筑物周围应做好排水,地基和基础不得被水浸泡。

5)在山区坡地建造的工程,入冬前应根据地表水流动的方向设置截水沟、泄水沟,但不得在建筑物底部设暗沟和盲沟疏水。

6)凡按采暖要求设计的房屋竣工后,应及时采暖,室内温度不得低于5℃。当不能满足上述要求时,应采取越冬防护措施。

2. 在建工程

1)在冻胀土地区建造房屋基础时,应按设计要求做防冻害处理。当设计无要求时,应按下列规定进行:

① 当采用独立式基础或桩基础时,基础梁下部应进行掏空处理。强冻胀性土可预留200mm,弱冻胀性土可预留100~150mm,空隙两侧应用立砖挡土回填。

② 当采用条形基础时,可在基础侧壁回填厚度为150~200mm的混砂、炉渣或贴一层油纸,其深度宜为800~1200mm。

2)设备基础、构架基础、支墩、地下沟道以及地墙等越冬工程,均不得在已冻结的土层上施工,且应进行维护。

3)支撑在基土上的雨篷、阳台等悬臂构件的临时支柱,入冬后当不能拆除时,其支点应采取保温防冻胀措施。

4)水塔、烟囱、烟道等构筑物基础在入冬前应回填至设计标高。

5)室外地沟、阀门井、检查井等除应回填至设计标高外,尚应覆盖盖板进行越冬维护。

6)供水、供热系统试水、试压后,不能立即投入使用时,在入冬前应将系统内的存、积水排净。

7)地下室、地下水池在入冬前应按设计要求进行越冬维护。当设计无要求

时,应采取下列措施:

① 基础及外壁侧面回填土应填至设计标高,当不具备回填条件时,应填充松土或炉渣进行保温。

② 内部的存积水应排净;底板应采用保温材料覆盖,覆盖厚度应由热工计算确定。

3. 停、缓建工程

1)冬期停、缓建工程越冬停工时的停留位置应符合下列规定:

① 混合结构可停留在基础上部地梁位置,楼层间的圈梁或楼板上皮标高位置。

② 现浇混凝土框架应停留在施工缝位置。

③ 烟囱、冷却塔或筒仓宜停留在基础上皮标高或筒身任何水平位置。

④ 混凝土水池底部应按施工缝要求确定,并应设有止水设施。

2)已开挖的基坑或基槽不宜挖至设计标高,应预留 200~300mm 土层;越冬时,应对基坑或基槽保温维护,保温层厚度可按《建筑工程冬期施工规程》JGJ/T 104—2011 附录 C 计算确定。

3)混凝土结构工程停、缓建时,入冬前混凝土的强度应符合下列规定:

① 越冬期间不承受外力的结构构件,除应符合设计要求外,尚应符合"业务要点 4:混凝土工程"中 1.1)的规定。

② 装配式结构构件的整浇接头,不得低于设计强度等级值的 70%。

③ 预应力混凝土结构不应低于混凝土设计强度等级值的 75%。

④ 升板结构应将柱帽浇筑完毕,混凝土应达到设计要求的强度等级。

4)对于各类停、缓建的基础工程,顶面均应弹出轴线,标注标高后,用炉渣或松土回填保护。

5)装配式厂房柱子吊装就位后,应按设计要求嵌固好;已安装就位的屋架或屋面梁,应安装上支撑系统,并应按设计要求固定。

6)不能起吊的预制构件,除应符合"业务要点 8:混凝土构件安装工程"中 1.2)的规定外,尚应弹上轴线,作记录。外露铁件应涂刷防锈油漆,螺栓应涂刷防腐油进行保护。

7)对于有沉降观测要求的建(构)筑物,应会同有关部门作沉降观测记录。

8)现浇混凝土框架越冬,当裸露时间较长时,除应按设计要求留设伸缩缝外,尚应根据建筑物长度和温差留设后浇缝。后浇缝的位置,应与设计单位研究确定。后浇缝伸出的钢筋应进行保护,待复工后应经检查合格方可浇筑混凝土。

9)屋面工程越冬可采取下列简易维护措施:

① 在已完成的基层上,做一层卷材防水,待气温转暖复工时,经检查认定该层卷材没有起泡、破裂、皱折等质量缺陷时,方可在其上继续铺贴上层卷材。

② 在已完成的基层上,当基层为水泥砂浆无法做卷材防水时,可在其上刷一层冷底子油,涂一层热沥青玛脂做临时防水,但雪后应及时清除积雪。当气温转暖后,经检查确定该层玛脂没有起层、空鼓、龟裂等质量缺陷时,可在其上涂刷热沥青玛脂铺贴卷材防水层。

10) 所有停、缓建工程均应由施工单位、建设单位和工程监理部门,对已完工程在入冬前进行检查和评定,并应作记录,存入工程档案。

11) 停、缓建工程复工时,应先按图纸对标高、轴线进行复测,并应与原始记录对应检查,当偏差超出允许限值时,应分析原因,提出处理方案,经与设计、建设、监理等单位商定后,方可复工。

第二节　雨期施工

本节导读

本节主要介绍雨期施工,内容包括地基与基础工程、砌筑工程、混凝土结构工程、钢结构工程、防水与屋面工程、装饰装修工程等。其内容关系图如下:

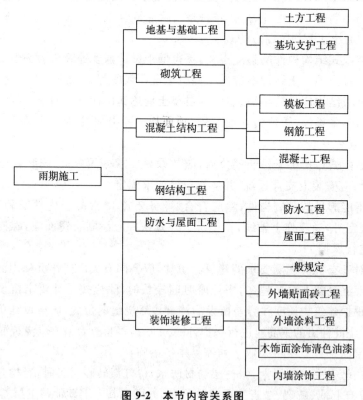

图 9-2　本节内容关系图

业务要点 1:地基与基础工程

1. 土方工程

(1)排水要求

1)坡顶应做散水及挡水墙,四周做混凝土路面,保证施工现场水流畅通,不积水,周边地区不倒灌。

2)基坑内,沿四周挖砌排水沟、设集水井,泵抽至市政排水系统,排水沟设置在基础轮廓线以外,排水沟边缘应离开坡脚≥0.3m。排水设备优先选用离心泵,也可用潜水泵。

(2)土方开挖

1)土方开挖施工中,基坑内临时道路上铺渣土或级配砂石,保证雨后通行不陷。

2)雨期土方工程需避免浸水泡槽,一旦发生泡槽现象,必须进行处理。

3)雨期时加密对基坑的监测周期,确保基坑安全。

(3)土方回填

1)土方回填应避免在雨天进行施工。

2)严格控制土方的含水率,含水率不符合要求的回填土,严禁进行回填,暂时存放在现场的回填土,用塑料布覆盖防雨。

3)回填过程中如遇雨,用塑料布覆盖,防止雨水淋湿已夯实的部分。雨后回填前认真做好填土含水率测试工作,含水率较大时将土铺开晾晒,待含水率测试合格后方可回填。

2. 基坑支护工程

(1)土钉墙施工

1)需防止雨水稀释拌制好的水泥浆。

2)在强度未达到设计要求时,需采取防止雨水冲刷的措施。

3)自然坡面需防止雨水直接冲刷,遇大雨时可覆盖塑料布。

4)机电设备要经常检查接零、接地保护,所有机械棚要搭设严密,防止漏雨,随时检查漏电装置功能是否灵敏有效。

5)砂子、石子、水泥进场后必须使用塑料布覆盖避免雨淋。

(2)护坡桩施工

1)为防止雨水冲刷桩间土,随着土方开挖,需及时维护好桩间土。

2)需注意到坑内的降雨积水可能会对成桩机底座下的土层形成浸泡,从而影响到成桩机械的稳定性及桩身的垂直度。

(3)锚杆施工

1)需防止雨水稀释拌制好的水泥浆。

2)需注意锚杆周围雨期渗水冲刷对锚杆锚固力的影响,并及时采取有效的补救措施。

业务要点 2:砌筑工程

1)施工前,准备足够的防雨应急材料(如油布、塑料薄膜等)。尽量避免砌体被雨水冲刷,以免砂浆被冲走,影响砌体的质量。

2)对砖堆应加以保护,淋雨过湿的砖不得使用,以防砌体发生溜砖现象。

3)雨后砂浆配合比按试验室配合比调整为施工配合比,其计算公式如下:

水泥:水泥用量不变

施工配合比中砂用量:

$$S = S_{SY} + S \times a \tag{9-1}$$

施工配合比中水用量:

$$W = W_{SY} - S \times a \tag{9-2}$$

式中　S_{SY}——实验室配合比中砂用量;

　　　S——施工配合比中砂用量;

　　　W_{SY}——实验室配合比中水用量;

　　　W——施工配合比中水用量;

　　　a——砂子含水率。

4)每天的砌筑高度不得超过 1.2m。收工时应覆盖砌体表面。确实无法施工时,可留接槎缝,但应做好接缝的处理工作。

5)雨后继续施工时,应复核砌体垂直度。

6)遇大雨或暴雨时,砌体工程一般应停止施工。

业务要点 3:混凝土结构工程

1. 模板工程

1)雨天使用的木模板拆下后应放平,以免变形。钢模板拆下后应及时清理、刷脱模剂(遇雨应覆盖塑料布),大雨过后应重新刷一遍。

2)模板拼装后应尽快浇筑混凝土,防止模板遇雨变形。若模板拼装后不能及时浇筑混凝土,又被雨水淋过,则浇筑混凝土前应重新检查、加固模板和支撑。

3)制作模板用的多层板和木方要堆放整齐,且须用塑料布覆盖防雨,防止被雨水淋而变形,影响其周转次数和混凝土的成型质量。

2. 钢筋工程

1)钢筋的进场运输应尽量避免在雨天进行。

2)雨后钢筋视情况进行防锈处理,不得把锈蚀的钢筋用于结构上。

3)若遇连续时间较长的阴雨天,对钢筋及其半成品等需采用塑料薄膜进行覆盖。

4）大雨时应避免进行钢筋焊接施工。小雨时如有必须施工部位应采取防雨措施以防触电事故发生，可采用雨布或塑料布搭设临时防雨棚，不得让雨水淋在焊点上，待完全冷却后，方可撤掉遮盖，以保证钢筋的焊接质量。

5）雨后要检查苫基础底板后浇带，清理干净后浇带内的积水，避免钢筋锈蚀。

3. 混凝土工程

1）雨期搅拌混凝土要严格控制用水量，应随时测定砂、石的含水率，及时调整混凝土配合比，严格控制水灰比和坍落度。雨天浇筑混凝土应适当减小坍落度，必要时可将混凝土强度等级提高半级或一级。

2）随时接听、搜集气象预报及有关信息，应尽量避免在雨天进行混凝土浇筑施工，大雨和暴雨天不得浇筑混凝土。小雨可以进行混凝土浇筑，但浇筑部位应进行覆盖。

3）底板大体积混凝上施工应避免在雨天进行。如突然遇到大雨或暴雨，不能浇筑混凝土时，应将施工缝设置在合理位置，并采取适当措施，已浇筑的混凝土用塑料布覆盖。

4）雨后应将模板表面淤泥、积水及钢筋上的淤泥清除掉，施工前应检查板、墙模板内是否有积水，若有积水应清理后再浇筑混凝土。

5）雨期期间如果高温、阴雨造成温差变化较大，要特别加强对混凝土振捣和拆模时间的控制，依据高温天气混凝土凝固快、阴雨天混凝土强度增长慢的特点，适当调整拆模时间，以保证混凝土施工质量的稳定性。

6）混凝土中掺加的粉煤灰应注意防雨、防潮。

业务要点 4：钢结构工程

1）高强度螺栓、焊丝、焊条全部入仓库，保证不漏、不潮，下面应架空通风，四周设排水沟，避免积水。雨天不进行高强度螺栓的作业。

2）露天存放的钢构件下面应用木方垫起避免被水浸泡，并在周围挖排水沟以防积水。

3）在仓库内保管的焊接材料，要保证离地离墙不少于 300mm 的距离，室内要通风干燥，以保证焊接材料在干燥的环境下保存。电焊条使用前应烘烤，但每批焊条烘烤次数不超过两次。所有的电焊机底部必须架空，严禁焊机放置位置有积水。雨天严禁焊接作业。

4）涂料应存放在专门的仓库内，不得使用过期、变质、结块失效的涂料。

5）设专职值班人员，保证昼夜有人值班并做好值班记录，同时要设置天气预报员，负责收听和发布天气情况。

6）氧气瓶、乙炔瓶在室外放置时，放入专用钢筋笼，并加盖。

7）电焊机设置地点应防潮、防雨、防晒，并放入专用的钢筋笼中。雨期室外焊接时，为保证焊接质量，施焊部位都要有防雨棚，雨天没有防雨措施不准施焊。

8）因降雨等原因使母材表面潮湿（相对湿度达 80％）或大风天气，不得进行露天焊接，但焊工及被焊接部分如果被充分保护且对母材采取适当处置（如预热、去潮等）时，可进行焊接。

9）雨水淋过的构件，吊装之前应将摩擦面上水擦拭干。

10）现场施工人员一律穿着防滑鞋，严禁穿凉鞋、拖鞋；及时清扫构件表面的积水。

11）大雨天气严禁进行构件的吊运以及人工搬运材料和设备等工作。

12）雨天校正钢结构时对测量没备应进行防雨保护，测量的数据要在晴天复测。

13）环境相对湿度大于 80％及下雨期间禁止进行涂装作业。

14）露天涂装构件，要时刻注意观察涂装前后的天气变化，尽量避免刚涂装完毕，就下雨造成油漆固化缓慢，影响涂装质量。

15）潮湿天气进行涂装，要用气泵吹干构件表面，保持构件表面达到涂装效果。

16）防火喷涂作业禁止在雨中施工。

业务要点 5：防水与屋面工程

1. 防水工程

1）防水涂料在雨天不得施工，不宜在夏季太阳曝晒下和后半夜潮露时施工。

2）夏季屋面如有露水潮湿，应待其干燥后方可铺贴卷材。

2. 屋面工程

1）保温材料应采取防雨、防潮的措施，并应分类堆放，防止混杂。

2）金属板材堆放地点宜选择在安装现场附近，堆放应平坦、坚实且便于排除地面水。

3）保温层施工完成后，应及时铺抹找平层，以减少受潮和浸水，尤其在雨期施工，要采取遮盖措施。

4）雨期不得施工防水层。油毡瓦保温层严禁在雨天施工。材料应在环境温度不高于 45℃ 的条件下保管，应避免雨淋、日晒、受潮，并应注意通风和避免接近火源。

业务要点 6：装饰装修工程

1. 一般规定

1）中雨、大雨或五级以上大风天气不得进行室外装饰装修工程的施工。水溶性涂料应避免在烈日或高温环境下施工;硅酮密封胶、结构胶、胶粘剂等材料施工应按照使用要求监测环境温度和空气相对湿度;空气相对湿度过高时应考虑合理的工序技术间歇时间。

2)抹灰、粘贴饰面砖、打密封胶等粘结工艺的雨期施工,尤其应保证基体或基层的含水率符合施工要求。

3)雨期进行外墙外保温的施工,所用保温材料的类型、品种、规格及施工工艺应符合设计要求。应采取有效措施避免保温材料受潮,保持保温材料处于干燥状态。

4)雨期室外装饰装修工程施工过程中应做好半成品的保护,大风、雨天应及时封闭外窗及外墙洞口,防止室内装修面受潮、受淋产生污染和损坏。

2. 外墙贴面砖工程

1)基层应清洁,含水率小于 9%。外墙抹灰遇雨冲刷后,继续施工时应将冲刷后的灰浆铲掉,重新抹灰。

2)水泥砂浆终凝前遇雨冲刷,应全面检查砖黏结程度。

3. 外墙涂料工程

1)涂刷前应注意基层含水率(<8%);环境温度不宜低于 +10℃,相对湿度不宜大于 60%。

2)腻子应采用耐水性腻子。使用的腻子应坚实牢固,不得粉化、起皮和裂纹。

3)施涂工程过程中应注意气候变化。当遇有大风、雨、雾情况时不可施工。当涂刷完毕,但漆膜未干即遇雨时应在雨后重新涂刷。

4)外墙抹灰在雨期时控制基层及材料含水率。外墙抹灰遇雨冲刷后,继续施工时应将冲刷后的灰浆铲掉,重新抹灰。

4. 木饰面涂饰清色油漆

1)木饰面涂饰清色油漆时,不宜在雨天进行油漆工程且应保证室内干燥。

2)阴雨天刮批腻子时,应用干布将施涂表面水气擦拭干净,保证表面干燥,并根据天气情况,合理延长腻子干透时间,一般情况以 2~3d 为宜。可在油漆中加入一定量化白粉,吸收空气中的潮气。

3)必须等头遍油漆干透后方可进行二遍油漆涂刷。油漆涂刷后应保持通风良好,使施涂表面同时干燥。

5. 内墙涂饰工程

1)内墙混凝上或抹灰基层涂刷溶剂型涂料时,含水率不得大于 8%;涂刷乳液型时,含水率不得大于 8%。木材基层的含水率不得大于 8%。

2)阴雨天刮批腻子时,应用干布将墙面水气擦拭干净,并根据天气情况,合理延长腻子干透时间,一般情况以 2~3d 为宜。

3)采用防水腻子施工,使涂料与基层之间黏结更牢固,不容易脱落,同时避免因潮湿导致的墙面泛黄。

4)雨期对于墙面乳胶漆的影响不太大,但应注意适当延长第一遍涂料刷完后进行墙体干燥的时间,一股情况间隔2h左右,雨天可根据天气及现场情况作适当延长。

参考文献

[1] GB 50108—2008　地下工程防水技术规范[S].北京:中国计划出版社,2009.

[2] GB 50202—2002　建筑地基基础工程施工质量验收规范[S].北京:中国计划出版社,2002.

[3] GB 50203—2011　砌体结构工程施工质量验收规范[S].北京:中国建筑工业出版社,2012.

[4] GB 50204—2002　混凝土结构工程施工质量验收规范[S].北京:中国建筑工业出版社,2002.

[5] GB 50205—2001　钢结构工程施工质量验收规范[S].北京:中国计划出版社,2002.

[6] GB 50207—2012　屋面工程质量验收规范[S].北京:中国建筑工业出版社,2012.

[7] GB 50208—2011　地下防水工程质量验收规范[S].北京:中国建筑工业出版社,2012.

[8] GB 50210—2001　建筑装饰装修工程质量验收规范[S].北京:中国建筑工业出版社,2001.

[9] GB 50345—2012　屋面工程技术规范[S].北京:中国建筑工业出版社,2012.

[10] JGJ 18—2012　钢筋焊接及验收规程[S].北京:中国建筑工业出版社,2012.

[11] JGJ 55—2011　普通混凝土配合比设计规程[S].北京:中国建筑工业出版社,2011.

[12] JGJ 94—2008　建筑桩基技术规范[S].北京:中国建筑工业出版社,2008.

[13] JGJ 107—2010　钢筋机械连接技术规程[S].北京:中国建筑工业出版社,2010.

[14] 刘志杰,廉文山等.轻松识读房屋建筑施工图[M].北京:北京航空航天大学出版社,2007.

[15] 薛绍祖.地下建筑工程防水技术[M].北京:中国建筑工业出版社,2003.

[16] 石海均,马哲.土木工程施工技术[M].北京:北京大学出版社,2009.